土壤污染修复丛书

汞矿区汞的污染过程及健康风险

冯新斌　孟　博等　著

科学出版社

北京

内 容 简 介

本书是一部有关汞矿区地表生态系统汞的生物地球化学循环的系统性成果专著。全书共八章，系统介绍了作者及其研究团队近 20 年来在我国万山汞矿区汞污染过程及健康风险方面的研究成果。主要内容包括：绪论，万山汞矿区概况，样品采集、前处理及分析方法，汞矿区汞污染状况、污染来源及污染过程，汞矿区典型流域汞循环质量平衡模型，万山汞矿区稻田汞污染状况及稻田生态系统汞的生物地球化学过程和汞矿区居民汞暴露途径及健康风险等。

本书可供环境地球化学、环境化学、环境工程、环境科学等学科的研究人员和国家各级环保部门研究人员，以及高等院校和科研院所相关专业的师生参考。

图书在版编目（CIP）数据

汞矿区汞的污染过程及健康风险 / 冯新斌等著. —北京：科学出版社，2024.3

（土壤污染修复丛书）

ISBN 978-7-03-077110-0

Ⅰ. ①汞… Ⅱ. ①冯… Ⅲ. ①汞矿床－矿区－土壤污染－汞污染－研究 Ⅳ. ①X53

中国国家版本馆 CIP 数据核字（2023）第 229088 号

责任编辑：郑述方 / 责任校对：任云峰
责任印制：罗　科 / 封面设计：东方文华

科学出版社 出版
北京东黄城根北街 16 号
邮政编码：100717
http://www.sciencep.com

四川煤田地质制图印务有限责任公司印刷
科学出版社发行　各地新华书店经销

*

2024 年 3 月第 一 版　开本：787×1092　1/16
2024 年 3 月第一次印刷　印张：21 1/2　插页：4
字数：522 000

定价：248.00 元
（如有印装质量问题，我社负责调换）

致谢与说明

本书的研究成果得到以下项目的资助，特此感谢！

1. 国家自然科学基金委员会，重点项目：稻田生态系统汞的形态转化及同位素分馏（41931297），2020.01～2024.12。

2. 国家自然科学基金委员会，优秀青年科学基金项目：汞的生物地球化学（42022024），2021.01～2023.12。

3. 国家自然科学基金委员会-贵州喀斯特科学研究中心联合基金项目子课题：燃煤型地氟/砷及汞中毒分子发病机制和可持续性防控策略研究（U1812403），2019.01～2023.12。

4. 国家自然科学基金委员会，国际（地区）合作与交流项目：汞同位素分馏及 NOTCH 细胞生物标记：环境与健康联系的新标记方法（41120134005），2012.01～2016.12。

5. 国家自然科学基金委员会，面上项目：基于稳定同位素示踪技术研究水稻体内汞的来源（41473123），2015.01～2018.12。

6. 国家自然科学基金委员会，面上项目：水稻田土壤微生物对汞的甲基化过程及机理（41573078），2016.01～2019.12。

7. 国家自然科学基金委员会，青年科学基金项目：贵州典型汞矿区居民食用大米的甲基汞暴露及风险评估（21007068），2011.01～2013.12。

丛 书 序

土壤是地球的皮肤，是地球表层生态系统的重要组成部分。除了支撑植物生长，土壤在水质净化和储存、物质循环、污染物消纳、生物多样性保护等方面也具有不可替代的作用。此外，土壤微生物代谢能产生大量具有活性的次生代谢物，这些代谢产物可以用于开发抗菌和抗癌药物。总之，土壤对维持地球生态系统功能和保障人类健康至关重要。

长期以来，工业发展、城市化和农业集约化快速发展导致土壤受到不同程度的污染。与大气和水体相比，土壤污染具有隐蔽性、不可逆性和严重的滞后性。土壤污染物主要包括：重金属、放射性物质、工农业生产活动中使用或产生的各类污染物（如农药、多环芳烃和卤化物等）、塑料、人兽药物、个人护理品等。除了种类繁多的化学污染物，具有抗生素耐药性的病原微生物及其携带的致病毒力因子等生物污染物也已成为颇受关注的一类新污染物，土壤则是这类污染物的重要储库。土壤污染通过影响作物产量、食品安全、水体质量等途径影响人类健康，成为各级政府和公众普遍关注的生态环境问题。

我国开展土壤污染研究已有五十多年。20 世纪 60 年代初期进行了土壤放射性水平调查，探讨放射性同位素在土壤-植物系统中的行为与污染防治。1967 年开始，中国科学院相关研究所进行了除草剂等化学农药对土壤的污染及其解毒研究。60 年代后期、70 年代初期，陆续开展了以土壤污染物分析方法、土壤元素背景值、污水灌溉调查等为中心的研究工作。随着经济的快速发展，土壤污染问题逐渐为人们所重视。80 年代起，许多科研机构和大专院校建立了与土壤环境保护有关的专业，积极开展相关研究，为"六五""七五"期间土壤环境背景值和环境容量等科技攻关任务的顺利开展打下了良好基础。

习近平总书记在党的二十大报告中明确指出：中国式现代化是人与自然和谐共生的现代化。必须牢固树立和践行绿水青山就是金山银山的理念，站在人与自然和谐共生的高度谋划发展。

土壤环境保护已经成为深入打好污染防治攻坚战的重要内容。为有效遏制土壤污染，保障生态系统和人类健康，我们必须遵循"源头控污 - 过程减污 - 末端治污"一体化的土壤污染控制与修复的系统思维。

由于全国各地地理、气候等各种生态环境特征不同，土壤污染成因、污染类型、修复技术及方法均具有明显的地域特色，研究成果也颇为丰富，但多年来只是零散地发表在国内外刊物上，尚未进行系统性总结。在这样的背景下，科学出版社组织策划的"土壤污染修复丛书"应运而生。丛书全面、系统地总结了土壤污染修复的研究进展，在前沿性、科学性、实用性等方面都具有突出的优势，可为土壤污染修复领域的后续研究提供可靠、系统、规范的科学数据，也可为进一步的深化研究和产业创新应用提供指引。

　　从内容来看，丛书主要包括土壤污染过程、土壤污染修复、土壤环境风险等多个方面，从土壤污染的基础理论到污染修复材料的制备，再到环境污染的风险控制，乃至未来土壤健康的延伸，读者都能在丛书中获得一些启示。尽管如此，从地域来看，丛书暂时并不涵盖我国大部分区域，而是从西南部的相关研究成果出发，抓住特色，随着丛书相关研究的进展逐渐面向全国。

　　丛书的编委，以及各分册作者都是在领域内精耕细作多年的资深学者，他们对土壤修复的认识都是深刻、活跃且经过时间沉淀的，其成果具有较强的代表性，相信能为土壤污染修复研究提供有价值的参考。

　　与当前日新月异、百花齐放的学术研究环境异曲同工，"土壤污染修复丛书"的推进也是动态的、开放的，旨在通过系统、精炼的内容，向读者展示土壤修复领域的重点研究成果，希望这套丛书能为我国打赢污染防治攻坚战、实施生态文明建设战略、实现从科技大国走向科技强国的转变添砖加瓦。

朱永官

中国科学院院士

2023 年 4 月

前　言

　　汞（mercury，Hg）是一种毒性很强的重金属污染物，已被我国和联合国环境规划署、世界卫生组织、欧盟及美国国家环境保护局（O. S. Environmental Protection Agency，USEPA）等多个国家（机构）列为优先控制污染物。2011 年，国务院批复的《重金属污染综合防治"十二五"规划》中，已将汞列为重点管控重金属之一。汞的毒性与其化学形态密切相关，其中甲基汞是毒性最强的汞化合物。无机汞对人体的毒性相对较弱，但无机汞可在特殊的环境条件下被转化成毒性更强的甲基汞，进而在食物链中生物富集和生物放大，对人体健康构成潜在威胁。自 20 世纪 50 年代震惊世界的日本"水俣病"事件被证实是由人为汞污染引起的甲基汞中毒以来，汞的环境地球化学、环境毒理学、环境健康学及生态风险等成为相关领域研究的热点。由于特殊的物理化学性质，汞是唯一在大气中主要以气态单质形态存在的重金属。因此，汞是主要通过大气进行长距离和跨国界传输的全球性污染物。鉴于全球汞污染的严峻形势，一项具有法律约束力的国际汞公约——《关于汞的水俣公约》已于 2017 年 8 月 16 日正式生效，旨在全球范围内控制和削减汞排放和含汞产品的使用，以减少汞对环境的污染和降低人体汞暴露健康风险。我国是《关于汞的水俣公约》的缔约国，2016 年 4 月第十二届全国人民代表大会常务委员会第二十次会议正式批准了该公约，充分体现了我国对全球环境保护的重视。

　　贵州是我国汞矿山活动集中区，国内 11 家大型国营汞生产企业中贵州有 5 家，年产 100t 以上金属汞的大型企业均分布在该省。贵州万山是国内规模最大的汞工业基地，汞矿储量和产量均居我国首位、世界前茅，素有中国"汞都"之称。万山汞矿开采冶炼活动最早可以追溯至秦代，大规模的汞矿开采冶炼活动持续了近 630 年。随着人们对全球环境的关注和对汞的毒性及危害的深入认识，世界各国汞矿资源的大规模开发活动陆续停止。万山汞矿已于 2001 年全部停产、闭坑。但是，长期的汞矿开采冶炼活动对当地生态环境造成了严重的污染，矿区生态环境问题备受关注。2016 年 5 月 31 日，国务院印发《土壤污染防治行动计划》（国发〔2016〕31 号），明确提出建设综合防治先行区。铜仁市被列为全国土壤污染综合防治六个先行区之一，要求重点在土壤污染源头预防、风险管控、治理与修复、监管能力建设等方面进行探索，力争到 2020 年先行区土壤环境质量得到明显改善。《关于汞的水俣公约》正式生效后，在生态环境部对外合作与交流中心和世界银行的组织领导下，批准确定铜仁市作为中国履行《关于汞的水俣公约》能力建设项目的试点之一。由此可见，汞矿山闭坑后矿区环境汞污染的治理，已经成为矿区农业生态恢复与重建工作面临的首要问题。明确汞矿区地表生态系统汞的污染来源、迁移转化过程、生态环境风险等，是解决汞矿区汞污染及其生态环境问题的基本前提和保障，也是开展汞矿区土壤汞污染防治与修复工作的基础。

　　水稻是甲基汞的富集农作物，汞污染区稻米富含甲基汞现象普遍。稻田作为陆地生态系统重要的甲基汞"源"，是甲基汞向陆地食物链迁移的潜在途径。我国多数汞矿山分布于贵州、湖南、重庆、云南和陕南等水稻种植区，稻米是当地居民的主食。食用稻米已成为我国汞矿区居民人体甲基汞暴露的主要途径，且存在甲基汞暴露的健康风险。这一发现，打破了国际上认为食用鱼类等水产品是人体甲基汞暴露主要途径的传统认识。水稻是世界上最重要的粮食作物之一，全球一半以上的人口以稻米为主食，我国水稻种植面积约占全球 50%，近 2/3 的人口以稻米为主食。汞矿区居民食用稻米所导致的甲基汞暴露健康风险不容忽视，需要人们高度关注。因此，解决稻米甲基汞污染问题是我国汞矿区农业生态恢复亟须解决的关键问题之一，也是汞矿区环境安全问题的重大需求。只有弄清稻田生态系统汞的生物地球化学过程，才有可能在寻求减少水稻对汞的吸收、富集的方法和技术等方面取得突破，以实现汞污染区农业绿色生产和降低汞矿区居民汞暴露风险。

基于以上考虑，近 20 年来作者以我国典型汞矿区——贵州万山汞矿区汞的生物地球化学循环为研究核心，重点开展了汞矿区汞污染状况、污染来源及污染过程，汞矿区典型流域汞循环质量平衡模型，汞矿区稻田生态系统汞的生物地球化学过程和汞矿区居民汞暴露途径及健康风险等方面的研究，基本阐明了万山汞矿区汞的污染过程及健康风险，揭示了万山汞矿区地表生态系统汞的污染来源、迁移转化、生物富集等重要生物地球化学过程。获得的系列研究成果，提高了人们对陆地生态系统汞的生物地球化学循环的认识水平，为汞矿区环境汞污染防控与治理提供了重要的理论依据和科学指导，在降低汞矿区居民甲基汞暴露风险方面发挥了积极的作用。同时，还有力推动了铜仁土壤污染综合防治先行示范区建设的步伐。

本书共八章：第一章从汞的理化性质、汞的环境地球化学、汞资源开发及其环境问题、汞矿区汞的污染过程及健康风险研究意义四个方面，对本书的基础知识进行了总结概括；第二章全面扼要地介绍了万山汞矿区概况，包括自然概况和社会（人文）与经济两个方面；第三章介绍了开展汞矿区汞的相关研究所涉及的方法体系，包括样品采集与前处理和样品分析方法及质量控制等；第四章描述了万山汞矿区汞污染状况、污染来源及污染过程的研究工作和成果；第五章对万山汞矿区典型流域汞循环质量平衡模型进行了系统性总结，并建立了万山汞矿区典型流域汞的质量平衡模型；第六章总结了万山汞矿区稻田汞污染状况的相关研究成果；第七章对汞矿区稻田生态系统汞的生物地球化学过程的研究成果进行了全面系统的总结；第八章主要介绍了汞矿区居民汞暴露途径和健康风险的相关研究成果。

本书是在研究团队数届博士（硕士）研究生和博士后仇广乐、王少锋、李平、孟博、戴智慧、赵蕾、徐晓航、夏吉成、刘江、蒲强、钱晓莉、朱宗强、吴青青等的共同努力下完成的，他（她）们的博士（硕士）学位论文和研究成果以及与我本人共同发表的学术论文是本书写作的基础。本书有关章节的合作作者为：第一章，夏吉成、李平、闫海鱼、孟博；第二章，蒲强、孟博；第三章，刘江、孟博；第四章，徐晓航、钱晓莉、仇广乐、孟博；第五章，戴智慧、孟博；第六章，孟博、朱宗强；第七章，孟博、赵蕾、刘江；第八章，李平、孟博。

作者及研究团队虽然在贵州万山汞矿区开展了大量的研究工作，也取得了一些研究成果，但这些只是阶段性的成果，难免存在缺陷和不足，希望在以后的工作中加以改进和完善。

作　者

2023 年 10 月

目　　录

第1章 绪 论

1.1 汞 概 述

1.1.1 汞的理化性质

汞俗称水银,原子序数 80,位于元素周期表中的第六周期第二副族(ⅡB),是一种过渡金属元素。汞的熔点为–38.87℃,沸点 356.6℃,是在常温、常压下唯一以液态存在的金属元素。汞的密度较大,在 20℃时为 13.55g/cm³。汞具有较大的表面张力,不能润湿玻璃。汞的导热性差,但导电性能良好。液态汞具有恒定的体积膨胀系数。汞的单质和化合物均具有剧毒,为生物非必需元素。汞的化学性质不活跃,但与金、银、钠、钾等几乎所有的金属(不包括铁)易形成合金,这些合金统称汞合金或汞齐。汞溶于硝酸和热浓硫酸,但与稀硫酸、盐酸和碱不发生化学反应。汞有 0 价、+1 价和 +2 价三种价态。汞有七种稳定同位素(^{196}Hg、^{198}Hg、^{199}Hg、^{200}Hg、^{201}Hg、^{202}Hg、^{204}Hg),丰度最高的是 Hg-202(29.8%)。半衰期较长的放射性同位素有 Hg-194(半衰期 444 年)和 Hg-203(半衰期 46.6 天),其他放射性汞同位素的半衰期均小于 1 天。

汞的常见化合物有:氯化亚汞(Hg_2Cl_2,又称甘汞),常应用在医学领域;氯化汞($HgCl_2$),是一种腐蚀性极强的剧毒化合物;雷酸汞[$Hg(CNO)_2$],经常用在爆炸品中;硫化汞(HgS,又名朱砂、辰砂)是一种高质量的颜料,常用于印泥。另外,朱砂也是中药材。汞的有机化合物(甲基汞、二甲基汞等)毒性强于无机汞。有机汞的种类和化学性质不同,其毒性特征也存在较大差异。烯丙汞、乙酸汞等进入机体后可以被迅速分解、排出,毒性相对较小。甲基汞进入机体后可与红细胞血红素分子中的巯基(—SH)结合,生成稳定的巯基汞(R-SHHg)或烷基汞(R-SHHg-CH₃),蓄积于细胞和脑室,导致中枢神经中毒。单质汞(Hg^0)易于挥发进入大气,并能长时间(0.5~2 年)滞留在大气中,参与全球大气汞循环而成为全球性污染物(Lindqvist,1991)。汞及其部分常见化合物的物理化学性质见表 1-1-1。

自然界中的含汞矿物有 20 多种,常见矿物有辰砂(HgS)、橙汞矿(HgO)、汞金矿(AuHg)、汞银矿(AgHg)、硒汞矿(HgSe)、碲汞矿(HgTe)和自然汞等。汞在制造业中常用于化学药物和电子、电器产品。温度计尤其是高精度的温度计中汞是必不可少的。此外,汞还被用于提炼矿物中的金,制造气压计、扩散泵等仪器和汞蒸气灯与日光灯等。汞的其他用途包括:水银开关、杀虫剂、牙医用的汞齐、生产氯和氢氧化钾、防腐剂、电解设备的电极、电池和催化剂、雷汞(雷酸汞、炸药起爆剂)、颜料(朱砂,即硫化汞红色颜料、印泥)和农药(西力生、赛力散)等。

表 1-1-1 汞及其部分常见化合物的物理化学性质

性质	Hg^0	$HgCl_2$	HgO	HgS	CH_3HgCl	$(CH_3)_2Hg$
熔点/℃	−39	276	500（分解）	584（升华）	173（升华）	−43
沸点/℃	357	302	—	—	—	94
蒸气压/Pa	0.18	$8.99×10^{-3}$	$9.2×10^{-12}$	—	1.76	$8.30×10^3$
溶解度/(g/100mL)	$2×10^{-6}$	6.6	$2.5×10^{-3}$	$2.9×10^{-25}$	0.502	0.295
亨利常数	0.32	$2.9×10^{-8}$	$3.7×10^{-11}$	n.d.	$1.9×10^{-5}$	0.31

注:"—"表示未查到相关数据。

1.1.2 无机汞的毒性特征

1. 无机汞的毒性

无机汞的毒性主要表现为神经毒性和肾脏毒性。中枢神经系统是汞蒸气暴露最敏感的靶器官。长期汞蒸气暴露后会出现多种症状,并且这些症状会随暴露量的增加而加剧。典型的症状包括:震颤(最初是手震颤,后来蔓延到身体其他部分)、情绪不稳定(表现为易怒、过分羞怯、无自信心和神经过敏)、注意力不集中、失眠、记忆衰退、说话震颤、视力模糊、神经肌肉功能变化(易疲倦、肌肉萎缩、肌肉颤搐和肌电图异常)、头痛以及综合性神经异常(感觉异常、手套袜套型感觉减退和感觉迟缓)等。除中枢神经系统外,肾脏也是汞蒸气暴露的靶器官。早期主要表现为急性肾小管坏死,常见症状有尿成分异常(大量颗粒管型、肾小管上皮细胞、少量红细胞、蛋白)及肾小管功能障碍,严重者可发展为急性肾功能衰竭,甚至出现少尿、无尿、尿毒症等。对汞过敏者会出现急性过敏性肾炎表现,如明显血尿、嗜酸粒细胞尿,伴全身过敏症状等,而后可发展为急性肾小管坏死。无机汞的其他毒性包括致癌性、呼吸系统毒性、心血管毒性、消化系统毒性、免疫系统影响、皮肤毒性和生殖毒性等。

2. 人体无机汞暴露途径

普通人群无机汞暴露的主要途径有补牙、化妆品和中药等。我国补牙用的大部分填充物是汞合金。由于汞合金中汞含量约占 50%,汞合金填充物中的汞会以蒸气形式在刷牙或咀嚼过程中释放出来,造成人体汞蒸气暴露。一些化妆品中(特别是一些美白产品)含有高含量的汞,汞经皮肤吸收后会蓄积在人体内,引起慢性汞中毒。在中国国家药品标准里,中药如安宫牛黄丸等 253 种药品是国家批准可以含有"朱砂"成分的。如果长期、大量服用该类中药容易引起汞中毒症状,严重者还会导致急性汞中毒。职业人群由于工作环境的影响主要通过呼吸道等吸入汞蒸气,主要指生产或者使用汞及其化合物的行业人群,如汞矿开采及冶炼、氯碱车间、混汞法炼金的金矿企业、温度计厂、一些金属冶炼车间的工人及牙科医生等。

3. 无机汞的新陈代谢动力学

通过呼吸进入体内是汞蒸气暴露最重要的途径。80%左右的吸入汞蒸气可以透过肺泡进入血液，扣除肺内生理无效腔，吸收率达 100%（WHO，1991）。进入血液的汞蒸气被过氧化氢酶氧化为二价汞离子（Hg^{2+}），进而输送到全身各组织器官。食物中的无机汞大约有 7%能够被人体吸收（WHO，1991）。液态金属汞被摄取的能力相对较低，老鼠试验的结果表明其吸收率低于 0.01%。但是，人体误服几克金属汞后，其血汞含量会明显升高。通过皮肤吸收的汞蒸气仅是通过呼吸吸收的汞蒸气的 1%左右（WHO，1991）。但是，使用一些高汞含量的美白护肤品也可以造成大量的汞吸收和积累。汞对于外胚层、内胚层上皮细胞和腺体有很强的亲和力，通常聚集在甲状腺、垂体、大脑、肾脏、肝脏、胰腺等器官和组织中。肾脏是汞蒸气或者无机汞暴露后汞的主要聚集场所。

汞蒸气氧化为二价汞在汞蒸气被吸收后迅速发生，但是有时汞蒸气溶解在血液中的时间足够长（几分钟），以至于被搬运至血脑和胎盘中。二价汞还原为单质汞在动物和人体中被证实，少量呼出的汞蒸气便是这种还原作用的结果。少部分吸收的无机汞通过组织中二价汞的还原作用，以汞蒸气的形式通过呼气排出；而尿液和粪便是无机汞排泄的主要途径。另外一个排泄的重要途径是母体中的汞转移至胎儿体内。目前还没有明确的证据证实人体内或哺乳动物体内存在甲基汞的合成作用，极少量的甲基化作用可能与肠内或者口腔内的细菌作用有关。甲基汞转化为二价汞（去甲基化作用）对于甲基汞暴露后汞的排泄具有重要意义。

血汞、尿汞和呼出汞通常用来评价职业汞暴露情况（USEPA，1997）。汞蒸气一旦进入机体即迅速出现于血液中，可作为近期汞吸收的内剂量标志物，尤其适合急性汞中毒时吸收剂量及病情判断。尿汞在汞及其化合物吸收数日后方见增加，1~3 个月后达到峰值；停止汞暴露后，尿汞排出仍可持续 6~8 个月以上，且与汞在肾脏中的蓄积量有关。国际上多推荐用尿肌酐校正尿汞，即以 μmol/L 或 μg/g Cr 表示，以消除尿液稀释度的影响；留取 24h 尿液（μmol/d 或 μg/d）也可降低其影响。尿汞不宜作为急性汞中毒的判断指标，但可作为慢性汞中毒体内剂量的良好标志物。对职业汞暴露人群而言，世界卫生组织推荐的最大尿汞含量为 50μg/g Cr（WHO，1991），一般人群尿汞应低于 5μg/g Cr。呼出气体被视为汞蒸气暴露的一个可能的生物标志物，这种排泄途径的半衰期约为 18h。在低汞浓度暴露中，呼出气体的汞含量被用来监测补牙引起的汞释放。

1.1.3　甲基汞的毒性特征

1. 甲基汞的毒性

甲基汞主要表现为神经毒性，其进入脑组织后损害最严重的部位是小脑和大脑两半球，特别是脑枕叶、脊髓后束和末梢感觉神经。甲基汞在大脑的感觉区和运动区蓄积量较高，在大脑的后叶蓄积量最高，致使患者出现小脑性运动失调、视野缩小和发音困难三大主要症状。此外，甲基汞中毒导致的肢体感觉神经损害症状也比较常见。胎儿比成人对甲基汞更敏感，甲基汞可随血液穿过胎盘屏障侵入胎儿脑组织，对胎儿脑细胞造成严重的损害。甲基汞中毒引起子代神经行为改变的事实已广为人知，其中胎儿水俣病最为典型。患儿未直接摄入被甲基汞污染的食物而具有明显的神经系统发育障碍，多在出生后 3 个月内表现出来，如反应迟钝、不爱笑、眼异常，继而出现愚笨、痴呆、运动功能失调等脑性瘫痪症状。甲基汞的其他毒性包括致癌性、心血管毒性、生殖毒性、免疫系统效应、肾脏毒性和遗传毒性等（WHO，1990）。

汞的生物吸收系数为 7.6，属中等吸收元素（林年丰，1991）。汞的形态不同，其生物有效性也存在较大差异。甲基汞是目前人们认识的唯一具有生物积累和生物放大效应的汞化合物，其他形态的汞，Hg^0、Hg^{2+}及二甲基汞（Me_2Hg）等均不具有生物积累和生物放大效应（Morel et al.，1998）。世界卫生组织推荐，人体每天总汞的摄入量与体重之比应≤0.71ng/g，甲基汞的摄入量应≤0.47ng/g（WHO，1990，1991）。

2. 人体甲基汞暴露途径

甲基汞具有生物富集和食物链放大效应，处在水生食物链顶端的鱼类可以高度富集甲基汞（其含量比水体高 $10^6 \sim 10^7$ 倍）（Stein et al.，1996）。北欧和北美偏远地区半数以上湖泊鱼体汞含量超过世界卫生组织建议的水产品食用标准，食用这些鱼类对人体健康构成巨大威胁（Lucotte et al.，1999）。同样，海洋食物链也存在鱼体甲基汞含量超标的问题。国际学术界普遍认同，食用鱼类等水产品是人体甲基汞暴露的主要途径（Clarkson，1993）。目前，在欧洲和北美，人群普遍存在食用鱼类等水产品甲基汞暴露的健康风险问题。国际学术界也开展了大量关于水生生态系统（包括海洋）汞的生物地球化学循环研究工作，为《关于汞的水俣公约》的签订奠定重要的科学基础。但是，笔者研究团队和国内同行通过大量的调查研究发现，我国淡水和近海岸鱼及水产品中汞含量普遍低于我国水产品汞限量标准（冯新斌，2015；Li S X et al.，2009，2013；Liu et al.，2012；Zhang et al.，2022），近 30 年过度捕捞造成的水生生态系统鱼龄变小和食物链变短是鱼体汞含量偏低的主要原因。因此，我国目前未发现欧美普遍存在的食用鱼类甲基汞暴露的健康风险问题。然而，近期的研究表明，我国南方内陆居民甲基汞暴露的主要途径是食用大米（Feng et al.，2008；Zhang et al.，2010a）。因此，食用大米导致的人体甲基汞暴露风险不容忽视。

3. 甲基汞的新陈代谢动力学

食物中的甲基汞几乎 100%能被人体吸收（WHO，1990）。甲基汞进入血液后可与血红蛋白中的巯基结合，随血液分布至全身多个器官。在吸收的初期，血液、肝脏甲基汞含量较高，并且逐渐向脑转移。各脏器中的蓄积量由高到低依次是：肝、脑、肾和血液。甲基汞的靶器官是脑。脑组织富含类脂质，由于类脂质与甲基汞有很强的亲和力，血液中的甲基汞易于通过血脑屏障而侵入脑组织。甲基汞在大脑的感觉区和运动区蓄积量较高，在大脑的后叶蓄积量最高。由于甲基汞分子结构中碳汞键结合牢固，故侵入脑细胞中的甲基汞长期滞留于脑细胞中不易被排出体外。甲基汞在体内比较稳定，但也可能存在非常缓慢的去甲基化作用，该过程主要在巨噬细胞和肠道微生物的参与下完成。

不同于无机汞，甲基汞在人体内的半衰期较长，为 70~80 天。甲基汞主要经肝脏由胆汁和经肾脏随尿液排出。胆汁中的甲基汞常以半胱氨酸络合物形式存在，大部分会被肠道再吸收而进行肠肝循环。因此，人体摄入的甲基汞一部分仍以甲基汞形式排出，另一部分经去甲基化作用以与低分子蛋白结合成复合物的形式排出。头发汞和血汞浓度都可作为甲基汞暴露的有效生物标志物。甲基汞在血液中的半衰期为 50～70 天，因此能通过血液汞最近的 1～2 个半衰期进行甲基汞暴露的估算；而头发反映整个生长期的平均暴露水平，头发总汞的 80%～98% 是甲基汞。对于经常食鱼的人群，头发总汞和血液甲基汞存在一定相关性，通常头发中汞的浓度是血液中的 250 倍（WHO，1990）。

1.2 汞的环境地球化学

1.2.1 陆壳岩石

汞在自然界分布广泛，在地壳各类岩石以及水圈、大气圈、生物圈中普遍存在，但与其他部分元素相比，其含量为少量和微量。汞在地壳中的丰度为 $8.3 \times 10^{-6}\%$，在各类岩石中分布不均匀，其中沉积岩相对较高，为 $4 \times 10^{-5}\%$，中酸性岩浆岩为 $8 \times 10^{-6}\%$，超基性岩石为 $1 \times 10^{-6}\%$。地壳中 99.8% 的汞呈分散状态赋存于各类岩石中，仅有 0.02% 的汞能富集形成汞矿床。汞在地壳中的平均含量为 7.0ng/g（迟清华，2004）。我国东部火成岩从酸性、中性至基性，汞含量略有增高，平均为 6.9ng/g。变质岩与火成岩相近，汞的平均含量 8.6ng/g。沉积岩从碎屑岩、碳酸盐岩、泥质岩至硅质岩，汞含量逐渐增高，平均为 23ng/g，高于火成岩和变质岩（表 1-2-1）。

表 1-2-1 中国东部不同类型岩石及沉积物的含汞量 （单位：ng/g）

岩石类型	平均含量	含量范围	资料来源
中国东部地壳岩石			
火成岩	6.9	1.0～25	迟清华，2004
沉积岩	23	1.0～160	迟清华，2004
变质岩	8.6	1.0～55	迟清华，2004
中国沉积物			
水系	56	0.80～970	任天祥等，1998；赵一阳和鄢明才，1994
浅海	25	6～71	赵一阳和鄢明才，1994
泛滥平原	72	7.0～690	迟清华，2004

汞在自然界呈单质汞或 Hg^{2+} 离子化合物存在，具有很强的亲硫性和亲铜性。目前已发现的含汞矿物有 20 多种。其中，大部分是汞的硫化物，其次是少量的自然汞、硒化物、碲化物、卤化物及氧化物等。常见的汞矿物有：自然汞（Hg，含汞 100%）、辰砂（HgS，含汞 86.2%）、黑辰砂（HgS，为辰砂的同质多象变体，含汞 86.2%）、灰硒汞矿（HgSe，含汞 71.7%）、碲汞矿（HgTe，含汞 61.5%）、甘汞（Hg_2Cl_2，含汞 84.9%）、氯汞矿（Hg_4Cl_2O，含汞 90.2%）、黄氯汞矿（Hg_2ClO，含汞 88.65%）、橙红石（HgO，含汞 92.87%）、硫汞锑矿（$HgSb_4S_7$，含汞 22%）、汞黝铜矿 [$Cu_{10}(Hg, Fe, Zn)_2Sb_4S_{13}$，含汞 6%～17%]、汞银矿（AgHg，为自然银富汞的变种）。其中，作为工业矿物原料，具有开采价值的主要是

辰砂和黑辰砂。辰砂富矿石可直接进行冶炼，但大多数汞矿石品位较低，需经过选矿富集成精矿后才能冶炼。

1.2.2　土壤

土壤母质是土壤中汞的最基本来源。不同母质、母岩形成的土壤其含汞量存在巨大差异。我国 0～20cm 表层土壤汞含量根据土地利用类型对应不同的均值，森林土壤、灌木土壤、稀树草原/草地、农田及其他类型土壤汞含量均值范围为 119～211ng/g、61～197ng/g、80～82ng/g、80～82ng/g 及 31～162ng/g（Wang et al.，2016）。而在汞污染地区，土壤汞含量相比背景区高 1～3 个数量级，以万山汞矿区为例，其土壤汞含量为 5.1～790μg/g（Qiu et al.，2005）。

土壤中汞的外源主要包括：大气汞沉降、含汞工业废料和城市生活垃圾的堆放、含汞肥料和农药施用及污水灌溉等。其中，大气沉降是土壤汞的重要来源。大气中的汞可通过干/湿沉降进入土壤。土壤中的黏土矿物和有机质对汞具有很强的吸附作用，绝大部分汞迅速被吸附或固定并富集于表层土壤，造成土壤汞浓度的升高（Hissler and Probst，2006）。汞经复杂的物理、化学过程，大部分以各种形态滞留于土壤中，部分被植物吸收，少部分在一定条件下以气态汞的形式释放到大气中。土壤中的汞以多种形态存在，土壤中常见的无机汞包括：金属汞、氧化汞、硫化汞及被土壤腐殖质吸附和螯合的汞等，常见的有机汞是烷基汞和苯基汞。研究表明（冯新斌等，1996a），人为因素造成的汞污染农田土壤，汞主要以有机质结合态存在；而由地质作用引起的汞异常含量土壤中，汞主要以残渣态存在。研究发现，汞矿区土壤汞污染问题比较突出（Qiu et al.，2005，2006a，2006b；Higueras et al.，2003；Gnamuš et al.，2000）。

1.2.3　水生生态系统

1. 水环境中汞的含量和分布特征

水环境中的汞主要以溶解性气态单质汞、无机汞和有机汞的形态存在。单质汞是大气中汞的主要存在形态，具有轻微的水溶性和较大的亨利常数。虽然单质汞只占水中总汞（total Hg，THg）的一小部分，但在大气汞的全球传输过程中扮演着非常重要的角色。水环境中绝大部分汞以无机汞形态存在，其次是有机汞，如甲基汞（methylmercury，MeHg）和二甲基汞（dimethylmercury，DMHg）。其中，二甲基汞浓度相对较低且易于分解，主要存在于海洋环境中。水体中不同形态的汞可存在于溶解相、胶体和悬浮颗粒物中，并发生复杂的迁移转化过程。沉积物中的汞一部分存在于液相（孔隙水），一部分存在于固相。其中，固相沉积物中的汞主要以活性较低的硫化汞形态存在，只有少部分以 Hg^0 和 Hg^{2+} 形态存在。同时，在厌氧微生物，如硫酸盐还原菌（sulfate-reducing bacteria，SRB）和铁还原菌（iron-reducing bacteria，FeRB）等的作用下，Hg^{2+} 可被转化为甲基汞。甲基汞具有生物积累和食物链放大效应，这使得甲基汞成为最具生物活性和毒性最强的汞化合物。

水中汞的形态通常按照分析测试的操作程序来划分（闫海鱼，2005）。其中，未过滤水样中汞的形态分为：总汞、活性汞（reactive Hg，RHg）、溶解气态汞（dissolved gaseous mercury，DGM）和总甲基汞（total MeHg，TMeHg）；水样经微孔滤膜过滤后测得的汞形态分别称为溶解态汞（dissolved Hg，DHg）、溶解态甲基汞（dissolved MeHg，DMeHg）；总汞和溶解态汞的差值称为颗粒态汞（particulate Hg，PHg），总甲基汞和溶解态甲基汞的差值称为颗粒态甲基汞（particulate MeHg，PMeHg）。颗粒态汞也可以采用微波消解法对滤膜上的颗粒物进行酸消解后直接测得。沉积物中的汞通常分为孔隙水（液相）中的溶解态汞和溶解态甲基汞；固相沉积物中的汞则分为总汞和甲基汞；采用连续提取法测得的形态汞，主要包括溶解态与可交换态、碳酸盐结合态、铁锰结合态、有机结合态、残渣态等。

天然水体中不同形态汞的含量一般较低，总汞低于10ng/L，溶解态汞低于5ng/L，活性汞低于1ng/L，溶解气态汞低于0.2ng/L。甲基汞含量则更低，天然水体中甲基汞含量为0.02~0.40ng/L（冯新斌，2015；张伟，2021；李毅欧，2022；李毅欧等，2022；Tomiyasu et al.，2022）。甲基汞具有生物积累和食物链放大效应（Dietz et al.，2022），其在食物链顶端的生物体富集高达10^6~10^7倍，从而对水产品食用人群的健康和生态系统构成威胁（Stein et al.，1996；Kasper et al.，2014；Liu et al.，2012）。大气降水作为一种特殊的水体，由于其中可能含有大量的颗粒物，在背景区大气降水中总汞含量可达20ng/L或更高，但其均值约5.0ng/L，甲基汞含量约0.15ng/L（Huang et al.，2012；张伟，2021；李凯，2022；Feng et al.，2022）。

受汞矿开采、混汞炼金或化工厂等含汞污水排放污染的水体总汞含量远高于天然水体，可达100~12000ng/L（Qiu et al.，2009）。受水动力强度和降水形成的径流输入影响，河流中的汞主要以颗粒态汞形式存在，尤其是中性偏碱的水体。降水会显著增加河流表层水体总汞含量，导致颗粒态汞占总汞的比例由约50%升高到80%以上，但溶解态汞含量则保持相对稳定（李毅欧等，2022）。贵州喀斯特区域河流和水库的相关研究也表明，河流中的汞主要以颗粒态形式存在，拦河筑坝修建水库使河流水动力减弱，河流中颗粒物上吸附的汞（颗粒态汞）就在库区沉降进入沉积物（Feng et al.，2018）。

2. 水环境中汞的主要来源

水环境中汞的主要输入途径为地表径流和大气沉降。水体中汞的来源分为人为源和自然源两部分。其中，自然源主要包括火山喷发、岩石风化侵蚀等。水环境中最重要的人为汞污染途径有大气沉降、土壤侵蚀（主要是汞污染土壤和渣堆的侵蚀）、污水排放、农业活动（杀虫剂和灭菌剂）、矿山活动（汞矿、金矿、铅锌矿等）、化石燃料燃烧和工业排放（燃煤电厂、氯碱厂等）等（Wang et al.，2004）。以2017年为例，全国点源汞污染废水汞排放总量约为50t（35~66t），其中有色金属冶炼、氯乙烯单体生产、燃煤锅炉和生活污水所占的比例分别为47%、8%、7%和25%（Liu et al.，2021）。

水环境中汞的含量和形态分布主要受汞污染程度和水动力条件的影响。水动力条件较强的河流水体汞主要以颗粒态汞的形态存在和传输，颗粒态汞占总汞的比例最高可达90%以上，而在湖库和海洋汞则主要以溶解态汞形式存在。其次，当水体较深时，受到季节变化的影响，水体会在夏季形成温跃层，使得水中的汞含量呈现表层低、底层高的现象。特别是当沉积物积累较厚的情况下，沉积物中汞的再释放及甲基化过程会显著增加底层水中无机汞和甲基汞含量（Feng et al.，2018；Cossa et al.，2022）。

3. 水环境中汞的形态转化

水生生态系统是汞发生形态转化最重要的场所之一。水体汞还原后再释放是大气汞的重要来源。沉积物中汞的甲基化过程，会导致没有直接污染源的极地等偏远地区鱼类、北极熊、海豹和鸟类等生物体内高度富集甲基汞（Tomiyasu et al.，2022；Gopakumar et al.，2021）。因此，水环境中汞的形态转化一直以来是学术界关注的焦点。水环境中汞的关键形态转化过程包括：二价汞（Hg^{2+}）的还原和甲基化过程、甲基汞的去甲基化过程、单质汞（Hg^0）的氧化与甲基化过程（图 1-2-1）。

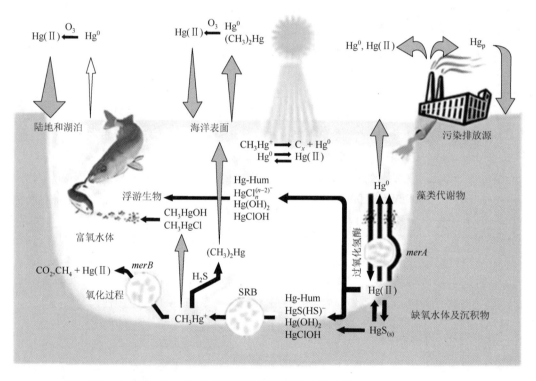

图 1-2-1　水生生态系统汞的生物地球化学循环（修改自 Schaefer et al.，2002）

1）二价汞（Hg^{2+}）的还原

一般来讲，水环境中二价汞的还原过程可分为生物途径和非生物途径。其中，非生物途径主要是光参与的过程，如二价汞的光致还原过程和甲基汞的光降解过程（Bergquist and Blum，2007）。表层水体二价汞在光照作用下极易发生光致还原反应，生成单质汞（Hg^0），即溶解气态汞。水体中溶解气态汞向大气的释放过程遵循 Fick's 第一定律，该过程与光照、温度、风速等气象因素有关（Gårdfeldt et al.，2001）。Feng 等（2004）对百花湖不同季节水体-大气界面汞交换通量的研究发现，二价汞的光致还原是表层水体溶解气态汞产生的主要途径，水体在各季节均表现为向大气释放汞的过程，暖季水体汞排放通量显著高于冷季；汞释放通量与太阳辐射强度显著相关，仅在冷季太阳辐射较弱时与风速相关。厌氧条件下溶解有机质（dissolved organic matter，DOM）也能引起二价汞的快速还原（Gu et al.，2011）。因此，水体（特别是海洋）中超饱和的单质汞通过水-气界面向大气的释汞过程，在全球汞的生物地球化学循环中扮演着非常重要的角色。

生物途径汞的还原过程主要是在异化金属还原菌（dissimilatory metal reducing bacteria）和厌氧光合紫色非硫菌（anoxygenic photosynthetic purple non-sulfur bacteria）的参与下完成的（Wiatrowski et al.，2006；Gregoire and Poulain，2016；Lin et al.，2014）。Weber 等（1998）研究发现，往沼泽地中加入微生物生长所需的营养物质能显著增加单质汞的产生量，并且指出二价汞的生物还原是土壤和沉积物中汞形态转化的重要途径。Schaefer 等（2002，2004）研究发现，自然环境中广泛存在一些抗汞微生物，其携带抗汞基因 mer 操纵子，且包含多个不同的基因，其中 merB 编码甲基汞降解酶可以将甲基汞转化为无机汞（Hg^{2+}），随后 merA 编码汞还原酶将 Hg^{2+} 还原成单质汞（Hg^0），但这些抗汞基因只有在汞浓度达到一定水平时才能诱导表达。

2）单质汞（Hg^0）的氧化

已有研究表明，单质汞的氧化主要发生在极地环境。极地大气汞"亏损"期间，积雪上方气态单质汞浓度基本保持稳定，而表层积雪汞浓度存在昼夜变化，表明日间雪-气界面单质汞发生了氧化（Fain et al.，2006）。单质汞的氧化过程主要发生在午后光照强度下降期间（Fain et al.，2008），表明该过程可能在光照作用下生成的自由基及有机化合物共同参与下完成（Poulain et al.，2004）。积雪孔隙中气态单质汞的快速清除表明存在单质汞的暗氧化过程（Fain et al.，2008）。此外，积雪表层和深层处溴的浓度与汞浓度间存在显著的正相关关系，表明溴可能作为重要的氧化剂参与单质汞的氧化过程（Spolaor et al.，2018）。有关厌氧条件下单质汞氧化的研究相对较少。以往通常认为厌氧条件下单质汞相对惰性，不易发生形态转化。因此，普遍认为自然水体中单质汞的氧化甚微甚至不存在。然而，有研究发现，厌氧条件下单质汞也可以被巯基氧化生成二价汞（Gu et al.，2011）。

3）汞的甲基化与去甲基化

学术界普遍认为，自然环境中无机汞的甲基化过程主要是在厌氧条件下、在厌氧微生物（如硫酸盐还原菌、铁还原菌、产甲烷菌等）参与下完成的，非生物的甲基化过程可以忽略（Ullrich et al.，2001；Parks et al.，2013；Vishnivetskaya et al.，2018；Compeau and Bartha，1985）。然而，并不是所有的硫酸盐还原菌、铁还原菌和产甲烷菌都能使汞发生甲基化，汞甲基化能力与微生物的分类地位没有相关性，汞甲基化菌株随机分布于系统发育树中（Ranchou-Peyruse et al.，2009；Gilmour et al.，2013）。研究发现，微生物对汞的甲基化是由汞甲基化基因簇 hgcAB 引起的，其中 hgcA 为编码类咕啉蛋白，hgcB 为编码铁氧还原蛋白（Parks et al.，2013）。目前发现的所有汞甲基化微生物中均含有该基因簇，而非甲基化微生物中并未检测到该基因簇，这就说明 hgcAB 是微生物汞甲基化的必要条件（Parks et al.，2013）。近年来，随着基因测序技术和针对不同微生物类群的汞甲基化基因 hgcA 引物的完善（Christensen et al.，2016；Liu et al.，2018），hgcAB 不仅能作为发现新的汞甲基化微生物的有效手段，同时也是判断特定环境中引起汞甲基化微生物类群的重要依据。汞的甲基化过程受控于甲基化微生物的丰度及活性（Wang et al., 2014；Liu et al., 2014a，2014b，2018）。同时，汞的甲基化过程还受到可供甲基化细菌利用的有机质含量、电子受体（SO_4^{2-} 和 Fe^{3+} 等）、电子给体（Fe^{2+} 和 S^{2-} 等）、溶解氧、pH、温度以及生物可利用态汞含量的影响（Marvin-DiPasquale et al., 2009；Ullrich et al., 2001）。而且，这些因子之间相互影响、错综复杂，同时它们也影响着微生物群落和汞的生物可利用性等。

　　甲基汞的去甲基化主要包括光降解过程和微生物降解过程两种途径。微生物在参与无机汞甲基化过程的同时，还可以参与甲基汞的去甲基化过程，理论上二者的共同作用决定了环境中甲基汞的净产生量。在微生物纯培养实验（Perrot et al., 2009）和沉积物原位培养实验中，均同时检测到了甲基化和去甲基化作用的发生（Rodríguez Martin-Doimeadios et al., 2004）。如前所述，自然环境中携带抗汞基因 mer 操纵子的微生物包含多个不同的基因。其中，merB 编码甲基汞降解酶可以将甲基汞转化为无机汞，生成 Hg^{2+}、CO_2 和 CH_4。此外，也有可能是在微生物作用下将甲基汞直接转化为单质汞，对此目前还没有确切的证据（胡海燕，2012）。高汞浓度、有氧条件利于还原去甲基化；而低汞浓度、厌氧环境则利于氧化去甲基化（Barkay and Wagner-Döbler，2005）。甲基汞的光致降解是去甲基化的重要非生物过程。UVA（ultraviolet radiation A，波长 320～400nm，又称为长波黑斑效应紫外线）、UVB（ultraviolet radiation B，波长 290～320nm，又称为中波红斑效应紫外线）以及可见光都可降解甲基汞，其降解产物是 Hg^0 和 Hg^{2+}（Chen et al., 2003）。Zhang 和 Hsu-Kim（2010）通过人工淡水和海水培养实验发现，淡水中甲基汞的光分解速率相对较快，而海水中甲基汞的光分解速率较慢，其可能原因为单线态氧（阳光照射在溶解有机质上产生的溶解氧的高活性形式）促进了光降解。然而，甲基汞的光降解速率取决于水体中甲基汞结合配体的存在类型。当甲基汞与谷胱甘肽和巯基乙酸等含硫配体结合时，降解速率相对较快（类似于在淡水湖中的观察结果）。相比之下，在海洋水体中甲基汞与含氯配体结合则不容易发生降解。

1.2.4　稻田生态系统

1. 稻田生态系统介绍

　　水稻为禾本目、禾本科植物，是世界上最重要的粮食作物之一。全球一半以上的人口以稻米为主食。据统计，全球约有 122 个国家种植水稻，栽培面积常年在 1.40 亿～1.57 亿 hm^2，其中 90%左右集中在亚洲。中国是亚洲栽培水稻的起源地之一，近 2/3 的人口以稻米为主食。中国有 6 个水稻种植区：华南稻作区、华中稻作区、西南稻作区、华北稻作区、东北稻作区和西北稻作区。根据生态地理分化特征，可将水稻分为籼稻和粳稻；根据水稻品种对温度和光照的反应特征，可以分为早稻、晚稻和中稻；根据籽粒的淀粉特性，可分为粘稻（非糯）和糯稻；根据水分供应条件，可分为水稻、陆稻（程式华和李建，2007）。中国陆稻面积约 70 万 hm^2，仅占全国稻作总面积的 2.5%。水稻属沼泽植物，在系统发育过程中形成了对淹水环境的生理适应性。西南稻区主要是中稻种植，一般在 4 月上旬到 5 月初播种，5 月中下旬至 6 月初插秧，9 月上旬收割，其生育期为

135～145 天。水稻生育期主要分为：种子萌发期、幼苗生长期、移栽期、分蘖期、幼穗分化期、花粉母细胞减数分蘖期、抽穗开花期、灌浆结实期。水稻稻谷由谷壳和糙米两部分组成，谷壳生物量占稻谷的 16%～18%。糙米中种皮和果皮占糙米质量的 5%～6%，胚占 2%～3%，胚乳占 91%～92%，果皮、种皮和外表的糊粉层组成了米粒的糠层部分。

稻田是由水稻、土壤、动物、微生物和环境因素共同构成的人工生态系统。稻田由各种起源土壤或其他母质经平整造田和淹水种稻进行周期性灌排、施肥、耕耘、轮作逐步形成。稻田上覆水是大气和土壤间的天然屏障，可有效阻隔大气中的氧与土壤的直接接触。类似于湿地生态系统，稻田在淹水期间具有多个好氧-厌氧界面。上覆水体从表层到土壤界面具有溶解氧梯度变化，到土壤中会有好氧到厌氧的跃迁。表层土壤（几毫米至 1cm）受上覆水中溶解氧的影响，表现为氧化环境，深层土壤则由于水饱和及微生物活动对氧气的消耗，呈现还原环境（陈学萍，2008）。氧化还原电位的改变会影响土壤中有机与无机反应的方向和速率，从而影响土壤中汞的迁移转化过程。还原环境有利于土壤液相（孔隙水）Fe^{2+}、Mn^{2+}、Cu^{2+}、Hg^{2+}、As^{3+} 等离子的溶出（Armstrong，1967）。稻田土壤中微生物种群复杂，氧化还原电位的改变会影响土壤中微生物群落结构的变化。

为了适应长期淹水环境，水稻在进化过程中形成了具有纵向通气功能的通气组织。通气组织可以通过叶片将大气中的氧输送至根部，为呼吸作用提供氧气。水稻在旺盛生长期间，根系氧化能力增强，一方面，部分氧气排出根外；另一方面，根系会分泌一些氧化性物质（包括氧化酶类），共同导致根系外围微区处于氧化环境。水稻根系较强的泌氧能力可在根际产生更多的氧化带，还原性物质如 Fe^{2+}、Mn^{2+} 等被氧化后，铁、锰氧化物在水稻根表及质外体沉积呈胶膜状态包裹在根表，形成棕色的铁锰氧化膜（St-Cyr et al.，1993；Chen et al.，1980；Crowder et al.，1993）。由于锰膜形成需要的氧化还原电位高于铁膜，因此，氧化膜中铁膜的沉积量远高于锰膜，铁膜占主导地位（Bacha and Hossner，1977）。研究发现，水稻根表的铁锰氧化膜主要由铁锰的氧化物及其水合物组成（Batty et al.，2000），属于两性胶体，可以影响水稻根部与土壤重金属的相互作用。一方面，对土壤中的重金属阳离子（如 Cd^{2+}、Pb^{2+}、Hg^{2+} 等）有强烈的吸附作用，成为重金属离子进入根系组织的屏障，减少重金属对植物的毒害（Liu et al.，2005）；另一方面，可通过离子间的吸附-解吸附、氧化-还原、有机-无机络合等作用方式改变水稻根际环境中重金属的赋存状态及其在固-液两相间的分配，从而影响重金属在土壤中的迁移转化及生物有效性（St-Cyr and Crowder，1990；Otte et al.，1989；Trivedi and Axe，2000）。根表铁锰氧化膜在水稻生长过程中所起的作用、相关机理及影响因素非常复杂。水稻根表沉积的铁锰氧化膜作为营养物质和污染物质进入体内的门户，其生态作用主要表现在以下两个方面：①养分富集储存库或养分吸收障碍层；②重金属元素的富集库或重金属元素吸收障碍层（Crowder，1991；Ye et al.，2001；Taylor and Crowder，1983；Greipsson，1994；Li et al.，2018；Han et al.，2020）。氧化膜所具有的"两面性"主要取决于膜的厚度及重金属（或营养物质）在铁锰氧化膜上的空间分布和与之发生相互作用的方式，同时也受控于土壤养分的浓度、重金属浓度、土壤中铁锰的含量和植物自身的氧化能力等。

研究表明，湿地不仅有利于甲基汞的产生，而且有利于甲基汞在生物体中的富集放大（Ullrich et al.，2001；Hall et al.，2008；Li et al.，2012；Selvendiran et al.，2008）。稻

田在水稻生长期内的季节性灌溉（干湿交替过程），使其成为一种特殊的间歇性湿地生态系统。淹没的土壤可为汞的甲基化过程提供厌氧环境（Porvari and Verta，1995），且土壤中含有丰富的硝酸盐、硫酸盐、可溶解性还原态铁锰和溶解有机碳，这为甲基化细菌提供了理想的生存条件（Murase et al.，2006）。对贵州万山、务川汞矿区不同类型土壤甲基汞污染状况的调查结果显示，稻田土壤中甲基汞平均含量要高出相邻玉米田土壤含量近10倍（Qiu et al.，2005），表明稻田土壤存在活跃的汞甲基化作用，是甲基汞产生的理想场所，成为陆地生态系统重要的甲基汞"源"（Wind and Conrad，1995；Stubner et al.，1998；Branfireun et al.，1999；Liu et al.，2014a，2014b；Liu et al.，2022；Vishnivetskaya et al.，2018）。

2. 我国水稻种植区土壤汞污染状况

随着经济的快速发展，土壤受重金属污染的现象日趋严重。土壤一旦被重金属污染，不仅影响作物生长，还可以通过食物链危害人体健康。有资料显示，1976~1982年我国受汞污染的农田有3.2万hm^2，涉及全国15个省区市的21个地区，每年生产的汞污染大米（>0.02mg/kg）约有1.85亿kg（牟树森和青长乐，1993；陈怀满，1996）。我国污灌区面积约140万hm^2，遭受重金属污染的土地面积占污染总面积的64.8%，其中以汞和镉的污染面积最大（胡振琪等，2006；张瑞凌等，2011）。稻田重金属污染不仅导致水稻生长发育受阻、产量下降，更为严重的是有毒重金属在水稻体内大量累积，并通过食物链传递对人和动物的健康构成威胁，影响我国粮食安全。人类活动（如污水灌溉、燃煤、有色金属冶炼等）导致大面积的农田受到汞污染。早期有研究报道，我国污灌区遭受汞污染的稻田涉及15个省区市，其生产的稻米中汞含量超过国家卫生标准（邬杨善，1992）。陈迪云等（2010）的研究表明，福建沿海农田土壤中的汞具有较高的生态风险，其含量均值为（0.41±0.37）mg/kg（范围：0.04~2.22mg/kg）。郎春燕等（2012）对成都东郊火力发电厂周围的稻田土壤汞污染状况进行了调查，结果表明，处于火力发电厂烟尘排污口下风向的稻田土壤受到了严重的汞污染，总汞平均含量高达24.55mg/kg，远远超出我国《土壤环境质量 农用地土壤污染风险管控标准（试行）》（GB 15618—2018）所规定的筛选值。汞矿冶炼厂附近农田土壤汞含量高达155mg/kg（崔瑞平等，1987）。贵州省丹寨汞矿冶炼厂附近的稻田土壤总汞含量达到135mg/kg（林齐维等，1998）。湘西茶田汞矿区农田土壤也都遭受了严重的汞污染，其土壤总汞平均含量高达（131±146）mg/kg，矿区水稻根、茎、稻米中总汞平均含量分别是对照区的8.6倍、5.8倍和2.3倍（李永华等，2012）。贵州万山汞矿区农田土壤和作物汞污染调查结果显示，稻田土壤甲基汞含量要高出玉米田土壤近10倍，玉米、蔬菜类（油菜、卷心菜等）作物都受到严重的汞污染（仇广乐，2005）。李冰（2012）调查了贵州、湖南和广东三省16个地区的稻田（13个为矿区，3个为非矿区）土壤汞污染状况，其中13个矿区的稻田土壤均遭受不同程度的汞污染。

3. 稻米甲基汞污染问题

由于分析水平的局限，早期稻米中汞的相关研究仅局限于总汞的测定。即便如此，早在 20 世纪 60 年代，Epps（1966）就报道了美国路易斯安那州稻米（精米）总汞含量高达 200ng/g。类似的稻米汞污染事件在我国也有相关报道，陈业材（1994）发现使用含汞污水灌溉的稻田，其稻米总汞含量（最高值 525ng/g，平均值 144ng/g）远远高于我国食品卫生限量标准（20ng/g，总汞）。

　　20 世纪 80~90 年代，随着甲基汞测定方法的改进与发展和痕量甲基汞测定方法的建立（Bloom，1989；Horvat et al.，1993；Liang et al.，1996），国内外多个研究团队对汞矿区稻米中甲基汞的含量进行了报道。2003 年，斯洛文尼亚 Horvat 研究组首次报道了贵州万山汞矿区复垦农田稻米中甲基汞含量高达 144ng/g（Horvat et al.，2003）。中国科学院生态环境研究中心江桂斌研究组在贵州万山汞矿区大米中也检测到了高含量的甲基汞，接近 30ng/g（Shi et al.，2004）。笔者研究团队对贵州万山汞矿区农作物汞污染调查发现，稻米中的甲基汞含量（174ng/g）远远高于同区域其他农作物，如玉米、油菜、卷心菜等（Qiu et al.，2008）。之后，在陕西（旬阳）、贵州（务川、滥木厂、铜仁）、湖南（茶田、新晃）、重庆（秀山）等汞矿区也相继报道了严重甲基汞污染的稻米（Qiu et al.，2006a，2006b，2008，2012a，2012b；Meng et al.，2010，2011，2014；Li et al.，2008a，2008b，2011；Xu et al.，2018）。除了汞矿区，在化工厂（Cheng et al.，2013；Horvat et al.，2003）、燃煤电厂（Horvat et al.，2003）、炼金区（Appleton et al.，2006；Krisnayanti et al.，2012；Taylor et al.，2005；Pataranawat et al.，2007）、铅锌冶炼厂（Li B et al.，2013）、氯碱厂（Morishita et al.，1982；Lenka et al.，1992）、节能灯厂（Liang et al.，2015）、城市工业区（Wang and Stuanes，2003）、电子垃圾回收区（Fu et al.，2008）等区域种植的水稻，其稻米中也存在高含量的总汞或甲基汞。甚至，在没有明显汞污染源的地区，如印度的Gaganvati（Sarkar et al.，2012）和泰国（Zarcinas et al.，2004）等地同样也发现了汞含量超标的大米。自此，汞污染区稻米汞含量普遍超标的现象才逐渐为人们所关注。

　　以往的调查研究认为，蔬菜和谷类等农作物中的汞通常以毒性较小的无机汞为主（WHO，1991）。因此，食品中汞限量卫生标准通常是以总汞为基础进行界定的［总汞20ng/g，《食品安全国家标准　食品中污染物限量》（GB 2762—2017）］。然而，大量研究表明，不但稻米（汞污染区）甲基汞含量超过了我国食品卫生限量标准（Qiu et al.，2008；Meng et al.，2010，2011，2014），而且稻米中甲基汞占总汞的比例也处于较高水平（Meng et al.，2014）。此外，稻米对甲基汞的生物富集系数远远大于 1，是对应无机汞的 400~800 倍（Zhang et al.，2010b）。上述研究证实，水稻是迄今为止唯一发现的甲基汞富集农作物。因此，汞污染区稻米富含甲基汞的现象普遍，有足够的理由引起人们的高度重视。

1.3　汞资源开发及其环境问题

1.3.1　世界汞矿资源分布

1. 全球汞矿化带与汞矿床

全球范围沿板块边缘分布着 3 个大型汞矿化带：环太平洋汞矿化带、地中海—中亚汞矿化带和大西洋中脊汞矿化带。世界上大型或超大型汞矿床有西班牙阿尔马登汞矿、斯洛文尼亚 Idrija 汞矿、意大利 Monte Amiata 汞矿、菲律宾巴拉望汞矿、美国 New Almadén 汞矿以及我国贵州万山汞矿等，它们均分布在上述汞矿化带中。

全球历史时期生产的汞总量接近 100 万 t（Hylander and Meili，2003）。世界上最大的汞矿西班牙阿尔马登汞矿，贡献了世界约 1/3 的产量，其具有 2000 年的开采历史（Hylander and Meili，2003）。斯洛文尼亚境内的 Idrija 汞矿是世界第二大汞矿，近 500 年累计汞产量约为 7628t（Hylander and Meili，2003）。

2. 中国汞矿床分布

我国汞矿资源较丰富，已探明有储量的矿区有 103 处，分布于 12 个省区市，累计探明汞储量约 14.38 万 t。著名的汞矿有贵州万山汞矿、务川汞矿、丹寨汞矿、铜仁汞矿，以及湖南的新晃汞矿等（仇广乐，2005）。从目前各省区市汞矿床的产出量来看，贵州省居全国之首。

贵州省汞储量达 88000t，占全国总储量的近 80%。自新中国成立以来，贵州省就是我国最重要的汞工业基地。目前，贵州省已探明的汞矿床共 12 个，以万山汞矿、务川汞矿、铜仁汞矿、丹寨汞矿、松桃汞矿及兴仁滥木厂汞矿为主。其中，贵州万山汞矿床属超大型汞矿床，居亚洲第一、世界第三。

中国的汞工业，在 20 世纪 50 年代初期主要是接收民国遗留下的一些矿山，国家对这些矿山进行了恢复和扩建。50 年代末至 60 年代中期，我国汞业生产进入全盛时期，汞产量 1959 年达到 2684t。其中，贵州万山汞矿的产量达 1260t，长期以来一直占全国汞产量的 40%～60%。铜仁汞矿、丹寨汞矿的年产汞量一直保持在 150t 左右；务川汞矿的年产汞量在 50t 左右；其他各小型汞矿合计年产量约 100t（仇广乐，2005）。

1.3.2　汞资源开发过程中的环境问题

汞矿开采是全球金属汞最主要的生产途径，迄今约有 68.9 万 t 金属汞从不同国家和地区的汞矿山产出（Rytuba，2003）。20 世纪 80 年代以来，随着人们对全球环境的关注和对汞的毒性及危害的深入认识，各行业对汞的需求量日趋减少，各国汞矿资源的大规模开采活动陆续停止。至 2004 年，我国大型汞矿山已经全部停产、闭坑。但是，长期的汞矿开采、冶炼活动改变和破坏了矿区地表生态系统，对矿区生态环境造成了严重的污染。

1. 固体废弃物

汞矿山活动会产生大量的固体废弃物，主要包括废石和冶炼炉渣。世界范围内的汞矿山，由于矿区交通条件、经济条件等因素，大量固体废弃物未得到妥善的处理而被直接排放于矿坑口或堆放在附近河谷及河流两岸，侵占了河床和附近大片农田。固体废弃物尤其是炉渣，在地表径流及雨水淋滤等自然地质作用下，大量富汞物质不断向环境扩散，使当地环境受到严重污染。世界部分汞矿区炉渣暴露状况统计见表 1-3-1。

表 1-3-1　世界部分汞矿区炉渣暴露状况统计

汞矿区	暴露体积/m³	汞含量/(μg/g)	汞暴露量估算值/t	参考文献
美国 Nevada 汞矿				
Dutch Flat	300	1.9～2000	1	
Goldbanks	10000		5	Gray et al.，2002a
McDermitt	1000000		>1000	
美国 Alaska 汞矿				
Red Devil	40000	3.5～46000		Gray et al.，2000；
Cinnabar Creek	10000			Bailey et al.，2002
西班牙汞矿				
阿尔马登	1000000	160～34000	4000	Gray et al.，2004
中国贵州汞矿				
万山	1600000	5.7～4450		娄振东和段红英，2020；仇广乐，2005

　　调查研究显示，西班牙阿尔马登汞矿冶炼废渣总汞含量高达 34000μg/g（Gray et al.，2004），万山汞矿冶炼废渣总汞含量高达 4450μg/g（Qiu et al.，2005），我国 9 个汞矿区冶炼废渣和废石汞含量范围为 0.369～2620μg/g（Li P et al.，2013），说明汞矿冶炼废渣中含有高含量的汞（Rytuba，2003；Gray et al.，2004）。炉渣是辰砂矿石高温焙烧的产物，受冶炼工艺和高温作用的影响，炉渣中含有大量高温条件下形成的富汞次生矿物，如黑辰砂、含汞多硫化物、含汞氯化物、氧化汞、含汞硫酸盐以及单质汞等（Biester et al.，1999；Kim et al.，2000，2004）。这些含汞次生矿物粒度极细（微米或纳米级），极易附着于细小颗粒物的表面；同时其物理化学性质又不同于辰砂，更易于溶于水或以悬浮颗粒物的形式进入地表径流。因此，炉渣在地表风化和雨水淋滤作用下会不断向周围环境释放汞。调查表明，西班牙阿尔马登汞矿区炉渣渗滤液中的总汞含量达 120000μg/L。其中，溶解态汞占总汞的比例达 70%（Gray et al.，2004）。我国贵州万山汞矿区炉渣渗滤液中总汞含量也高达 4.46μg/L（仇广乐等，2004）。在地表营力的作用下，炉渣同样可以造成土壤汞含量升高，导致附近农田土壤严重汞污染（Higueras et al.，2003）。另外，炉渣中大量易溶富汞次生矿物会向环境释放活性汞，使得炉渣及周围环境介质成为无机汞甲基化的有利场所（Hines et al.，1999）。研究显示，西班牙阿尔马登汞矿区炉渣中甲基汞含量高达 3100ng/g（Gray et al.，2004），Almadenejos 汞矿区炉渣中汞的净甲基化速率达 11100ng/(g·d)，高出沉积物中汞甲基化速率 3～4 个数量级（Hines et al.，2004），说明炉渣是矿区地表环境中甲基汞的重要来源。

　　2. 矿山废水

　　矿山废水是矿区重金属元素迁移扩散的重要载体。汞矿开采活动会产生坑道废水，其在矿山闭坑后仍会不断向周围环境排放。而暴露于地表的固体废弃物（如冶炼炉渣），受地表外力地质作用的影响，同样会产生废水。来自冶炼炉渣的废水含有大量的汞，例如，美国加利福尼亚 Coast Range 汞矿区废水中总汞含量达 450μg/L（Rytuba，

2000)。我国的贵州万山汞矿区（Qiu et al.，2005；Horvat et al.，2003）、美国 Nevada 汞矿区（Gray et al.，2002a，2002b）、美国 Alaska 汞矿区（Gray et al.，2000）和西班牙阿尔马登汞矿区（Gray et al.，2004）等长期受矿山废水的影响，当地河流汞污染问题突出。

高汞含量的矿山废水不断汇入地表径流，造成汞污染物不断向矿区周围及下游地区迁移，污染范围不断扩大。斯洛文尼亚 Idrija 汞矿自 1994 年闭坑至 1997 年 3 年间，有 1.5t 汞随着矿山废水迁移至下游 100km 的爱琴海（Sirca and Rajar，1997）。更为重要的是，矿区汞污染水体中硫酸盐浓度普遍偏高，硫酸盐还原菌活性大大增强，从而提高了水体中汞的甲基化能力（Rytuba and Enderlin，1999），如美国加利福尼亚 Coast Range 汞矿区，污染水体甲基汞含量可达 47ng/L（Rytuba，2000）。因此，汞矿区受废水影响的汞污染水体，还会成为下游农田、湖泊和水库等生态系统重要的甲基汞"源"，对生态环境和人体健康造成潜在威胁。

3. 废气

汞生产过程中可产生高汞含量的废气，造成汞矿区严重的大气污染。汞矿山活动停止后，仍有不同的释汞源持续向大气排放汞。首先，汞污染土壤是矿区大气汞的重要来源之一（Ferrara et al.，1991；冯新斌等，1996b）。研究表明，我国贵州滥木厂汞矿生产活动停止 10 年后，矿区土壤向大气的释汞通量仍高达 10500ng/(m^2·h)（王少锋等，2004）。其次，汞矿冶炼活动产生的冶炼炉渣是当地大气汞的另一个重要来源。研究显示，汞矿区大气汞总量的 10%来自矿区内堆积的炉渣（Gustin et al.，1996）。最后，早期已废弃的汞矿冶炼场所也是大气汞的重要来源之一。研究发现，汞矿冶炼活动停止 35 年后，废弃冶炼厂附近大气汞的浓度依然高达 3000ng/m^3（Kotnik et al.，2005）。汞矿区存在的大量释汞源可对当地大气造成污染，大气中的汞通过干湿沉降过程对地表生态系统产生影响。首先，高汞大气环境会导致通过叶面吸收大气汞的植物体内富集汞，如意大利 Amiata 汞矿区生长的松树（*Pinus*）和金雀儿（*Cytisus*）植物叶片中总汞含量达 9.8µg/g（Ferrara et al.，1991）。此外，大气中存在的极少量甲基汞也可通过湿沉降造成矿区植物体内甲基汞含量的升高，如美国 Alaska 汞矿区，柳树叶中甲基汞含量可达 11ng/g（Bailey et al.，2002）。

4. 土壤污染

土壤是人类赖以生存的物质基础，是不可缺少、不可再生的自然资源，而土壤污染具有隐蔽性、滞后性、累积性、地域性、治理难且周期长等特点。因此，土壤污染对人类的危害性极大。土壤中的汞不能被生物降解，可进入食物链并在生物体内积累，危及矿区居民的身体健康。大量研究表明，汞矿区土壤遭受严重的汞污染。例如，贵州万山汞矿区土壤总汞含量为 5.1~790µg/g，务川汞矿区土壤总汞含量为 0.33~320µg/g，滥木厂汞矿区土壤总汞含量为 8.4~850µg/g（Qiu et al.，2005，2006a，2006b）；西班牙阿尔马登汞矿区土壤总汞含量为 6~9000µg/g，斯洛文尼亚 Idrija 汞矿区土壤总汞含量为 0.39~2759µg/g（Higueras et al.，2003；Gnamuš et al.，2000）。

综上所述，汞矿山开发活动对矿区环境的影响是长期的和不断扩大的过程。汞矿区不同环境介质中的汞可通过生物积累过程进入生物体内,对当地生态系统的良性发展构成潜在威胁。因此,矿山闭坑后矿区农业生态的恢复将有可能加速汞的迁移、转化和生物积累过程,从而导致矿区居民的健康风险。

1.4　汞矿区汞的污染过程及健康风险研究意义

1.4.1　汞矿区汞污染问题

随着人们对全球环境的关注和对汞的毒性及危害的深入认识,世界各国汞矿资源的大规模开发活动陆续停止,但是不同国家和地区上千年的汞矿冶炼史,已经造成了矿区土壤、水体以及大气的严重汞污染。不同于其他多数重金属,无机汞进入环境后,在特定环境下会转化为毒性更大、生物有效性更强的甲基汞,通过各种途径进入食物链,对人类健康构成潜在威胁。因此,汞矿山闭坑后矿区汞污染的治理,已经成为矿区农业生态恢复与重建工作面临的首要问题。目前,汞矿山活动引起的矿区环境问题已备受关注。

贵州是我国汞矿山活动集中区域,历史上国内 11 家大型国营汞生产企业中,贵州有 5 家,年产 100t 以上金属汞的大型企业均分布在贵州省。另外,贵州省汞矿开采、冶炼活动最早可以追溯到秦代,大规模的开采、冶炼活动经历了 600 多年。长期的汞资源开发导致矿区自然环境、生态系统遭受了严重破坏,大量农田被侵占,土壤汞污染问题突出(Zhang et al.,2004;瞿丽雅,2004;丁振华等,2004)。汞矿山闭坑后,矿区居民采用简单的填埋、覆盖等方式就地对矿山占用的农田、矿山废弃地实施耕种。这种未经妥善处理汞污染土壤的矿区农业恢复,无疑会对矿区农业生态系统造成更为严峻的问题。

研究表明,无论是在夏季还是冬季,炉渣均表现出向大气强烈的释汞过程(仇广乐,2005)。王少锋(2006)利用动力学通量箱法对矿区土壤-大气间的汞交换通量进行测定,指出在汞富集区域,土壤是重要的大气汞源。大气中的汞通过干湿沉降进入地表,进入水体中的汞会增加地表水中汞的负荷。另外,多数汞矿开采和冶炼点分布于水系源头,在地表径流和雨水的冲刷等外动力作用下,矿山废石和冶炼炉渣中的汞会被释放出来,随之进入下游水系中。针对万山汞矿的基础性调查研究表明,矿区土壤、大气和地表水均遭受了严重的汞污染,矿区环境的治理必要且紧迫。由于缺乏对矿区汞的源汇关系以及迁移途径的深刻认识,在制定环保方案时难以做出科学有效的决策。因此,全面系统地评估矿区环境汞污染程度,深入了解汞在地表环境中的迁移转化过程和源汇关系,是矿区汞污染环境治理的前提和基础。

1.4.2　稻田是矿区甲基汞向食物链迁移的潜在途径

汞矿开采和冶炼会造成局地陆地生态系统严重的汞污染。陆地生态系统是人类赖以生存的粮食、蔬菜等作物生长的环境背景,它的汞污染对人类产生的影响会更深刻、持久。汞矿区高汞背景条件下农业生态的重建，将会加速环境中汞的甲基化过程和食物链中甲基汞的积累。国外已有学者对汞矿区生态系统中汞的甲基化过程及相关机理等进行了研究（Gray et al.，2002b，2004；Bailey et al.，2002；Hines et al.，2004；Gnamuš et al.，2000）。但是，至本研究开展前国内相关研究尚处于起步阶段，这对于汞矿区农业生态的恢复十分不利。

我国西南地区是全国主要的汞矿生产区域，分布着许多大型、超大型的汞矿床。尽管所有的汞矿山都已经闭坑停产，但是长期的汞矿山开采和冶炼，给矿区周围环境造成了严重的汞污染（Li et al.，2008b；Li et al.，2009）。调查研究发现，汞矿区农田土壤、水体和大气汞含量分别高达 790µg/g、6.3µg/L 和 2000ng/m^3（Qiu et al.，2005；仇广乐等，2004）。如前所述，我国稻田土壤汞污染形势严峻，汞污染区稻米甲基汞污染现象普遍。稻田作为陆地生态系统重要的甲基汞"源"，是甲基汞向陆地食物链迁移的潜在途径。我国多数汞矿山分布于贵州、湖南和重庆等水稻种植区，稻米是当地居民的主食。汞矿山闭坑后，大量矿区早期占用的农田，被重新复垦后改良种植水稻。这无疑会导致矿区农业生态的危机：一方面，水稻的种植会加快矿区甲基汞向陆地生态食物链迁移；另一方面，甲基汞的不断迁移，又将会促进矿区无机汞的甲基化过程，形成恶性的动态循环。此外，在经济快速发展的同时，我国已成为全球最大的汞生产国、使用国和排放国，导致我国大气汞含量明显高于欧美等发达国家和地区（Fu et al.，2012）。大气中高浓度的汞一旦沉降至水稻种植区，将有可能造成大范围的稻米甲基汞污染。因此，对稻田系统中汞的生物地球化学过程进行全面、系统的研究，不仅对解决局地汞污染而导致的环境问题提供理论基础和支持，同时也对实现农业生态的绿色生产具有重要的现实意义，最终达到从源头控制汞矿区人体通过食用大米的甲基汞暴露风险的目的。

1.4.3　汞矿区居民食用大米导致的甲基汞暴露风险

传统的观点认为，食用鱼类等水产品是人体甲基汞暴露的主要途径（Clarkson，1993）。然而，笔者研究团队早期的研究证实，食用稻米已成为我国南方内陆农村居民人体甲基汞暴露的主要途径（Feng et al.，2008；Zhang et al.，2010a；Li et al.，2008a；Li et al.，2015，2017；Du et al.，2018），汞矿区居民甲基汞日暴露量最高达 1.8 µg/kg 体重（Qiu et al.，2008），远远高于 USEPA 建议的食用标准（0.1µg/kg 体重；USEPA，1997），这是我国有异于西方发达国家的重要发现（西方发达国家人体甲基汞暴露的主要途径为食用鱼、贝类等水产品）。这一发现打破了国际上认为食用鱼等水产品是人体甲基汞暴露主要来源的传统认识。水稻是世界上最重要的粮食作物之一，全球一半以上的人口以稻米为主食。因此，水稻甲基汞污染问题引起了国际社会的高度关注。例如，英国阿伯丁大学 Brombach 等（2017）和美国佛罗里达国际大学 Cui 等（2017）对欧洲和美国市场上的大米及婴幼儿米粉（主要原料为大米）中汞含量检测发现，这些地区成人和婴幼儿食用大米或大米制品均存在一定程度的汞暴露健康风险。此外，美国麻省理工学院研究团队利用模型对我国大米汞污染趋势进行了预测，结果表明如果不对人为汞排放源加以控制，中国大米甲基汞含量将会出现持续升高的态势（Kwon et al.，2018）。

　　综上所示，居民食用甲基汞污染的稻米所导致甲基汞暴露健康风险不容忽视，有足够的理由引起人们的高度重视。因此，稻米甲基汞污染问题，是我国汞污染区农业生态恢复亟须解决的关键问题之一。

参 考 文 献

陈迪云，谢文彪，宋刚，等. 2010. 福建沿海农田土壤重金属污染与潜在生态风险研究. 土壤通报，41（1）：194-199.

陈怀满，等. 1996. 土壤-植物系统中的重金属污染. 北京：科学出版社.

陈学萍. 2008. 水稻根际氮-铁-砷的生物地球化学耦合机制研究. 北京：中国科学院生态环境研究中心博士学位论文.

陈业材. 1994. 汞（Hg）在水稻植株各部位的分布. 环保科技，16（4）：1-2.

程式华，李建. 2007. 现代中国水稻. 北京：金盾出版社.

迟清华. 2004. 汞在地壳、岩石和疏松沉积物中的分布. 地球化学，33（6）：641-648.

崔瑞平，赵彬彬，满洪昇，等. 1987. 某汞矿冶炼厂附近环境汞污染调查. 环境科学，8（3）：67-69.

丁振华，王文华，瞿丽雅，等. 2004. 贵州万山汞矿区汞的环境污染及对生态系统的影响. 环境科学，25（2）：111-114.

冯新斌，等. 2015. 乌江流域水库汞的生物地球化学过程及环境效应. 北京：科学出版社.

冯新斌，陈业材，朱卫国. 1996a. 土壤中汞存在形式的研究. 矿物学报，16（2）：218-222.

冯新斌，陈业材，朱卫国. 1996b. 土壤挥发性汞释放通量的研究. 环境科学，17（2）：20-22.

胡海燕. 2012. 厌氧微生物与汞的相互作用：结合、氧化、还原及甲基化. 广州：中国科学院广州地球化学研究所博士学位论文.

胡振琪，杨秀红，张迎春. 2006. 重金属污染土壤的粘土矿物与菌根稳定化修复技术. 北京：地质出版社.

郎春燕，温丽瑗，张嘉敏. 2012. 成都东郊稻田土中汞的分布特征研究. 环境污染与防治，34（9）：28-32.

李冰. 2012. 水稻基因型和土壤条件对其吸收总汞和甲基汞的影响. 广州：中山大学博士学位论文.

李凯. 2022. 四个典型森林生态系统穿透雨以及径流过程中汞的源汇. 贵阳：中国科学院地球化学研究所博士学位论文.

李毅欧. 2022. 中国主要入海河流河口汞的形态分布特征与入海通量初步研究. 贵阳：中国科学院地球化学研究所硕士学位论文.

李毅欧，闫海鱼，戎钇锰，等. 2022. 中国十条主要入海河流河口汞的形态分布特征与入海通量估算. 环境科学学报，42（10）：323-331.

李永华，孙宏飞，杨林生，等. 2012. 湖南凤凰茶田汞矿区土壤-水稻系统中汞的传输及其健康风险. 地理研究，31（1）：63-70.

林年丰. 1991. 医学环境地球化学. 长春：吉林科学技术出版社.

林齐维，李庆新，瞿丽雅，等. 1998. 丹寨汞矿冶炼厂土壤汞污染的初步研究. 贵州环保科技，4（2）：23-26，31.

娄振东，段红英. 2020. 贵州万山汞矿废渣特征及治理方法探讨. 环境与发展，32（11）：33-35.

牟树森，青长乐. 1993. 环境土壤学. 北京：中国农业出版社.

仇广乐. 2005. 贵州省典型汞矿地区汞的环境地球化学研究. 贵阳：中国科学院地球化学研究所博士学位论文.

仇广乐，冯新斌，王少锋. 2004. 贵州省万山汞矿区地表水中不同形态汞的空间分布特点. 地球与环境，32（3）：77-82.

瞿丽雅. 2004. 贵州汞污染防治研究. 贵阳：贵州人民出版社.

任天祥，伍宗华，羌荣生. 1998. 区域化探异常筛选与查证的方法技术. 北京：地质出版社.

生态环境部，国家市场监督管理总局. 2018. 土壤环境质量 农用地土壤污染风险管控标准（试行）（GB 15618—2018）.

王少锋. 2006. 汞矿化带土壤/大气界面汞交换通量研究. 贵阳：中国科学院地球化学研究所博士学位论文.

王少锋，冯新斌，仇广乐，等. 2004. 贵州滥木厂汞矿区土壤与大气间气态汞交换通量及影响因素研究. 地球化学，33（4）：405-413.

邬扬善. 1992. 城市污水处理——投资与决策. 北京：中国环境科学出版社.

闫海鱼. 2005. 环境样品中不同形态汞的分析方法建立与贵州百花湖汞的生物地球化学循环特征的初步研究. 贵阳：中国科学院地球化学研究所硕士学位论文.

张瑞凌，魏云波，刘书花，等. 2011. 我国重金属污染现状及其微生物处理方法研究进展. 现代农业科技（20）：272.

张伟. 2021. 长江、黄河和澜沧江源区水体汞的源汇解析和输出通量. 贵阳：中国科学院地球化学研究所硕士学位论文.

赵一阳，鄢明才. 1993. 中国浅海沉积物化学元素丰度. 中国科学：B 辑，123（10）：1084-1090.

中华人民共和国国家卫生和计划生育委员会，国家食品药品监督管理总局. 2017. 食品安全国家标准　食品中污染物限量（GB 2762—2017）.

Appleton J D，Weeks J M，Calvez J P S，et al. 2006. Impacts of mercury contaminated mining waste on soil quality，crops，bivalves，and fish in the Naboc River area，Mindanao，Philippines. Science of the Total Environment，354（2-3）：198-211.

Armstrong W. 1967. The oxidising activity of roots in waterlogged soils. Physiologia Plantarum，20（4）：920-926.

Bacha R E，Hossner L R. 1977. Characteristics of coatings formed on rice roots as affected by iron and manganese additions. Soil Science Society of America Journal，41（5）：931-935.

Bailey E A，Gray J E，Theodorakos P M. 2002. Mercury in vegetation and soils at abandoned mercury mines in southwestern Alaska，USA. Geochemistry：Exploration，Environment，Analysis，2（3）：275-285.

Barkay T，Wagner-Döbler I. 2005. Microbial transformations of mercury：potentials，challenges，and achievements in controlling mercury toxicity in the environment. Advances in Applied Microbiology，57：1-52.

Batty L C，Baker A J M，Wheeler B D，et al. 2000. The effect of pH and plaque on the uptake of Cu and Mn in *Phragmites australis*（cav.）trin ex. steudel. Annals of Botany，86（3）：647-653.

Bergquist B A，Blum J D. 2007. Mass-dependent and-independent fractionation of Hg isotopes by photoreduction in aquatic systems. Science，318（5849）：417-420.

Biester H，Gosar M，Müller G. 1999. Mercury speciation in tailings of the Idrija mercury mine. Journal of Geochemical Exploration，65（3）：195-204.

Bloom N. 1989. Determination of picogram levels of methylmercury by aqueous phase ethylation，followed by cryogenic gas chromatography with cold vapour atomic fluorescence detection. Canadian Journal of Fisheries and Aquatic Sciences，46（7）：1131-1140.

Branfireun B A，Roulet N T，Kelly C A，et al. 1999. In situ sulphate stimulation of mercury methylation in a boreal peatland：toward a link between acid rain and methylmercury contamination in remote environments. Global Biogeochemical Cycles，13（3）：743-750.

Brombach C C，Manorut P，Kolambage-Dona P P P，et al. 2017. Methylmercury varies more than one order of magnitude in commercial European rice. Food Chemistry，214：360-365.

Chen C C，Dixon J B，Turner F T. 1980. Iron coatings on rice roots：morphology and models of development. Soil Science Society of America Journal，44（5）：1113-1119.

Chen J，Pehkonen S O，Lin C J. 2003. Degradation of monomethylmercury chloride by hydroxyl radicals in simulated natural waters. Water Research，37（10）：2496-2504.

Cheng J，Zhao W，Wang Q，et al. 2013. Accumulation of mercury，selenium and PCBs in domestic duck brain，liver and egg from a contaminated area with an investigation of their redox responses. Environmental Toxicology and Pharmacology，35（3）：388-394.

Christensen G A，Wymore A M，King A J，et al. 2016. Development and validation of broad-range qualitative and clade-specific quantitative molecular probes for assessing mercury methylation in the environment. Applied and Environmental Microbiology，82（19）：6068-6078.

Clarkson T W. 1993. Mercury：Major issues in environmental health. Environmental Health Perspectives，100：31-38.

Compeau G C，Bartha R. 1985. Sulfate-reducing bacteria：Principal methylators of mercury in anoxic estuarine sediment. Applied and Environmental Microbiology，50（2）：498-502.

Cossa D，Knoery J，Bǎnaru D，et al. 2022. Mediterranean mercury assessment 2022：An updated budget，health consequences，and research perspectives. Environmental Science & Technology，56（7）：3840-3862.

Crowder A A. 1991. Iron oxide plaque on wetland roots. Trends Soil Science，1：315-329.

Crowder A A，Coltman D W. 1993. Formation of manganese oxide plaque on rice roots in solution culture under varying pH and manganese（Mn^{2+}）concentration conditions. Journal of Plant Nutrition，16（4）：589-599.

Cui W B，Liu G L，Bezerra M，et al. 2017. Occurrence of methylmercury in rice-based infant cereals and estimation of daily dietary intake of methylmercury for infants. Journal of Agricultural and Food Chemistry，65（44）：9569-9578.

Dietz R，Wilson S，Loseto L L，et al. 2022. Special issue on the AMAP 2021 assessment of mercury in the Arctic. Science of the Total Environment，843：157020.

Du B Y，Feng X B，Li P，et al. 2018. Use of mercury isotopes to quantify mercury exposure sources in inland populations，China. Environmental Science & Technology，52（9）：5407-5416.

Epps E A. 1966. Colorimetric determination of mercury residues on rice. Journal of the Association of Official Analytical Chemists，49（4）：793-795.

Fain X，Ferrari C P，Gauchard P A，et al. 2006. Fast depletion of gaseous elemental mercury in the Kongsvegen Glacier snowpack in Svalbard. Geophysical Research Letters，33（6）：1-4.

Fain X，Ferrari C P，Dommergue A，et al. 2008. Mercury in the snow and firn at Summit Station，Central Greenland，and implications for the study of past atmospheric mercury levels. Atmospheric Chemistry and Physics，8（13）：3441-3457.

Feng P Y，Xiang Y P，Cao D，et al. 2022. Occurrence of methylmercury in aerobic environments：evidence of mercury bacterial methylation based on simulation experiments. Journal of Hazardous Materials，438：129560.

Feng X B，Yan H Y，Wang S F，et al. 2004. Seasonal variation of gaseous mercury exchange rate between air and water surface over Baihua Reservoir，Guizhou，China. Atmospheric Environment，38（28）：4721-4732.

Feng X B，Li P，Qiu G L，et al. 2008. Human exposure to methylmercury through rice intake in mercury mining areas，Guizhou Province，China. Environmental Science & Technology，42（1）：326-332.

Feng X B，Meng B，Yan H Y，et al. 2018. Biogeochemical Cycle of Mercury in Reservoir Systems in Wujiang River Basin，Southwest China. Berlin：Springer.

Feng X B，Li P，Fu X W，et al. 2022. Mercury pollution in China：Implications on the implementation of the Minamata Convention. Environmental Science：Processes & Impacts，24（5）：634-648.

Ferrara R，Maserti B E，Breder R. 1991. Mercury in abiotic and biotic compartments of an area affected by a geochemical anomaly （Mt. Amiata，Italy）. Water Air & Soil Pollution，56（1）：219-233.

Fu J J，Zhou Q F，Liu J M，et al. 2008. High levels of heavy metals in rice（Oryza sativa L.）from a typical E-waste recycling area in southeast China and its potential risk to human health. Chemosphere，71（7）：1269-1275.

Fu X W，Feng X B，Sommar J，et al. 2012. A review of studies on atmospheric mercury in China. Science of the Total Environment，421：73-81.

Gårdfeldt K，Feng X B，Sommar J，et al. 2001. Total gaseous mercury exchange between air and water at river and sea surfaces in Swedish coastal regions. Atmospheric Environment，35（17）：3027-3038.

Gilmour C C，Podar M，Bullock A L，et al. 2013. Mercury methylation by novel microorganisms from new environments. Environmental Science & Technology，47（20）：11810-11820.

Gnamuš A，Byrne A R，Horvat M. 2000. Mercury in the soil-plant-deer-predator food chain of a temperate forest in Slovenia. Environmental Science & Technology，34（16）：3337-3345.

Gopakumar A，Giebichenstein J，Raskhozheva E，et al. 2021. Mercury in Barents Sea fish in the Arctic polar night：species and spatial comparison. Marine Pollution Bulletin，169：112501.

Gray J E，Theodorakos P M，Bailey E A，et al. 2000. Distribution，speciation，and transport of mercury in stream-sediment，stream-water，and fish collected near abandoned mercury mines in southwestern Alaska，USA. Science of the Total Environment，260（1-3）：21-33.

Gray J E，Crock J G，Fey D L. 2002a. Environmental geochemistry of abandoned mercury mines in West-Central Nevada，USA. Applied Geochemistry，17（8）：1069-1079.

Gray J E，Crock J G，Lasorsa B K. 2002b. Mercury methylation at mercury mines in the Humboldt River Basin，Nevada，USA. Geochemistry：Exploration，Environment，Analysis，2（2）：143-149.

Gray J E，Hines M E，Higueras P L，et al. 2004. Mercury speciation and microbial transformations in mine wastes，stream sediments，and surface waters at the Almadén mining district，Spain. Environmental Science & Technology，38（16）：4285-4292.

Gregoire D S，Poulain A J. 2016. A physiological role for Hg(Ⅱ) during phototrophic growth. Nature Geoscience，9（2）: 121-125.

Greipsson S. 1994. Effects of iron plaque on roots of rice on growth and metal concentration of seeds and plant tissues when cultivated in excess copper. Communications in Soil Science and Plant Analysis，25（15-16）: 2761-2769.

Gu B H，Bian Y R，Miller C L，et al. 2011. Mercury reduction and complexation by natural organic matter in anoxic environments. Proceedings of the National Academy of Sciences，108（4）: 1479-1483.

Gustin M S，Taylor G E，Leonard T L，et al. 1996. Atmospheric mercury concentrations associated with geologically and anthropogenically enriched sites in central western Nevada. Environmental Science & Technology，30（8）: 2572-2579.

Gustin M S，Lindberg S，Marsik F，et al. 1999. Nevada STORMS project: Measurement of mercury emissions from naturally enriched surfaces. Journal of Geophysical Research: Atmospheres，104（D17）: 21831-21844.

Hall B D，Aiken G R，Krabbenhoft D P，et al. 2008. Wetlands as principal zones of methylmercury production in southern Louisiana and the Gulf of Mexico region. Environmental Pollution，154（1）: 124-134.

Han C H，Xie W F，Chen C，et al. 2020. Health risk assessment of heavy metals in soils before rice sowing and at harvesting in Southern Jiangsu Province，China. Journal of Chemistry（6）: 7391934.

Higueras P，Oyarzun R，Biester H，et al. 2003. A first insight into mercury distribution and speciation in soils from the Almadén mining district，Spain. Journal of Geochemical Exploration，80（1）: 95-104.

Hines M E，Bailey E A，Gray J E，et al. 1999. Transformations of mercury in soils near mercury contaminated sites in the USA. 5th International Conference on Mercury as a Global Pollutant，Rio de Janeiro，Brazil.

Hines M E，Gray J E，Higueras P L，et al. 2004. Mercury speciation and transformations inmine waste，sediment，and water at the Almadén mercurymine，Spain. RMZ-Materials and Geoenvironment，（51）: 108-111.

Hissler C，Probst J L. 2006. Impact of mercury atmospheric deposition on soils and streams in a mountainous catchment（Vosges，France）polluted by chlor-alkali industrial activity: The important trapping role of the organic matter. Science of the Total Environment，361（1-3）: 163-178.

Horvat M，Bloom N S，Liang L. 1993. Comparison of distillation with other current isolation methods for the determination of methyl mercury compounds in low level environmental samples: Part 1. Sediments. Analytica Chimica Acta，281（1）: 135-152.

Horvat M，Nolde N，Fajon V，et al. 2003. Total mercury，methylmercury and selenium in mercury polluted areas in the province Guizhou，China. Science of the Total Environment，304（1-3）: 231-256.

Huang J，Kang S C，Zhang Q G，et al. 2012. Wet deposition of mercury at a remote site in the Tibetan Plateau: concentrations，speciation，and fluxes. Atmospheric Environment，62: 540-550.

Hylander L D，Meili M. 2003. 500 years of mercury production: Global annual inventory by region until 2000 and associated emissions. Science of the Total Environment，304（1-3）: 13-27.

Kasper D，Forsberg B R，Amaral J H F，et al. 2014. Reservoir stratification affects methylmercury levels in river water，plankton，and fish downstream from Balbina hydroelectric dam，Amazonas，Brazil. Environmental Science & Technology，48（2）: 1032-1040.

Kim C S，Brown G E Jr，Rytuba J J. 2000. Characterization and speciation of mercury-bearing mine wastes using X-ray absorption spectroscopy. Science of the Total Environment，261（1-3）: 157-168.

Kim C S，Rytuba J J，Brown G E Jr. 2004. Geological and anthropogenic factors influencing mercury speciation in mine wastes: an EXAFS spectroscopy study. Applied Geochemistry，19（3）: 379-393.

Kotnik J，Horvat M，Dizdarevič T. 2005. Current and past mercury distribution in air over the Idrija Hg mine region，Slovenia. Atmospheric Environment，39（39）: 7570-7579.

Krisnayanti B D，Anderson C W N，Utomo W H，et al. 2012. Assessment of environmental mercury discharge at a four-year-old artisanal gold mining area on Lombok Island，Indonesia. Journal of Environmental Monitoring，14（10）: 2598-2607.

Kwon S Y，Selin N E，Giang A，et al. 2018. Present and future mercury concentrations in Chinese rice: Insights from modeling. Global Biogeochemical Cycles，32（3）: 437-462.

Lenka M，Panda K K，Panda B B. 1992. Monitoring and assessment of mercury pollution in the vicinity of a chloralkali plant. IV.

Bioconcentration of mercury in *in situ* aquatic and terrestrial plants at Ganjam，India. Archives of Environmental contamination and Toxicology，22（2）：195-202.

Li B，Shi J B，Wang X，et al. 2013. Variations and constancy of mercury and methylmercury accumulation in rice grown at contaminated paddy field sites in three provinces of China. Environmental Pollution，181：91-97.

Li P，Feng X B，Qiu G L，et al. 2008a. Mercury exposure in the population from Wuchuan mercury mining area，Guizhou，China. Science of the Total Environment，395（2-3）：72-79.

Li P，Feng X B，Shang L H，et al. 2008b. Mercury pollution from artisanal mercury mining in Tongren，Guizhou，China. Applied Geochemistry，23（8）：2055-2064.

Li P，Feng X B，Shang L H，et al. 2011. Human co-exposure to mercury vapor and methylmercury in artisanal mercury mining areas，Guizhou，China. Ecotoxicology and Environmental Safety，74（3）：473-479.

Li P，Feng X B，Qiu G L，et al. 2013. Mercury speciation and mobility in mine wastes from mercury mines in China. Environmental Science and Pollution Research，20（12）：8374-8381.

Li P，Feng X B，Chan H M，et al. 2015. Human body burden and dietary methylmercury intake：the relationship in a rice-consuming population. Environmental Science & Technology，49（16）：9682-9689.

Li P，Du B Y，Maurice L，et al. 2017. Mercury isotope signatures of methylmercury in rice samples from the Wanshan mercury mining area，China：Environmental implications. Environmental Science & Technology，51（21）：12321-12328.

Li S X，Zhou L F，Wang H J，et al. 2009. Feeding habits and habitats preferences affecting mercury bioaccumulation in 37 subtropical fish species from Wujiang River，China. Ecotoxicology，18（2）：204-210.

Li S X，Zhou L F，Wang H J，et al. 2013. Short-term impact of reservoir impoundment on the patterns of mercury distribution in a subtropical aquatic ecosystem，Wujiang River，southwest China. Environmental Science and Pollution Research，20（7）：4396-4404.

Li Y B，Yin Y G，Liu G L，et al. 2012. Estimation of the major source and sink of methylmercury in the Florida Everglades. Environmental Science & Technology，46（11）：5885-5893.

Li Y Y，Li H L，Yu Y，et al. 2018. Thiosulfate amendment reduces mercury accumulation in rice（*Oryza sativa* L.）. Plant and Soil，430（1）：413-422.

Liang L，Horvat M，Cernichiari E，et al. 1996. Simple solvent extraction technique for elimination of matrix interferences in the determination of methylmercury in environmental and biological samples by ethylation-gas chromatography-cold vapor atomic fluorescence spectrometry. Talanta，43（11）：1883-1888.

Liang P，Feng X B，Zhang C，et al. 2015. Human exposure to mercury in a compact fluorescent lamp manufacturing area：By food（rice and fish）consumption and occupational exposure. Environmental Pollution，198：126-132.

Lin H，Morrell-Falvey J L，Rao B，et al. 2014. Coupled mercury-cell sorption，reduction，and oxidation on methylmercury production by Geobacter sulfurreducens PCA. Environmental Science & Technology，48（20）：11969-11976.

Lindqvist O. 1991. Special issue of first international on mercury as a global pollutant. Water Air and Soil Pollution，56（1）：19-22.

Liu B，Yan H Y，Wang C P，et al. 2012. Insights into low fish mercury bioaccumulation in a mercury-contaminated reservoir，Guizhou，China. Environmental Pollution，160（1）：109-117.

Liu J，Lu B Q，Poulain A J，et al. 2022. The underappreciated role of natural organic matter bond Hg（Ⅱ）and nanoparticulate HgS as substrates for methylation in paddy soils across a Hg concentration gradient. Environmental Pollution，292：118321.

Liu K Y，Wu Q R，Wang S X，et al. 2021. Highly resolved inventory of mercury release to water from anthropogenic sources in China. Environmental Science & Technology，55（20）：13860-13868.

Liu W J，Zhu Y G，Smith F A. 2005. Effects of iron and manganese plaques on arsenic uptake by rice seedlings（*Oryza sativa* L.）grown in solution culture supplied with arsenate and arsenite. Plant and Soil，277（1）：127-138.

Liu Y R，Yu R Q，Zheng Y M，et al. 2014a. Analysis of the microbial community structure by monitoring an Hg methylation gene（*hgcA*）in paddy soils along an Hg gradient. Applied and Environmental Microbiology，80（9）：2874-2879.

Liu Y R，Zheng Y M，Zhang L M，et al. 2014b. Linkage between community diversity of sulfate-reducing microorganisms and methylmercury concentration in paddy soil. Environmental Science and Pollution Research, 21 (2): 1339-1348.

Liu Y R, Johs A, Bi L, et al. 2018. Unraveling microbial communities associated with methylmercury production in paddy soils. Environmental Science & Technology, 52 (22): 13110-13118.

Lucotte M, Schetagne R, Therien N, et al. 1999. Mercury in the Biogeochemical Cycle-Natural Environments and Hydroelectric Reservoirs of Northern Quebec (Canada). Berlin: Springer.

Marvin-DiPasquale M, Lutz M A, Brigham M E, et al. 2009. Mercury cycling in stream ecosystems. 2. Benthic methylmercury production and bed sediment-pore water partitioning. Environmental Science & Technology, 43 (8): 2726-2732.

Meng B, Feng X B, Qiu G L, et al. 2010. Distribution patterns of inorganic mercury and methylmercury in tissues of rice (*Oryza sativa* L.) plants and possible bioaccumulation pathways. Journal of Agricultural and Food Chemistry, 58 (8): 4951-4958.

Meng B, Feng X B, Qiu G L, et al. 2011. The process of methylmercury accumulation in rice (*Oryza sativa* L.). Environmental Science & Technology, 45 (7): 2711-2717.

Meng B, Feng X B, Qiu G L, et al. 2014. Localization and speciation of mercury in brown rice with implications for Pan-Asian public health. Environmental Science & Technology, 48 (14): 7974-7981.

Morel F M M, Kraepiel A M L, Amyot M. 1998. The chemical cycle and bioaccumulation of mercury. Annual Review of Ecology and Systematics, 29: 543-566.

Morishita T, Kishino K, Idaka S. 1982. Mercury contamination of soils, rice plants, and human hair in the vicinity of a mercury mine in mie prefecture, Japan. Soil Science and Plant Nutrition, 28 (4): 523-534.

Murase J, Noll M, Frenzel P. 2006. Impact of protists on the activity and structure of the bacterial community in a rice field soil. Applied and Environmental Microbiology, 72 (8): 5436-5444.

Otte M L, Rozema J, Koster L, et al. 1989. Iron plaque on roots of *Aster tripolium* L.: interaction with zinc uptake. New Phytologist, 111 (2): 309-317.

Parks J M, Johs A, Podar M, et al. 2013. The genetic basis for bacterial mercury methylation. Science, 339 (6125): 1332-1335.

Pataranawat P, Parkpian P, Polprasert C, et al. 2007. Mercury emission and distribution: potential environmental risks at a small-scale gold mining operation, Phichit Province, Thailand. Journal of Environmental Science and Health, Part A, 42 (8): 1081-1093.

Perrot V, Bridou R, Tessier E, et al. 2009. Investigation of mercury methylation routes combining species-specific isotopic tracers and isotopic fractionation measurements. Geochimica et Cosmochimica Acta Supplement, 73: A1015.

Porvari P, Verta M. 1995. Methylmercury production in flooded soils: a laboratory study. Mercury as a global pollutant. Berlin: Springer.

Poulain A J, Lalonde J D, Amyot M, et al. 2004. Redox transformations of mercury in an Arctic snowpack at springtime. Atmospheric Environment, 38 (39): 6763-6774.

Qiu G L, Feng X B, Wang S F, et al. 2005. Mercury and methylmercury in riparian soil, sediments, mine-waste calcines, and moss from abandoned Hg mines in East Guizhou Province, southwestern China. Applied Geochemistry, 20 (3): 627-638.

Qiu G L, Feng X B, Wang S F, et al. 2006a. Environmental contamination of mercury from Hg-mining areas in Wuchuan, northeastern Guizhou, China. Environmental Pollution, 142 (3): 549-558.

Qiu G L, Feng X B, Wang S F, et al. 2006b. Mercury contaminations from historic mining to water, soil and vegetation in Lanmuchang, Guizhou, southwestern China. Science of the Total Environment, 368 (1): 56-68.

Qiu G L, Feng X B, Li P, et al. 2008. Methylmercury accumulation in rice (*Oryza sativa* L.) grown at abandoned mercury mines in Guizhou, China. Journal of Agricultural and Food Chemistry, 56 (7): 2465-2468.

Qiu G L, Feng X B, Wang S F, et al. 2009. Mercury distribution and speciation in water and fish from abandoned Hg mines in Wanshan, Guizhou province, China. Science of the Total Environment, 407 (18): 5162-5168.

Qiu G L, Feng X B, Meng B, et al. 2012a. Environmental geochemistry of an active Hg mine in Xunyang, Shaanxi Province, China. Applied geochemistry, 27 (12): 2280-2288.

Qiu G L, Feng X B, Meng B, et al. 2012b. Methylmercury in rice (*Oryza sativa* L.) grown from the Xunyang Hg mining area, Shaanxi Province, Northwestern China. Pure and Applied Chemistry, 84 (2): 281-289.

Ranchou-Peyruse M, Monperrus M, Bridou R, et al. 2009. Overview of mercury methylation capacities among anaerobic bacteria including representatives of the sulphate-reducers: implications for environmental studies. Geomicrobiology Journal, 26 (1): 1-8.

Rodríguez Martin-Doimeadios R C, Tessier E, Amouroux D, et al. 2004. Mercury methylation/demethylation and volatilization pathways in estuarine sediment slurries using species-specific enriched stable isotopes. Marine Chemistry, 90 (1-4): 107-123.

Rytuba J J. 2000. Mercury mine drainage and processes that control its environmental impact. Science of the Total Environment, 260 (1-3): 57-71.

Rytuba J J. 2003. Mercury from mineral deposits and potential environmental impact. Environmental Geology, 43 (3): 326-338.

Rytuba J J, Enderlin D A. 1999. Geology and environmental geochemistry of mercury and gold deposits in the northern part of the California coast range mercury mineral belt. California Dept. of Conservation, Division of Mines and Geology, 119: 214-234.

Sarkar A, Aronson K J, Patil S, et al. 2012. Emerging health risks associated with modern agriculture practices: a comprehensive study in India. Environmental Research, 115: 37-50.

Schaefer J K, Letowski J, Barkay T. 2002. Mer-mediated resistance and volatilization of Hg (II) under anaerobic conditions. Geomicrobiology Journal, 19 (1): 87-102.

Schaefer J K, Yagi J, Reinfelder J R, et al. 2004. Role of the bacterial organomercury lyase (MerB) in controlling methylmercury accumulation in mercury-contaminated natural waters. Environmental Science & Technology, 38 (16): 4304-4311.

Selvendiran P, Driscoll C T, Bushey J T, et al. 2008. Wetland influence on mercury fate and transport in a temperate forested watershed. Environmental Pollution, 154 (1): 46-55.

Shi J B, Liang L N, He B, et al. 2004. Assessment the risk of mercury in rice and sediment by speciation approaches. Sino-Canada Workshop on Mercury Contamination in the Environment.

Sirca A, Rajar R. 1997. Calibration of a 2D mercury transport and fate model of the Gulf of Trieste. Water Pollution, 14: 503-512.

Spolaor A, Angot H, Roman M, et al. 2018. Feedback mechanisms between snow and atmospheric mercury: results and observations from field campaigns on the Antarctic plateau. Chemosphere, 197: 306-317.

St-Cyr L, Crowder A A. 1990. Manganese and copper in the root plaque of Phragmites australis (Cav.) Trin. ex Steudel. Soil Science, 149 (4): 191-198.

St-Cyr L, Fortin D, Campbell P G C. 1993. Microscopic observations of the iron plaque of a submerged aquatic plant (Vallisneria americana Michx). Aquatic Botany, 46 (2): 155-167.

Stein E D, Cohen Y, Winer A M. 1996. Environmental distribution and transformation of mercury compounds. Critical Reviews in Environmental Science and Technology, 26 (1): 1-43.

Stubner S, Wind T, Conrad R. 1998. Sulfur oxidation in rice field soil: activity, enumeration, isolation and characterization of thiosulfate-oxidizing bacteria. Systematic and Applied Microbiology, 21 (4): 569-578.

Taylor G J, Crowder A A. 1983. Uptake and accumulation of heavy metals by Typha latifolia in wetlands of the Sudbury, Ontario region. Canadian Journal of Botany, 61 (1): 63-73.

Taylor H, Appleton J D, Lister R, et al. 2005. Environmental assessment of mercury contamination from the Rwamagasa artisanal gold mining centre, Geita District, Tanzania. Science of the Total Environment, 343 (1-3): 111-133.

Tomiyasu T, Mitsui A, Mitarai M, et al. 2022. Seasonal variation in mercury species in seawater of Kagoshima Bay, southern Kyushu, Japan: The impact of active submarine volcanos on the inner bay. Marine Chemistry, 244: 104133.

Trivedi P, Axe L. 2000. Modeling Cd and Zn sorption to hydrous metal oxides. Environmental Science & Technology, 34 (11): 2215-2223.

Ullrich S M, Tanton T W, Abdrashitova S A. 2001. Mercury in the aquatic environment: a review of factors affecting methylation. Critical Reviews in Environmental Science and Technology, 31 (3): 241-293.

US EPA. 1997. Mercury study report to Congress, report EPA-452/R-97-003.

Vishnivetskaya T A, Hu H Y, van Nostrand J D, et al. 2018. Microbial community structure with trends in methylation gene diversity and abundance in mercury-contaminated rice paddy soils in Guizhou, China. Environmental Science: Processes & Impacts, 20 (4): 673-685.

Wang H Y，Stuanes A O. 2003. Heavy metal pollution in air-water-soil-plant system of Zhuzhou City，Hunan Province，China. Water Air and Soil Pollution，147（1）：79-107.

Wang Q R，Kim D，Dionysiou D D，et al. 2004. Sources and remediation for mercury contamination in aquatic systems—a literature review. Environmental Pollution，131（2）：323-336.

Wang X，Ye Z H，Li B，et al. 2014. Growing rice aerobically markedly decreases mercury accumulation by reducing both Hg bioavailability and the production of MeHg. Environmental Science & Technology，48（3）：1878-1885.

Wang X，Lin C J，Lu Z Y，et al. 2016. Enhanced accumulation and storage of mercury on subtropical evergreen forest floor：Implications on mercury budget in global forest ecosystems. Journal of Geophysical Research：Biogeosciences，121（8）：2096-2109.

Weber J H，Evans R，Jones S H，et al. 1998. Conversion of mercury（II）into mercury（0），monomethylmercury cation，and dimethylmercury in saltmarsh sediment slurries. Chemosphere，36（7）：1669-1687.

WHO. 1990. Methylmercury. Environmental Health Criteria 101. International Program on Chemical Safety，World Health Organization，Geneva.

WHO. 1991. Inorganic Mercury. Environmental Health Criteria 118. International Program on Chemical Safety，World Health Organization，Geneva.

Wiatrowski H A，Ward P M，Barkay T. 2006. Novel reduction of mercury（II）by mercury-sensitive dissimilatory metal reducing bacteria. Environmental Science & Technology，40（21）：6690-6696.

Wind T，Conrad R. 1995. Sulfur compounds，potential turnover of sulfate and thiosulfate，and numbers of sulfate-reducing bacteria in planted and unplanted paddy soil. FEMS Microbiology Ecology，18（4）：257-266.

Xu X H，Lin Y，Meng B，et al. 2018. The impact of an abandoned mercury mine on the environment in the Xiushan region，Chongqing，southwestern China. Applied Geochemistry，88：267-275.

Ye Z H，Cheung K C，Wong M H. 2001. Copper uptake in *Typha latifolia* as affected by iron and manganese plaque on the root surface. Canadian Journal of Botany，79（3）：314-320.

Zarcinas B A，Pongsakul P，McLaughlin M J，et al. 2004. Heavy metals in soils and crops in Southeast Asia 2. Thailand. Environmental Geochemistry and Health，26（4）：359-371.

Zhang G P，Liu C Q，Wu P，et al. 2004. The geochemical characteristics of mine-waste calcines and runoff from the Wanshan mercury mine，Guizhou，China. Applied Geochemistry，19（11）：1735-1744.

Zhang H，Feng X B，Larssen T，et al. 2010a. In inland China，rice，rather than fish，is the major pathway for methylmercury exposure. Environmental Health Perspectives，118（9）：1183-1188.

Zhang H，Feng X B，Larssen T，et al. 2010b. Bioaccumulation of methylmercury versus inorganic mercury in rice（*Oryza sativa* L.）grain. Environmental Science & Technology，44（12）：4499-4504.

Zhang H，Wang W X，Lin C J，et al. 2022. Decreasing mercury levels in consumer fish over the three decades of increasing mercury emissions in China. Eco-Environment & Health，1（1）：46-52.

Zhang T，Hsu-Kim H. 2010. Photolytic degradation of methylmercury enhanced by binding to natural organic ligands. Nature Geoscience，3（7）：473-476.

第2章 万山汞矿区概况

2.1 自 然 概 貌

2.1.1 地理位置

铜仁市万山区位于贵州省东部，地处武陵山脉主峰梵净山东南麓。万山区位于109°11′E～109°14′E，27°30′N～27°32′N，东南临湖南省芷江侗族自治县，西南接新晃侗族自治县和贵州省玉屏侗族自治县，西与黔东南苗族侗族自治州岑巩县接壤，北与铜仁市碧江区、江口县毗邻。万山区下辖 4 个街道、1 个镇、6 个乡，总面积 842km^2，其中汞矿区面积约 45km^2。

2.1.2 气候

万山区属于中亚热带季风湿润气候，近 42 年(1978～2019 年)平均气温在 12.6～14.7℃，年平均气温 13.7℃(曾小江等，2021)。万山区年平均气温总体呈上升趋势，2006 年以后增温显著；春季气温逐年升高，夏季变化不大，秋、冬季波动较大。从气候来看，万山区整体表现出四季分明、冬暖夏凉的特点。近 42 年万山区年降水量在 953.9～1817.4mm，年平均降水量为 1578.1mm，最高降水量发生在 2016 年，最低降水量发生在 1986 年（曾小江等，2021）。此外，万山区降水量年际间波动幅度较大，但四季变化不明显，整体表现出雨量充沛、夏季时有伏旱、局部有洪涝的特点。近 42 年万山区年日照时数为 659.9～1604.3h，年平均日照时数为 1216.8 h，年日照时数最低值发生在 2015 年，年日照时数最高值发生在 1988 年，且近 42 年的日照时数总体呈现下降趋势；秋、冬两季的日照时数下降趋势显著（曾小江等，2021）。

2.1.3 水系

万山区水资源丰富，多年平均径流量为 6.07 亿 m^3，多年平均水资源量为 5.78 亿 m^3（含入境水量）。全区河道外可利用水量为 2.24 亿 m^3，水资源可利用率为 38.7%。万山区多年平均地表水水资源量为 57800 万 m^3。区内拥有中型水库 1 座，小（1）型水库 8 座，小（2）型水库 31 座，总库容 4219.21 万 m^3（表 2-1-1）。

表 2-1-1 2022 年万山区中小型水库汇总

水库名称	水库规模	总库容量/万 m³	坝高/m	所在乡（镇、街道）
小云南水库	中型	1291	59.2	谢桥街道
吊井水库	小（1）型	322	26.1	鱼塘侗族苗族乡
龙江水库	小（1）型	204	35	黄道侗族乡
梅花水库	小（1）型	181	25	茶店街道
团结水库	小（1）型	193	28.55	鱼塘侗族苗族乡
老山口水库	小（1）型	110.1	26	高楼坪侗族乡
猴冲水库	小（2）型	30.2	19	高楼坪侗族乡
猫笼水库	小（2）型	11.3	12	高楼坪侗族乡
龙塘水库	小（2）型	18.4	11	高楼坪侗族乡
青年水库	小（2）型	77.3	17.7	高楼坪侗族乡
龙田水库	小（2）型	17.3	14.2	高楼坪侗族乡
塘家田水库	小（2）型	16.7	23	高楼坪侗族乡
贾溪龙水库	小（2）型	11.9	14.5	高楼坪侗族乡
洼水冲水库	小（2）型	10.1	10.74	高楼坪侗族乡
马路岗水库	小（2）型	36.4	16.66	高楼坪侗族乡
弄岩山水库	小（2）型	19.81	13.5	仁山街道
丁家湾水库	小（2）型	26.85	14.5	鱼塘侗族苗族乡
红旗水库	小（2）型	50.6	18.68	鱼塘侗族苗族乡
白果屯水库	小（2）型	21.1	14.3	鱼塘侗族苗族乡
坪溪河水库	小（2）型	37.65	17	鱼塘侗族苗族乡
红星水库	小（2）型	30.12	18	鱼塘侗族苗族乡
上坪水库	小（2）型	36.7	9.2	鱼塘侗族苗族乡
丰收水库	小（2）型	12.4	15	鱼塘侗族苗族乡
东风水库（鱼塘侗族苗族乡）	小（2）型	13.97	13.6	鱼塘侗族苗族乡
小湾水库	小（2）型	15.1	14.1	茶店街道
胡瓜洞水库	小（2）型	14.26	17.2	茶店街道
板水岩水库	小（2）型	15.9	15	黄道侗族乡
东风水库（敖寨侗族乡）	小（2）型	10.7	12.8	敖寨侗族乡
烂泥龙水库	小（2）型	17.5	15.5	大坪侗族土家族苗族乡
蚂蟥溪水库	小（2）型	70.9	31.67	大坪侗族土家族苗族乡
七鲁坉水库	小（2）型	11.9	11.6	大坪侗族土家族苗族乡
牟黄水库	小（1）型	246	19.5	大坪侗族土家族苗族乡
黄旗屯水库	小（2）型	27.5	13.2	丹都街道
大坨水库	小（2）型	26	20	丹都街道
洪家桥水库	小（2）型	13.15	18.5	丹都街道

续表

水库名称	水库规模	总库容量/万 m³	坝高/m	所在乡（镇、街道）
塔寨水库	小（2）型	13.1	17.6	丹都街道
挞扒洞水库	小（1）型	129	27	丹都街道
龙升水库	小（1）型	760	28.6	丹都街道
谢桥河二级电站	小（2）型	30	4	丹都街道
青龙水库	小（2）型	38.3	9.5	下溪侗族乡

注：中型水库库容≥0.1 亿 m³ 而<1 亿 m³；小（1）型水库库容≥100 万 m³ 而<1000 万 m³；小（2）型水库库容≥10 万 m³ 而<100 万 m³。

资料来源：铜仁市万山区 2022 年度中小型水库（水电站）防汛"三个责任人"名单。

万山区境内主干河流有 4 条，包括西南部的高楼坪河，东南部的黄道河，西北部的垢溪河，以及东北部的敖寨-下溪河，均为山区雨源型河流，主要由降水补给。高楼坪河和黄道河属于潕水流域，敖寨河和下溪河属于锦江流域，均为长江水系，进入湖南省后汇入沅江。分水岭为东南—北西向，东南起笔架山，向北西经上黄茶、张家湾、滚子冲、琴门，平面呈顺时针倒卧"S"形。

2.1.4　地质与地貌

万山区地处云贵高原东部边缘向湘西丘陵过渡的陡山绝壁地带，境内山峦起伏，地形切割破碎，为典型的喀斯特地形地貌。全境地势东低西高，中部隆起。东部山峦起伏，沟壑纵横，深谷密布；西部丘陵，地势开阔平缓。境内的地层绝大部分属海相沉积，厚度巨大。北东南三面海拔在 600m 以下，西部海拔 700～800m，中部 858m。区内最高点米公山海拔 1149.2m，最低点在下溪河出境处（长田湾）海拔 270m。万山区区域构造线主要表现为北北东向，从东至西由老至新依次出露有上板溪群、震旦系、寒武系，地层产状一般为 235°～327°（倾向），80°～100°（倾角）[①]。

2.1.5　土壤与植被

万山区耕地面积达 1.88 万 hm²，其中水田占 40%，旱地面积占 60%。矿区土壤类型多样，根据中国主要土壤发生类型可概括为：黄壤、红壤、岩性土和水稻土（徐咏文等，2005）。土壤多呈中性、微酸、微碱性，有机质含量高（覃重阳，2019）。

万山区植被垂直带变化明显，有阔叶林、针阔叶混交林、针叶林、灌丛和灌草丛等多种类型。其中，万山区常绿树种有甜槠栲、石栎、木荷、木莲等；在混交林中有落叶树种水青冈，亮叶水青冈，间有枫香、槭树、杨树和板栗等。此外，万山区有粮食作物20 余种，经济作物约 26 种，木本植物近 100 种，野生牧草资源 1000～1200 种，药材资源 700～900 种。

---

① 万山区人民政府网. http://trws.gov.cn/zjws/wsjj/.

2.1.6 矿产资源

得天独厚的自然环境造就了铜仁丰富的矿产资源，境内蕴藏有丰富的汞、钾、磷、石英砂等 10 多种矿产资源。铜仁万山区初步探明的矿种有汞、钾、锰、钒、钼、铜、锌、大理石、磷、重晶石、石灰岩、白云岩等 30 多种，其中，钾矿石远景储量 50 亿 t，锰矿储量 1500 万 t 以上，磷矿储量 7000 万 t，重晶石储量 218.8 万 t。

2.2 社会（人文）与经济

2.2.1 人口

万山区是多民族聚居的地区，该区以侗族、汉族为主，同时有土家族、苗族、回族、布依族、仡佬族、彝族、白族、瑶族等 16 个少数民族聚居。根据铜仁市万山区第七次全国人口普查结果，2020 年万山区户籍人口 20.47 万人，常住人口 16.06 万人。万山区下辖的 11 个乡（镇、街道）中，常住人口超过 2 万人的是丹都街道、仁山街道、谢桥街道；在 1 万～2 万人之间的是鱼塘侗族苗族乡、大坪侗族土家族苗族乡、万山镇、高楼坪侗族乡、茶店街道；低于 1 万人的是黄道侗族乡、敖寨侗族乡、下溪侗族乡（表 2-2-1）。

表 2-2-1 2020 年万山区各地区常住人口统计

地区	常住人口/人	比重/%
全区	160624	100
谢桥街道	22133	13.78
茶店街道	10210	6.36
仁山街道	28295	17.62
丹都街道	29310	18.24
万山镇	12168	7.58
高楼坪侗族乡	11920	7.42
黄道侗族乡	7798	4.85
敖寨侗族乡	5205	3.24
下溪侗族乡	4579	2.85
鱼塘侗族苗族乡	15542	9.68
大坪侗族土家族苗族乡	13464	8.38

注：常住人口是普查登记的 2020 年 11 月 1 日零时的常住人口。具体包括：居住在本乡（镇、街道）、户口在本乡（镇、街道）或户口待定的人；居住在本乡（镇、街道）、离开户口所在的乡（镇、街道）半年以上的人口；户口在本乡（镇、街道）、外出不满半年或在境外工作学习的人。

资料数据：《铜仁市万山区第七次全国人口普查公报》。

2.2.2　工业产业

万山区大力实施"产业原地转型"，打造全国汞化工循环经济基地，贵州省钾资源开发综合利用园区，铜仁重要的锰系产业、生物产业和装备制造业基地，黔东工业重镇。万山区 2020 年实现全部工业增加值 17.64 亿元，同比增长 3.9%；从主要工业产品产量来看，铁合金产量 10.7 万 t，同比增长 10.3%；金属汞产量 1817.5t，同比增长 10.7%；锰矿石原矿产量 75.79 万 t，同比下降 28.4%（表 2-2-2）。

表 2-2-2　2020 年规模以上工业主要产品产量

产品名称	单位	绝对数	同比增长/%
锰矿石原矿	万 t	75.79	−28.4
精制食用植物油	万 t	0.71	4.4
熟肉制品	t	6298.4	88.7
服装	万件	515.97	237.2
化学试剂	万 t	0.36	−47.1
商品混凝土	万 m^3	45.31	−23.6
铁合金	万 t	10.70	10.3
金属汞	t	1817.5	10.7
眼镜成镜	万副	30.4	−64.7

资料来源：《铜仁市万山区 2020 年国民经济和社会发展统计公报》。

2.2.3　农畜牧

万山区坚持农业农村优先发展总方针，坚定"农业惠民"思路，以特色化、标准化、品牌化和绿色化引领农业产业化，推广山地立体模式和循环农业模式，促进农牧业全产业链、价值链转型升级。2020 年万山区全年农林牧渔业总产值完成 24.68 亿元，按可比价计算，同比增长 6.9%。其中，农业产值 12.75 亿元，增长 9.6%；牧业产值 7.06 亿元，增长 1.7%。万山区全年粮食作物播种面积 15.24 万亩（1 亩≈666.67m²），同比增长 2.6%；油料作物播种面积 6.06 万亩，同比下降 4.4%；蔬菜及食用菌播种面积 14.36 万亩，同比增长 0.2%。果园面积 5.00 万亩，同比增长 9.1%。万山区全年实现粮食总产量 11.41 万 t，同比增长 3.5%，其中稻谷产量 3.37 万吨，下降 24.0%；油料产量 0.89 万吨，增长 30.8%；水果产量 2.16 万吨，增长 13.4%（表 2-2-3）。

表 2-2-3　2020 年主要农产品产量

产品名称		绝对数/万 t	同比增长/%
粮食		11.41	3.5
	稻谷	3.37	−24.0
	玉米	0.16	4.3

续表

产品名称	绝对数/万 t	同比增长/%
油料	0.89	30.8
花生	0.19	−17.7
油菜籽	0.41	7.8
水果	2.16	13.4

资料来源:《铜仁市万山区 2020 年国民经济和社会发展统计公报》。

万山区 2020 年肉类产量约 1.29 万 t,同比增长 3.1%;水产品产量 0.19 万 t,同比增长 9.2%;禽蛋产量约 0.07 万吨,同比增长 44.6%。此外,万山区 2020 年猪、牛和羊存栏数均有不同程度的下滑,其中下滑最严重的是羊存栏数,同比下降 42.4%(表 2-2-4)。

表 2-2-4　2020 年主要畜产品产量

产品名称	单位	绝对数	同比增长/%
肉类	t	12894	3.1
猪肉	t	10625	0.8
牛肉	t	770	10.0
羊肉	t	210	5.6
禽蛋	t	692	44.6
猪存栏数	万头	8.29	−8.8
牛存栏数	万头	1.31	−35.2
羊存栏数	万头	0.70	−42.4

资料来源:《铜仁市万山区 2020 年国民经济和社会发展统计公报》。

2.2.4　汞矿资源与开采/冶炼

万山区汞储量位居亚洲第一、世界第三,盛产朱砂(又称丹砂)、水银,是中国最大的汞工业生产基地,被誉为"中国汞都"。铜仁万山区汞矿分布集中,储量大,品位高,朱砂结晶体瑰丽奇特、世所罕见。铜仁万山汞矿早在古代就有开采,其采冶历史最早可以上溯至殷商时代,百濮族人在黄道淘沙溪一带发现丹砂,随之有人开采露头丹砂,留下相当数量的历史老硐。秦汉时期,该地区成为冶炼丹药的重要场所。万山汞矿的开采到了唐朝达到兴盛,该地区开采的光明丹砂成为贡品。明朝洪武年间再次建立水银朱砂厂,万山汞矿是时实行官办。晚清时期,铜仁"矿禁"废除,万山区不仅有官办,还有民营开采汞矿,后来英法殖民主义者开办的"英法水银公司"介入,在万山大肆开采和冶炼。到了民国时期,万山区汞矿资源的开采和冶炼多为民营分散经营,直到中华人民共和国成立后国家接管矿山,为满足经济建设的需要,建立了现代化的汞工业企业——贵州汞矿,其具备的采、选、冶技术装备和工艺水平、科研能力等,均在中国汞行业中独占鳌头，其朱砂和水银产量一度分别占全国的 75%和 50%。到 20 世纪 80 年代末，随着汞矿资源逐渐枯竭，汞矿生产日益萎缩，万山汞矿于 2001 年实施政策性关闭。

万山区内含矿地层主要是中寒武统第三、五、七分层及下寒武统第三分层内，其中以中寒武统第三、第五分层产出的汞矿床最多、规模最大，具有层控性和多层性（花永丰和刘幼平，1996）。矿床平均品位一般高于 0.25%，最高的块段可达 2%～5%，最高品位可达 30%。从矿床类型来看，万山区汞矿床属于碳酸盐岩型的层控整合类型。在已探明的 22 个汞矿床中，以杉木董、张家湾、岩屋坪、客寨等 4 个矿床规模最大，并最具有代表性：①杉木董超大型汞矿床于 1959 年完成勘探，探明汞储量 1.39 万 t。该矿床由杉木董—冲脚、尖坡—蓑衣坑、核桃树—穿岩垅、洞湾四个矿段组成。其中，杉木董—冲脚矿体长 1250m，宽 40～130m，平均厚度 5.8m，最厚 22.7m，汞品位为 0.28%；尖坡—蓑衣坑矿体长 1001m，宽 40～280m，平均厚度 3.7m，最厚处为 10.8m，矿床汞平均品位为 0.37%。②张家湾大型汞矿床于 1965 年完成勘探，探明汞储量 6226t。该矿床由 22 个矿体组成，其中主矿体长 840m，宽 50～130m，平均厚度 5m，该矿床汞的平均品位为 0.136%。③岩屋坪大型汞矿床于 1961 年完成勘探，探明汞储量 3337t。该矿床由 13 个矿体组成，主矿体长 220m，宽 10～20m，厚 0.5～2.75m。④客寨大型汞硒矿床于 1992 年完成勘探，探明汞储量约 3318t。该矿床由上下两层组成：上层（中寒武统第七分层）矿体规模最大，长 700 多米，宽 80～132m，平均厚度 1.1m，最大厚度 1.65m，汞的平均品位为 0.72%；下层（中寒武统第五分层）矿体较小，长大于 500m，宽 30～80m，最大厚度 3.98m，汞的平均品位为 0.4%。

虽然万山汞矿已经全部停产、闭坑，但是矿山开采产生的废弃物堆放在尾矿库内，主要集中在：①大水溪尾矿库，位于大水溪沟尾，是以前的渣坝水库，主要堆放老矿坑、一坑和冶炼厂废石和尾渣以及十八坑尾渣；②冷风硐尾矿库，位于大水溪尾部左侧支沟，主要堆放五坑废石和矿渣；③大坪坑尾矿库，位于淘沙溪尾部左侧支沟，杉木董附近，主要堆放二坑、六坑、七坑和选矿场废渣；④十八坑尾矿库，位于梅子溪尾部右岸雾洞冲附近支沟，主要堆放三坑、十八坑废石；⑤冲脚一号尾矿库和冲脚二号尾矿库，位于高楼坪河尾部左侧支沟两岸，主要堆放四坑废渣（林勇征，2017）。以上这些尾矿库均是重要的汞污染源，每当暴雨发生，尾矿库渣坝存在溃坝的威胁，大量的汞废渣会被冲入下游，增加下游汞暴露的风险。例如，万山汞矿区于 2016 年发生过严重的洪涝灾害，将矿渣冲入下游区域，导致敖寨河下游瓦屋侗族乡一带稻田土壤受到严重的汞污染（2017 年稻田土壤总汞含量均值 14.9mg/kg；孙睿婕，2018），远高于 2015 年该地区稻田土壤总汞的测定值（均值为 6.6mg/kg）（李瑞阳等，2016）。除此之外，万山汞矿停产、闭坑后，区内在一定时期内仍然存在土法炼汞活动，主要集中在茶店镇垢溪、老屋场两地（图 2-2-1）。土法炼汞工艺十分落后，冶炼过程中向周围大气释放大量的汞，释放到大气的汞在进入周围环境后，在自然条件下通过微生物活动会转化为毒性、生物有效性更强的甲基汞，并通过食物链富集放大，最终对矿区居民的身体健康构成一定的威胁。笔者研究团队研究发现：①铜仁垢溪地区炼汞工人尿汞含量的平均值为 347μg/g Cr，铜仁老屋场地区炼汞工人尿汞含量的平均值为 917μg/g Cr，远远超过世界卫生组织规定的职业暴露人群的最大允许值 50μg/g Cr，说明土法炼汞工人遭受严重的汞蒸气暴露（李平，2008）。

图 2-2-1　铜仁垢溪、老屋场土法炼汞（摄于 2006 年 10 月）

（a）～（c）垢溪土法炼汞；（d）垢溪土法炼汞土灶；（e）老屋场土法炼汞；（f）老屋场土法炼汞原料——废弃汞触媒

②来自大气沉降的汞易于被转化为高神经毒性的甲基汞，进而在水稻体内富集（Meng et al.，2010，2011）。因此，食用大米导致的高剂量甲基汞暴露已对当地居民健康构成潜在的威胁。综上所述，虽然铜仁万山汞矿已经停止开采，但在万山仍然存在两种典型的汞污染区，即废弃汞矿区和土法炼汞区，具有一定的环境风险，应引起人们的高度关注。

参 考 文 献

花永丰，刘幼平. 1996. 贵州万山超大型汞矿成矿模式. 贵州地质，13（2）：161-165.

李平. 2008. 贵州省典型土法炼汞地区汞的生物地球化学循环和人体汞暴露评价. 贵阳：中国科学院地球化学研究所博士学位论文.

李瑞阳，徐晓航，许志东，等. 2016. 贵州某典型汞矿区流域水稻中总汞和甲基汞含量及暴露风险. 环境科学研究，29（12）：1829-1839.

林勇征. 2017. 贵州万山汞矿区地球化学特征及环境质量评价. 成都：成都理工大学博士学位论文.

孙睿婕. 2018. 贵州某汞矿区下游土壤-农作物系统汞污染现状及风险评估. 呼和浩特：内蒙古大学博士学位论文.

覃重阳. 2019. 甲基汞同位素方法的建立及在稻田生态系统和水生食物链的应用. 贵阳：中国科学院地球化学研究所博士学位论文.

徐咏文，段萍，罗志华. 2005. 浅析中国土壤分类的发生与现状. 安徽农业科学，33（10）：225-226.

曾小江，刘德灿，皮小雯. 2021. 近 42 年万山区农业气候资源变化特征分析. 安徽农业科学，49（15）：207-212.

Liu J，Lu B Q，Poulain A J，et al. 2022. The underappreciated role of natural organic matter bond Hg（Ⅱ）and nanoparticulate HgS as substrates for methylation in paddy soils across a Hg concentration gradient. Environmental Pollution，292：118321.

Meng B，Feng X B，Qiu G L，et al. 2010. Distribution patterns of inorganic mercury and methylmercury in tissues of rice（*Oryza sativa* L.）plants and possible bioaccumulation pathways. Journal of Agricultural and Food Chemistry，58（8）：4951-4958.

Meng B，Feng X B，Qiu G L，et al. 2011. The process of methylmercury accumulation in rice（*Oryza sativa* L.）. Environmental Science & Technology，45（7）：2711-2717.

第3章 样品采集、前处理及分析方法

3.1 样品采集与前处理

3.1.1 采样前准备

1. 超净处理

在自然环境中，汞为痕量重金属元素。在未受污染的天然水体中，汞的含量极低（为ng/L 级）。此外，不同环境介质中汞的含量差异巨大（数量级差异）。因此，针对不同样品所用的采样器皿、采样设备，以及在样品采集、保存和测定过程中空白处理是开展汞研究工作的关键环节，操作稍有不慎样品就会被污染（Fitzgerald and Watras，1989；Ullrich，et al.，2001）。基于此，采样前的准备工作，尤其是采样瓶及采样设备的超净处理至关重要。超净处理用水包括三类，分别为自来水、纯水和去离子水，其中纯水为实验室统一制备二级水，电阻约为 2.5MΩ/cm。去离子水为纯水机 Milli-Q（Millipore®）使用二级水制备得到的超纯水，电阻为 18.2MΩ/cm。

水样采集器皿大多采用硼硅玻璃瓶或者聚四氟乙烯瓶，水样过滤装置为硼硅玻璃过滤器。采样前所有采样瓶和过滤装置均需要进行严格的超净处理。其中，硼硅玻璃器皿（采样瓶和过滤装置）空白处理过程如下。

（1）清洗：用自来水加洗涤剂清洗干净。

（2）酸泡：用 10%（v/v）的 HNO_3 浸泡 24h 以上。

（3）漂洗：先用纯水漂洗，然后用去离子水漂洗三次以上。

（4）烘烧：放入马弗炉中加热至 500℃并保持 1h 以上，自然冷却。

（5）存放：冷却后，用双层聚乙烯保鲜袋包好，放置木箱备用。

聚四氟乙烯器皿空白处理过程如下。

（1）清洗：用自来水加洗涤剂清洗干净。

（2）酸煮：浸泡入 10%（v/v）的 HNO_3 并加热至微沸，持续煮 8h 以上。

（3）清洗：待酸冷却后，将聚四氟乙烯器皿从酸中取出，并使用纯水进行清洗。

（4）漂洗：使用去离子水漂洗三次以上，并干燥。

（5）存放：用双层聚乙烯保鲜袋包好，放置采样箱备用。

土壤样品、植物样品和生物样品（如头发）均采用干净的聚乙烯自封袋盛装，且所有自封袋均为一次性使用。稻田土壤剖面采用有机玻璃管（聚碳酸酯材质）进行采集，采样前同样需要进行严格的超净处理，具体操作过程如下。

（1）清洗：用自来水加洗涤剂清洗干净。

（2）酸泡：用 10%（v/v）的 HNO_3 浸泡 24h 以上。

（3）漂洗：先用纯水漂洗，然后用去离子水漂洗。

（4）干燥：放入烘箱中加热至 100 ℃使其干燥。

（5）存放：干燥后，用双层聚乙烯保鲜袋包好，放置干净环境下备用。

所有操作过程均使用干净的一次性手套，以防止交叉污染。详细操作方法及步骤可参考 USEPA Method 1631 和 USEPA Method 1630（USEPA，2001，2002）。

2. 空白实验

对已进行超净处理的采样器皿和过滤器，按 10%的比例随机抽取测定空白，确定空白达到要求后方可带至野外使用，空白测试方法参考 USEPA Method 1631 和 USEPA Method 1630（USEPA，2001，2002）。同时，经过预净化处理后采样瓶装入去离子水，并使用聚乙烯保鲜袋双层包装后，作为野外空白在采样过程中全程携带。

3.1.2 样品采集

1. 水体样品

1）地表水体

采用孔径为 0.45μm 醋酸纤维滤膜（Millipore®）现场对水样进行过滤，使用过滤后的水样润洗采样瓶三次后将过滤水样装入超净硼硅玻璃瓶或聚四氟乙烯瓶保存。未过滤水样使用采样瓶直接采集，使用未过滤水样润洗三次后将未过滤水样装入采样瓶。采样操作过程中均使用一次性聚乙烯手套，最大限度减少操作过程中带入的人为汞污染。已过滤样品分装为两份，其中一份直接装入采样瓶（用于分析主要理化参数），另一份需在现场加入工艺超纯 HCl（0.5%，v/v），密封后用双层保鲜袋包装，带回实验室置于冰箱中低温（＋4℃）避光保存。

2）稻田灌溉水和上覆水

在水稻生长期间，稻田灌溉水采集点位于稻田灌溉入水口处。所有水样盛装在预先经过空白处理的硼硅玻璃瓶中，并使用现场采集到的水样将采样瓶润洗三次。稻田上覆水为表层土壤以上的水体。首先，将预先空白处理的有机玻璃管（聚碳酸酯）垂直插入稻田土壤中。然后，将载有稻田土壤剖面和上覆水的有机玻璃管从稻田中一起拔出，现场利用虹吸法吸出上覆水，并储存在预先空白处理的 200mL 硼硅玻璃瓶中。其中采集到的一部分上覆水使用 0.45μm 孔径一次性过滤头（Millipore®）现场过滤，并储存在预先空白处理的 100mL 硼硅玻璃瓶中，为过滤水样。剩余上覆水立即转移至预先空白处理的 100mL 硼硅玻璃瓶中，为未过滤水样。灌溉水和上覆水的保存方法与地表水体样品一致。

3）稻田土壤孔隙水

稻田土壤孔隙水指淹水的土壤样品孔隙中所含的水体，通常采集土壤剖面孔隙水与未分层土壤孔隙水。其中，土壤剖面孔隙水的采集方法为：将上述采集上覆水之后的土壤剖面立即置于厌氧袋中（充氩气），现场进行分割。分割后的土壤盛装在预先空白处理的 50mL 离心管中，拧紧盖子并用 Parafilm® 封口膜现场密封。含孔隙水的土壤剖面样品运至实验室后，立即高速离心 30min（3000r/min，+4℃），待孔隙水和土壤分离后立即转入厌氧手套箱中（充氩气），在厌氧条件下使用一次性注射器和孔径为 0.45μm 醋酸纤维滤膜（Minipore®）过滤得到孔隙水样品。未分层土壤孔隙水为直接将土壤采集至预先空白处理的 50mL 离心管中，拧紧盖子并用 Parafilm® 封口膜现场密封，并转运至实验室内进行离心与厌氧过滤（同上）。

　　4）雨水

　　雨水样品的采集分为两类：一类为瞬时雨水样品采集；另一类为连续雨水样品采集。采集瞬时雨水样品时，使用不锈钢板制作采雨板，并固定于地面上方（1.5~2.0m），以避免地表扬尘的污染。采雨面用聚四氟乙烯（PTFE）贴膜覆盖，在非采样时间段，以塑料膜（PVC）遮盖雨板。采集雨水时，揭开塑料膜，清洗雨板上的聚四氟乙烯膜，用棕色硼硅玻璃瓶（容量一般为 5L）收集雨水，采集完毕及时盖上塑料膜以保护雨板上的聚四氟乙烯膜和保持清洁。在一场降雨结束时，将收集到的雨水分装到两个硼硅玻璃采样瓶中，一个为未过滤水样，加入工艺超纯的 HCl（0.5%，v/v），另一个为经滤膜过滤后的过滤水样，并以同样的方式酸化处理。

　　采集连续雨水样品时，采用奥斯陆和巴黎委员会（Olso and Paris Commission，1998）设计的雨水采样器，根据 Guo 等（2008）所用方法进行优化（图 3-1-1）。该雨水采样器包含三部分：①1000mL 特制硼硅玻璃漏斗形烧杯（集雨杯），杯口直径 15cm；②装载样品的硼硅玻璃瓶，体积为 800mL（体积根据当地近 10 年平均降雨量而定）；③连接集雨杯和蓄水杯的硼硅玻璃连接塞，可尽量减少蓄水杯中的汞向外逸散。采样装置垂直置于距离地面 1.5~2.0m 处，以避免地表扬尘污染。为避免太阳光长期照射所引起的潜在汞形态转化，蓄水杯放置在一个用隔热棉作为隔热内衬的圆柱形 PVC 桶内。该采集器能够长时间连续采集雨水样品。过滤水样与未过滤水样、样品酸化、保存与地表水体一致。

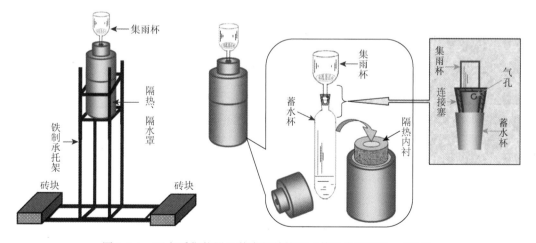

图 3-1-1　雨水采集装置及其内部结构图（修改自闫海鱼，2005）

2. 土壤样品

1）表层土壤样品

表层土壤的采集采用四分法则，每个样品从 5 m × 5 m 的正方形四个顶点和中心点共 5 处各采集约 1kg 的表层土壤（0～10cm），均匀混合后用四分法从中选取约 1kg 土壤样品，代表该点的混合样品。样品以聚乙烯塑料袋封装保存，防止交叉污染。由于大部分稻田形状不规则，因此在这类稻田采集土壤样品时，随机设置 3～6 个采样点，每个采样点附近采集 3 个样品并将其均匀混合为一个样品。因此，在每个田块最少采集 9 个表层土壤样品，均匀混合后为至少 3 个平行样品。

2）根际土壤样品

根际土壤为附着在植物根系表面的土壤。在采集水稻等农作物的根际土壤样品时，缓慢地将植株拔出，并轻轻抖动，使得非根际土壤脱离作物根系，随后将松散黏附在根系表面的根际土壤样品收集至聚乙烯塑料袋中。

3）土壤剖面样品

旱地土壤剖面使用土钻采集，根据需要对土壤剖面进行分层切割，将分层后的土壤剖面样品装于聚乙烯塑料袋中。淹水土壤剖面采用经过预净化处理的有机玻璃管采集（聚碳酸酯材质）。将有机玻璃管垂直插入淹水土壤中，然后缓慢地将有机玻璃管从土壤中拔出。收集或者排出上覆水后，将土壤剖面立即置于通氩气的厌氧袋中，并以 1～5cm 的间隔对土壤剖面进行切割。分割后的土壤剖面样品装至 50mL 聚乙烯离心管中，使用 Parafilm® 膜进行现场密封。所有土壤样品避光储存于低温（+4℃）采样箱中，并在 24h 内转运至实验室。

3. 矿石/矿渣样品

矿石和矿渣样品在汞矿渣堆或者土法炼汞炉灶边现场采集。采用随机取样法，对露天堆放的炉渣堆/矿渣堆去掉其表层风化层后，随机采取 3～5 处 1kg 样品，均匀混合后从中选取 1kg 样品，代表该点的混合样品。由于部分废弃矿石被堆填于河床和河流两岸，部分废弃矿石样品采用随机捡取的方式采集。

4. 植株样品

水稻植株样品的采集为随机选择至少 5 株水稻作为一组样品，将水稻连根拔起，去除根系附着的土壤，并现场使用自来水反复清洗水稻根部。当清洗至无明显土壤颗粒后，将水稻植株装入尼龙网袋中，并在 24h 内带回实验室。其他植物样品，如仅采集食用部位的蔬菜等，先在野外使用自来水洗涤，然后装于网袋中。

5. 其他生物样品

采集矿区居民头发、尿液和静脉血样品。矿区居民发样，是脑后枕、自根部剪取的头发，用不锈钢剪刀剪取后于聚乙烯小袋妥善保存；尿样采集于预处理过的聚乙烯管中，同时加 1mL 浓 HNO_3（超纯）保存防止汞的损失。静脉血样品使用 5mL 真空抗凝静脉血采样管进行采集。采集头发对象选择的原则是至少在当地居住 3 个月以上的人群。采集头发样品的同时，详细调查研究对象的年龄、性别、体重、职业、有无炼汞活动历史、是否补牙、吸烟和饮酒习惯、疾病史以及饮食习惯等信息。饮食习惯包括每天的大米消耗量、蔬菜消耗量、肉类及鱼类消耗量等信息。生物样品的采集均得到了相关部门伦理委员会的批准（Li et al.，2015）。

3.1.3 样品采集时的质量控制

在水样的采集过程中，需要设置野外空白，用于反映样品在采集和运输过程中是否存在污染。野外空白为使用与水样采集相同的硼硅玻璃瓶，预先填装去离子水。在采集水样的过程中，需要进行与采样相同的操作流程，即开盖，敞口裸露、盖盖并使用保鲜袋双层封装采样瓶。当野外空白中的汞浓度高于对应野外样品中汞含量的 20%时，认为样品采集或者运输过程存在污染，获取数据无效（USEPA，2001）。

3.1.4 样品前处理

1. 水样前处理

未能在野外完成过滤的水样，在运抵实验室的 24h 内，使用孔径为 0.45μm 醋酸纤维滤膜（Millipore®）对水样进行过滤。过滤后的水样加入工艺超纯 HCl（0.5%，v/v），然后使用双层保鲜袋包装，并低温（+4℃）避光保存，待测。样品中各种形态汞的分析测定工作，需在 28d 内完成，以避免汞的损失和形态转化。

2. 土样前处理

土壤样品使用真空冷冻干燥机干燥，然后使用玛瑙研钵研磨并过筛，盛装于干净的聚乙烯自封袋中，并低温避光保存在干燥器中，待测。为减少交叉污染，样品前处理过程均在干净低汞的环境中进行。同时，对每个样品研磨和过筛之前，分别使用纯水和无水乙醇对研钵和筛网进行彻底清洗。

3. 植株样品前处理

在实验室使用纯水反复多次清洗水稻植株，尤其是洗去黏附在根系上的土壤颗粒。待水稻植株风干（或冷冻干燥）后进行分割（包括根、茎、叶、米壳、米皮和精米），最后准确称量各部分重量。样品均以微型植物碎样机（IKA-A11，IKA®，德国）粉碎后装入自封袋低温、避光保存，待测。

4. 其他生物样品前处理

对采集的居民发样，先用洗涤剂清洗，再用丙酮清洗数遍，剪碎装入自封袋内置于冰箱内低温（+4℃）避光保存。尿样置于冰箱内低温（+4℃）避光保存，并尽快完成分析测试。静脉血样品冷冻（−20℃）保存。

3.2　样品分析方法

3.2.1　水样

1. 总汞、溶解态汞和颗粒态汞

采用两次金汞齐富集结合冷原子荧光光谱法（CVAFS）测定（Liang and Bloom，1993；US EPA，2001；闫海鱼等，2003）。首先，在水样中加 0.5%的 BrCl，常温氧化 24h 以上（高有机质水体可加入 1.0%的 BrCl），以保证水样中各种形态的汞均被氧化成离子态 Hg^{2+}。然后，在测定前加入 200μL 25%盐酸羟胺还原过量的 BrCl，取适量样品转移至 200mL 的气泡瓶中，加入 100μL 40% $SnCl_2$ 将所有的 Hg^{2+} 还原成 Hg^0。生成的 Hg^0 随着 350～400L/min 的氮气气流富集在金管（镀金石英砂）中。最后在 450～500℃下将富集在金管中的汞释放出来，由 80mL/min 的高纯氩气带入富集到第二根金管上，再经过加热将 Hg^0 释放出来，使用冷原子荧光光谱法测定。所使用检测器为 Tekran 2500 测汞仪（Tekran 公司，加拿大）或 Brooks Rand ModelⅢ测汞仪（Brooks Rand Labs，美国）。总汞的预富集与分析测试示意图见图 3-2-1。水样中总汞和溶解态汞含量的差值即为颗粒态汞的含量。

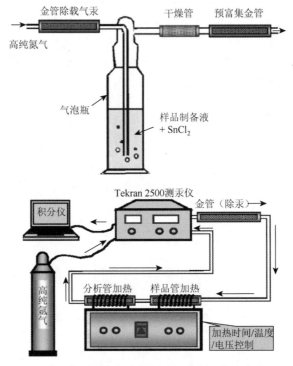

图 3-2-1　总汞的预富集与分析测试示意图（闫海鱼，2005）

2. 活性汞

溶解活性汞是按操作程序定义的汞形态，即能直接被 $SnCl_2$ 还原的汞，主要以游离的

Hg^{2+}存在。在水体中容易被还原生成单质汞（Hg^0），也容易被甲基化生成甲基汞，生物可利用性相对较高，故活性汞在汞的生物地球化学循环中有重要的意义。按定义，活性汞测定方法同总汞，只是不加 BrCl 氧化，直接将样品转移至气泡瓶中加入 $SnCl_2$ 还原后测定。

3. 总甲基汞和溶解态甲基汞

水样甲基汞采用蒸馏-乙基化结合气相色谱-冷原子荧光光谱法（GC-CVAFS）测定（蒋红梅等，2004；USEPA，2001）。由于甲基汞化合物的蒸气压大于无机二价汞化合物［Hg（Ⅱ）］，甲基汞化合物可通过蒸馏过程将其从样品基体中进行分离。目前，有两种蒸馏方式被应用在甲基汞的分析中：一种是吹氮气蒸馏；另一种是水蒸气蒸馏。Floyd 和 Sommers（1975）建立了水蒸气蒸馏的方法，吹氮气蒸馏基于水蒸气蒸馏而改进（Horvat et al.，1993）（图 3-2-2）。本实验常采用水蒸气蒸馏的方法，具体操作如下：取 45.0mL 混合均匀的酸化水样到 60mL 的聚四氟乙烯蒸馏瓶中，盖紧瓶盖。接收瓶中加入 5.0mL 去离子水，通气流［（60±20）mL/min］在 145℃蒸馏样品。当水样被蒸出 80%～85%时立即将接收瓶取出，将蒸馏液于黑暗、室温下放置，在 24h 内测定。

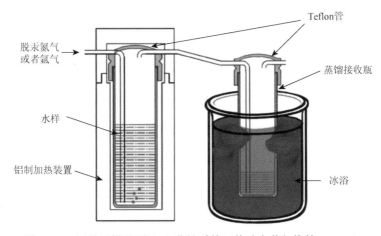

图 3-2-2　甲基汞样品预处理-蒸馏系统（修改自蒋红梅等，2004）

将全部蒸馏液转移到 200mL 气泡瓶中，补充去离子水使气泡瓶中溶液体积约为 80mL。先加 200μL HAc-NaAc 缓冲溶液将 pH 调节至 4.9±0.1，再加入 100μL 乙基化试剂 $NaBEt_4$，其能够将水样中的无机汞衍生为二乙基汞，将甲基汞衍生为甲基乙基汞，随后在密闭条件下反应 15min。反应完全后，以 200～300mL/min 的速率通入氮气 15min，使二乙基汞和甲基乙基汞富集到 Tenax® 管上。然后，让氮气直接通过 Tenax® 管 5min，除去 Tenax® 管中的水分。具体的检测流程如图 3-2-3 所示。以 50mL/min 的氩气为载气，将 Tenax® 管在 20s 内迅速升温到 80～120℃，使得富集在 Tenax® 管上的甲基乙基汞（代表甲基汞）、二乙基汞［代表 Hg（Ⅱ）］随氩气气流进入气相色谱柱。由于分离系数的不同，分离后的甲基乙基汞、二乙基汞分别先后进入加热分解石英管，该管内温度为 700～900℃，甲基乙基汞、二乙基汞在此温度下均分解为汞蒸气，以 Hg^0 形式进入汞检测仪（蒋红梅等，2004）。测定用的检测器为 Tekran 2500 测汞仪（Tekran 公司，加拿大）或 Brooks

Rand ModelIII测汞仪（Brooks Rand Labs，美国）。溶解态甲基汞的测定即为使用过滤水样重复上述过程。

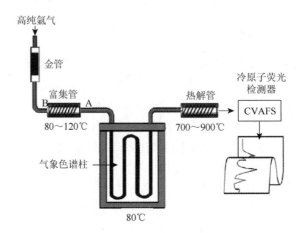

图 3-2-3　甲基汞分析测试示意图（修改自蒋红梅等，2004）

3.2.2　土壤/沉积物

1. 总汞

土壤/沉积物总汞采用王水消解-冷原子荧光光谱法（CVAFS）或者冷原子吸收光谱法（CVAAS）测定（李仲根等，2005）。首先，称取过筛后的干燥土样 0.2g 于 25mL 比色管中，加入去离子水 5mL，再加入新配制的王水 5mL，摇匀。将比色管置于已预热至 95℃的水浴中，加热 5min（在通风橱内进行，并用玻璃珠或者玻纤膜覆盖比色管口）。加入少量去离子水和 1.0mL BrCl，继续在 95℃水浴中消解 30min。待消解液冷却后加入去离子水定容至 25mL。随后盖上比色管盖，放置 24h 以上，使 BrCl 充分将各形态汞氧化为 Hg^{2+}。测定前，加入 200～400μL 盐酸羟胺，还原过量 BrCl，摇匀后，取适量上清液至气泡瓶中进行预富集。预富集过程与水样总汞一致。

土壤/沉积物样品总汞含量也可以使用直接汞分析仪（DMA-80，Milestone，意大利）进行测定。该仪器是基于高温氧分解-催化吸附除杂-金汞齐富集-原子吸收测定的一体化汞分析仪，其工作流程如图 3-2-4 所示。该方法检出限为 0.2μg/kg。

2. 甲基汞

土壤/沉积物样品甲基汞含量采用硝酸浸提-二氯甲烷萃取-纯水反萃取-乙基化衍生结合气相色谱-冷原子荧光光谱法（GC-CVAFS）测定（Liang et al.，1994；何天容等，2004）。具体操作流程如下：准确称取 0.2～0.3g 干燥土样（或 1.0g 湿样），置于 50mL 离心管，加入 1.5mL 饱和硫酸铜溶液和 7.5mL 25%硝酸浸提。加入 10mL 色谱纯二氯甲烷，振荡30min 萃取甲基汞。随后离心分离固相、无机相和有机相。去掉表层水相液体后，将有机

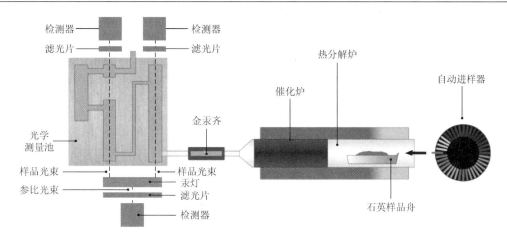

图 3-2-4 　直接汞分析仪工作原理示意图

修改自 https://www.milestonesrl.com/products/mercury-determination/dma-80-evo

相（二氯甲烷）转移至另一个 50mL 离心管中，并用去离子水液封，以减少二氯甲烷的挥发，并准确记录二氯甲烷的回收率。然后将混合有二氯甲烷和去离子水的离心管放置于水浴锅中，在 45~50℃（二氯甲烷的沸点）水浴，随后将温度升至 80℃并以 200~300mL/min 的流速吹氮气，直至二氯甲烷完全挥发，完成反萃取。经过反萃取的样品，定容后待测。测定方法与水样甲基汞一致。测定用的检测器为 Tekran 2500 测汞仪（Tekran 公司，加拿大）或 Brooks Rand ModelⅢ测汞仪（Brooks Rand Labs，美国）。

3. 不同赋存形态的汞

土壤中形态汞的测定采用优化 Tessier 连续化学浸提法（Tessier et al.，1979；包正铎等，2011），具体浸提步骤见表 3-2-1。其中，溶解态与可交换态汞主要为能够溶于水，或者为吸附在黏土矿物表面并能够进行离子交换的汞形态（包正铎等，2011）；碳酸盐结合态汞为碳酸盐矿物上形成的共沉淀结合态汞，这类汞主要以特殊吸附的形式与碳酸盐矿物结合，结合强度较弱；铁锰氧化物结合态汞为与土壤中易还原性铁、锰氧化物结合的汞，当土壤氧化还原条件发生变化时，这部分汞能够向溶解态与可交换态或者碳酸盐结合态汞转化；有机质结合态汞为与土壤中各种有机物如动植物残体、腐殖质等螯合而成的汞，其中 Hg^{2+} 为配位中心，与活性有机基团配位。在强氧化条件下，有机配体被氧化，使得与其结合的汞被释放；残渣态汞为存在于硅酸盐矿物，以及一些原生和次生矿物晶格中的汞。这部分汞性质稳定，在自然条件下不易释放（冯新斌等，1996）。由于溶解态与可交换态汞和碳酸盐结合态汞通常含量较低，其浸提液利用冷原子荧光光谱法（CVAFS）测定汞浓度。铁锰氧化物结合态汞、有机质结合态汞和残渣态汞的浸提液可选择冷原子荧光光谱法（CVAFS）或冷原子吸收光谱法（CVAAS）测定汞浓度。

表 3-2-1　　土壤中不同形态汞的连续提取

汞形态	提取试剂	提取条件
溶解态与可交换态汞	1mol/L Mg(NO₃)₂, HNO₃ 调节 pH 至 7.0	准确称取 1.0g 土壤样品，加入 8mL 提取试剂，室温下振荡 1h，离心 20min（3500r/min），取上清液过 0.45μm 微孔滤膜，分析。剩余残渣用 8mL 去离子水洗涤 2 次备用
碳酸盐结合态汞	1mol/L NaAc，冰醋酸调节 pH 至 5.0	经步骤 1 处理后的残留物中，加入 8mL 提取试剂，室温下振荡 5h，离心 20min，取上清液分析。残渣处理同上
铁锰氧化物结合态汞	0.4mol/L NH₂OH·HCl［溶于 20%（v/v）HAc］	经步骤 2 处理后的残留物中，加 20mL 提取试剂，96℃水浴 6h，离心 20min，取上清液分析。残渣处理同上
有机质结合态汞	H₂O₂，HNO₃ 调节 pH 至 2.0	经步骤 3 处理后的残留物中，加入 8mL 提取试剂，80℃水浴 2h，再加入 3mL 提取试剂 80℃水浴 3h，离心 20min，取上清液分析。残渣处理同上
残渣态汞	王水（HNO₃：HCl = 1：3）	经步骤 4 处理后的残留物中，加入 10mL 提取试剂，95℃水浴 10min，加入 1.0mL BrCl 后再次 95℃水浴 30min

3.2.3　生物样

1. 植株总汞

植株样品总汞采用混酸消解-CVAFS/CVAAS 法测定（郑伟等，2006），具体操作为：称取 0.5～1.0g 经过干燥研磨后的植株样品，加入 HNO₃：H₂SO₄ = 8：2（v/v）混合酸 10mL，在 95℃水浴中消解 3h，随后加入 0.5mL BrCl，静置 24h，使 BrCl 充分将各形态汞氧化为 Hg^{2+}。测定前，加入 200～400μL 盐酸羟胺，还原过量 BrCl。摇匀后，取适量上清液至气泡瓶中进行预富集，预富集过程与水样总汞一致。该消解与测定方法同样适用于其他生物样品总汞的测定，如人体头发、尿样、大米、蔬菜以及猪肉等。

2. 植株甲基汞

植株样品甲基汞采用碱解法-气相色谱-冷原子荧光光谱法（GC-CVAFS）测定（仇广乐等，2005；闫海鱼等，2005）。具体操作流程如下：称取 0.1～0.2g 干燥植株样品（湿重 0.5～0.8g），置于 30mL 聚四氟乙烯瓶中。加入 5mL 250g/L KOH 甲醇溶液，在 75～80℃水浴中消解 3h。消解过程中，多次摇匀消解瓶。消解完成，待消解液冷却至室温后，缓慢加入浓 HCl 3mL，将消解液 pH 调至酸性。随后进行二氯甲烷萃取以及水相反萃取，并定容后待测。萃取反萃取的方法与土壤/沉积物样品一致，测定用的检测器为 Tekran 2500 测汞仪（Tekran 公司，加拿大）或 Brooks Rand Model Ⅲ测汞仪（Brooks Rand Labs，美国）。该消解与测定方法同样适用于其他生物样品甲基汞的测定，如人体头发、尿样、血液、大米、蔬菜、猪肉以及鱼体等（Liang et al., 1996；Li et al., 2015；闫海鱼等，2005）。

3.2.4　大气

气态总汞（TGM）包括气态单质汞（GEM）和活性气态汞（RGM），其中，GEM 通常占 TGM 的 90%以上。使用 Tekran 公司生产的大气气态总汞分析仪（Tekran® 2537，加拿大）或便携式大气气态单质汞自动分析仪（RA-915＋，LUMEX，俄罗斯）现场测定 TGM 含量。当 TGM 含量较高时，采用 LUMEX 便携式大气气态单质汞自动分析仪，该仪器的设置流速为 10L/min 时，最低检出限为 5ng/m³。具体操作如下：将检测仪连接至电脑，通过电脑设定固定时间间隔读取一个平均值，并记录。对于每个采样点的每一次采样，至少连续进行 1h 的大气气态单质汞的样品采集。

当 TGM 含量较低时，使用 Tekran® 2537，该仪器的检出限低于 0.1ng/m³。Tekran® 2537 大气气态总汞分析仪利用金汞齐对气态汞的吸附原理，将大气中的汞吸附到金管上，然后用热解法释放经高纯氩载气携带至检测池进行分析。该套仪器安装有两个金管，一个采集样品时用，另一个进行分析，从而保证仪器连续地采集大气样品。采样管采用 Tekran®公司生产的恒温聚四氟乙烯采样管，采样管温度恒定在 50℃，以避免水汽在采样管凝结。采样管进气口高度安装在离地面约 6m 的地方，采样流速设定在 1.5L/min。在采样过程中，采用 0.45μm 的聚四氟乙烯滤膜过滤大气中的颗粒物，避免其对金管造成损坏/钝化。采用仪器内部自动校正和外部手动法校正结合的方法确保数据质量。内部校正通过安装在仪器内部的汞源发生器释放定量的气态单质汞进行校正，校正周期为 25h。校正过程中两个金管的重现性保证在 95%以上，若低于此值，对金管进行净化后方能使用。外部校正利用 Tekran®2505 汞源发生器校正内部汞源发生器的释放速率，校正周期为 3 个月，一般要保证外部汞源和内部汞源发生器的释放速率的重现性达到 95%以上。

3.2.5　土壤-大气界面汞交换通量

采用通量箱法测定土壤-大气界面汞的交换通量（Schroeder et al.，1989；Xiao et al.，1991；王少锋，2006）。通量箱法工作的原理是质量守恒，通过测定通量箱进气孔和出气孔的气体汞含量来计算土壤释汞通量，计算公式为

$$F = \frac{C_o - C_i}{A} \times Q \qquad (3\text{-}2\text{-}1)$$

式中，F 为土壤-大气界面汞的交换通量[ng/(m²·h)]；C_o 为出气孔中气体的汞含量（ng/m³）；C_i 为进气孔中气体的汞含量（ng/m³）；Q 为通量箱内空气流量（m³/h）；A 为通量箱的底面积（m²）。

采用石英玻璃制成的通量箱，该通量箱具有空白低、易清洗、可重复使用等特点，透明的石英玻璃对环境条件的改变也小于其他半透明或不透明材料。通量箱呈半圆柱状，规格为 π/2×(0.1m)²×0.3m，底面积为 0.06m²，体积为 4.68L（图 3-2-5）。通量箱的两个截面分别有 6 个进气孔和 3 个出气孔，较多的进气孔可防止箱内产生较高的负压，避免由负压产生的测定误差。将通量箱置于土壤表面，用土壤将通量箱的边缘密封，避免因漏气而造成的测定误差，用聚四氟乙烯管将通量箱与大气自动测汞仪连接。

图 3-2-5　石英玻璃通量箱（王少峰，2006）

　　为了使通量箱内部气流稳定，通量测量区域剪切应力均一，设计了新型测量土壤-大气界面汞的交换通量的通量箱（朱伟，2014），具体参数如下：通量箱高度为 0.03m，宽度为 0.3m。通量箱的主体长度为 0.7m，分为三个区域：进气口区（0.3m，使气流稳定）、测量区（0.3m）和出气口区（0.1m）。通量箱测定区域与地面接触处有 3cm 的延长用于固定通量箱与地面接触位置，防止气流从测量区的接触位置渗入。通量箱的气流流速通常在 5～15L/min。相应的雷诺数为 36～108，表明通量箱内流场为稳定流。通量箱的进气口区与空气直接连通，当气流稳定后，空气流到达测量区之后进入缓冲区，之后离开通量箱进入检测器。出气口处有额外 0.1m 用于气流收缩前的缓冲，以确保测量区域不受影响（图 3-2-6）。通量箱所用材质为聚碳酸酯，其具有加工可操作性强、机械强度高和较好的光透过能力等优点。

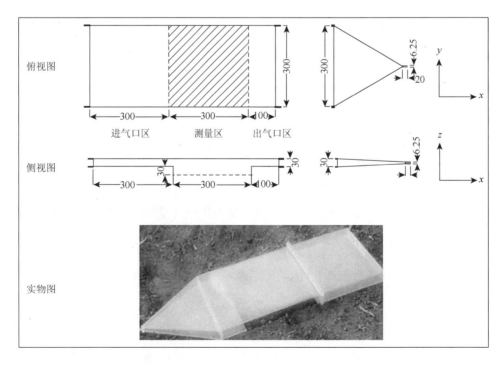

图 3-2-6　新型动力学通量箱设计尺寸示意图（单位：mm；修改自朱伟，2014）

在进行土壤-大气界面汞交换通量的测定时，使用外径为 0.25in（1in = 2.54cm）的特氟龙管将通量箱的入口和出口连接到同步多端口采样系统（Tekran®1115，加拿大），然后连接到自动环境空气分析仪（Tekran®2537，加拿大）以测定通量箱进气口和出气口大气汞浓度，并根据式（3-2-1）进行计算（图 3-2-7）。

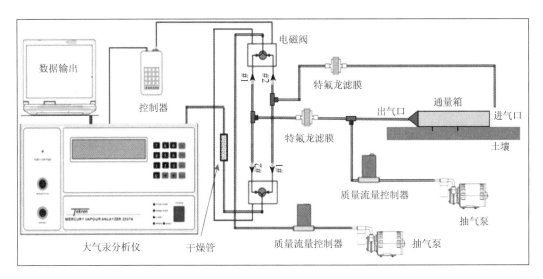

图 3-2-7 动力学通量箱测定土壤-大气汞交换通量示意图（修改自朱伟，2014）

3.3 汞稳定同位素示踪技术

3.3.1 单一富集稳定同位素示踪技术

自然环境中汞有 7 种稳定同位素（^{196}Hg 0.15%、^{198}Hg 10.04%、^{199}Hg 16.8%、^{200}Hg 23.1%、^{201}Hg 13.2%、^{202}Hg 29.8%和 ^{204}Hg 6.85%），其组成比例是相对固定的。汞稳定同位素示踪技术分为两大类：第一类是人为添加单一富集稳定同位素（如 ^{198}Hg）标记化合物示踪技术；第二类是天然汞同位素质量和非质量分馏示踪技术。

人为添加单一富集稳定同位素示踪技术原理为：人为添加单一富集稳定汞同位素标记的化合物（如单一富集汞稳定同位素的无机汞或甲基汞）后，改变了环境介质中原始的汞同位素组成，使之与周围环境中相应汞化合物同位素组成产生明显差异，且该差异随添加的汞同位素在环境中汞的物理、化学及生物过程中不断传递，利用高精度电感耦合等离子体质谱仪（ICP-MS）（或气相色谱联用电感耦合等离子体质谱仪，GC-ICP-MS）分析样品中不同汞形态的同位素含量，通过计算与周围环境中汞同位素含量的差异，就可以获得发生迁移或转化的汞同位素的量，进而准确计算汞化合物在环境中特定途径的迁移或转化率（图 3-3-1）。因此，单一富集稳定汞同位素示踪技术为研究环境介质中汞的迁移、转化和归趋的理想手段（孟博等，2020）。

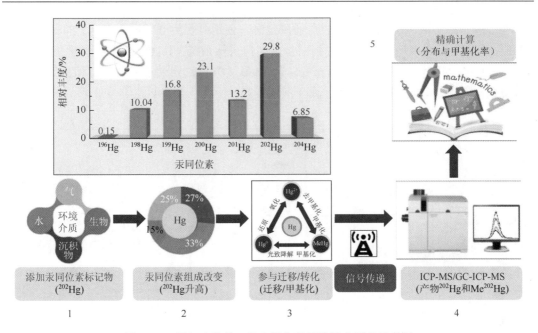

图 3-3-1　添加富集单一稳定同位素示踪技术原理示意图

目前，单一富集稳定汞同位素示踪技术已被广泛应用于汞形态分析，陆地生态系统土壤-植物-大气间汞的交换过程及机理，水生生态系统中汞的迁移、转化、生物富集过程及机理等研究领域。其中，2001 年美国和加拿大学者联合在加拿大安大略省西北试验湖区开展的实验研究就是一个典型案例，这些学者通过人工模拟降雨并添加单一稳定汞同位素（^{200}Hg、^{198}Hg 和 ^{202}Hg）至试验区，成功示踪了这一典型"汞敏感"生态系统-湖泊/河流生态系统中汞的迁移、转化、生物富集过程及机理，该研究的系列成果已在环境领域多个国际著名期刊上发表，如 *Proceedings of the National Academy of Sciences of the United States of America*、*Environmental Science & Technology* 等（Hintelmann et al.，2002；Paterson et al.，2006；Harris et al.，2007）。笔者课题组在国内率先建立了单一富集汞同位素示踪技术及相关的分析测试平台（孟博等，2020），还将单一富集汞同位素示踪技术应用于不同生态系统（如稻田生态系统和湿地生态系统）汞的生物地球化学循环研究中，阐明了汞在湿地生态系统土壤-植物-大气界面间的迁移过程和最终归宿（Meng et al.，2018），解析了稻田土壤中汞的关键形态转化过程以及大气沉降"新"汞在稻田土壤中的形态分布特征和再分配过程（Wu et al.，2020；Liu et al.，2022a，2022b）。由此可见，与传统的研究手段/方法相比，利用单一稳定汞同位素示踪技术研究汞的关键形态转化过程具有无可比拟的优势。但是，该技术也存在一定的局限性，如自然环境中同时存在多途径的汞的形态转化过程（如非生物和生物途径的汞的还原、氧化、去甲基化等），单一稳定汞同位素示踪技术确实可以提供实际环境中汞的单一途径化学行为证据，但是，该技术仍然无法将不同途径的汞的形态转化过程（如汞的光致还原 *vs.*汞的微生物还原和甲基汞的生物降解 *vs.*甲基汞的光降解等）进行有效区分。

土壤或植物样品中甲基汞同位素分析过程中的前处理方法与常规甲基汞含量分析前

处理方法相同。以土壤样品为例：准确称取 0.3～0.4 g 干燥土壤样品，依次加入 $CuSO_4$ 饱和溶液、稀 HNO_3 和 CH_2Cl_2，采用溶剂萃取的方法将样品中的甲基汞分离，并将甲基汞转移至水相；通过水相乙基化后预富集至 Tenax® 采样管中，经热解析后，以气相色谱-电感耦合等离子体质谱法（GC-ICP-MS）测定样品中甲基汞同位素的含量（Hintelmann and Evans，1997）。测试系统如图 3-3-2 所示。

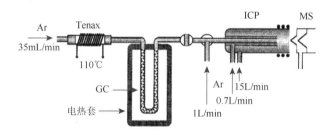

图 3-3-2　同位素甲基汞测试系统（GC-ICP-MS）示意图（修改于 Hintelmann and Evans，1997）

土壤或植物样品中总汞同位素分析过程中的前处理方法与常规总汞含量分析前处理方法相同。以土壤样品为例：准确称取约 0.2g 干燥土壤样于 25mL 比色管中，加入去离子水 5mL，再加入新配制的王水 5mL，摇匀。将比色管置于已预热至 95℃的水浴中，加热 5min（在通风橱内进行，并用玻璃珠或者玻纤膜覆盖比色管口）。加入少量去离子水和 1.0mL BrCl，继续在 95℃水浴中消解 30min。待消解液冷却后加入去离子水定容至 25mL。随后盖上比色管盖，放置 24h 以上，使 BrCl 充分将各形态汞氧化为 Hg^{2+}。测定前，加入 200～400μL 盐酸羟胺，还原过量 BrCl，摇匀后，取适量上清液至气泡瓶中预富集至金管。预富集过程与总汞含量测定一致。经热解析后，采用电感耦合等离子体质谱法（ICP-MS）测定样品中总汞同位素的含量。

3.3.2　天然汞同位素示踪技术

近年来，随着新一代多接受电感耦合等离子体质谱仪（MC-ICP-MS）的开发应用以及环境介质汞预富集技术的进步，天然环境样品中高精度的汞同位素组成分析越来越成熟与完善。2007 年，Bergquist 和 Blum（2007）首次报道了水体二价汞［Hg（II）］和甲基汞在光化学还原过程中存在显著的汞同位素质量分馏（mass dependent fractionation，MDF，如 $\delta^{202}Hg$ 特征）和奇数汞同位素非质量分馏（mass independent fractionation，MIF，如 $\Delta^{199}Hg$ 和 $\Delta^{201}Hg$），为地球科学和环境科学汞同位素研究开辟了新的方向。之后，研究人员又在大气样品中发现了偶数汞同位素非质量分馏（如 $\Delta^{200}Hg$ 和 $\Delta^{204}Hg$）（Gratz et al.，2010；Chen et al.，2012）。通过实验室研究，人们证实大气汞的氧化是造成偶数汞同位素非质量分馏的重要原因（Mead et al.，2013；Sun et al.，2016）。自此，汞成为唯一具有"三维"（质量分馏、奇数汞同位素非质量分馏和偶数汞同位素非质量分馏）同位素示踪体系的重金属，为汞的生物地球化学循环提供了更准确、更可靠甚至是排他性的研究手段。

大量研究发现，一系列涉及汞地球化学循环的重要过程，如挥发过程、蒸发过程、氧化/

还原、甲基化/去甲基化过程等都可以导致显著的汞同位素 MDF（图 3-3-3），表明同位素可以作为自然界汞生物地球化学反应及其发生程度的示踪剂，进而帮助人们提高对全球汞的生物地球化学循环的认识。而核体积效应（nuclear volume effect，NVE）和磁同位素效应（magnetic isotope effect，MIE）被认为是造成汞同位素 MIF 的主要原因。根据 NVE 理论，奇数同位素

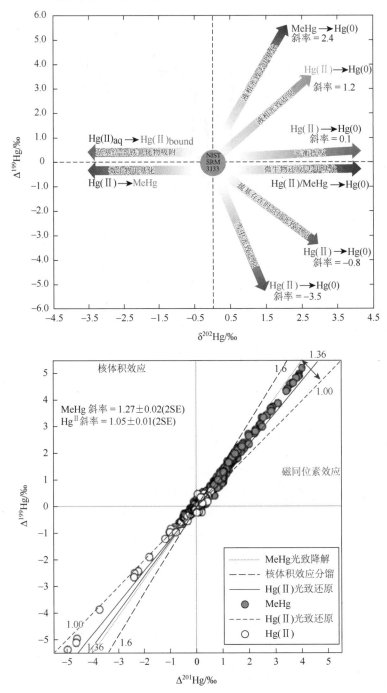

图 3-3-3　不同反应过程中 $\delta^{202}Hg/\Delta^{199}Hg$ 和 $\Delta^{199}Hg/\Delta^{201}Hg$ 比值（修改自 Blum et al.，2014 和 Sonke，2011）

原子核半径与原子核质量不呈线性关系（Schauble，2007）。NVE 对轻元素同位素影响不大，却明显影响汞同位素。NVE 可以导致 ^{199}Hg 和 ^{201}Hg 的原子半径要小于与其相邻的偶同位素的平均值，导致 ^{199}Hg 和 ^{201}Hg 核上的电荷密度增大，在反应中更容易断裂，并产生奇数汞同位素的 MIF（尹润生，2012）；MIE 主要由光化学自由基对反应引起（Buchachenko，2009）。MIF 通常产生于水溶液中的 Hg（Ⅱ）的光致还原、甲基汞的光致去甲基化和黑暗状态下 Hg（Ⅱ）还原的过程，且不同反应过程产生的 $\Delta^{199}Hg/\Delta^{201}Hg$ 斜率不同（图 3-3-3）。

天然汞同位素组成的测定由 Nu Plasma 型 MC-ICP-MS 进行。汞标准溶液（NIST SRM 3133）和样品的消解液采用汞蒸气发生器（CETAC HGX-200）进行在线连续流进样，利用 $SnCl_2$ 将汞还原为 Hg^0；利用 Apex-Q（Elemental Scientific Inc.，USA）将 Tl（NIST SRM 997）气溶胶引入汞蒸气发生器与 Hg^0 混合，并由载气高纯 Ar 将混合气体携带到等离子体源进行检测。整个进样过程由蠕动泵来完成（图 3-3-4）（尹润生等，2010）。

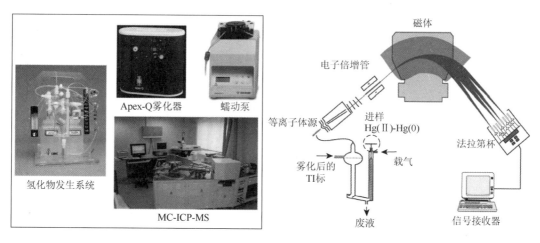

图 3-3-4　天然汞同位素组成测定仪器示意图（尹润生，2012）

在样品测定之前，需要对同位素分析过程中仪器和分析程序引起的分馏效应（即质量歧视）进行校正。常采用的方法包括内标法和外标法，其中内标法的原理为：在汞同位素测定时，同步测定与 Hg 质量数相近的 Tl 同位素，根据已知和测定的 Tl 同位素比值计算求得真实的质量分馏系数（β_0），之后由 β_0 计算出自然样品汞同位素比值。笔者研究团队使用 NIST SRM 997 铊标准（$^{205}Tl/^{203}Tl = 2.38714$）溶液做内标准。外标法采用样品-标准交叉法进行质量分馏校正，该方法要求仪器具有较高的稳定性。样品-标准交叉法是通过测量两次已知标准和 1 次未知样品，假定已知标准和未知样品的仪器质量分馏是一样的，用已知标准来进行仪器的质量分馏校正。采用汞标准 NIST SRM 3133、内部标准样品 UM-Almadén 和标准物质（CC580、BCR482、TORT2 等）测定来评估 MC-ICP-MS 汞同位素分析的准确性（尹润生等，2010）。测试样品的汞同位素组成测试误差（2SD）可以采用测试期间样品测试误差以及固体、液体和气体国际标准样品测试误差进行计算。

汞同位素质量分馏（MDF）通常用 $\delta^{xxx}Hg$（‰）值表示（Blum and Bergquist，2007）。

若 $\delta > 0$，表明样品相对标准富集重同位素；$\delta < 0$，表明样品相对标准亏损重同位素。计算公式如下：

$$\delta^{xxx}\mathrm{Hg} = \left(\frac{\left(\dfrac{^{xxx}\mathrm{Hg}}{^{198}\mathrm{Hg}} \right)_{\mathrm{sample}}}{\left(\dfrac{^{xxx}\mathrm{Hg}}{^{198}\mathrm{Hg}} \right)_{\mathrm{SRM3133}}} - 1 \right) \times 1000 \text{‰} \qquad (3\text{-}3\text{-}1)$$

式中，*xxx* 表示汞同位素质量数（196、199、200、201、202 和 204）；$(^{xxx}\mathrm{Hg}/^{198}\mathrm{Hg})_{\mathrm{sample}}$ 和 $(^{xxx}\mathrm{Hg}/^{198}\mathrm{Hg})_{\mathrm{SRM3133}}$ 为 MC-ICP-MS 测定的样品和标样中 *xxx* 同位素与 $^{198}\mathrm{Hg}$ 同位素的比值；$\delta^{xxx}\mathrm{Hg}$ 单位为‰。

汞同位素的非质量分馏（MIF）用 $\Delta^{xxx}\mathrm{Hg}$（‰）表示（Blum and Bergquist，2007），计算公式如下：

$$\Delta^{xxx}\mathrm{Hg}\,(\text{‰}) = \delta^{xxx}\mathrm{Hg} - (\beta \times \delta^{202}\mathrm{Hg}) \qquad (3\text{-}3\text{-}2)$$

式中，$\Delta^{xxx}\mathrm{Hg}$ 为汞同位素非质量分馏；*xxx* 为汞同位素质量数（199、200、201 和 204），β 为 $^{199}\mathrm{Hg}$、$^{201}\mathrm{Hg}$、$^{200}\mathrm{Hg}$ 和 $^{204}\mathrm{Hg}$ 动力学质量分馏理论常数（分别为 0.252、0.752、0.5024 和 1.493）；其单位用‰表示（Blum and Bergquist，2007）。

3.4　样品分析过程中的质量控制

3.4.1　标准工作曲线

每次在测定样品汞含量前（包括总汞和甲基汞）绘制标准工作曲线，其具体操作规范及检验标准可参照 USEPA Method 1631 和 1630 方法（USEPA，2002，2001）。标准溶液和样品的分析步骤完全相同。以总汞测定为例，取最新配制的总汞标准溶液 0 pg（$1\mathrm{pg} = 10^{-12}\mathrm{g}$）、100 pg、200 pg、300 pg、400 pg、600 pg、800 pg，分别置于装有 50mL 去离子水的反应气泡瓶中，按样品方法进行测定。以实验峰面积为纵坐标，总汞量（pg）为横坐标，制作标准曲线。

3.4.2　空白试验

样品测定之前需进行空白检验，主要包括：气泡瓶空白、系统空白、试剂空白、方法空白和野外空白等。气泡瓶空白验证时，至少需要测定三个气泡瓶的背景汞含量。系统空白为验证汞分析时气路系统不存在汞污染。由于在汞含量分析过程中，需要加入不同的化学试剂，因此应当考虑不同化学试剂中是否存在汞背景值偏高的情况。如果发现 $\mathrm{SnCl_2}$ 或者 $\mathrm{NH_2OH \cdot HCl}$ 试剂空白偏高，可以通过持续通气（高纯氮气）的方式降低汞含量。方法空白为使用和样品分析时同样的试剂、玻璃器皿与测定方法，验证操作过程

是否存在汞污染，具体操作规范及合格标准可参照 USEPA Method 1631 和 1630 方法
（USEPA，2002，2001）。

3.4.3　标准物质的测定

选择与待分析样品类型相同或相似的标准物质，用于验证不同类型环境样品（如土壤/沉积物、生物样等）前处理方法及分析方法的可靠性。通常采用的标准物质信息如表 3-4-1 所示。

表 3-4-1　选用的标准物质信息

标准物质名称	来源	标准物质类型	汞形态	参考值/（mg/kg）
GBW07405	国家标准物质	土壤	总汞	0.29 ± 0.04
GBW070009	国家标准物质	土壤	总汞	2.2 ± 0.4
SRM-2710a	National Institute of Standards and Technology（NIST）	土壤	总汞	32.4 ± 0.84
CRM021	Supelco® Merck	土壤	总汞	0.71
CRM024	Supelco® Merck	土壤	总汞	4.7
ERM®CC580	European Reference Materials（ERM）	河口沉积物	总汞	132 ± 3.0
GBW07604	国家标准物质	杨树叶	总汞	0.026 ± 0.003
GBW10020	国家标准物质	柑橘叶	总汞	0.15 ± 0.02
GBW08508	国家标准物质	大米	总汞	0.038 ± 0.003
GBW10010	国家标准物质	大米	总汞	5.3 ± 0.5
TORT-2	National Research Council of Canada（NRC）	龙虾组织	总汞	0.27 ± 0.06
NIES-13	National Institute for Environmental Studies（NIES）	头发	总汞	4.42 ± 0.20
ERM®CC580	European Reference Materials（ERM）	河口沉积物	甲基汞	75 ± 4.0
IAEA-405	International Atomic Energy Agency（IAEA）	河口沉积物	甲基汞	5.49 ± 0.53
TORT-2	National Research Council of Canada（NRC）	龙虾组织	甲基汞	0.15 ± 0.013
DORM-2	National Research Council of Canada（NRC）	鱼体组织	甲基汞	4.47 ± 0.032
NIES-13	National Institute for Environmental Studies（NIES）	头发	甲基汞	3.80 ± 0.4

3.4.4　加标回收实验与平行样品测定

加标回收实验用于验证样品前处理方法及分析方法的可靠性。对已知汞含量的样品取两份，其中一份加入一定量的汞标准溶液，两份同时按相同的前处理方法及分析步骤测定，进行加标回收实验。其具体操作规范及合格标准可参照 USEPA Method 1631 和 1630 方法（USEPA，2002，2001）。

平行样品测定用于检测采样过程、样品前处理及分析过程中混入的杂质对检测所产生的基体干扰,其具体操作规范及合格标准可参照 USEPA Method 1631 和 1630 方法(USEPA,2002,2001)。不同类型样品的测定过程中,分别对同一样品进行 3 次或 2 次重复测定,并据此计算样品相对标准偏差。

参 考 文 献

包正铎, 王建旭, 冯新斌, 等. 2011. 贵州万山汞矿区污染土壤中汞的形态分布特征. 生态学杂志, 30(5): 907-913.

冯新斌, 陈业材, 朱卫国. 1996. 土壤中汞存在形式的研究. 矿物学报, 16(2): 218-222.

何天容, 冯新斌, 戴前进, 等. 2004. 萃取-乙基化结合 GC-CVAFS 法测定沉积物及土壤中的甲基汞. 地球与环境, 32(2): 83-86.

蒋红梅, 冯新斌, Liang L, 等. 2004. 蒸馏-乙基化 GC-CVAFS 法测定天然水体中的甲基汞. 中国环境科学, 24(5): 568-571.

李仲根, 冯新斌, 何天容, 等. 2005. 王水水浴消解-冷原子荧光法测定土壤和沉积物中的总汞. 矿物岩石地球化学通报, 24(2): 140-143.

孟博, 胡海燕, 李平, 等. 2020. 稻田生态系统汞的形态转化及同位素分馏. 矿物岩石地球化学通报, 39(1): 12-23.

仇广乐, 冯新斌, 梁琏, 等. 2005. 溶剂萃取-水相乙基化衍生 GC-CVAFS 联用测定苔藓样品中的甲基汞. 分析测试学报, 24(1): 29-32.

王少锋. 2006. 汞矿化带土壤/大气界面汞交换通量研究. 贵阳: 中国科学院地球化学研究所博士学位论文.

闫海鱼. 2005. 环境样品中不同形态汞的分析方法建立与贵州百花湖汞的生物地球化学循环特征的初步研究. 贵阳: 中国科学院地球化学研究所博士学位论文.

闫海鱼, 冯新斌, 商立海, 等. 2003. 天然水体中痕量汞的形态分析方法研究. 分析测试学报, 22(5): 10-13.

闫海鱼, 冯新斌, Liang L, 等. 2005. GC-CVAFS 法测定鱼体内甲基汞的分析方法研究. 分析测试学报, 24(6): 78-80.

尹润生. 2012. 中国主要人为汞污染源汞含量及汞同位素特征研究. 贵阳: 中国科学院地球化学研究所博士学位论文.

尹润生, 冯新斌, Foucher D, 等. 2010. 多接收电感耦合等离子体质谱法高精密度测定汞同位素组成. 分析化学, 38(7): 929-934.

郑伟, 冯新斌, 李广辉, 等. 2006. 硝酸水浴消解-冷原子荧光光谱法测定植物中的总汞. 矿物岩石地球化学通报, 25(3): 285-287.

朱伟. 2014. 地气界面汞通量观测方法和典型农田地表与大气汞交换通量及控制因素研究. 贵阳: 中国科学院地球化学研究所博士学位论文.

Bergquist B A, Blum J D. 2007. Mass-dependent and -independent fractionation of Hg isotopes by photoreduction in aquatic systems. Science, 318(5849): 417-420.

Blum J D, Bergquist B A. 2007. Reporting of variations in the natural isotopic composition of mercury. Analytical and Bioanalytical Chemistry, 388(2): 353-359.

Blum J D, Sherman L S, Johnson M W. 2014. Mercury isotopes in earth and environmental sciences. Annual Review of Earth and Planetary Sciences, 42: 249-269.

Buchachenko A L. 2009. Mercury isotope effects in the environmental chemistry and biochemistry of mercury-containing compounds. Russian Chemical Reviews, 78(4): 319-328.

Chen J B, Hintelmann H, Feng X B, et al. 2012. Unusual fractionation of both odd and even mercury isotopes in precipitation from Peterborough, ON, Canada. Geochimica et Cosmochimica Acta, 90: 33-46.

Floyd M, Sommers L E. 1975. Determination of alkylmercury compounds in lake sediments by steam distillation flameless atomic-absorption. Analytical Letters, 8(8): 525-535.

Fitzgerald W F, Watras C J. 1989. Mercury in surficial waters of rural Wisconsin lakes. Science of the Total Environment, 87-88: 223-232.

Gratz L E, Keeler G J, Blum J D, et al. 2010. Isotopic composition and fractionation of mercury in Great Lakes precipitation and ambient air. Environmental Science & Technology，44（20）：7764-7770.

Guo Y N，Feng X B，Li Z G，et al. 2008. Distribution and wet deposition fluxes of total and methyl mercury in Wujiang River Basin，Guizhou，China. Atmospheric Environment，42（30）：7096-7103.

Harris R C，Rudd J W M，Amyot M，et al. 2007. Whole-ecosystem study shows rapid fish-mercury response to changes in mercury deposition. Proceedings of the National Academy of Sciences of the United States of America，104（42）：16586-16591.

Hintelmann H，Evans R D. 1997. Application of stable isotopes in environmental tracer studies—measurement of monomethylmercury（CH_3Hg^+）by isotope dilution ICPMS and detection of species transformation. Fresenius' Journal of Analytical Chemistry，358（3）：378-385.

Hintelmann H，Harris R，Heyes A，et al. 2002. Reactivity and mobility of new and old mercury deposition in a boreal forest ecosystem during the first year of the METAALICUS study. Environmental Science & Technology，36（23）：5034-5040.

Horvat M，Liang L，Bloom N S. 1993. Comparison of distillation with other current isolation methods for the determination of methyl mercury-compounds in low-level environmental-samples：2. Water. Analytica Chimica Acta，282（1）：153-168.

Li P，Feng X B，Chan H M，et al. 2015. Human body burden and dietary methylmercury intake：the relationship in a rice-consuming population. Environmental Science & Technology，49（16）：9682-9689.

Liu J，Lu B Q，Poulain A J，et al. 2022a. The underappreciated role of natural organic matter bond Hg（Ⅱ）and nanoparticulate HgS as substrates for methylation in paddy soils across a Hg concentration gradient. Environmental Pollution，292：118321.

Liu J，Zhao L，Kong K，et al. 2022b. Uncovering geochemical fractionation of the newly deposited Hg in paddy soil using a stable isotope tracer. Journal of Hazardous Materials，433：128752.

Liang L，Bloom N S. 1993. Determination of total mercury by single-stage gold amalgamation with cold vapour atomic spectrometric detection. Journal of Analytical Atomic Spectrometry，8（4）：591-594.

Liang L，Horvat M，Bloom N S. 1994. An improved speciation method for mercury by GC/CVAFS after aqueous phase ethylation and room temperature precollection. Talanta，41（3）：371-379.

Liang L，Horvat M，Cernichiari E，et al. 1996. Simple solvent extraction technique for elimination of matrix interferences in the determination of methylmercury in environmental and biological samples by ethylation-gas chromatography-cold vapor atomic fluorescence spectrometry. Talanta，43（11）：1883-1888.

Mead C，Lyons J R，Johnson T M，et al. 2013. Unique Hg stable isotope signatures of compact fluorescent lamp-sourced Hg. Environmental Science & Technology，47（6）：2542-2547.

Meng B，Li Y B，Cui W B，et al. 2018. Tracing the uptake，transport，and fate of mercury in Sawgrass（*Cladium jamaicense*）in the Florida Everglades using a multi-isotope technique. Environmental Science & Technology，52（6）：3384-3391.

Oslo and Paris Commission. 1998. JAMP guidelines for the sampling and analysis of mercury in air and precipitation. Joint Assessment and Monitoring Programme.

Paterson M J，Blanchfield P J，Podemski C，et al. 2006. Bioaccumulation of newly deposited mercury by fish and invertebrates：an enclosure study using stable mercury isotopes. Canadian Journal of Fisheries and Aquatic Sciences，63（10）：2213-2224.

Schauble E A. 2007. Role of nuclear volume in driving equilibrium stable isotope fractionation of mercury，thallium，and other very heavy elements. Geochimica et Cosmochimica Acta，71（9）：2170-2189.

Schroeder W H，Munthe J，Lindqvist O. 1989. Cycling of mercury between water，air and soil compartments of the environment. Water Air and Soil Pollution，48（3-4）：337-347.

Sonke J E. 2011. A global model of mass independent mercury stable isotope fractionation. Geochimica et Cosmochimica Acta，75（16）：4577-4590.

Sun G Y，Sommar J，Feng X B，et al. 2016. Mass-dependent and-independent fractionation of mercury isotope during gas-phase oxidation of elemental mercury vapor by atomic Cl and Br. Environmental Science & Technology，50（17）：9232-9241.

Tessier A，Campbell P G C，Bisson M. 1979. Sequential extraction procedure for the speciation of particulate trace metals. Analytical Chemistry，51（7）：844-851.

Ullrich S M，Tanton T W，Abdrashitova S A. 2001. Mercury in the aquatic environment：a review of factors affecting methylation.

Critical Reviews in Environmental Science and Technology，31（3）：241-293.

USEPA. 2001. Method 1630：Methylmercury in water by distillation，aqueous ethylation，purge and trap，and CVAFS.

USEPA. 2002. Method 1631：Mercury in water by oxidation，purge and trap，and cold vapor atomic fluorescence spectrometry.

Wu Q Q，Hu H Y，Meng B，et al. 2020. Methanogenesis is an important process in controlling MeHg concentration in rice paddy soils affected by mining activities. Environmental Science & Technology，54（21）：13517-13526.

Xiao Z F，Munthe J，Schroeder W H，et al. 1991. Vertical fluxes of volatile mercury over forest soil and lake surfaces in Sweden. Tellus，43（3）：267-279.

第4章 汞矿区汞污染状况、污染来源及污染过程

4.1 汞矿区固体废弃物

贵州万山汞矿区长达 630 年的大规模汞矿冶炼历史，产生了大量的矿山废石和冶炼炉渣，并露天堆积于河流、沟谷、矿坑或冶炼厂附近。固体废弃物长期暴露于地表环境中，不仅造成严重的生态破坏，同时由于长期受地表径流和雨水淋滤等外动力地质作用的影响，矿山废石和冶炼炉渣中的汞元素不断释放至周围环境，造成环境的严重汞污染。因此，对矿区固体废弃物，尤其是冶炼炉渣中汞的环境地球化学进行调查研究，揭示汞的释放、迁移特征，以及由此而产生的汞污染特征，具有很重要的意义。

4.1.1 研究方案

2002 年 11 月对贵州万山汞矿区沿河流附近废石和炉渣进行了样品采集（图 4-1-1）。共采集废石样品 11 个，炉渣样品 9 个。炉渣和废石的采集采用随机取样法。对露天堆放

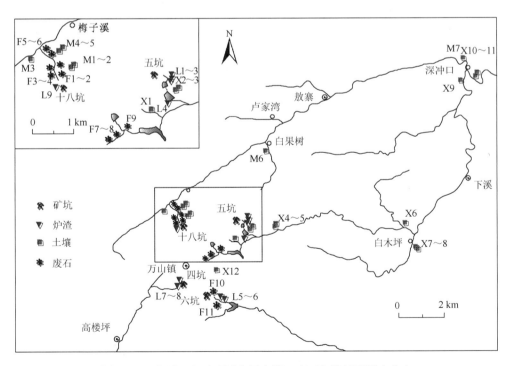

图 4-1-1 贵州万山汞矿区表层土壤、废石与炉渣采样点分布

的炉渣堆，去掉其表层厚约 5cm 风化层后，随机采取 3～5 处 1kg 炉渣，均匀混合后用四分法从中选取 1kg 炉渣，代表该点的混合样品。废石样品随机拣取堆填于河床及河流两岸的废石。炉渣样品于实验室内室温下自然风干，混匀并研磨至小于 120 目，装入聚乙烯自封袋待测。废石直接采用碎样机粉碎至 120～200 目，装入聚乙烯自封袋待测。其中，废石样品用于分析总汞含量，炉渣样品用于分析总汞和甲基汞含量。其中，炉渣和废石样品总汞含量采用原子吸收光谱法（AAS）进行测定，炉渣样品甲基汞含量采用气相色谱联用冷原子荧光光谱法（GC-CVAFS）进行测定。

4.1.2　废石汞的分布

贵州万山汞矿区废石样品采集点分布见图 4-1-1，不同位置样品测定结果见表 4-1-1。结果显示，万山汞矿区废石中总汞（THg）的含量介于 6.3～4350mg/kg。高含量汞的废石（含量＞100mg/kg）集中于盛产优质辰砂的梅子溪十八坑附近的河流河床及两岸。调查表明，贵州万山汞矿在 20 世纪 60 年代初经历了"采富弃贫"的掠夺式开采，大量贫矿石（肉眼可见红色辰砂）被丢弃，因而导致矿坑附近堆积的废石汞含量普遍较高。矿区六坑附近废石中汞的高含量特征，同样是上述原因造成的，该区域堆积的废石汞含量为 230～370mg/kg，远远高于大水溪尾矿库上游堆积的废石汞含量 6.3～17mg/kg。

表 4-1-1　贵州万山汞矿区废石和炉渣中汞含量测定结果统计

样品及编号		总汞/(mg/kg)	样品及编号		总汞/(mg/kg)	甲基汞/(μg/kg)
废石	F1	190	炉渣	L1	210	0.46
	F2	310		L2	55	0.28
	F3	220		L3	4450	0.17
	F4	97		L4	33	2.7
	F5	190		L5	5.7	0.17
	F6	4350		L6	6.5	0.21
	F7	17		L7	1130	0.97
	F8	6.3		L8	48	1.1
	F9	17		L9	54	0.54
	F10	370				
	F11	230				

据不完全统计，贵州万山汞矿自 1950 年建成投产至 1995 年，累积排放废石 263 万 t。汞矿区大量废石的堆积，一方面，导致河床抬升，严重破坏了矿区生态环境。例如，汞矿区梅子溪十八坑附近，河床内堆满了大量废石，致使地表河流在长达 2.0km 的距离内成为地下暗河。另一方面，裸露于地表的含汞贫矿石，长期受各种地表地质营力作用导致汞元素释放，使河水中的汞含量升高（仇广乐等，2004）。

4.1.3　炉渣汞的环境地球化学

1. 总汞

贵州万山汞矿区炉渣样品总汞和甲基汞测定结果见表 4-1-1。贵州万山汞矿区炉渣样品总汞测定结果显示，不同位置炉渣样品中总汞含量变化很大，最低为 5.7mg/kg，最高达 4450mg/kg。样品总汞测定数据表明，万山汞矿区高含量汞的炉渣堆，分布于第五号矿坑和第四号矿坑区域，炉渣样品总汞含量分别为 33～4450mg/kg 和 48～1130mg/kg；低含量汞的炉渣堆，分布在矿区第六号矿坑区域，炉渣样品总汞含量 5.7～6.5mg/kg，显著低于第五号矿坑和第四号矿坑炉渣总汞含量。

不同区域炉渣堆中的样品总汞含量的差异，很可能与炉渣堆周围的水文地质条件和不同时期的汞冶炼工艺有关。炉渣是含辰砂的矿石高温焙烧的产物，含有大量在高温条件下形成的易溶、富汞次生矿物（Kim et al.，2000；Rytuba，2003）。当外部水动力条件较强时，易溶、富汞次生矿物便会随水流迁移至周围环境，导致炉渣中汞的含量降低。另外，不同时期汞矿石的冶炼工艺，也会造成炉渣汞含量的不同（Biester et al.，2000）。早期冶炼工艺落后，矿石冶炼不够充分，汞的回收率较低（<50%）；随着冶炼技术发展，矿石中汞的回收率不断提高（≥95%）。

2. 甲基汞

1）甲基汞含量

万山汞矿区不同位置炉渣样品中的甲基汞（MeHg）含量详见表 4-1-1。测定结果表明，炉渣样品中的甲基汞含量低且变化范围小，介于 0.17～2.7μg/kg，平均含量为 0.73μg/kg。不同区域炉渣样品甲基汞含量稍有不同，例如，矿区第五号坑和第四号坑附近炉渣中甲基汞含量稍高于其他区域，说明矿区内炉渣的堆积区域和周围环境条件，会导致炉渣中汞的甲基化程度有所不同。

2）甲基汞含量与总汞的关系

炉渣中汞的甲基化作用过程通常与炉渣中生物有效态汞的含量、甲基化微生物的活性以及炉渣的物理化学特性有关，但并不受控于总汞含量（Gray et al.，2002，2004；Rytuba，2003）。贵州万山汞矿区炉渣样品中的甲基汞含量和总汞之间没有明显的相关关系（图 4-1-2）。当炉渣样品总汞含量为 5.7mg/kg 时，甲基汞含量为 0.17μg/kg；总汞含量升至 4450mg/kg 时，甲基汞含量并未明显升高（表 4-1-1），说明炉渣中总汞含量的高低并不是甲基汞净产生量的决定因素。

尽管贵州万山汞矿区炉渣中甲基汞含量较低，但是炉渣中高含量的总汞及其中的易溶、次生汞矿物会不断随降水或地表径流进入周围生态系统或迁移至河流下游，成为地表环境中重要的汞污染源（Gray et al.，2000；Horvat et al.，1999；Rytuba，2000）。该部分易溶、活性较强的汞，由于外界条件的改变，会在微生物作用下转化为甲基汞，造成"二次汞污染"。

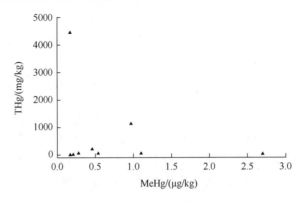

图 4-1-2　贵州万山汞矿区炉渣总汞（THg）和甲基汞（MeHg）含量的关系

3. 炉渣汞释放量估算

汞矿区炉渣是含辰砂矿石高温焙烧的产物，不仅含有大量的高温条件下形成的易溶、次生汞矿物，同时炉渣中还会滞留部分尚未完全释放和挥发的单质汞（Kim et al.，2000；Biester et al.，1999，2000）。该部分单质态汞在外界条件的影响下（如光照、降水等）会不断向大气中释放。因此，汞矿区堆积的大量炉渣将可能成为矿区大气汞的一个重要来源。为此，本书进一步估算了贵州万山汞矿区炉渣向大气的汞排放量。

1）汞交换通量的测定

汞矿区炉渣-大气界面间的汞交换通量，采用动力学通量箱法与高时间分辨率大气自动测汞仪（Tekran2537 型，加拿大）联用技术（Wallschläger et al.，1999；Gustin et al.，1999；冯新斌等，2002；王少锋等，2004），根据质量平衡原理来进行测定。研究对象为贵州万山汞矿区第五号矿坑和第四号矿坑，分别于冬季（2002 年 11 月）和夏季（2004 年 8 月）进行了汞交换通量的野外监测，测定统计结果列于表 4-1-2。

表 4-1-2　贵州万山汞矿区炉渣-大气汞交换通量测定结果统计

采样点位置*	时间 （年-月-日）	n/个	汞交换通量/[ng/(m²·h)]			备注
			最大值	最小值	均值	
L3（五坑）	2002-11-22 ~2002-11-23	44	6660	160	1710	释放
		1	0.91	0.91	0.91	沉降
L8（四坑）	2004-08-10 ~2004-08-11	70	16090	990	5720	释放
		1	320	320	320	沉降

*采样点位置见图 4-1-1。

贵州万山汞矿区炉渣-大气间的汞交换通量测定结果表明，无论是在夏季还是在冬季，炉渣均表现出向大气强烈的释汞过程。汞的释放通量在夏季达到最高 16090ng/(m²·h)，平均 5720ng/(m²·h)；冬季稍低，最高 6660ng/(m²·h)，平均 1710ng/(m²·h)。获得的 116 个汞交换通量结果中，只有 2 个测定结果表现为大气汞的沉降过程（表 4-1-2），而 98% 以上的测定数据表现为炉渣向大气释放汞过程，说明炉渣是矿区大气汞的一个非常重要的来源。

汞交换通量测定结果还表明，矿渣-大气界面昼夜间的汞交换通量具有显著的变化特征。白天光照充足的条件下，汞交换通量明显升高；夜间无光照时，汞交换通量明显降低。随光照条件的变化，汞交换通量表现出了明显的昼夜变化规律：早晨 8:00 左右起，随光照强度的增强，汞交换通量开始升高，至中午 13:00 汞交换通量达到峰值，随后随光照强度的减弱逐渐降低，至午夜 2:00 左右汞交换通量降至最低值（图 4-1-3）。

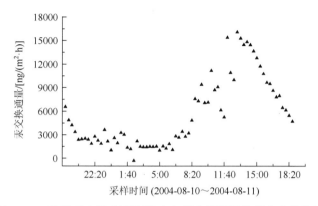

图 4-1-3　贵州万山汞矿区炉渣-大气汞交换通量的昼夜变化特征

无论在白天还是夜间，汞矿区矿渣均表现为强烈的释汞过程。白天汞释放表现出的较明显的日变化规律，说明光致还原对汞的释放起了主导作用；夜间炉渣中汞的持续释放则暗示矿渣中依然存在着大量的单质汞源。白天受日光的照射，炉渣中存在的活性汞（如 Hg^{2+}）会被还原，产生气态单质汞（Hg^0）而挥发至大气中，导致白天炉渣向大气中释放汞，并且随光照的变化而发生规律变化；夜间尽管没有了光照，但是由于炉渣中滞留了大量的气态单质汞，而使炉渣在无光照的条件下，仍然持续向大气释放汞。

2）汞交换通量与光照的关系

矿区炉渣-大气界面间的汞交换通量呈明显的昼夜变化特征，显著受光照的影响，而且两者之间呈显著的正相关关系（图 4-1-4）。夏季汞交换通量与光照之间的相关系数为 $R^2 = 0.9474$（$n = 47$，$P < 0.0001$）；冬季汞交换通量与光照之间的相关系数为 $R^2 = 0.9620$（$n = 44$，$P < 0.0001$）。

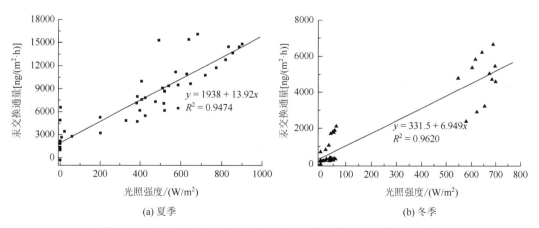

(a) 夏季　　　　　　　　　　　(b) 冬季

图 4-1-4　贵州万山汞矿区炉渣-大气汞交换通量和光照的相关关系

3）汞释放量的估算

不同位置、不同季节炉渣-大气界面间的汞交换通量测定结果，暗示汞矿区炉渣是矿区大气汞的一个重要的来源。由于光照的变化与炉渣向大气的汞释放通量呈显著正相关关系，应用该直线关系（图 4-1-3），可以粗略估算出贵州万山汞矿区炉渣向大气的汞释放量。计算方法详见式（4-1-1）和式（4-1-2）：

$$F = a_0 \times \text{SI}_{av} + c_0 \qquad\qquad (4\text{-}1\text{-}1)$$

$$\text{EM} = \int_0^T (F \times A)\mathrm{d}t \qquad\qquad (4\text{-}1\text{-}2)$$

式中，F 为平均汞交换通量[ng/(m^2·h)]；SI_{av} 为贵州省年平均光照强度（W/m^2）；a_0、c_0 为校准常数；EM 为年平均汞释放量（kg/a）；A 为汞矿区炉渣表面积（m^2）。

据不完全统计，本研究开展期间贵州万山汞矿区直接暴露于地表空气中的炉渣表面积约合 100000m^2。根据炉渣-大气汞交换通量测定的平均结果，结合贵州平均光照强度，计算汞矿区冬、夏两季炉渣-大气间平均汞交换通量，并运用该计算值对贵州万山汞矿区炉渣向大气的年释放汞量进行估算。式（4-1-1）和式（4-1-2）引用参数、计算值及估算结果见表 4-1-3。

表 4-1-3　贵州万山汞矿区炉渣向大气的释汞因子

参数	估算因子	备注
F/[ng/(m^2·h)]	1096～3469	
SI_{av}/(W/m^2)	110	贵阳市年平均光照强度
A/m^2	100000	
EM/(kg/a)	0.96～3.0	

估算结果表明，本研究开展期间贵州万山汞矿区炉渣每年向大气的释汞量为 0.96～3.0kg/a，约合 9600～30000g/(km^2·a)，显著高出了全球汞矿化带陆地自然源的平均汞释放量 10g/(km^2·a)（Lindqvist et al.，1991），充分证实了汞矿区炉渣是大气汞的一个最重要来源的观点。

4.2　汞矿区地表水

汞矿区地表径流是矿区汞污染迁移、传输的主要途径之一，同时又是不同汞形态相互转化的重要场所。汞的形态不同，将直接影响水体中汞的甲基化过程。研究汞矿区表层水体中汞的含量、存在形态以及不同形态汞的分布特征，对揭示矿区特殊水文动力条件下汞的迁移、演化具有重要的意义。

4.2.1　研究方案

分别于 2002 年 11 月和 2004 年 8 月进行了万山汞矿区冬、夏两季地表水表层水体的野外采集工作，采样点分布见图 4-2-1。图中冬季水样点：1～31、38～41，共 35 个样品；夏季水样点：1、4～5、11～38、40～41，共 33 个样品。样品采集过程中使用的器皿均为硼硅玻璃瓶或聚四氟乙烯瓶。采样前所有器皿均进行超净处理。以孔径为 0.45μm 醋酸纤维滤膜现场对水样进行过滤，过滤水样装入 100mL 超净硼硅玻璃瓶或聚四氟乙烯瓶保存，并将已过滤的滤膜对折，收至酸预处理的聚乙烯塑料自封袋中，留备颗粒态汞的测定。采样操作过程中均使用一次性聚乙烯手套以最大限度减少操作过程中带入的人为汞污染。

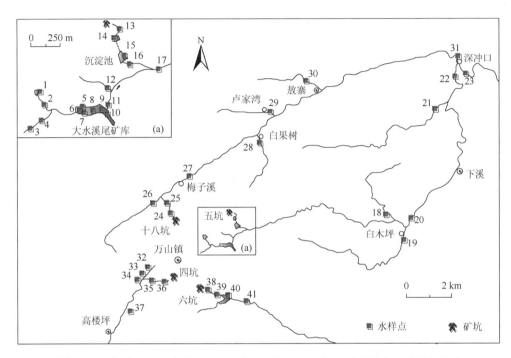

图 4-2-1　贵州万山汞矿区冬（2002 年）、夏（2004 年）两季地表水采样点分布

水样装入采样瓶后加入 0.4%（v/v）亚沸蒸馏-超纯盐酸，密封后用双层保鲜袋包装，带回实验室置于冰箱中低温（+4℃）避光保存，滤膜冷冻保存。样品中各形态汞的分析测定工作在 28d 内完成，以避免汞的损失和形态转化。水样用于分析活性汞（RHg）、总汞（THg）、总甲基汞（TMeHg）、溶解态汞（DHg）、溶解态甲基汞（DMeHg）、颗粒态汞（PHg）和颗粒态甲基汞（PMeHg）含量。其中，水样活性汞、溶解态汞和颗粒态汞含量，采用两次金汞齐预富集与冷原子荧光光谱法（CVAFS）相结合的分析方法进行测定，水样溶解态甲基汞和颗粒态甲基汞含量，采用蒸馏-乙基化结合 GC-CVAFS 的分析方法进行测定。

4.2.2　水体汞含量及形态分布

贵州万山汞矿区冬、夏两季地表水采样点分布见图 4-2-1。不同形态汞的含量统计结果详见表 4-2-1 和表 4-2-2。

表 4-2-1 万山汞矿区冬季表层水中不同形态汞的含量分析结果 （单位：ng/L）

编号	活性汞	溶解态汞	颗粒态汞	总汞*	编号	活性汞	溶解态汞	颗粒态汞	总汞*
1	6.3	31	1630	1661	19	1.6	14	1.4	15.4
2	7.1	34	4430	4464	20	2.5	17	21	38
3	34	87	3000	3087	21	1.5	17	9.6	26.6
4	40	110	700	810	22	2.5	28	9.0	37
5	7.2	26	1810	1836	23	2.0	13	6.9	19.9
6	6.8	22	470	492	24	4.0	26	61	87
7	6.8	22	1050	1072	25	3.1	52	210	262
8	5.4	19	280	299	26	3.7	24	40	64
9	4.4	20	240	260	27	2.3	17	8.9	25.9
10	4.7	25	170	195	28	1.9	21	3.2	4.2
11	14	32	400	432	29	1.2	23	10	33
12	2.1	15	45	60	30	1.8	19	2.0	21
13	1.0	23	260	283	31	1.8	17	9.6	26.6
14	8.5	86	530	616	38	15	93	1890	1983
15	11	88	620	708	39	390	410	5810	6220
16	400	430	880	1310	40	2.8	24	1650	1674
17	5.3	42	310	352	41	3.3	23	390	413
18	5.3	17	4.5	21.5					

*总汞＝颗粒态汞＋溶解态汞。

表 4-2-2 万山汞矿区夏季表层水中不同形态汞的含量分析结果 （单位：ng/L）

编号	活性汞	溶解态汞	颗粒态汞	总汞*	编号	活性汞	溶解态汞	颗粒态汞	总汞*
1	5.7	33	5850	5883	25	3.1	20	720	740
4	4.1	23	810	833	26	1.2	11	560	571
5	3.1	16	2450	2466	27	1.2	19	820	839
11	20	24	1450	1474	28	1.6	17	26	43
12	1.0	57	1060	1117	29	2.5	20	18	38
13	1.8	48	3790	3838	30	0.69	25	21	46
14	4.2	46	4640	4686	31	1.1	22	12	34
15	2.2	52	3540	3592	32	2.4	35	1440	1475
16	8.1	45	1650	1695	33	8.5	58	3380	3438
17	8.9	20	850	870	34	1.6	27	570	597
18	18	92	640	732	35	11	21	930	951
19	1.9	13	68	81	36	79	140	3710	3850
20	3.7	16	160	176	37	12	65	1700	1765
21	0.8	19	16	35	38	31	52	9210	9262

续表

编号	活性汞	溶解态汞	颗粒态汞	总汞*	编号	活性汞	溶解态汞	颗粒态汞	总汞*
22	0.6	15	31	46	40	2.1	17	760	777
23	2.2	16	91	107	41	5.4	20	1110	1130
24	2.2	20	850	870					

*总汞 = 颗粒态汞 + 溶解态汞。

1. 总汞

结果表明，汞矿区表层水体总汞含量介于 4.2～9262ng/L，平均为 1220ng/L，具有以下分布特征。

第一，矿山活动遗留的冶炼炉渣附近地表水总汞含量显著偏高。例如，矿区第六号矿坑附近的第 38 号夏季表层水样为坑道水和炉渣渗滤水的混合水样，其总汞含量达 9262ng/L。该点下游第 39 号冬季炉渣渗滤水，总含量亦高达 6220ng/L。与此类似，位于四坑的第 36 号和五坑的第 15 号炉渣渗滤水，总汞含量也分别高达 3850ng/L 和 3592ng/L。炉渣附近表层水中总汞含量剧增以及水体呈强碱性（pH≥11）的特征，暗示炉渣是水体中汞的重要来源。由于炉渣中含有大量的高温条件下形成的汞的次生矿物（如单质汞、黑辰砂以及汞的硫酸盐、氧化物和氯化物等），其水溶性远远高于辰砂，在地表径流和雨水淋滤作用下会不断地从炉渣中释放至周围水体，从而造成水中汞含量的升高。

第二，汞矿开采冶炼区域的河流中-下游干流，水体总汞含量迅速下降；约 20km 后，河流水体中总汞含量则维持在一定水平（≤50ng/L）。以大水溪至下溪河冬季河流水体为例：矿山活动区域的第 1～17 号水样（第 10 号、12 号支流水样除外）总汞含量≥200ng/L；远离汞矿山活动区域的第 20 号和第 22 号水样，总汞含量分别为 38ng/L 和 37ng/L（表 4-2-1），总汞含量下降趋势非常明显。汞矿区表层水体中总汞含量的巨大差异，充分反映了矿山活动的影响。当矿区地表河流水体一旦远离汞污染源——炉渣时，通常附着于水体悬浮物表面的汞会随着颗粒物的下沉而发生沉降，高汞含量的河流干流水体不断接受支流低含量汞水体的稀释。因此，随着汞污染源的不断远离，一定距离范围内河流水体中总汞含量会呈现明显降低的趋势（图 4-2-2）。

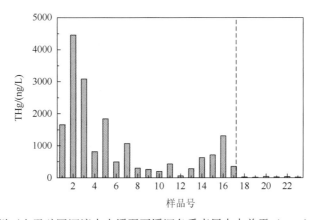

图 4-2-2　贵州万山汞矿区河流大水溪至下溪河冬季表层水中总汞（THg）含量变化趋势

第三，汞矿区河流中、下游的支流水体中总汞含量较低。敖寨河中、下游支流第 28～30 号冬、夏季表层水，总汞含量最高为 46ng/L，在一定程度上反映了万山汞矿区河流地表水体中汞的背景含量，且低于国家 I、II 类地表水环境质量标准限值 ≤50ng/L（GB3838—2002）。

2. 颗粒态汞

汞矿区高含量总汞的水体，均表现出高含量颗粒态汞的特征。例如，高总汞含量的第 38 号水样，夏季颗粒态汞含量达 9210ng/L，占总汞的比率 >99%。而且颗粒态汞与总汞含量呈显著的正相关性关系，相关系数 $R^2 = 0.9996$（$P < 0.0001$，$n = 68$）（图 4-2-3）。因此，汞矿区污染水体中汞的主要存在形态是颗粒态。

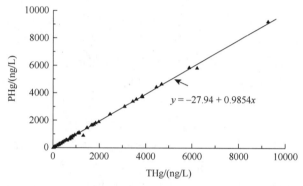

图 4-2-3　贵州万山汞矿区表层水体中颗粒态汞（PHg）含量与总汞（THg）含量的关系

相对于汞矿活动区域河流表层水，远离矿区或支流水体中颗粒态汞含量较低。例如，冬季下溪河下游干流第 22 号水样，颗粒态汞含量为 9.0ng/L，第 19 号支流水样颗粒态汞含量 1.4ng/L。一方面，汞矿区河流水体远离矿山活动区域后，河流水动力条件随着环境条件的改变而发生变化，同时河流水动力条件减弱导致水中悬浮颗粒物沉降至河床，使颗粒态汞含量降低。另一方面，汞矿区河流中、下游支流没有直接受汞矿山活动的影响，且颗粒物来源大大降低，因此矿区支流水中颗粒态汞的含量较低。

3. 溶解态汞

溶解态汞含量具有显著的空间分布特征：炉渣附近水体含量偏高，远离炉渣区域水体含量低。例如，汞矿区五坑附近炉渣影响的第 14～16 号水样，冬季溶解态汞的含量达 86～430ng/L；汞矿区六坑附近的第 39 号炉渣渗滤水，溶解态汞的含量为 410ng/L（表 4-2-1）。远离矿区的第 19～23 号样品，溶解态汞含量 <30ng/L。但是溶解态汞含量和总汞之间，没有明显的正相关关系（图 4-2-4）。

汞矿山活动区域表层水中溶解态汞的含量变化特征，说明冶炼炉渣中含有大量的易溶、亚稳态汞的次生矿物。它们在长期的地表风化及雨水淋滤作用下，会不断从炉渣中释放出来进入周围水体，导致附近河水富含溶解态汞。但是冶炼废渣中大量存在的 CaO 及 MgO 等（吴攀等，2002），会使流经废渣堆的水体呈强碱性（pH ≥11）（表 4-2-3），从而促使了溶解态汞向颗粒态汞的转化，导致了污染水体中颗粒态汞含量占主导。

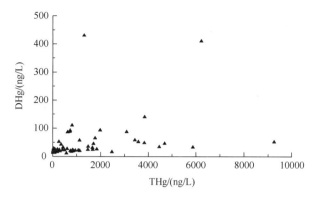

图 4-2-4　贵州万山汞矿区表层水中溶解态汞（DHg）含量与总汞（THg）含量的关系

4. 活性汞

汞矿区地表水体中的活性汞含量变化特征与溶解态汞含量相似，炉渣渗滤水中的活性汞含量显著升高。例如，五坑炉渣附近第 16 号水样冬季活性汞含量达 400ng/L。六坑附近的第 39 号炉渣渗滤水活性汞含量为 390ng/L。而且高含量活性汞的水体，同时也表现出了高含量的溶解态汞，两者之间呈显著正相关关系，相关系数 $R^2 = 0.9821$（$P < 0.0001$，$n = 68$）（图 4-2-5），暗示溶解态汞中含有大量的活性汞。

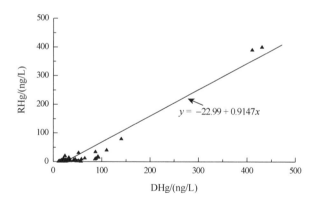

图 4-2-5　贵州万山汞矿区表层水中活性汞（RHg）含量与溶解态汞（DHg）含量的关系

通常活性汞在环境中最容易发生形态改变，同时也是最容易进行甲基化的汞形态之一（Mason and Fitzgerald，1990）。因此，汞矿区地表水活性汞含量的高低，会直接反映水体中汞的生物可利用性和汞的甲基化能力。汞矿区高含量活性汞的地表水，对当地居民身体健康构成潜在威胁。

5. 甲基汞

汞矿区表层水体中甲基汞含量及水体 pH 的测定结果，详见表 4-2-3。

表 4-2-3　贵州万山汞矿区夏季表层水甲基汞的分析测定结果　（单位：ng/L）

样号	溶解态甲基汞	颗粒态甲基汞	总甲基汞*	pH
1	0.98	1.9	2.88	8.9
4	0.08	0.23	0.31	7.0
5	1.2	0.50	1.7	7.6
11	0.30	7.3	7.6	6.8
12	0.36	0.36	0.72	8.2
13	0.69	0.51	1.2	8.7
14	0.45	1.1	1.55	8.2
15	0.45	0.03	0.48	11
16	1.0	0.10	1.1	11
17	0.22	0.17	0.39	7.5
18	0.30	0.21	0.51	7.6
19	0.68	0.12	0.80	7.6
20	16	6.0	22	7.6
21	0.84	0.26	1.1	9.4
22	0.36	1.3	1.66	9.6
23	0.16	0.69	0.85	9.0
24	0.21	0.23	0.44	8.8
25	0.36	0.43	0.79	8.8
26	0.43	1.2	1.63	8.4
27	0.37	0.37	0.74	8.3
28	0.23	0.33	0.56	8.6
29	0.35	0.24	0.59	8.1
30	0.19	0.23	0.42	8.7
31	0.51	0.01	0.52	8.7
32	0.42	0.02	0.44	7.1
33	0.19	0.25	0.44	7.0
34	0.26	0.08	0.34	7.1
35	0.20	1.3	1.5	8.9
36	0.65	2.6	3.25	12
37	22	3.0	25	7.1
38	0.31	3.2	3.51	7.6
40	0.43	0.52	0.95	7.8
41	0.31	0.79	1.1	7.7

*总甲基汞＝溶解态甲基汞＋颗粒态甲基汞。

　　贵州万山汞矿区表层水中总甲基汞的含量变化范围较大，介于 0.31～25ng/L。高楼坪河上游第 37 号井水样和大水溪下游白木坪附近第 20 号水样，总甲基汞的含量分别为 25ng/L 和 22ng/L，远远超出了矿区其他表层水样中总甲基汞的含量。同时，汞矿区受炉渣影响的表层水样，总甲基汞含量也呈现升高的趋势，例如，第 1 号、第 11 号、第 16 号和第 36 号等水样（表 4-2-3）总甲基汞含量均超过 1.0ng/L。但是汞矿区水体中总汞含量与总甲基汞含量之间没有明显的相关关系（图 4-2-6）。

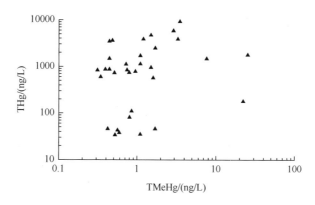

图 4-2-6　贵州万山汞矿区地表水中总汞（THg）含量与总甲基汞（TMeHg）含量的关系

　　前述已知，汞矿区表层水中汞的主要形态是颗粒态汞。因此，颗粒态汞的行为一定程度上代表了总汞的变化态势。表层水体中总甲基汞含量与总汞含量之间表现出的不明显相关关系，证实了颗粒态汞相对稳定的特性，即正常条件下不易发生汞的甲基化。但是不同于颗粒态汞，汞矿区表层水总甲基汞含量和活性汞含量之间呈现出显著的正相关关系，相关系数 $R^2 = 0.6387$（$P<0.05$，$n = 33$）（图 4-2-7）。这是由于在不同形态汞中，活性汞的生物可利用性最强，而且最易于发生汞的甲基化作用。因此，随着水体中活性汞含量的增加，甲基汞的含量呈现出升高的趋势。

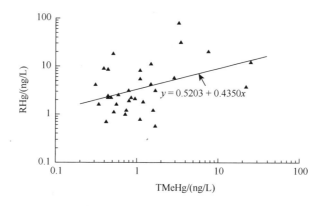

图 4-2-7　贵州万山汞矿区夏季河流水体中活性汞（RHg）含量与总甲基汞（TMeHg）含量的关系

　　另外，贵州万山汞矿区表层水中的甲基汞含量，具有随水体 pH 升高而降低的趋势。高含量甲基汞的水体 pH 介于 6.5～7.5；而当水体的碱度增强时，水体中甲基汞的含量明显降低（图 4-2-8）。

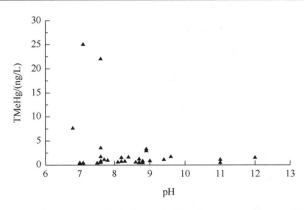

图 4-2-8　贵州万山汞矿区地表水 pH 和总甲基汞（TMeHg）含量的关系

大量研究表明，水体的酸碱条件可以影响水体中甲基汞的分配（Bloom et al.，1991；Miskimmin et al.，1992；Xun et al.，1987）。一方面，当水体 pH 较低时，甲基汞的溶解度会大大增强，导致甲基汞含量随水体 pH 的降低而升高。另一方面，汞的甲基化通常是在微生物作用下进行，强碱性环境下（pH ≥ 11）微生物的活性会受到不同程度的抑制，造成水体汞的甲基化作用减弱，导致甲基汞含量的降低。同时，在相似的自然条件下，较中性的 pH 可能有利于微生物的活动，进而造成了水体中甲基汞含量的增加。例如，汞矿区高含量甲基汞的第 37 号井水 pH 呈中性（pH = 7.1），其值低于矿区大部分水体的 pH。

汞矿区地表水受炉渣堆的影响，溶解态汞含量非常高，为无机汞的甲基汞过程提供了充足的汞源。当环境中形成有利于汞甲基化的条件时，汞的甲基化过程便可进行，从而生成大量的甲基汞。表层水体中的微生物活动可能是造成水体中甲基汞异常的重要原因之一。由此可见，无机汞的微生物甲基化过程是汞矿区地表水体中甲基汞的重要来源。

4.2.3　不同形态汞的季节变化

样品的采集时间以及水文动力学条件等因素，均可能影响水体中不同形态汞的含量和分布特征（Horvat et al.，2003）。贵州万山汞矿区冬、夏两季表层水样中不同形态汞的含量结果统计见表 4-2-4。

表 4-2-4　贵州万山汞矿区冬、夏两季表层水样中不同形态汞的含量结果统计

采样时间（年-月）	活性汞/(ng/L)		溶解态汞/(ng/L)		颗粒态汞/(ng/L)		总汞/(ng/L)		n/个
	范围	均值	范围	均值	范围	均值	范围	均值	
2002-11	1.0～400	29	12～430	56	1.4～5810	770	15～6230	830	35
2004-08	0.6～79	7.7	11～140	34	13～9210	1600	34～9260	1640	33

前述已表明，贵州万山汞矿区夏季雨量充沛，为多雨季节。因此，矿区夏季河流的水动力、冲刷及携带颗粒物的能力要远强于冬季，表现出夏季河流表层水体中总汞的平均含量（1640ng/L）是冬季表层水体中总汞的平均含量（830ng/L）近 2 倍。而且，在汞

矿活动区域的不同采样点，夏季表层水体总汞含量也显著高于冬季对应采样点表层水体总汞含量。但是，远离汞矿活动区域水体总汞含量受季节的影响较小，变化不大（图 4-2-9）。

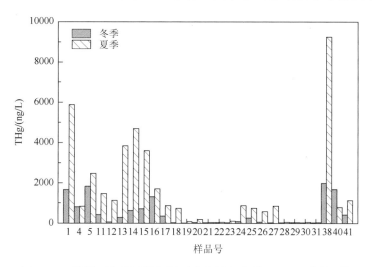

图 4-2-9　贵州万山汞矿区冬夏两季表层水总汞（THg）含量对比

　　矿山活动区地表水颗粒态汞含量表现为夏季高于冬季；远离矿区的河流表层水或下游支流水，冬、夏两季颗粒态汞含量差异明显减小（图 4-2-10）。汞矿区水体夏季颗粒态汞含量相对较高，主要是夏季较强的水动力携带了大量含汞颗粒物所致。但是随着矿区汞污染源的不断远离和河流下游水动力条件逐渐减弱，河水的携带能力逐渐减弱，该部分颗粒物会不断沉降，从而导致了河流下游或支流水体中冬、夏两季水样颗粒态汞的含量相近，变化不大。

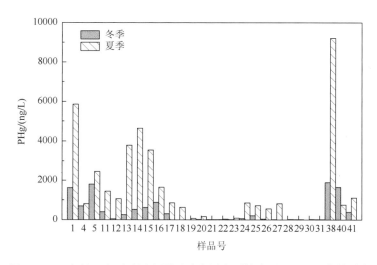

图 4-2-10　贵州万山汞矿区冬夏两季表层水颗粒态汞（PHg）含量对比

　　不同于总汞和颗粒态汞含量的分布特征，万山汞矿区夏季多数表层水样溶解态汞含量低于冬季，而且在汞矿区冬、夏两季表层水体样品中，多数高含量的溶解态汞水样为冬季采集的水样，活性汞同样表现出类似的特点（表 4-2-4 和图 4-2-11）。

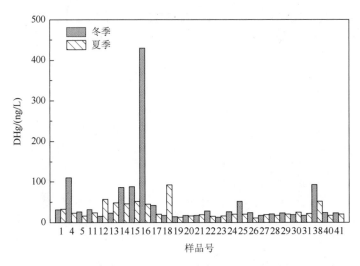

图 4-2-11　贵州万山汞矿区冬夏两季表层水溶解态汞（DHg）含量对比

由以上分析可知，汞矿区表层水中不同形态汞含量的季节变化，明显与汞矿区地表径流的水文动力条件有关。夏季为多雨季节，河流水动力条件要远远强于冬季。较强的水动力条件不仅可以携带大量的悬浮颗粒物，还会扰动河床沉积物，致使水体中颗粒物剧增，颗粒态汞的含量增加，导致总汞含量升高。同时，雨季河流流量增加、水流流速升高，可以较迅速地带走炉渣淋滤水中的大量可溶态的汞，而水量的增加还可以起到稀释作用。因此，汞矿区夏季表层水体中溶解态汞和活性汞的含量，相对于冬季河流表层水中的溶解态汞和活性汞而言，稍偏低（表 4-2-4）。

4.2.4　汞矿区尾矿库的汞拦截与净化效应

贵州万山汞矿区最大的汞污染治理工程——大水溪尾矿库，接纳了自建库以来的贵州汞矿冶炼总厂排放的大部分污染废水。2002 年 11 月，系统采集了大水溪尾矿库库内、入库及出库等不同位置表层水：入库 4 个、出库 1 个和库内 6 个共 11 个水样（表 4-2-5 和图 4-2-12），对该尾矿库的汞拦截与净化效应进行了探讨。

表 4-2-5　贵州万山汞矿区大水溪尾矿库、入库及出库冬季表层水样分析统计结果（单位：ng/L）

位置	活性汞		溶解态汞		颗粒态汞		总汞	
	范围	均值	范围	均值	范围	均值	范围	均值
入库水	6.3～40	22	32～110	66	700～4430	2440	820～4460	2500
库水	4.4～7.2	5.9	19～26	22	170～1810	670	190～1830	690
出库水	14		32		400		430	

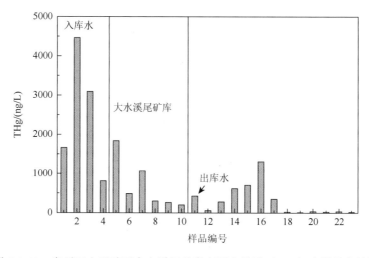

图 4-2-12 贵州万山汞矿区大水溪尾矿库表层水总汞（THg）含量分布特征

测定结果表明：①颗粒态汞的含量变化大，占总汞含量的比例高。同时，颗粒态汞含量明显与不同的采样位置有关，高含量的水样位置位于尾矿库的入水侧，而且边部位置高于中部位置；低含量的水样位置则位于坝口侧。②溶解态汞、活性汞的含量稳定，变化小。③尾矿库入水总汞平均含量为 2500ng/L，高于库内水体总汞均值 690ng/L。④尾矿库出水总汞含量为 430ng/L，明显低于入库水和库内水总汞均值（图 4-2-12）。

调查结果表明，尽管尾矿库出水中的总汞含量仍然较高，但是已经显著低于入库水样和库内水样总汞含量，说明尾矿库已经产生了良好的汞污染治理效果。但是由于水库系统对汞的形态转化和迁移有着重要的作用（Horvat et al.，2002），库内生态系统中汞的生物地球化学有待于深入研究。

4.3 汞矿区土壤

土壤是矿区农业生产的基础，也是矿区汞污染的源和汇。进入土壤中的汞可以在微生物作用下转化为甲基汞。矿山闭坑后的农业恢复与重建，会加速矿区污染土壤中汞的甲基化过程，通过土壤-植物系统的甲基汞积累，最后经食物链传递进入人体，危及矿区居民的身体健康。因此，研究汞矿区土壤汞的污染状况并揭示矿区土壤汞的甲基化特点，不仅可以丰富陆地生态系统汞的生物地球化学循环理论，同时对治理矿区汞污染土壤和恢复农业生态具有重要的指导意义。

4.3.1 研究方案

笔者团队于 2002 年 11 月对贵州万山汞矿区河流附近表层土壤进行了采集。土壤样品类型包括：水田（稻田）、旱田和菜地等耕作土壤和自然土。选择远离矿区且未直接受污染的土壤作为对照区样品。共采集土壤样品 17 个，其中稻田土样 7 个，旱田土样 3 个，菜地土样 2 个，对照区样品 5 个。具体的采样点分布见图 4-1-1。土壤样品的采集采用四分法则，每个样品从 5m×5m 的正方形 4 个顶点和中心点（共 5 处）各采集 1kg 的表层土壤（0～20cm），均匀混合后用四分法从中选取 1kg 土壤，代表该点的混合样品。样品用聚乙烯塑料袋封装保存，防止交叉污染。土壤样品在实验室内室温下自然风干，混匀并研磨至小于 120 目，装入聚乙烯自封袋待测。所有土壤样品用于分析总汞（THg）、甲基汞（MeHg）、pH 和总有机碳（TOC）等。其中，土壤总汞含量采用吸收光谱法（AAS）进行测定，土壤甲基汞含量采用气相色谱联用冷原子荧光光谱法（GC-CVAFS）进行测定。

4.3.2　汞矿区土壤汞含量及形态分布

　　1. 总汞

　　1）总汞含量

　　汞矿区土壤样品采样点分布见图 4-1-1，对应的测定结果见表 4-3-1。万山汞矿区土壤总汞含量为 1.1～790mg/kg，远远高于对照区土壤总汞含量 0.10～1.2mg/kg（图 4-3-1）。土壤样品测定的数据表明：①汞矿区土壤总汞含量变化范围大；②遭受矿山开采活动，尤其是炉渣影响的土壤，表现出了高含量总汞的特点；③尽管远离矿区的土壤总汞含量具有降低的趋势，但是矿区下游的稻田土壤总汞含量仍然很高；④对照区土壤总汞含量处在较低水平，但稍高于世界土壤汞的背景值（Senesi et al.，1999），详细分析如下。

表 4-3-1　贵州万山汞矿区不同位置土壤总汞和甲基汞的含量分析结果

样号	描述	总汞/(mg/kg)	甲基汞/(μg/kg)	TOC/(mg/kg)	pH
M1	十八坑炉渣堆附近，稻田土壤	790	4.0	53	8.2
M2	同 M1，玉米田土壤	450	1.2	17	8.1
M3	远离炉渣堆，玉米田土壤	5.8	0.13	23	8.0
M4	玉米田土壤	5.1	0.19	11	7.8
M5	同 M4，稻田土壤	130	0.26	17	8.2
M6	稻田土壤	1.1	1.6	9.2	5.2
M7	稻田土壤	16	1.0	11	6.4
X1	尾矿库下游支流，稻田土壤	7.6	0.17	12	7.1
X2	五坑炉渣堆附近，稻田土壤	130	0.90	9.5	8.7
X3	同 X2，炉渣复垦稻田土壤	77	15	32	8.5
X4	稻田土壤	270	1.7	32	8.2
X5	同 X4，菜地土壤	160	7.0	51	8.4
X6	稻田土壤	89	1.5	23	7.7
X7	对照区，玉米田土壤	0.30	0.25	11	5.5

续表

样号	描述	总汞/(mg/kg)	甲基汞/(μg/kg)	TOC/(mg/kg)	pH
X8	对照区，同 X7，稻田土壤	1.2	0.10	8.2	5.4
X9	对照区，玉米田土壤	0.80	0.28	7.5	5.5
X10	对照区，玉米田土壤	0.80	0.25	7.4	6.0
X11	对照区，同 X10，稻田土壤	0.10	0.24	6.2	5.8
X12	贵汞冶炼总厂附近，菜地土壤	740	3.4	21	7.8

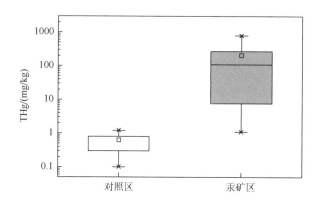

图 4-3-1　贵州万山汞矿对照区与矿区土壤总汞含量特征

第一，高汞含量的土壤均靠近或与矿区炉渣堆接触。例如，汞矿区梅子溪十八坑炉渣堆附近稻田土壤(M1)，总汞含量高达 790mg/kg；大水溪五坑炉渣堆附近稻田土壤(X2)，总汞含量为 130mg/kg。冶炼炉渣中汞含量非常高，而且能够不断向周围环境释放大量的汞，如活性态的 Hg（Ⅱ）等（Bailey et al.，2002；Gray et al.，2000）。因此，炉渣周围高汞含量的土壤，主要是附近炉渣中的汞污染造成的。

第二，沿矿区河流分布的大部分稻田土壤，受到上游汞污染水源的影响，总汞含量较高。汞矿区敖寨河下游 M7 号和大水溪下游 X6 号稻田土壤，总汞含量分别为 16mg/kg 和 89mg/kg。由于上游水体严重汞污染，该部分稻田土壤中汞的来源，应该同汞污染的灌溉水源有关。

第三，汞矿冶炼厂附近区域土壤汞的来源主要与大气沉降有关。冶炼总厂附近 X12 号菜地土壤总汞含量达 740mg/kg，该区域既没有炉渣堆放，也没有汞污染水源，但受到了长期炼汞活动的影响。调查表明，该区域近地表大气汞浓度高达 140～1220ng/m³。通常，大气中的大部分汞会附着在颗粒物表面，随着大气颗粒物的不断沉降，该部分汞会进入附近区域的土壤中，从而导致土壤汞含量的急剧升高。

第四，所选择的对照区土壤中总汞含量低于矿区内或受影响区域土壤中总汞含量（图 4-3-1）。对照区土壤总汞含量为 0.10～1.2mg/kg，稍高于全球土壤总汞含量的背景值 0.01～0.50mg/kg（Senesi et al.，1999）。

汞矿山活动产生的冶炼炉渣，常被直接排放于矿坑口，或矿区附近河谷及河流两岸。炉渣是矿石在高温焙烧下的产物，含有大量汞的次生矿物（Kim et al.，2000；Rytuba，2003），其在地表营力的作用下，汞会不断释放至周围环境中。同时，夏季频繁发生的洪水也会携带大量炉渣中的富汞颗粒物至河流下游，造成二次汞污染。因此，矿山活动过程中生产的冶炼炉渣是矿区土壤汞的重要来源，而矿区地表径流是下游稻田土壤汞污染的主要途径。对比污染区土壤，对照区土壤汞来源可能与其特殊的地质背景有关（汞矿化带），故对照区土壤总汞含量要稍高于世界土壤总汞背景值 0.01～0.50mg/kg（Senesi et al.，1999）。

2）总汞含量与 pH 的关系

汞矿区土壤总汞含量与 pH 呈现出了一定的相关关系（图 4-3-2）。当 pH<7.5 时，土壤总汞含量随 pH 的变化而相对稳定；当 pH 介于 7.5～9 时，总汞含量显著偏高，而且矿区高含量总汞的土壤，往往与高的 pH 相关。

汞矿区土壤总汞含量与 pH 之间的关系，具有环境的特殊性：①万山汞矿成矿围岩为碳酸盐岩，矿石赋存于富钙质的石灰岩、白云岩中。因此，汞矿石冶炼后的炉渣，不仅含有大量易溶的汞的次生矿物，还含有大量的氧化物，如 MgO、CaO 等（吴攀等，2002）。这些含汞矿物及碱性物质在雨水淋滤作用下，会不断溶入水中并进入土壤，导致土壤汞含量升高的同时，也使 pH 升高。②万山汞矿区矿石中酸性矿物——黄铁矿含量很低，因此，并没有产生大量酸性矿山废水（Gray et al.，2002），这也是造成土壤偏碱性的一个重要原因。

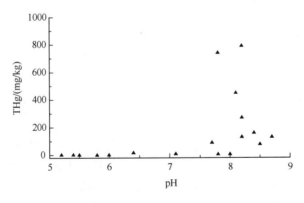

图 4-3-2　贵州万山汞矿区土壤总汞含量与 pH 的关系

2. 甲基汞

1）含量

汞矿矿区土壤甲基汞含量为 0.13～15μg/kg，显著高于对照区土壤甲基汞含量 0.10～0.28μg/kg（表 4-3-1）。矿区 X3 号炉渣复垦稻田土壤甲基汞含量最高，达 15μg/kg，暗示复垦稻田土壤中汞的甲基化作用非常活跃。汞矿区土壤甲基汞的含量，同时还具有随总汞含量的升高而升高的趋势（图 4-3-3）。

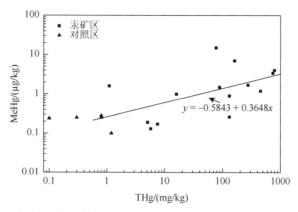

图 4-3-3 贵州万山汞矿矿区及对照区土壤总汞含量与甲基汞含量的关系

土壤甲基汞含量的高低,取决于土壤中易甲基化形态汞的含量。前述分析已知,汞矿区土壤汞的一个重要来源是炉渣,冶炼炉渣经淋滤作用而带出的汞活性更强、更易于进行甲基化。因此,随着土壤总汞含量的增加,直接受炉渣影响的矿区土壤中,有利于甲基化的生物有效态汞含量也不断增加。另外,因炉渣中汞的挥发而导致的大气汞沉降,同样也可以为土壤提供大量的活性汞,如易于形态转化的 Hg(Ⅱ)等(Bailey et al.,2002;Gray et al.,2000)。但是对照区土壤不同,其汞的来源主要为区域地质背景,易于甲基化的汞含量相对较低。由此可见,以上因素是导致矿区和对照土壤中甲基汞含量差异较大的主要原因。

虽然汞矿区土壤甲基汞含量高于对照区,但是其甲基汞占总汞的比例却明显低于对照区土壤。测定数据显示,对照区土壤甲基汞占总汞的比例可达 0.24%,而汞矿区土壤甲基汞占总汞的比例<0.1%。导致该现象的主要原因是:①尽管矿区土壤甲基汞的绝对含量高于对照区土壤,但是由于其总汞含量远远高于对照区,造成了较低的甲基汞占总汞的比例。②当土壤中的无机汞转化为甲基汞时,土壤中也会同时产生一种有机汞化合物的裂解酶,不断破坏 Hg—C 有机键而生成可溶 Hg(Ⅱ)和 CH4,从而抑制了土壤中高含量甲基汞的生成(Hines et al.,1999;Summers,1986)。

2)甲基汞含量与 pH 的关系

与矿区土壤总汞和 pH 的关系相似,土壤中甲基汞含量较高时,土壤的 pH 也偏高,介于 7.5~9(图 4-3-4)。前述已表明,高 pH 的土壤汞的来源及其汞的形态与矿区冶炼炉渣有关。因此,高含量甲基汞的土壤呈现高 pH 的特征,暗示土壤甲基汞的含量受土壤汞的来源、土壤汞的形态等因素的制约。但是,与土壤中甲基汞的绝对含量表现出的特征不同,土壤中较高的甲基汞占总汞的比例与较低的 pH 有关,当土壤 pH 介于 5~6 时,土壤甲基汞占总汞的比例最高(图 4-3-4)。

通常,环境介质的酸碱度可以影响水体、沉积物中汞的甲基化速率(Ullrich et al.,2001)。酸性条件下,水体/沉积物界面汞的甲基化作用会加强,同时还会抑制厌氧环境条件下沉积物中甲基汞的去甲基化作用(Steffan et al.,1988)。汞矿区不同位置土壤中,pH 对稻田土壤汞的甲基化过程的影响可能类似于沉积物,因为它们具有相似的还原环境。但是,矿区旱田土壤环境不同于稻田,土壤 pH 可能会产生不同的作用效果。因此,由于

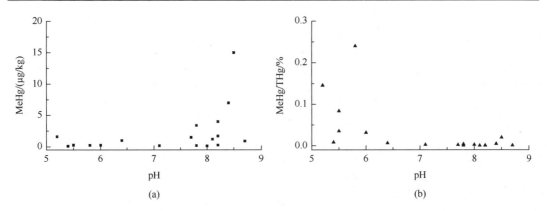

图 4-3-4　贵州万山汞矿区土壤甲基汞（MeHg）含量（a）及甲基汞占总汞的比例（MeHg/THg）（b）与
pH 的关系

汞矿区稻田、旱田和菜地土壤环境的不同，土壤汞甲基化过程中的 pH 影响作用会有所不同，有待于深入研究。

3）甲基汞含量与总有机碳（TOC）的关系

汞矿区土壤甲基汞含量与总有机碳（TOC）之间具有显著的正相关关系，相关系数 $R^2 = 0.7707$（$n = 19$，$P < 0.05$）（图 4-3-5）。研究表明，有机质的存在能够影响汞的物理迁移、化学转化及生物有效性（Amirbahman et al.，2002；Yin et al.，1997）。同时，有机质还可以为甲基化细菌提供充足的营养（Ullrich et al.，2001；Wright and Hamilton，1982）。汞矿区有机质含量较高的土壤中，汞甲基化微生物可能具有较高的活性，因而导致土壤中甲基汞的含量升高。

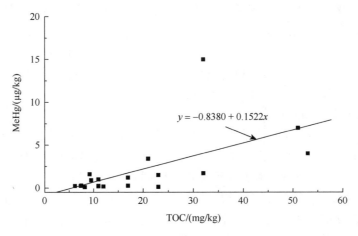

图 4-3-5　贵州万山汞矿区土壤甲基汞（MeHg）含量与总有机碳（TOC）之间的关系

4）土壤中汞的形态组成

如表 4-3-2 所示，汞矿区土壤总汞含量在 $3.06 \sim 2.92 \times 10^3$ mg/kg，平均值为 322mg/kg，远高于我国农用地土壤污染风险筛选值和管制值 [《土壤环境质量　农用地土壤污染风险管控标准》（GB 15618—2018）]。土壤各形态汞占总汞的比例由大到小依次为：残渣态＞

有机结合态＞＞氧化态＞特殊吸附态≈溶解态与可交换态。通常土壤中不同形态汞的生物有效性由小到大依次为残渣态、有机结合态、氧化态、特殊吸附态、溶解态与可交换态。云场坪汞矿区土壤中汞主要以相对惰性的残渣态存在。尽管溶解态与可交换态和特殊吸附态汞含量普遍较低，平均值为 0.024mg/kg，但是部分采样位点土壤中溶解态与可交换态和特殊吸附态含量高达 1.24mg/kg，说明矿区土壤汞的形态分布在空间分布上是高度不均一的，其环境风险也不一样。因此，在开展汞污染土壤风险管控时，要充分考虑汞的空间分布引起的环境风险。

表 4-3-2　云场坪汞矿区土壤中不同形态汞的分布特征　　　（单位：mg/kg）

形态汞（$n=150$）	最小值	最大值	平均值
溶解态与可交换态	0.0002	0.20	0.02
特殊吸附态	0.0002	1.24	0.10
氧化态	0.0002	9.18	1.08
有机结合态	0.047	630	108
残渣态	2.32	2.91×10^3	217
各形态汞之和	3.06	2.92×10^3	322
王水消解总汞	2.77	2.89×10^3	287

4.3.3　不同耕作类型土壤汞含量分布特征

1. 总汞

汞矿区不同耕作类型土壤总汞含量及分布特征见表 4-3-3。统计结果显示，汞矿区菜地土壤总汞平均含量高于对应的矿区稻田和玉米田土壤。

表 4-3-3　汞矿区不同耕作类型土壤总汞和甲基汞含量

不同耕作类型土壤	总汞/(mg/kg)		甲基汞/(μg/kg)		pH	n/个
	范围	均值	范围	均值		
玉米田	0.3～450	77	0.13～1.2	0.38	5.5～8.1	6
稻田	1.1～790	140	0.17～15	2.4	5.2～8.7	11
菜地	160～740	450	3.4～7.0	5.2	7.8～8.4	2

2. 甲基汞

汞矿区不同耕作类型土壤甲基汞含量存在显著差异（表 4-3-3）。矿区稻田和菜地土壤甲基汞含量偏高，平均含量分别为 2.4μg/kg 和 5.2μg/kg，均高于矿区玉米田土壤甲基汞平均值含量 0.38μg/kg，说明稻田和菜地土壤中汞的甲基化能力要强于玉米田（图 4-3-6）。

汞矿区不同耕作类型土壤中，稻田作为一种独特的湿地生态系统，是无机汞甲基化的有利场所（Roulet et al.，2001；Rudd，1995；Zillioux et al.，1993），表现为：①稻田土壤中丰富的可溶性碳和腐殖酸，可以为甲基化细菌提供理想的生存条件；②水稻生长期内的季节性灌溉，使得稻田土壤表层形成一种有利于汞甲基化的厌氧环境（Porvari and Verta，1995）；③矿区汞污染的灌溉水源，可以为无机汞的甲基化过程提供充足的无机汞源。以上因素可能是稻田土壤甲基汞含量偏高的主要原因。不同于稻田，玉米田土壤呈相对好氧环境，不利于汞的甲基化，因而土壤中甲基汞含量较低。菜地土壤环境类似于玉米田，但是其在蔬菜生长期内不间断地浇灌与施肥，会造成土壤有机质含量明显升高（表4-3-1），从而导致菜地土壤甲基汞含量升高，并且明显高于玉米田土壤。

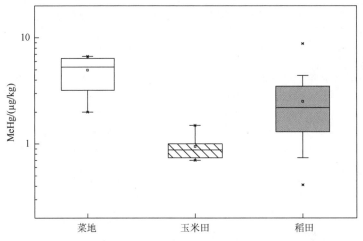

图 4-3-6　汞矿区不同耕作类型土壤中甲基汞（MeHg）的含量特征

4.4　汞矿区大气

大气汞循环是矿区环境中汞的生物地球化学循环演化的重要环节。大气汞的干湿沉降过程会导致更大面积的地表生态系统受到汞污染。因此，研究汞矿区大气汞的环境地球化学具有重要的意义。

4.4.1　研究方案

1. 大气汞采集

分别于2002年11月、2004年8月和2005年3月，采用Tekran2537型高时间分辨率测汞仪和RA-915＋型塞曼效应汞分析仪，对贵州万山汞矿区不同区域近地表大气汞浓度进行了测定。采样点共28个，采样点分布见图4-4-1。

2. 土壤-大气汞交换通量

基于动力学通量箱法与高时间分辨率大气自动测汞仪（加拿大 Tekran 公司，Tekran2537型测汞仪）联用技术（Wallschläger et al.，1999；Gustin et al.，1999；冯新斌等，2002；王少锋等，2004），分别于2002年11月17～23日（冷季）和2004年7月31日～8月11日

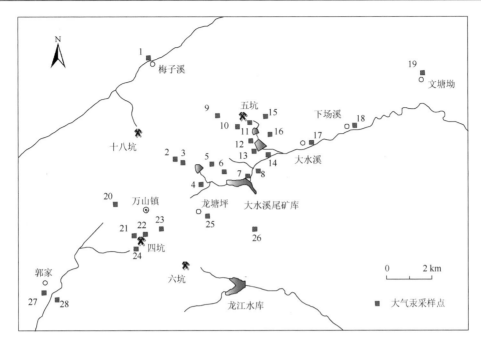

图 4-4-1　万山汞矿区大气样点分布

（暖季）（分为冷暖两季），对万山汞矿区 7 个采样点土壤-大气界面汞交换通量进行了测定。采样点分布和描述见图 4-4-2 和表 4-4-1。在测定土壤-大气界面汞交换通量的同时，采用微型气象工作站（美国 Global 公司）现场高时间分辨率测定大气温度、土壤温度、大气相对湿度、风速、风向以及光照强度等参数，以确定气象参数对土壤汞释放通量的影响。此外，还采集了表层（2cm）土壤样品，并对其总汞含量进行了测定。

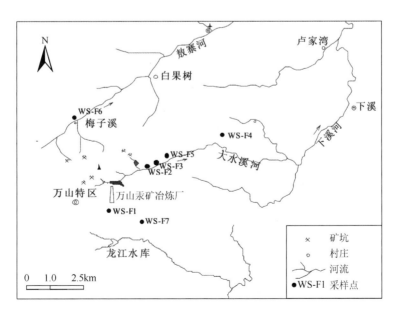

图 4-4-2　万山汞矿区土壤-大气界面汞交换通量采样点分布

表 4-4-1　万山汞矿区土壤-大气界面汞交换通量采样点描述

采样点	地貌特点
WS-F1	位于万山汞矿冶炼厂附近农田，土壤主要为黑色黏土
WS-F2	位于大水溪山谷内，土壤主要为收割后的稻田土。冬季采样过程中有人为释汞源干扰
WS-F3	位于大水溪山谷内农田，土壤主要为较疏松的黏土
WS-F4	位于距尾矿坝约 3km 的农田内，土壤主要为风化土，田内种植有爬藤类作物
WS-F5-1	位于大水溪山谷内水稻田，通量箱置于土壤上，箱内无植物，水稻高约 90cm，间距 30cm
WS-F5-2	位置同点 WS-F5-1，移除水稻，未扰动土壤
WS-F6	位于梅子溪山地农田，有乔木遮蔽，附近有采矿活动干扰
WS-F7	距冶炼厂东约 2km 草地，通量箱置于无草土壤之上，土壤为黄色黏土，后另置于草坪上测得 3 个通量值

4.4.2　大气汞含量及分布特征

1. 矿区大气含量

万山汞矿区大气样点分布见图 4-4-1。大气汞浓度测定结果统计见表 4-4-2。测定结果显示，万山汞矿区大气汞含量变化范围较大，介于 $30 \sim 15590 \text{ng/m}^3$，受汞矿山活动影响的区域，大气汞含量明显偏高。例如，贵州万山汞矿区五坑附近区域，受间歇性土法炼汞活动的影响，近地表大气汞的含量高达 15590ng/m^3，高出其他采样点大气汞含量 $1 \sim 3$ 个数量级（表 4-4-2）。造成该区域大气汞浓度急剧升高的主要原因是土法炼汞的工艺非常简单，金属汞的回收装置密封性非常差，通常回收率≤70%（李平等，2006）。因此，整个冶炼过程中会有大量的气态单质汞挥发至周围大气，导致近地表大气汞浓度急剧升高。

表 4-4-2　贵州万山汞矿区大气汞浓度测定结果统计

编号	地点	大气汞浓度（均值）/ (ng/m³)	n
1	梅子溪	180	292
2	万山镇	55	6
3	万山镇	40	9
4	大水溪尾矿上	59	9
5	大水溪尾矿坝上山顶	52	8
6	大水溪尾矿坝上山顶	47	10
7	大水溪尾矿坝下 100m	34	9
8	大水溪，五坑以南 1.5km	44	6
9	五坑与十八坑交会处	41	8
10	五坑土法炼汞处下公路边	130	10
11	五坑土法炼汞处	15590	3

续表

编号	地点	大气汞浓度（均值）/（ng/m³）	n
12	五坑炉渣	30	90
13	五坑水池旁	110	27
14	五坑水池下 200m	77	9
15	五坑采矿处	320	6
16	五坑	290	271
17	大水溪	50	296
18	下场溪	150	340
19	文塘坳	80	310
20	民族宾馆	110	15
21	四坑冶炼厂内	1950	6
22	四坑渣堆下村边	120	18
23	四坑渣堆顶	330	12
24	四坑渣堆	440	290
25	龙塘坪（冶炼总厂附近）	140	286
25	龙塘坪（冶炼总厂附近）	1220	306
26	万山镇东南	30	310
27	郭家村公路西	220	12
28	郭家村水井旁	250	12

调查结果还表明，已经废弃的汞矿冶炼场所仍然有气态单质汞释放的现象。贵州万山汞矿区四坑已废弃冶炼厂内，大气汞含量接近 2000ng/m³；汞矿山冶炼总厂附近的龙塘坪，夏季大气汞平均浓度也超出 1000ng/m³。研究表明，汞矿石的高温冶炼过程能够使矿石挥发出的部分单质汞（Hg^0）进入炉壁或透入周围物质的晶格内。当温度降低时，该部分汞（Hg^0）便会缓慢地释放至周围大气中（Biester et al.，1999，2000），导致大气汞浓度升高。

前述已知，汞矿区冶炼炉渣是矿区大气汞的重要来源。野外监测数据显示，贵州万山汞矿区四坑冶炼炉渣堆附近，近地表大气汞的平均浓度可达 120～440ng/m³。

2. 大气汞空间分布

贵州万山汞矿区近地表大气汞浓度空间分布特征见图 4-4-3。汞矿区高大气汞浓度主要集中在以下 3 个区域：①五坑土法炼汞区；②四坑废弃冶炼厂和炉渣堆区；③万山汞矿冶炼总厂附近的龙塘坪区。研究采样期间五坑有间歇性小规模非法土法炼汞活动，另外两个区域汞矿山活动已经停止，它们均表现出高含量大气汞浓度的特征。因此，汞矿区的大气汞污染具有持久性的特点，不会因汞矿山活动的停止而消失。

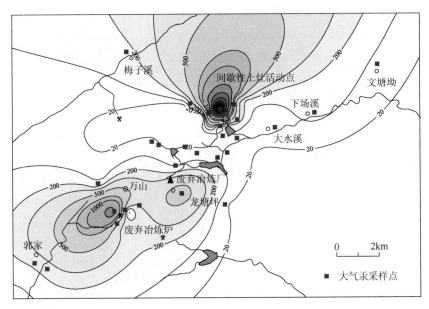

图 4-4-3 贵州万山汞矿区近地表大气汞浓度空间分布特征

4.4.3 土壤-大气界面汞交换通量

1. 土壤及大气汞含量

采样期间各采样点气象参数与土壤总汞含量见表 4-4-3。万山汞矿区土壤-大气界面汞交换通量采样点土壤汞含量变化范围较大，为 1.0～743.5mg/kg，具有比较好的代表性。

表 4-4-3 采样期间各采样点气象参数与土壤总汞含量

采样点	采样时间（年-月-日）	风速/(m/s)	风向/(°)	空气温度/℃	相对湿度/%	土壤温度/℃	光照强度	土壤总汞/(mg/kg)
WS-F1	2002-11-17～2002-11-19	0.1±0.1	201±107	7.6±3.3	—	9.0±2.8	58±173	743.5
WS-F1	2004-08-08～2004-08-09	0.1±0.2	225±60	24±2.7	80±14	26±2.8	244±330	
WS-F2	2002-11-19～2002-11-21	0.1±0.3	151±57	5.6±1.7	—	7.0±1.5	50±122	215
WS-F3	2004-07-31～2004-08-01	—	—	—	—	—	—	55.6
WS-F4	2004-08-01～2004-08-03	0.1±0.1	240±42	26±8.4	77±25	28±4.7	90±207	1.0
WS-F5-1	2004-08-03～2004-08-04	0.2±0.5	259±70	24±4.2	82±20	25±1.6	235±325	113.0
WS-F5-2	2004-08-04	0.5±0.6	178±127	30±0.8	56±4.9	27±0.2	518±309	113.0
WS-F6	2004-08-07～2004-08-08	0.1±0.4	287±88	24±3.1	87±16	26±2.7	95±193	136.2
WS-F7	2004-08-09～2004-08-10	0.4±0.7	279±58	25±2.7	75±13	30±8.2	251±341	51.2

采样期间，研究区大气汞含量较高，范围为 6.7～2459.5ng/m³，平均值范围为 17.8～
1101.8ng/m³（表 4-4-4）。点 WS-F1 位于汞冶炼厂附近，暖季在该点获得大气汞含量最高
平均值（1101.8±526.3）ng/m³（$n = 154$）。各采样点大气汞含量差异较大，位于冶炼厂
上风向的点 WS-F7 平均大气汞含量低于点 WS-F1 约 1～2 个数量级，离冶炼厂较远的点
WS-F4 大气汞含量也较低。冷季测得的大气汞含量无明显昼夜变化规律［图 4-4-4（a）］，
但大气汞含量波动较大，如 2002-11-21 点 WS-F2 出现了大气汞含量骤然升高 1 个数量级
的现象。暖季万山地区大气汞含量有显著的昼夜变化规律［图 4-4-4（b）］，呈双峰模式。
通常在夜间出现最小值，在中午左右达到峰值。对点 WS-F1 冷暖两季的对比显示，该地
区暖季大气汞含量高于冷季约 1 个数量级。

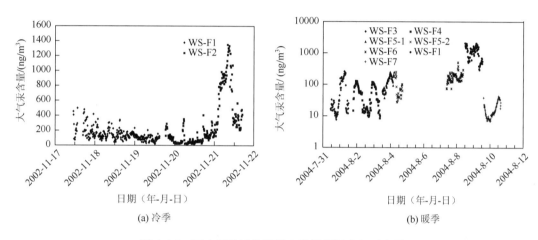

(a) 冷季　　　　　　　　　　　　　　　　　(b) 暖季

图 4-4-4　万山汞矿区各采样点采样期间大气汞含量

表 4-4-4　采样期间各采样点大气汞含量

| 采样点 | 采样时间 | 大气汞含量/(ng/m³) | | | | n/个 |
		最小值	最大值	平均含量	标准偏差	
WS-F1	2002-11-17～2002-11-19	21.0	498.7	143.6	79.1	286
WS-F1	2004-08-08～2004-08-09	225.5	2459.5	1101.8	526.3	154
WS-F2	2002-11-19～2002-11-21	19.9	1348.0	291.8	342.6	271
WS-F3	2004-07-31～2004-08-01	7.6	258.3	65.1	72.2	152
WS-F4	2004-08-01～2004-08-03	12.3	128.0	48.6	35.5	150
WS-F5-1	2004-08-03～2004-08-04	27.1	249.8	119.3	63.4	141
WS-F5-2	2004-08-04	31.6	117.5	67.5	23.6	24
WS-F6	2004-08-07～2004-08-08	73.9	501.5	183.0	65.8	146
WS-F7	2004-08-09～2004-08-10	6.7	45.1	17.8	10.3	155

2. 土壤-大气汞交换通量

万山汞矿区土壤-大气界面汞交换通量测定结果，见图4-4-5、图4-4-6和表4-4-5。万山汞矿区土壤-大气界面汞交换强烈，既有土壤向大气强烈的汞释放过程，也有大气汞向土壤表面强烈的沉降过程。研究区土壤释汞通量范围为0~27827ng/(m²·h)，点WS-F1暖季的土壤释汞通量最高，平均值达（8385±6770）ng/(m²·h)（$n=40$），而点WS-F4最低，为（162±99）ng/(m²·h)（$n=29$），高于背景区2~4个数量级。大气汞的沉降频率较高，除点WS-F7外，其他采样点均有大量汞沉降事件发生，沉降频率达20%~70%。大气汞沉降主要发生在夜间和冷季，范围为0~9434ng/(m²·h)。监测结果显示，点WS-F1在暖季表现出最高的汞沉降通量，平均值达（3638±2575）ng/(m²·h)（$n=33$）。在人为活动影响较弱的采样点，土壤汞的释放通量具有较显著的昼夜变化规律（图4-4-6），表现为白天高于夜间且暖季高于冷季的特征。此外，在无人为干扰的情况下基本呈正态分布，在中午出现最大值，在夜间出现最小值。人为干扰则使土壤-大气界面汞交换通量波动较大且规律不明显（图4-4-5和图4-4-6）。

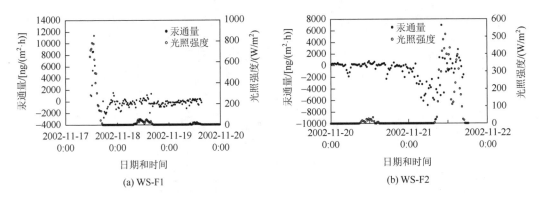

图4-4-5　WS-F1和WS-F2采样点冷季土壤-大气界面汞交换通量

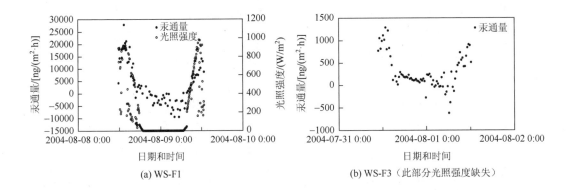

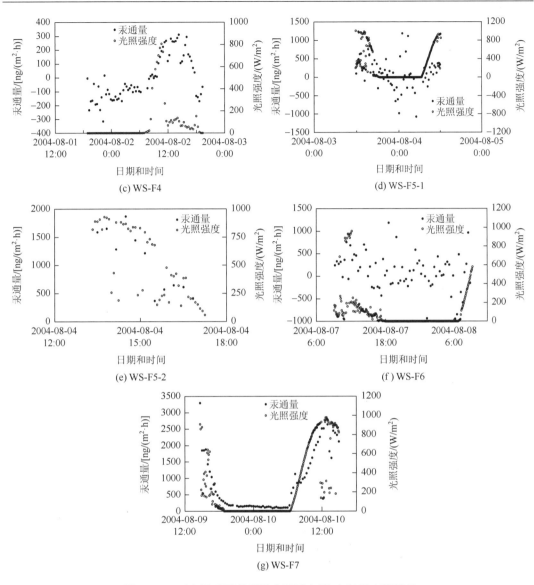

图 4-4-6　万山汞矿区各采样点暖季土壤-大气汞交换通量

表 4-4-5　万山汞矿区土壤-大气界面汞交换通量

采样点	采样时间		汞交换通量/[ng/(m²·h)]				n/个
			最小值	最大值	平均值	标准偏差	
WS-F1	2002-11-17～2002-11-19	释放	18	11392	968	2137	54
		沉降	8	2734	570	550	83
WS-F1	2004-08-08～2004-08-09	释放	108	27827	8385	6770	40
		沉降	40	9434	3638	2575	33
WS-F2	2002-11-19～2002-11-21	释放	5	6973	519	967	60
		沉降	2	9362	1766	2044	76

续表

采样点	采样时间		汞交换通量/[ng/(m²·h)]				n/个
			最小值	最大值	平均值	标准偏差	
WS-F3	2004-07-31～2004-08-01	释放	14	1292	393	344	63
		沉降	8	619	151	182	13
WS-F4	2004-08-01～2004-08-03	释放	8	312	162	99	29
		沉降	2	315	118	66	40
WS-F5-1	2004-08-04	释放	46	1191	338	287	45
		沉降	18	1075	314	291	22
WS-F5-2	2004-08-04	释放	369	1869	1061	549	11
		沉降	—	—	—	—	0
WS-F6	2004-08-07～2004-08-08	释放	0	1185	330	267	44
		沉降	30	947	290	277	28
WS-F7	2004-08-09～2004-08-10	释放	90	3296	880	895	73
		沉降	—	—	—	—	0

4.4.4 汞矿区大气汞污染来源分析

万山汞矿区大气汞含量较高，已遭受较严重大气汞污染。万山汞矿区大气汞的来源主要分为人为源和自然源。至 2001 年国营万山汞冶炼厂关闭，万山汞矿国有汞冶炼史长达 52 年，共生产金属汞约 37000t。根据国营汞冶炼炉的释汞因子进行估算（1.69%，Tan et al.，2000），共有约 625t 气态单质汞（Hg^0）进入大气。由国营汞冶炼活动造成的大气汞污染可能长期影响该地区及周边地区生态系统，对当地居民健康构成威胁。国营汞冶炼活动的终止使个体土法炼汞成为万山汞矿区最重要的人为汞污染源。通常土法炼汞的工艺简单，金属汞的回收装置密封性差，回收率≤70%（李平等，2006），冶炼过程中会有大量的气态单质汞挥发至周围大气，导致近地表大气汞含量急剧升高。贵州万山汞矿区五坑附近区域，受间歇性土法炼汞活动的影响，近地表大气汞的最高含量达 15590ng/m³，远远高于研究区其他位置大气汞的含量。图 4-4-7 显示，当风向为西风时，受点 WS-F2 以西土法炼汞的影响，该点大气汞含量要远高于当风向为东风时，证明大气汞含量受土法炼汞的影响较大。

如前所述，已经废弃的汞矿冶炼场所，仍然有气态汞释放的现象。汞矿石的高温冶炼过程，能够使矿石挥发出的部分 Hg^0 进入炉壁或透入周围物质的晶格内，该部分 Hg^0 便会缓慢地再释放至周围大气中（Biester et al.，1999，2000），因而导致了大气汞含量的升高。作为汞冶炼活动的产物，冶炼后残余的矿渣堆也是重要的大气汞源，其释汞通量夏季达 16090ng/(m²·h)，平均 5720ng/(m²·h)；冬季受气象条件的影响，汞的释放通量明显偏低，平均 1710ng/(m²·h)（王少锋，2006）。尽管如此，矿渣冬季向大气的释汞通量依然高达 6660ng/(m²·h)。全部测定的 144 个汞交换通量结果中，只有两个测定结果表现为沉

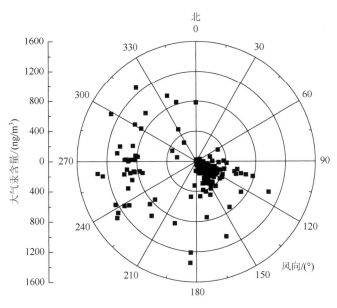

图 4-4-7 万山汞矿区点 WS-F2 大气汞含量与风向的关系

降，大气汞沉降比率＜2%，暗示矿区炉渣是大气汞的重要来源。据不完全统计，目前贵州万山汞矿区直接暴露于地表空气中的炉渣表面积约合 100000m²。根据炉渣-大气汞交换通量测定的平均结果，结合贵州平均光照强度，估算出万山汞矿区炉渣向大气年释汞通量为 0.96～3.0kg/a（详见 4.1 节）。

如前所述，万山汞矿区土壤向大气释汞通量高于背景区 2～4 个数量级，最高释汞通量达 27827ng/(m²·h)，如此高的释汞通量可以导致该地区大气汞含量的升高。由于万山地区大气汞含量受人为释汞因素影响波动较大，大气汞含量高于背景区，甚至高于滥木厂汞矿区。同时，各个采样点土壤汞含量的不同导致土壤释汞潜力有所差异，较低的土壤释汞通量不能影响大气汞含量的变化。因此，各采样点土壤释汞通量对大气汞含量的影响采用不同的标准进行研究。表 4-4-6 和图 4-4-8 显示当土壤释汞通量大于一定值时，土壤释汞通量与大气汞含量呈较显著的正相关关系，显示较高的土壤释汞通量能够导致大气汞含量的升高。万山地区土壤释汞通量每增加 100ng/(m²·h)，将导致大气汞含量升高 0.8～9.3ng/m³。点 WS-F1 暖季的强烈释汞能使该点附近大气汞含量升高约 1180ng/m³。

表 4-4-6 万山汞矿区土壤汞释放通量与大气汞含量的关系

采样点	季节	相关系数	P	土壤释汞通量/[ng/(m²·h)]
WS-F1	冷季	0.64	＜0.001	＞200
WS-F2	冷季	0.52	＜0.001	＞200
WS-F1	暖季	0.59	＜0.001	＞100
WS-F3	暖季	0.36	＜0.01	＞500
WS-F4	暖季	0.33	＜0.01	＞100

采样点	季节	相关系数	P	土壤释汞通量/[ng/(m²·h)]
WS-F5-1	暖季	0.47	<0.01	>300
WS-F6	暖季	0.51	<0.001	>200
WS-F7	暖季	0.95	<0.001	>100

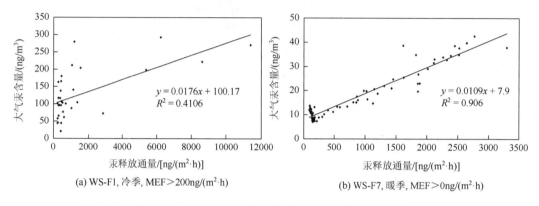

(a) WS-F1, 冷季, MEF>200ng/(m²·h)　　　　(b) WS-F7, 暖季, MEF>0ng/(m²·h)

图 4-4-8　万山地区土壤释汞通量对大气汞含量的影响

　　人为源（如土法炼汞）具有较高的释放因子，但主要为短期行为，自然源（如土壤/矿渣释汞）则具有长期存在性。随着环境保护法规的改进与环保力度的加强，汞冶炼活动会被完全取缔，自然源将成为万山地区最重要的大气汞污染来源。万山地区强烈的人为和自然源释汞过程使该地区大气汞含量远远高于背景区，成为区域重要的大气汞污染源，造成区域生态系统的污染。通过大气循环，万山地区大气汞可向偏远背景区传输，Tan 等（2000）采用苔藓袋（moss bag）方法对铜仁地区和梵净山大气汞沉降速率及其来源进行了研究，结果显示万山汞矿区是梵净山生态保护区最重要的汞污染源。

4.5　汞矿区植物

　　陆地生态系统中的植物可以通过根系直接吸收土壤中的汞，也可以通过叶面吸收大气汞。在汞污染土壤中生长的植物，根部可以富集大量的汞，而且更易吸收土壤中的有机汞。此外，汞矿区植物对高汞生境具有很强的适应能力，部分植物在演化过程中可能对汞产生较强耐性。因此，汞矿区是寻找汞富集植物或超富集植物的理想场所，对于当地汞污染土壤的修复治理具有重要的指示意义。本节系统介绍了贵州万山汞矿区农作物和非农作物中汞的含量和分布特征，同时探讨了不同作物对土壤中汞的富集和迁移能力，研究结果为矿区汞污染土壤的植物修复提供了理论依据和数据支撑。

4.5.1　研究方案

1. 农作物

以贵州万山汞矿区为研究区域，于 2015 年 1 月和 2016 年 6 月开展了不同农作物可食用部分总汞含量的调查研究工作。采集成熟期农产品可食部分，包括：①蔬菜类，含鱼腥草、白菜、空心菜、生姜、韭菜、香菜、南瓜、苦瓜、西红柿、丝瓜、黄瓜、豆角、茄子、辣椒、四季豆、红苋菜、包菜、葱、生菜、豌豆、芋头、芹菜、胡萝卜、胡豆、大蒜和萝卜等，共 26 种；②粮食和油料作物类，含绿豆、花生、高粱、大豆、水稻、红薯、玉米和马铃薯等，共 8 种；③水果坚果类，含甜瓜、枣、梨、李子、蓝莓、核桃、桃子、橘子、葡萄、草莓和西瓜等，共 11 种。每种农产品的样本量为 10～50 个。农产品样品用自来水反复清洗，去除附在其表面上的泥土，然后用去离子水漂洗干净，记录鲜重。样品风干后称重、粉碎，用于分析总汞含量。

2. 非农作物

于 2015 年 7 月以贵州万山汞矿为研究区域，分别在垢溪、四坑、五坑和十八坑四个研究点进行植物（非农作物）样品的采集。在每个采样点内基于随机、等量和点混合原则分别采集了白蒿、荩草和蜈蚣草等高等植物 57 种，每种植物至少采集 2 株，共采集植物样本和对应的根际土壤 268 组。

植物样品采集后现场用河水反复冲洗掉根系和地上部附着的砂石及土壤等颗粒物，然后用干净毛刷洗刷植物根部的泥土和杂质；带回实验室后先用自来水多次冲洗，然后用滤纸吸干，称其鲜重。使用陶瓷剪刀将植物分为地下部分（根部）和地上部分。此外，植物根系使用 EDTA 溶液浸泡 30min 后冲洗干净，以最大限度去除附着在根系表面的杂质。清洗干净的植物样品置于真空冷冻干燥仪（–50℃）干燥，使用植物粉碎机磨碎至 80 目，待测。土壤样品自然风干后研磨，过 200 目尼龙筛网，待测。植物样品用于分析总汞和甲基汞含量，土壤样品用于分析总汞含量、甲基汞含量、pH 和有机质等参数。

根际土壤：每一株优势植物根基（植物主干与根的连接处）0～50cm 水平范围内，收集 0～30cm 厚度土层中根表面 5mm 以内的土壤进行混合，为根际混合样。为避免样品间交叉污染，每个样品采集时均须戴上一次性塑料手套。样品采集后，放入编号的自封袋内密封带回。

4.5.2　汞矿区农作物中汞含量分布

在我国《食品安全国家标准　食品中污染物限量》（GB2762—2017）中，谷物和蔬菜最大允许汞含量分别为 20ng/g 和 10ng/g。万山汞矿区粮食和油料作物类、蔬菜可食部分和水果坚果中总汞含量分别见图 4-5-1～图 4-5-3。结果表明，在粮食和油料作物中，马铃薯中的汞含量整体达标（低于我国食品限量卫生标准，GB2762—2017），玉米中汞含量基本达标（极个别超标），而绿豆、花生、高粱、水稻、大豆、红薯样品中汞含量的极大值超出食品限量卫生标准 2～7 倍。对于蔬菜作物，萝卜基本达标，其余种类蔬菜样品中汞含量的极大值超出标准 2～100 倍。对于水果坚果类，西瓜和草莓中的汞含量整体达标，橘子与葡萄中的汞含量基本达标，甜瓜、枣、梨、李子、蓝莓、核桃、桃子中汞含量的极大值超出标准 2～13 倍。综合以上调查结果发现，在所调查的农作物中，萝卜（对应根际土壤汞含量＜10mg/kg）、西瓜（对应根际土壤汞含量＜50mg/kg）、草莓和玉米（对应根际土壤汞含量＜100mg/kg）、马铃薯（对应根际土壤汞含量＜250mg/kg），可食用部分总汞含量低于国家食品限量卫生标准（GB2762—2017），属于低积累汞的农作物。

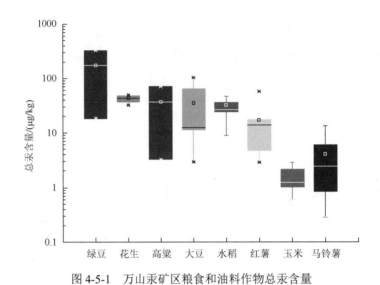

图 4-5-1　万山汞矿区粮食和油料作物总汞含量

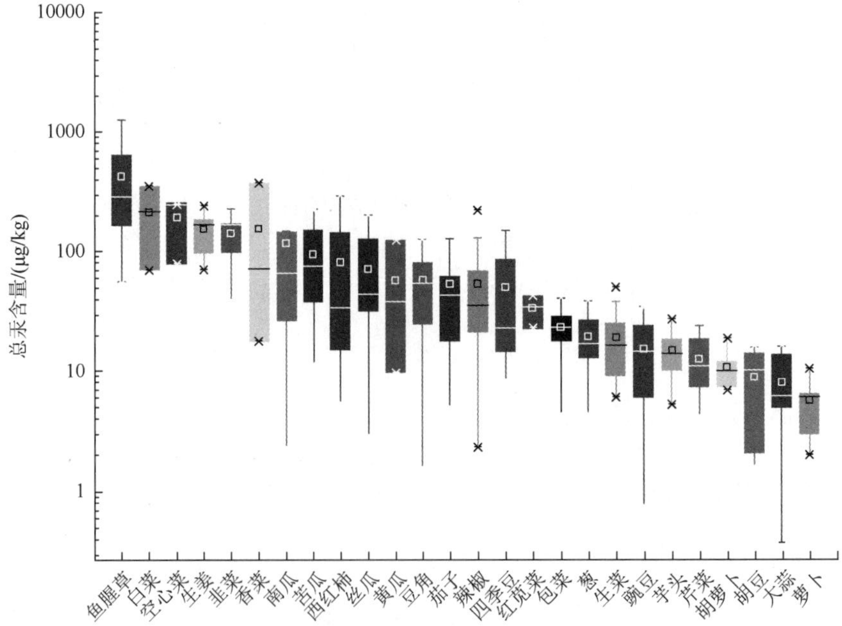

图 4-5-2　万山汞矿区蔬菜可食部分总汞含量

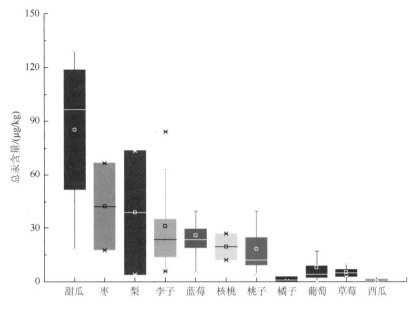

图 4-5-3　万山汞矿区水果坚果中总汞含量

在所调查的采自于贵州典型汞矿区的农产品中，其可食部分对汞含量与对应根际土壤汞含量的比值（生物富集系数），最高与最低之间相差 3 个数量级。据此可以初步推测，利用不同农产品对汞的吸收积累能力的差别，筛选出低积累汞的农产品种类推广种植，可以为降低当地居民因食用汞含量超标农产品而带来的健康风险提供一定的科学基础和数据支撑。

4.5.3　汞矿区非农作物中汞含量分布

1. 植物根际土壤物理化学参数

1）土壤 pH

土壤 pH 的变化范围集中在 7.0～11，几何均值为 8.3±0.70，中值和变异系数分别为 8.2 和 8.4。pH95%比例集中在 7.5～9.0，呈现正态分布（图 4-5-4），土壤总体呈现碱性特征。一方面，万山汞矿区成矿围岩主要为碳酸盐岩，矿石赋存于富钙质的石灰岩和白云岩中，汞矿石经过高温（800～1000℃）煅烧后，产生的大量冶炼炉渣含有丰富的氧化钙、氧化镁等煅烧产物（吴攀等，2002），这些碱性物质在雨水淋溶作用下会持续不断产生大量淋滤液，其 pH 高达 11～12，强碱性的淋滤液及炉渣被带入周围环境，从而导致土壤呈现碱性特征。另一方面，矿区由于酸性矿物——黄铁矿含量普遍低，基本不存在酸性矿山废水产生的现象（Gray et al.，2002），这也是土壤呈现碱性的原因之一。

四个研究点植物根际土壤 pH 变化不明显。其中，垢溪土壤 pH 变化范围集中在 7.1～8.7，几何平均值为 7.9±0.40，中值为 7.8，变异系数为 5.1%；四坑 pH 变化范围为 7.0～11，

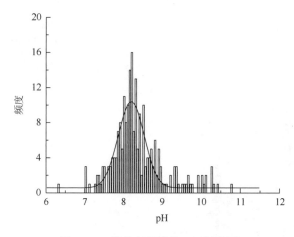

图 4-5-4　植物根际土壤 pH 频度图

中值为 8.9，几何平均值为 8.9±0.81，变异系数高达 8.9%，表明该区域 pH 波动程度相对较高，表现出一定的不稳定性；五坑 pH 变化范围为 7.3～9.6，几何平均值为 8.1±0.44，中值为 8.2，变异系数与垢溪相当，为 5.1%；十八坑 pH 变化范围为 7.3～8.9，几何平均值为 8.2±0.34，中值为 8.2，变异系数低于其他三个矿区，为 4.2%。在四个研究点中，垢溪土壤 pH 均值要低于其他三个研究点，呈弱碱性，而其他区域的土壤均呈强碱性特征。

2）土壤有机质

四个研究点植物根际土壤有机质（OM）含量变化范围集中在 0.03%～8.7%，几何平均值为 2.8%±1.7%，中值为 3.0%，变异系数较高，为 51%。如图 4-5-5 所示，土壤有机质含量有 95% 集中在 1%～6%，呈现正态分布趋势。四个研究点土壤有机质含量整体低于矿区周边稻田土壤，例如，尹德良（2015）调查结果集中在 1.22%～7.29%，多数有机质含量超过 5%。孟博（2011）调查土法炼汞区稻田土壤有机质含量变化范围和均值分别为 5.0%～6.1% 和 5.5%±0.33%，废弃汞矿区土壤有机质含量变化范围和均值分别为 2.7%～4.8% 和 3.4%±0.68%。

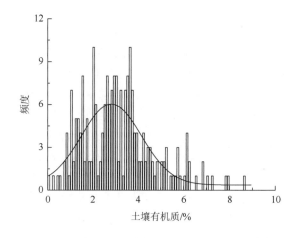

图 4-5-5　植物根际土壤有机质（OM）频度图

　　四个研究点土壤有机质含量呈现明显的变化特征，垢溪土壤有机质变化范围集中在1.3%～8.5%，几何平均值为 4.4%±1.3%，中值为 4.6%，变异系数为 29%；四坑有机质变化范围介于 0.20%～8.4%，几何平均值为 2.0%±1.4%，该区域有机质也表现出和 pH 相似的特征，变异系数最高，为 57%；五坑有机质变化范围集中在 0.03%～8.7%，几何平均值为 2.4%±1.5%，中值为 2.7%，变异系数略低于四坑，为 51%；十八坑有机质变化范围介于 1.5%～8.7%，几何平均值为 3.1%±1.3%，中值为 3.1%，变异系数为 38%；四个采样点中，有机质的几何平均值表现为垢溪＞十八坑＞五坑＞四坑。

　　3）土壤电导率

　　研究点植物根际土壤电导率（EC）变化范围较大（图 4-5-6 展示了部分数据，即正态分布的部分），介于 72～2099μS/cm，几何均值为（189±176）μS/cm，变异系数高达82%，电导率含量较高，表明矿区土壤中金属离子态化合物较多。土壤电导率值在 50～350μS/cm 范围内呈现正态分布，均值为（198±122）μS/cm。四个采样点土壤电导率变化特征明显，垢溪土壤电导率集中在 92～2099μS/cm，中值为 179μS/cm，几何均值为（189±238）μS/cm，变异系数为 104%；四坑土壤电导率范围介于 60～608μS/cm，几何均值为（226±10）1μS/cm，中值为 225μS/cm，变异系数比垢溪低很多，为 41%；五坑土壤电导率范围集中在 72～931μS/cm，几何均值为（174±79）μS/cm，中值为 182μS/cm，变异系数与四坑相近，为 42%；十八坑土壤电导率介于 119～267μS/cm，几何均值为（16±29）μS/cm，中值为 168μS/cm，该区域土壤电导率波动程度最低，变异系数为 17%。不同采样点土壤电导率几何均值表现为四坑＞垢溪＞五坑＞十八坑。

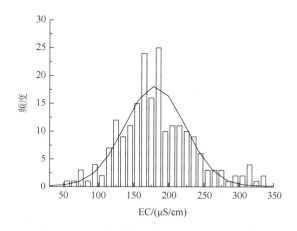

图 4-5-6　植物根际土壤电导率（EC）频度

　　4）土壤氧化还原电位

　　研究区植物根际土壤氧化还原电位（Eh）呈现较大的变化特征（图 4-5-7），范围介于 40～266mV，几何均值为（112±39）mV，中值为 116mV，变异系数为 33%。所有土壤 Eh 均为正值，表现为氧化条件。95%的土壤 Eh 集中在 50～200mV，呈现正态分布（图 4-5-7）。不同区域土壤 Eh 变化也表现出一定差异，垢溪土壤 Eh 范围集中在 51～168mV，几何均值为（124±25）mV，变异系数为 19%，表现出相对的稳定性；四坑土壤 Eh 范围介于 40～225mV，几何均值为（95±33）mV，变异系数为 33%；五坑土壤 Eh 范围为 74～226mV，几何均值为（135±45）mV，变异系数和四坑相近，为 32%；十八坑土壤 Eh 范围集中在 71～222mV，几何均值为（112±32）mV；四个研究点土壤 Eh 均值表现为五坑＞垢溪＞十八坑＞四坑。

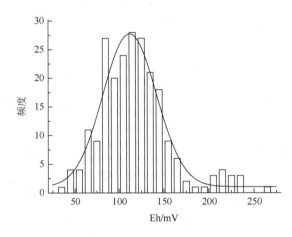

图 4-5-7　植物根际土壤氧化还原电位（Eh）频度

2. 植物根际土壤总汞与甲基汞含量

1）土壤总汞

四个研究点土壤总汞（THg）含量变化范围较大（表 4-5-1），介于 0.74～1445mg/kg，中值为 42mg/kg，平均值为（11±189）mg/kg，变异系数为 186%。尽管汞矿区大范围开采冶炼活动已经停止数十年，但研究区土壤汞污染仍然十分严重。对比该地区已有的研究结果，本研究中土壤总汞与其含量相接近。例如，Qiu 等（2005）调查显示，汞矿区矿渣附近稻田土壤总汞含量为 790mg/kg；王建旭（2012）调查表明矿渣附近的农田土壤中汞含量可达 1526mg/kg。与世界其他汞矿区相比，如西班牙 La Soterraña 汞矿和 Almadén 汞矿，土壤汞含量变化范围分别为 36～709mg/kg 和 0.13～2696mg/kg（Fernández-Martínez et al.，2015；Molina et al.，2006）；斯洛文尼亚 Idrija 汞矿区土壤汞含量为 0.595～1970mg/kg（Gosar and Žibret，2011），本次调查结果略低于国外典型汞矿区土壤中总汞含量，而远高于全球土壤汞的背景值 0.01～0.5mg/kg（Senesi et al.，1999）和我国农用地土壤污染风险筛选值（GB15618—2018），表明万山汞矿区土壤汞污染十分严峻，其对周边生态环境造成的影响不可忽视。

各研究点土壤总汞含量呈现明显的变化特征。其中，垢溪土壤总汞含量范围介于 0.81～1445mg/kg，平均值为（195±37）mg/kg。四坑土壤总汞含量范围为 1.6～119mg/kg，平均值为（32±29）mg/kg。五坑土壤总汞含量范围为 3.1～455mg/kg，平均值为（77±87）mg/kg。十八坑土壤总汞含量范围集中在 0.74～479mg/kg，平均值为（113±127）mg/kg。四个采样点土壤总汞平均含量表现为垢溪＞十八坑＞五坑＞四坑。受炼汞规模和工艺差异等影响，各研究区土壤汞污染程度不尽相同，垢溪地区土壤总汞含量达到最大值，与其为典型土法炼汞活跃区域有关。由于土法冶炼工艺落后，炼汞过程矿石燃烧不充分，汞的回收率仅有 70%（李平，2008），致使部分含汞废气无法回收，进入大气再通过干湿沉降进入地表，而落后的炼汞工艺导致排放的炉渣中残留大量汞，在雨水淋溶下迁移，造成附近土壤汞含量急剧升高。因此，土壤汞的来源差异及污染历史导致同一矿区土壤总汞含量变化较大。

表 4-5-1　汞矿区植物根际土壤总汞和甲基汞含量

采样点	THg/(mg/kg)		MeHg/(μg/kg)	
	均值	范围	均值	范围
垢溪	195±37	0.81~1445	20±38	0.59~82
四坑	32±29	1.6~119	6.9±6.5	0.48~32
五坑	77±87	3.1~455	6.7±8.8	0.41~41
十八坑	113±127	0.74~479	5.4±6.1	0.79~24

如图 4-5-8 所示，汞矿区植物根际土壤总汞和有机质含量间呈现显著性正相关关系（$R=0.30$，$P<0.0001$），表明土壤有机质是影响汞含量的重要因素之一。有机质是构成土壤的重要物质，含量多介于 1%~3%。腐殖酸作为土壤有机质的重要组分，主要是以有机颗粒物、黏土矿物和氧化物等无机颗粒物结合形成的复合胶体，具有较大的比表面积和表面活性，对土壤汞表现出极大的亲和性（陈怀满，2010）。当外源汞进入土壤后，95%以上均能被迅速固定或强烈吸附，在一定土壤条件和时间限制下，每增加 1%的有机质，汞的固定率可提高 30%。因此，富含有机质的土壤存在汞明显富集现象（徐小逊等，2010）。同时，有机质中含有羧基、羰基、氨基、巯基、酚羟基和醇羟基等多种含氧官能团，这些基团在一定条件下解离产生大量负电荷，易与汞发生交换吸附或配位螯合反应，导致土壤有机质与土壤汞含量呈现显著正相关关系（Frohne et al.，2012；Gruba et al.，2014；Reis et al.，2010）。本研究显示，汞矿区植物根际土壤总汞含量随有机质含量增加呈现较好的正相关性，可能与上述因素有关。

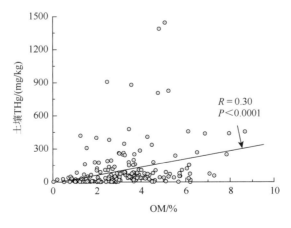

图 4-5-8　植物根际土壤总汞（THg）与有机质（OM）含量间的关系

2）土壤甲基汞

研究区植物根际土壤甲基汞（MeHg）含量范围为 0.41～82μg/kg，中值为 3.9μg/kg，平均值为（8.1±11）μg/kg（表 4-5-1）。与总汞相似，土壤甲基汞含量变异系数高达 142%，离散程度较大。对比该地区已有的研究结果，本研究所选择的研究点土壤甲基汞含量稍微偏高。仇广乐（2005）调查显示，汞矿区污染土壤甲基汞含量为 0.13～23μg/kg；该矿区稻田土壤甲基汞范围为 0.72～6.70μg/kg，均值为 2.82μg/kg（尹德良，2015）。孟博（2011）报道土法炼汞区稻田土壤甲基汞含量为（3.2±0.47）μg/kg，废弃汞矿区稻田土壤甲基汞含量为（1.7±0.65）μg/kg。对比其他汞矿，美国 Alaska 矿区土壤甲基汞含量为 41μg/kg（Bailey et al.，2002），西班牙 La Soterraña 和 Los rueldos 汞矿区土壤甲基汞含量为 15.7～48.1μg/kg（Fernández-Martínez et al.，2015），说明汞矿山环境汞的甲基化过程相对活跃，从而导致土壤中存在高含量的甲基汞。

四个采样点植物根际土壤甲基汞含量呈现不同的变化特征，垢溪土壤甲基汞含量集中在 0.59～82μg/kg，平均值为（20±38）μg/kg；四坑土壤甲基汞含量变化范围为 0.48～32μg/kg，平均值为（6.9±6.5）μg/kg；五坑土壤甲基汞含量集中在 0.41～41μg/kg，平均值为（6.7±8.8）μg/kg；十八坑土壤甲基汞含量变化范围在 0.79～24μg/kg，均值为（5.4±6.1）μg/kg。四个区域土壤甲基汞平均含量表现为垢溪＞四坑＞五坑＞十八坑。与总汞相似，土壤甲基汞含量最高值出现在垢溪。垢溪土法炼汞活动导致大量汞蒸气进入大气，并在干湿沉降作用下进入土壤，为汞的甲基化过程提供了充足的活性汞"源"（Bailey et al.，2002）。此外，垢溪土法炼汞区矿渣中主要是以氯化汞为催化剂反应后形成的汞触媒，相对于硫化汞而言，氯化汞的活性更强、更利于汞的甲基化，这些因素可能是该区域土壤甲基汞含量较高的主要原因。

土壤中汞的甲基化过程受汞的来源、形态及土壤理化性质（温度、pH、氧化还原电位和有机质）等因素的共同影响（Amirbahman et al.，2002；Beckers and Rinklebe，2017）。图 4-5-9 显示，研究区土壤甲基汞含量随总汞含量升高而升高，二者之间存在极显著正相关关系（$R = 0.47$，$P < 0.0001$），暗示土壤甲基汞含量与总汞含量有关。研究显示，汞矿区土壤汞的重要来源是冶炼炉渣，随雨水淋溶作用进入土壤中的汞，活性更强，随着土壤总汞含量的升高，生物有效态汞含量升高而导致土壤甲基汞含量升高（仇广乐，2005）。但是，研究区土壤甲基汞占总汞的比例（MeHg/THg）却较低。图 4-5-9 显示，土壤MeHg/THg 与总汞含量间呈现显著的负相关关系（$R = -0.74$，$P < 0.0001$），表明随着土壤总汞含量的增加，甲基汞占总汞的比例降低。此外，四个研究点土壤甲基汞占总汞比例均很低，垢溪土壤 MeHg/THg 范围为 0.001%～0.34%，平均值为 0.06%；四坑土壤MeHg/THg 范围为 0.01%～0.47%，平均值为 0.04%；五坑土壤 MeHg/THg 范围为 0.01%～0.05%，平均值为 0.01%；十八坑土壤 MeHg/THg 范围集中在 0.01%～0.36%，平均值为0.04%，暗示土壤中的汞可能只有很少一部分参与了甲基化过程，汞矿区土壤中的汞主要以性质稳定的残渣态存在，生物可利用性较低（王建旭，2012）。另外，土壤无机汞甲基化过程中会产生有机汞化合物裂解酶，不断破坏 Hg—C 有机键而生成可溶性 Hg（Ⅱ）和 CH_4，抑制土壤中高含量甲基汞的生成（Hines et al.，1999）。以上原因可能导致了研究区植物根际土壤甲基汞占总汞比例呈现较低的现象。

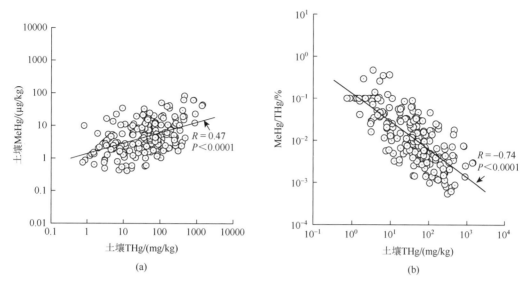

图 4-5-9　植物根际土壤总汞（THg）含量与甲基汞（MeHg）含量（a）以及 MeHg/THg（b）的关系

　　图 4-5-10 显示，研究区土壤甲基汞含量与 EC 呈现弱正相关关系（$R = 0.22$，$P = 0.01$），表明 EC 对土壤甲基汞含量的影响较小。由图 4-5-10 可知，土壤甲基汞含量随着有机质含量增加有明显升高的趋势，两者表现出显著的正相关关系（$R = 0.44$，$P < 0.0001$），且这种相关性比土壤总汞与有机质含量间的关系更为明显，表明有机质是影响土壤甲基汞的重要因素之一。研究显示，有机质含量较高的环境中，丰富的碳源可为微生物活动提供适宜条件促进汞的甲基化（Wu et al.，2011）。此外，有机质可通过活化微生物可利用态汞或刺激甲基化微生物活性来增加甲基汞的产生（Sunderland et al.，2006）。尽管植物根际土壤有机质含量低于矿区附近稻田土壤，但有机质的存在已然强化了土壤生物有效态汞-甲基汞的产生量，一方面，相对高的土壤有机质含量促进了生物有效态汞含量的增

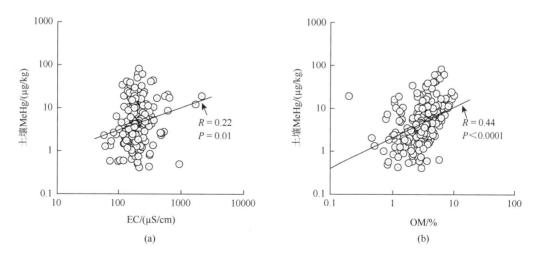

图 4-5-10　植物根际土壤有机质（OM）、电导率（EC）与甲基汞（MeHg）含量间的关系

加，增强了生长其上的野生植物从土壤中吸收汞的能力，导致某些植物体内富集高含量的甲基汞，这为矿区汞富集植物的筛选与甄别提供了优越场所。另一方面，研究区地表定居着许多牧草植物，如荩草、白茅和何首乌等，它们是汞矿区许多家禽或野生动物的食物来源之一，土壤中高含量的甲基汞可间接影响植物中汞的累积，并通过食物链传递造成潜在的甲基汞暴露风险。

3. 植物中总汞的含量分布

1）植物根部总汞含量

研究区植物根部总汞含量范围为 0.08～163mg/kg，均值为（5.9±19）mg/kg，变异系数为 323%。本研究中根部总汞含量最高和最低的 10 种植物，如图 4-5-11 所示。对于10 种高汞含量的植物，其根部总汞含量变化范围为 0.08～163mg/kg。其中，荩草（*Arthraxon hispidus*）、蜈蚣草（*Pteris vittata*）和臭牡丹（*Clerodendrum bungei*）根部总汞平均含量均超过 20mg/kg，荩草根部总汞含量均值最高，为（130±9.4）mg/kg；其次是蜈蚣草，均值为（24±44）mg/kg；臭牡丹根部总汞略低于蜈蚣草，均值为（22±34）mg/kg。另外，苦苣菜（*Sonchus oleraceus*）和黄花月见草（*Oenothera glazioviana*）总汞平均值接近10mg/kg，分别为（9.9±24）mg/kg 和（9.9±10）mg/kg；何首乌（*Fallopia multiflora*）、节节草（*Equisetum ramosissimum*）等其他 5 种植物根部总汞含量也超过了 5mg/kg。植物中汞含量的差异受多种因素影响。研究表明，土壤中汞的含量和形态是影响植物根部总汞含量的主要因素，元素生物有效性（在生物体中的积累能力或对生物的毒性）与该元素在环境中的赋存状态及化学形态密切相关（单孝全和王仲文，2001）。万山汞矿区土壤总汞含量普遍较高，但生物有效态汞浓度很低，占总汞比例小于 0.25%（王建旭，2012），较低的生物可利用态汞可能是限制植物对汞吸收的重要因素之一。此外，土壤 pH、有机质含量、土壤碳的交换容量及氧化还原电位等因素，均可直接或间接影响植物根部对汞的吸收和累积（Frohne et al.，2012）。小麦幼苗根可吸收土壤有机质结合态汞并在根部累积，而土壤中的水溶态汞可被转化为气态单质汞并释放至大气，然后被植物茎、叶吸收和累积（刘俊华等，2000）；pH 越低的土壤中，溶解态汞含量越高，土壤汞的生物有效性越高，生长在酸性土壤环境中的植物比碱性环境中的植物更容易吸收汞（李静等，2003）。汞矿区尤其是废弃汞矿区高碱性环境也会降低植物根系对汞的吸收，是导致植物根系汞含量相对较低的一个重要因素。

对于低汞含量的 10 类植物，其根部总汞含量均低于 1mg/kg，变化范围在 0.09～0.99mg/kg。其中，马齿苋根部总汞均值达（0.82±0.13）mg/kg，其次是平车前，均值为（0.75±0.38）mg/kg，凹叶景天略低于平车前，均值为（0.71±0.23）mg/kg，博落回和豆茶决明根部总汞含量相当，均值分别为（0.68±0.06）mg/kg 和（0.66±0.19）mg/kg。灰绿藜和酸模根部总汞含量也比较接近，分别为（0.44±0.06）mg/kg 和（0.40±0.09）mg/kg，油菜根部总汞含量最低，均值为（0.10±0.001）mg/kg。以上植物根部总汞含量超过了未受污染植物中汞含量（通常为 0.010～0.050mg/kg，均值为 0.02mg/kg），也远高于前人的调查结果。例如，郑娜等（2007）报道五里河沿岸草本植物根部总汞含量为 0.008～3.027μg/g，均值为 0.768μg/g，表明万山汞矿区植物已遭受严重的汞污染。

国内外针对植物根部汞含量研究也有报道，如 Almadén 汞矿区欧夏至草（*Marrubium vulgare*）、唇萼薄荷（*Mentha pulegium*）和酸模（*Rumex acetosa*）根部总汞含量分别为 85mg/kg、11.1mg/kg 和 3.3mg/kg，而生长在该矿区的长芒棒头草（*Polypogon monspeliensis*）其根部总汞含量竟高达 1278mg/kg（Molina et al.，2006）。万山汞矿区的调查显示，灰绿藜和鬼针草根部总汞含量，分别可以达到 83mg/kg 和 67.5mg/kg（王建旭，2012）；乳浆大戟能从土壤环境吸收汞，其根部总汞含量均值可达 88.90mg/kg（徐小蓉，2008）；野生植物悬钩子和野蒿根部总汞含量分别为 15mg/kg 和 13.6mg/kg（赵甲亭等，2014）；李有丹（2015）报道，贯众、细毛碗蕨和白茅根部累积总汞含量，分别为 13.9mg/kg、16.7mg/kg 和 114.97mg/kg。

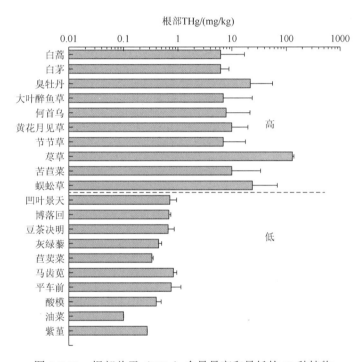

图 4-5-11　根部总汞（THg）含量最高和最低的 10 种植物

与前人研究结果进行对比，发现蜈蚣草（163mg/kg）和荩草（137mg/kg）根部总汞含量尽管低于对应的西班牙 Almadén 汞矿区的长芒棒头草根部汞含量（1278mg/kg），但高于国外汞矿区的欧夏至草（85mg/kg）、薄荷（11.1mg/kg）和酸模（3.3mg/kg），也远高于国内汞矿区的鬼针草（67.5mg/kg）和野蒿（13.6mg/kg），暗示蜈蚣草和荩草根部富集汞的能力强于其他植物。

植物可通过根部从土壤溶液中吸收汞，该过程与土壤汞含量、化学形态、土壤因子（pH、黏粒子、有机质和氧化还原电位等）和植物本身属性有关（Frohne et al.，2012；Gruba et al.，2014）。图 4-5-12 显示，随着土壤总汞含量升高，植物根部总汞含量也升高，两者表现出显著的正相关关系（$R = 0.32$，$P < 0.0001$），暗示了土壤是植物根部总汞的主要来源。相似地，由图 4-5-12 可知，土壤甲基汞与根部总汞也呈现显著的正相关关系

（$R = 0.34$，$P < 0.0001$），表明作为生物可利用较高的汞形态，甲基汞更容易被植物根部吸收并向其他部位转移。前人研究显示，植物可以吸收土壤中不同形态的汞，其根部对汞的吸收富集程度与土壤汞含量密切相关（Fay and Gustin，2007）。空心莲子草能将土壤中生物有效态汞富集到根部，而土壤中非生物有效态汞含量基本不变，其叶面未有向大气释汞的现象（Wang and Greger，2004，2006）。水稻在生长期间，根表铁膜组织表现潜在的"屏障"作用，可有效阻止根部对汞的吸收，使得大量汞聚集在水稻根部；水稻根部无机汞与土壤无机汞含量呈极显著正相关关系，证明水稻根部无机汞主要来源于土壤（详见本书第七章）。

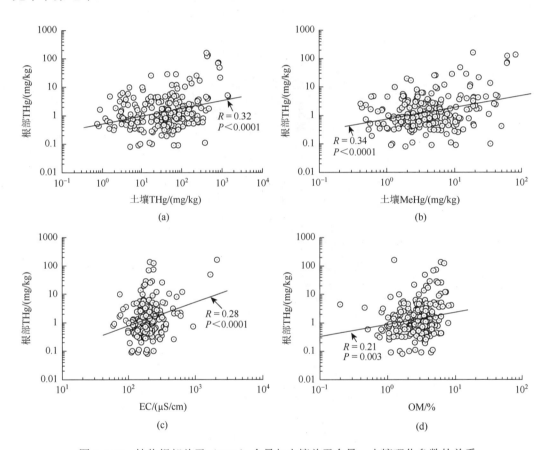

图 4-5-12　植物根部总汞（THg）含量与土壤总汞含量、土壤理化参数的关系

图 4-5-12 还显示，随着土壤 EC 的升高植物根部总汞含量也上升，二者表现出显著的正相关关系（$R = 0.28$，$P < 0.0001$）。土壤有机质与植物根部总汞含量呈现显著的正相关关系（$R = 0.21$，$P = 0.003$），暗示土壤有机质可能通过影响土壤汞含量从而间接影响植物根部总汞含量。

2）植物地上部总汞含量

研究区植物地上部总汞含量范围为 0.19～106mg/kg，平均值为（4.8±15）mg/kg，变异系数为 305%。其中，荩草、蜈蚣草和何首乌地上部总汞含量均超过 10mg/kg，占所有植物总数的 6.5%。图 4-5-13 展示了地上部总汞含量最高和最低的 10 种植物。对于地上部高汞累积的 10 种植物，其地上部总汞含量变化范围介于 0.27~106mg/kg。其中，莐草地上部总汞含量值为（70±39）mg/kg；其次为蜈蚣草，均值（38±39）mg/kg；何首乌地上部总汞低于蜈蚣草，均值达到（14±17）mg/kg。此外，三脉紫菀（*Aster ageratoides*）、钟花报春（*Primula sikkmensis*）、苦苣菜和黄花月见草地上部总汞含量平均值也接近 5mg/kg。对于地上部低汞累积的 10 种植物，其地上部总汞含量范围为 0.25~1.6mg/kg。其中，马兰地上部总汞含量最高，均值为（0.67±0.34）mg/kg；其次为乳浆大戟，均值为（0.66±0.47）mg/kg；凹叶景天、平车前、珠芽景天地上部总汞含量相当，分别为（0.59±0.07）mg/kg、（0.58±0.23）mg/kg 和（0.51±0.24）mg/kg；酸模、灰绿藜和钻叶紫菀地上部总汞含量也比较接近，分别为（0.49±0.27）mg/kg、（0.43±0.01）mg/kg 和（0.41±0.001）mg/kg；茅莓地上部总汞含量最低，均值为（0.39±0.04）mg/kg。

与前人研究结果相比，发现蜈蚣草（106mg/kg）和莐草（98mg/kg）地上部总汞含量最高值高于国外汞矿区的酸模（28.8mg/kg）、薄荷（60.9mg/kg）和欧夏至草（30.6mg/kg），也远高于国内汞矿区的白茅（10.93mg/kg）、贯众（36.44mg/kg）和细毛碗蕨（14.62mg/kg），暗示蜈蚣草和莐草地上部较其他植物对汞的吸收富集能力更强。

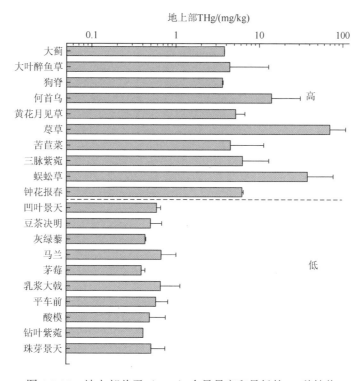

图 4-5-13　地上部总汞（THg）含量最高和最低的 10 种植物

植物可通过根部吸收无机汞，也可通过叶片吸收大气汞（Egler et al.，2006；Wang et al.，2012）。在大气汞污染严重区域，植物叶片中的汞主要来源于大气（Fay and Gustin，2007）。图 4-5-14 显示，随着土壤总汞含量的增加，植物地上部总汞含量也上升，表现出显著正相关关系（$R = 0.29$，$P < 0.0001$），表明土壤总汞含量与植物地上部总汞含量关系密切，植物地上部总汞与根部汞含量密切相关。由图 4-5-14 可知，土壤甲基汞与地上部总汞含量间也表现出显著的正相关关系（$R = 0.36$，$P < 0.0001$），这种相关性类似于土壤甲基汞与植物根部的关系，暗示了土壤甲基汞也是影响植物地上部总汞含量的重要因素。图 4-5-14 显示，植物地上部总汞含量随土壤 EC 的升高而升高，表现出显著正相关关系（$R = 0.30$，$P < 0.0001$），和根部总汞与 EC 的关系极为相似，原因可能是随着土壤总盐含量的增加，土壤中带负电荷的离子对 Hg^+ 和 Hg^{2+} 的吸附增强提高土壤中汞的含量（牛凌燕和曾英，2008），间接影响植物中汞的含量，暗示了土壤电导率是影响植物地上部总汞的关键性因子之一。如前所述，土壤有机质含量与地上部总汞含量间表现出正相关关系（$R = 0.13$，$P = 0.05$），和植物根部与土壤有机质含量相关性类似，表明有机质可影响土壤汞含量从而间接影响植物对汞的吸收富集程度。研究显示，土壤有机质含量在 1%～3%，富含有机质的土壤具有明显的汞富集现象；低含量的有机质可促进植物对汞的吸收，而超过一定含量时反而抑制汞在植物中的累积（Beckers and Rinklebe，2017）。

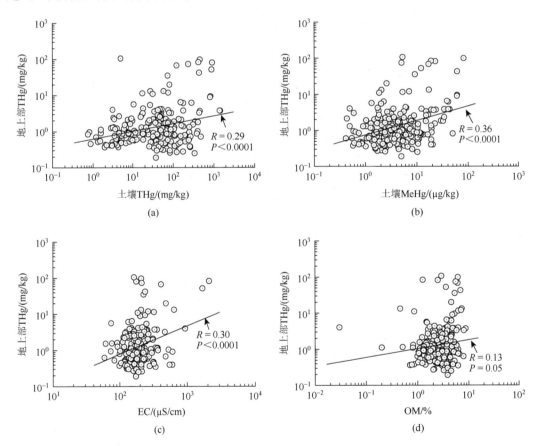

图 4-5-14　植物地上部总汞（THg）含量与土壤总汞含量、土壤理化参数的关系

3）植物根部与地上部总汞含量间的关系

汞矿区植物多表现为根部总汞含量高于地上部，这与前人研究认为根部是植物主要

的汞储存单元的观点相一致（Nagajyoti et al.，2010）。图 4-5-15 显示，植物根部和地上部总汞含量呈现极显著正相关关系（$R = 0.70$，$P < 0.0001$），表明植物地上部总汞含量和根部总汞含量存在着密切关系，也暗示了植物地上部汞很可能与根部吸收土壤汞有关。如前所述，植物根部和地上部总汞分别与土壤总汞含量呈现显著性正相关，进一步表明土壤汞是植物根部和地上部总汞的重要来源，但大气对植物地上部总汞的贡献仍然不可忽视。

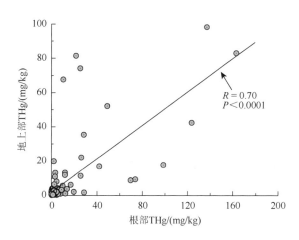

图 4-5-15　植物根部总汞（THg）含量与地上部总汞含量间的关系

4. 植物中甲基汞含量及分布特征

1）植物根部甲基汞含量

研究区植物根部甲基汞（MeHg）含量范围为 0.19～876μg/kg，平均值为（24±112）μg/kg，变异系数为 465%。在所有植物中，苨草、蜈蚣草、何首乌、黄花月见草、豆茶决明、苣荬菜、白茅、钻叶紫菀、千里光、铜锤玉带草和苦苣菜等 11 种植物根部甲基汞平均含量超过 10μg/kg，占总植物数的 26%。

图 4-5-16 展示了根部甲基汞含量最高和最低的 10 种植物。对于 10 种高甲基汞累积的植物，其根部甲基汞含量变化范围为 2.4～876μg/kg。其中，苨草、蜈蚣草和何首乌根部甲基汞平均含量均超过 100μg/kg，表明这三种植物根部对甲基汞具有很强的富集能力。其中，苨草根部甲基汞含量最高，达（853±32）μg/kg；其次为何首乌，均值为（130±145）μg/kg；蜈蚣草根部甲基汞含量略低于何首乌，均值为（127±239）μg/kg，黄花月见草、豆茶决明和苣荬菜根部甲基汞含量均在 20μg/kg 左右，白茅等其他几种植物含量也超过 10μg/kg。对于 10 种低甲基汞累积植物，其根部甲基汞含量变化范围为 0.22～3.8μg/kg。其中，根部甲基汞含量大于 1 的植物有茅莓、臭牡丹、博落回、平车前和三脉紫菀，均值分别为（1.8±0.09）μg/kg、（1.6±1.3）μg/kg、（1.3±0.96）μg/kg、（1.2±0.79）μg/kg 和（1.1±0.76）μg/kg，其余植物根部甲基汞含量均低于 1μg/kg，狗脊根部甲基汞含量最低，均值为（0.24±0.02）μg/kg。

图 4-5-17 显示，植物根部甲基汞含量随土壤甲基汞含量的升高而升高，两者呈现极

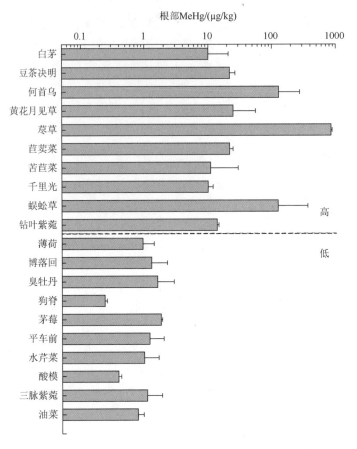

图 4-5-16 不同植物根部甲基汞（MeHg）含量分布特征

显著正相关关系（$R = 0.44$，$P < 0.0001$），其相关性比植物根部总汞和土壤总汞的关系更为明显，表明土壤甲基汞是植物根部甲基汞的重要来源。前人研究表明植物既可通过根部持续吸收土壤中的甲基汞，还可通过大气吸收无机汞和甲基汞（Lodenius，2013；Niu et al.，2011），植物根细胞壁的"屏障"作用，阻碍了根系从土壤吸收汞并向其他部分运移。但是，土壤中的无机汞可被微生物转化为甲基汞并持续不断地被植物吸收，甲基汞比无机汞更容易转移至其他部位（Beckers and Rinklebe，2017；Egler et al.，2006）。本研究区周边存在大量冶炼炉渣，降雨淋滤作用下带出的汞活性更强、更易于甲基化（仇广乐，2005），随着土壤总汞含量的增加，土壤中的甲基汞更容易通过土壤-植物根系统向植物体内迁移，这与 Meng 等（2010）报道汞矿区土壤甲基汞是水稻根部甲基汞的主要来源结果一致。

植物根部吸收甲基汞主要受土壤有机质、氧化还原电位和土壤汞含量等因素共同影响（Frohne et al.，2012）。图 4-5-17 显示，研究区植物根部甲基汞含量随土壤 Eh 升高有上升趋势，表现出弱正相关关系（$R = 0.22$，$P = 0.04$）。Eh 可以影响土壤汞的存在形态，在氧化条件下，Hg^0 很快被氧化为 Hg^{2+}，与土壤中 S^{2-} 结合生成 HgS，降低汞的生物有效性。在还原条件下，Hg^{2+} 也可与 FeS 中的 S^{2-} 发生反应生成 HgS，而 HgS 可和过量 S^{2-} 发生反应，生成可溶性 HgS_2^{2-}，随后被缓慢氧化成 $HgSO_4$，使得 HgS 发生迁移转化（张敏英，2014）。本研究所选择的研究区土壤 Eh 呈氧化条件，土壤中汞主要以惰性硫化汞形式存在（Yin et al.，2016），氧化条件下生物利用性较低的汞形态可能影响了植物对甲基汞的吸收。图 4-5-17 显示，土壤有机质含量（OM）与植物根部甲基汞（MeHg）含量呈现显著性正相关关系（$R = 0.32$，$P < 0.0001$），表明土壤有机质与植物根部甲基汞紧密相关。丰富的有机质，一方面可活化土壤中的汞；另一方面可以提高甲基化微生物的活性，这两种作用共同导致土壤中甲基汞净产生量的增加（Chiasson-Gould et al.，2014；Sunderland et al.，2006）。溶解性有机质（DOM）富含富里酸，其在一定 pH 条件下可促进富里酸结合态汞的迁移（丁疆华，2001）。本研究区土壤有机质含量虽低于周边稻田土壤，但土壤有机质含量与植物根部甲基汞含量间呈现的显著相关关系，表明了土壤有机质可通过影响土壤汞的迁移转化过程从而间接影响植物根部对甲基汞吸收富集。

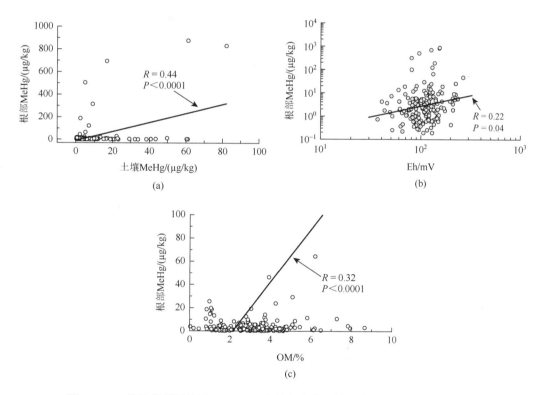

图 4-5-17　植物根部甲基汞（MeHg）含量与土壤甲基汞含量及理化参数的关系

2）植物地上部甲基汞含量

研究区植物地上部甲基含量变化范围为 0.06～275μg/kg，平均值为（11±42）μg/kg，变异系数为 378%。莣草、何首乌、蜈蚣草、黄花月见草、豆茶决明和钻叶紫菀等 6 种植物地上部甲基汞含量均超过 10μg/kg，占总植物数的 14%。图 4-5-18 展示了地上部甲基汞含量最高和最低的 10 种植物。对于 10 种高甲基汞累积植物，地上部甲基汞含量变化范围为 0.22～275（μg/kg）。其中，莣草地上部甲基汞含量超过 100μg/kg，均值达（247±8.1）μg/kg；其次是何首乌，均值为（98±119）μg/kg；蜈蚣草地上部甲基汞含量位居第三，均值为（64±95）μg/kg，钻叶紫菀、黄花月见草和豆茶决明地上部甲基汞含量也超过 10μg/kg，甲基汞含量最低的植物是夜来香，均值为（5.4±0.20）μg/kg。10 种低甲基汞累积的植物，其地上部甲基汞含量变化范围为 0.33～1.5μg/kg；其中，臭牡丹地上部甲基汞含量最高，均值为（1.0±0.65）μg/kg；其次是珠芽景天，均值为（0.99±0.60）μg/kg；薄荷地上部甲基汞含量略低于珠芽景天，均值为（0.85±0.14）μg/kg。所有采集的植物中，大蓟（*Cirsintm japonicum*）地上部甲基汞含量最低，均值为（0.44±0.02）μg/kg。

　　无论根部还是地上部，苎草均显示相对较高的甲基汞含量，表明其对甲基汞具有较强的富集能力，但具体机制需进一步研究。蜈蚣草和何首乌地上部甲基汞含量并未随根部甲基汞含量增加而上升，蜈蚣草根部甲基汞含量高于何首乌，而何首乌地上部甲基汞含量却高于蜈蚣草。

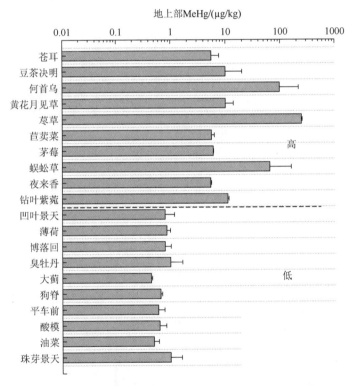

图 4-5-18　不同植物地上部甲基汞（MeHg）含量分布特征

　　图 4-5-19 显示，植物地上部甲基汞含量与土壤总汞含量呈现弱负相关关系（$R = -0.15$，$P = 0.04$），而与土壤甲基汞含量呈现显著正相关关系（$R = 0.32$，$P < 0.0001$），表明土壤甲基汞与植物地上部甲基汞含量间存在密切关系，暗示植物地上部甲基汞来源于土壤。已有研究报道，汞矿区植物（水稻）通过根部吸收土壤汞和叶面吸收大气汞是体内无机汞的主要来源途径，而甲基汞主要源于根部对土壤汞的吸收，由根部向其他部位运移（Meng et al.，2011；Zhang et al.，2010）。

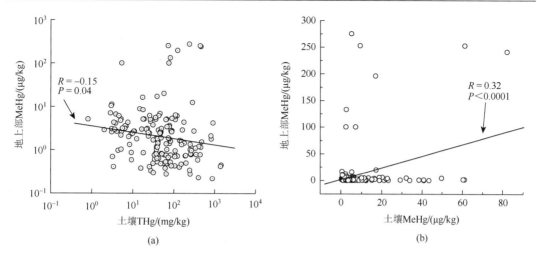

图 4-5-19　植物地上部甲基汞（MeHg）含量与土壤总汞（THg）（a）、甲基汞（b）含量间的关系

研究区植物根部和地上部甲基汞占总汞的比例（MeHg/THg）较低，分别为 0.51% 和 0.29%，远低于大米中甲基汞占总汞比例，为 44.8%（王娅等，2015）。图 4-5-20 显示，植物根部 MeHg/THg 与根部总汞（THg）含量间呈现显著负相关关系（$R = -0.40$，$P <$ 0.0001），地上 MeHg/THg 与地上部总汞呈现显著负相关关系（$R = -0.43$，$P < 0.0001$），表明随着植物根部和地上部总汞含量的增加，只有少部分生物有效态汞参与汞的甲基化。由于汞矿区土壤汞主要以惰性硫化汞形式存在，尽管研究区土壤总汞含量较高，但是生物可利用态汞的浓度较低，导致植物体内甲基汞占总汞比例较低，这与仇广乐（2005）和王建旭（2012）研究结果一致。

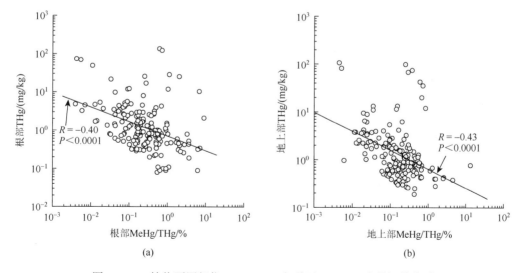

图 4-5-20　植物不同部位 MeHg/THg 与总汞（THg）含量间的关系

3）植物根部和地上部甲基汞含量间的关系

统计分析发现，研究区大多数（32 种）植物根部甲基汞含量高于地上部，暗示多数

植物根部累积甲基汞的能力强于地上部。植物根部甲基汞（MeHg）含量与地上部甲基汞含量的关系如图 4-5-21 所示。由图可知，植物根部和地上部甲基汞含量呈现极显著正相关关系（$R=0.91$，$P<0.0001$），表明地上部甲基汞与根部甲基汞密切关联，即植物地上部甲基汞可能与根部吸收土壤甲基汞有关。而前面研究已经显示，植物根部和地上部甲基汞含量分别与土壤甲基汞含量呈显著正相关关系，进一步表明了土壤甲基汞含量是影响植物根部和地上部对甲基汞吸收富集量的关键因素。尽管大气降水中存在一定量的甲基汞，但通常其含量较低（Conaway et al.，2010；Kirk et al.，2014）。因此，本研究认为研究区植物中的甲基汞主要源于土壤。这与孟博（2011）研究结果相似，即万山汞矿区水稻体内甲基汞主要源于土壤，土壤甲基汞含量高低是控制水稻体内甲基汞含量高低的关键因素。

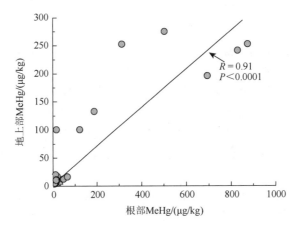

图 4-5-21　植物根部甲基汞（MeHg）含量与地上部甲基汞含量间的关系

　　本研究表明，无论根部还是地上部，不同种类间其甲基汞含量均表现出明显的差异。其中，苨草、何首乌和蜈蚣草（地上部和根部）甲基化含量相对较高，苨草（$n=2$）根部和地上部甲基汞含量分别高达（853±32）μg/kg 和（247±8.1）μg/kg，远远高于前人报道的贵州典型汞矿区稻米甲基汞含量（144μg/kg，Qiu et al.，2008）。由于本研究的样本量有限，需要开展更加深入、系统的野外调查对其进一步验证。此外，本研究采集的陆生野生植物多数为牧草（如苨草、何首乌等），其作为生态系统最底端的生产者，是研究区野生动物及家禽的重要食物来源。这些植物中高含量的甲基汞可通过食物链逐级传递并富集在高营养级的生物体内，从而可能造成以此为食物来源的野生动物或家畜较高的甲基汞暴露。因此，汞矿区牧草类植物中高含量甲基汞以及由此导致的生态风险，应引起人们的重视。

　　另外，作为蕨类植物中最原始的维管束植物——蜈蚣草，其根部和地上部不仅含有较高的总汞含量，同时也检测到较高的甲基汞含量。众所周知，蜈蚣草是砷的超富集植物（陈同斌等，2002）。然而，本研究进一步发现，汞矿区自然定居的植物——蜈蚣草体内也能累积高含量的汞。这一发现为汞矿区汞污染土壤的植物修复提供了新的思路。因此，加强汞矿区不同优势植物对汞的富集和转移能力的对比研究，评价其对汞的富集能力的强弱，可为甄别汞富集植物或超积累植物提供科学依据。

4.5.4　汞矿区非农作物汞富集能力评价

如前所述，汞矿区生长的优势植物具有较强的汞耐性，且以草本植物为主。其中，蜈蚣草、苣草等根部和地上部均检测到相对较高的总汞和甲基汞，其含量远高于同地区的其他植物。因此，基于不同种类植物以及根际土壤中总汞和甲基汞含量的调查结果，通过计算富集系数和转运系数，评价研究区不同植物对土壤汞（总汞和甲基汞）的富集能力和转移能力。

1. 植物对汞的富集能力评价指标

适宜于矿区污染土壤修复的植物应该具备根系发达、生物量大、能够从土壤中吸收富集大量重金属等特点。目前，常用评价指标是富集系数和转移系数，可分别用于评价土壤-植物体系中重金属迁移的难易程度以及重金属在植物体内的迁移特性（Ye et al.，2009；Yoon et al.，2006）。植物可通过根系从土壤中吸收重金属元素，并向地上部分运移。一般来讲，生物有效态重金属是最易于被根系吸收的重金属形态。因此，根系富集系数（bioconcentration factor，BCFs）可在一定程度上反映植物对土壤中重金属的吸收能力（夏汉平和束文圣，2001）。植物地上部重金属含量与土壤重金属含量的比值为生物富集系数（bioaccumulation factor，BAFs），可反映植物地上部从土壤累积重金属的能力。转移系数（translocation factor，TFs）可通过植物地上部重金属含量与地下部（一般为根部）重金属含量的比值进行计算，用于评价植物根部从土壤吸收重金属至体内后向地上部进行转运的能力。

采用生物富集系数（BCFs、BAFs）和转移系数（TFs）评价植物是否富集重金属以及富集重金属能力的大小。一般而言，BCFs 和 BAFs 越大，表明植物从土壤吸收重金属到其体内的能力越强；TFs 越大，表明重金属从植物根系转运至地上部的能力越强，其计算公式分别见式（4-5-1）～式（4-5-3）：

$$BCFs = \frac{c_{根}}{c_{土壤}} \tag{4-5-1}$$

$$BAFs = \frac{c_{地上部}}{c_{土壤}} \tag{4-5-2}$$

$$TFs = \frac{c_{地上部}}{c_{根}} \tag{4-5-3}$$

式中，$c_{地上部}$、$c_{根}$ 和 $c_{土壤}$ 分别为植物地上部、植物根部和对应根际土壤中重金属的含量；BCFs 为植物根部对土壤中重金属的生物富集系数；BAFs 为植物地上部对土壤中重金属的生物富集系数；TFs 为重金属从植物根部向地上部的转运系数。

2. 植物对总汞的富集能力评价

1）植物根部对总汞的富集能力

表 4-5-2 数据显示，研究区植物根部对土壤总汞的富集系数（BCFs）变化范围集中

在 0.001～3.1，均值为 0.18±0.41，变异系数为 220%。大部分植物对总汞的 BCFs 均小于 1，而苍耳和马兰对总汞的 BCFs 均值大于 1，分别为 1.3±0.77 和 1.1±1.3，占总植物的 4%。其余植物对总汞的 BCFs 均小于 1，占总植物数的 96%。珠芽景天和大蓟呈现最低的 BCFs，均为 0.003±0.001，表明汞矿区多数植物根部对土壤总汞的富集能力较低，这与前人对该汞矿区的调查研究结果类似（王建旭，2012；徐小蓉，2008）。

表 4-5-2　研究区不同植物对总汞的富集系数与转移系数统计数据

植物名称	BCFs		BAFs		TFs	
	均值	范围	均值	范围	均值	范围
凹叶景天	0.02±0.01	0.01～0.02	0.01±0.01	0.01～0.02	0.89±0.28	0.61～1.3
白蒿	0.16±0.29	0.01～1.2	0.10±0.13	0.004～0.47	1.2±1.3	0.11～5.4
薄荷	0.01±0.01	0.01～0.02	0.01±0.01	0.01～0.02	1.1±0.78	0.52～1.6
博落回	0.08±0.07	0.01～0.16	0.11±0.12	0.01～0.24	1.6±1.8	0.49～3.7
白茅	0.46±0.38	0.19～0.73	0.07±0.03	0.05～0.10	0.19±0.09	0.13～0.25
波叶山蚂蝗	0.39±0.37	0.14～0.93	0.55±0.54	0.08～1.3	1.9±2.4	0.57～5.5
茅莓	0.004±0.001	0.01～0.02	0.002±0.001	0.003～0.004	0.19±0.003	0.18～0.19
苣荬菜	0.03±0.04	0.01～0.06	0.09±0.08	0.03～0.15	3.4±1.4	2.4～4.4
荩草	0.29±0.01	0.28～0.30	0.16±0.08	0.09～0.22	0.53±0.26	0.34～0.72
臭牡丹	0.03±0.04	0.01～0.09	0.01±0.01	0.01～0.02	0.54±0.59	0.13～1.7
苍耳	1.3±0.77	0.78～1.9	0.30±0.20	0.16～0.45	0.23±0.02	0.21～0.24
豆茶决明	0.08±0.09	0.01～0.15	0.06±0.08	0.01～0.12	0.76±0.05	0.72～0.80
番薯	0.01±0.01	0.08～0.09	0.01±0.01	0.007～0.008	0.86±0.05	0.83～0.90
大蓟	0.003±0.001	0.003～0.004	0.003±0.001	0.002～0.003	0.75±0.03	0.73～0.78
飞机草	0.12±0.19	0.002～0.53	0.17±0.36	0.01～1.2	1.4±0.78	0.26～2.4
狗脊	0.05±0.001	0.04～0.05	0.10±0.002	0.10～0.11	2.1±0.01	2.0～2.1
鬼针草	0.58±0.73	0.09～1.9	0.18±0.15	0.04～0.41	0.64±0.83	0.17～2.3
黄花月见草	0.06±0.001	0.05～0.06	0.06±0.04	0.02～0.09	0.94±0.81	0.37～1.5
灰绿藜	0.16±0.06	0.12～0.19	0.16±0.08	0.10～0.22	0.98±0.15	0.87～1.1
何首乌	0.11±0.19	0.004～0.39	0.19±0.23	0.01～0.49	3.8±3.9	1.2～9.5
节节草	0.67±1.2	0.02～3.1	0.15±0.22	0.01～0.58	0.81±0.77	0.06～2.2
蜈蚣草	0.30±0.53	0.01～2.0	1.8±5.8	0.02～21	2.6±3.0	0.36～11
苦苣菜	0.34±0.62	0.04～2.2	0.16±0.18	0.002～0.66	1.8±2.2	0.18～6.5
类芦	0.58±0.67	0.12～1.9	0.32±0.24	0.13～0.73	1.0±0.70	0.18～1.9
冷水花	0.04±0.03	0.02～0.06	0.02±0.001	0.02～0.03	0.70±0.48	0.36～1.0
马齿苋	0.01±0.003	0.01～0.02	0.01±0.002	0.01～0.02	1.0±0.05	1.0～1.1

植物名称	BCFs		BAFs		TFs	
	均值	范围	均值	范围	均值	范围
平车前	0.05±0.08	0.002~0.19	0.03±0.05	0.001~0.12	0.81±0.20	0.56~1.1
千里光	0.12±0.15	0.01~0.23	0.12±0.14	0.02~0.22	1.4±0.63	0.96~1.9
乳浆大戟	0.01±0.01	0.01~0.03	0.01±0.003	0.01~0.02	0.76±0.13	0.55~0.92
酸模	0.24±0.33	0.004~0.71	0.38±0.53	0.003~1.1	1.2±0.48	0.61~1.6
三脉紫菀	0.07±0.05	0.03~0.13	0.24±0.21	0.06~0.49	2.8±1.1	1.8~3.9
水芹菜	0.04±0.05	0.01~0.12	0.02±0.03	0.01~0.07	0.92±0.56	0.06~1.6
铜锤玉带草	0.04±0.01	0.04~0.05	0.07±0.01	0.07~0.08	1.7±0.07	1.6~1.7
小飞蓬	0.06±0.07	0.001~0.22	0.09±0.13	0.002~0.42	1.7±2.1	0.20~8.2
血碧菜	0.02±0.001	0.01~0.02	0.02±0.001	0.01~0.02	1.0±0.001	1.0~1.1
油菜	0.01±0.01	0.001~0.01	0.15±0.11	0.03~0.25	22±3.1	18~24
马兰	1.1±1.3	0.86~1.3	0.19±0.002	0.19~0.20	0.19±0.05	0.15~0.23
夜来香	0.02±0.003	0.01~0.02	0.03±0.02	0.02~0.05	2.4±1.9	1.0~3.7
羊蹄	0.02±0.03	0.001~0.08	0.02±0.01	0.01~0.03	2.7±2.6	0.18~6.8
鱼腥草	0.06±0.09	0.01~0.28	0.15±0.27	0.01~0.75	1.6±0.91	0.22~2.7
钟花报春	0.02±0.002	0.01~0.02	0.04±0.01	0.03~0.04	2.5±0.02	2.4~2.5
紫堇	0.02±0.001	0.01~0.02	0.05±0.003	0.04~0.05	3.2±0.05	3.1~3.2
大叶醉鱼草	0.13±0.21	0.01~0.25	0.12±0.17	0.01~0.59	2.2±2.6	0.66~8.6
獐牙菜	0.35±0.25	0.18~0.53	0.33±0.35	0.08~0.59	0.78±0.47	0.45~1.1
珠芽景天	0.003±0.001	0.002~0.004	0.002±0.001	0.001~0.002	0.54±0.22	0.41~0.80
钻叶紫菀	0.48±0.02	0.47~0.49	0.14±0.001	0.13~0.14	0.29±0.01	0.27~0.30

图 4-5-22 展示了根部对总汞的平均富集系数（BCFs）位居前 10 位和较低的植物。10 种高 BCFs 的变化范围介于 0.02~3.1。其中，苍耳（*Xanthium sibiricum*）对总汞的 BCFs 最高，均值为 1.3±0.77，变化范围为 0.78~1.9；其次是马兰（*Kalimeris indica*），BCFs 均值为 1.1±1.3，变化范围为 0.86~1.3；BCFs 最低的植物是苦苣菜，均值为 0.34±0.62。本研究中马兰和苍耳对总汞的 BCFs 高于前人研究结果，如贵州汞矿区糯米藤、白蒿和野菊花对汞的 BCFs 分别为 0.144、0.13 和 0.127（吴迪等，2014）；但略低于薛亮（2013）的研究结果，如白茅对总汞的 BCFs 为 2.1，苎麻对总汞的 BCFs 可达 3.15，暗示不同植物根部对总汞的富集能力存在较大差异。对于 10 种低 BCFs 植物，BCFs 变化范围为 0.001~0.08。其中，钟花报春、紫堇、羊蹄和凹叶景天根部对总汞的 BCFs 较高，均为 0.02；其次是油菜、马齿苋和薄荷，BCFs 均为 0.01；最低的是珠芽景天，BCFs 为 0.003±0.001。

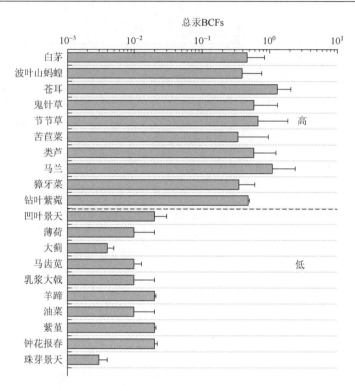

图 4-5-22　研究区植物根部对总汞的生物富集系数（BCFs）

图 4-5-23 显示，随着土壤汞含量的升高，植物根部对总汞的富集能力逐渐降低，根际土壤总汞含量与植物 BCFs 之间呈现极显著负相关关系（$R = -0.67$，$P < 0.0001$），表明土壤总汞含量可能是影响植物根部吸收汞的重要因素。研究表明，土壤中能够被植物吸收富集的汞非常有限，当土壤汞含量显著增加时，植物体内汞含量仅仅出现微小的增加（黄玉芬，2011）。植物根部对汞的吸收富集程度不仅与土壤总汞含量密切相关，还与土壤中汞的形态分布有关，尤其是生物有效态汞（Chen and Yang，2012；Elbaz et al.，2010）。尽管研究区土壤总汞含量较高，但大部分以生物难以利用的、相对惰性的硫化汞为主，导致植物根部对汞的富集能力降低。由图 4-5-23 可知，随着 OM 含量增加，植物根部 BCFs 有降低趋势，两者呈现负相关关系（$R = -0.20$，$P = 0.003$），暗示土壤有机质可影响根部对汞的吸收。随着土壤有机质含量的增加，其巨大的亲和力与比表面积对汞产生很强的吸附能力，从而和汞结合形成稳定的复合物，降低了汞的生物可利用性（Tomiyasu et al.，2003），导致植物根部对总汞的富集能力降低。

2）植物地上部对总汞的富集能力

研究区不同种类植物地上部对总汞的富集系数（BAFs）变化范围为 0.001～21，均值为 0.21±1.4，中值为 0.04，变异系数为 650%。所有植物中，仅有蜈蚣草地上部对总汞的BAFs 均值大于 1，占植物总数的 2.2%，其余植物地上部对总汞的 BAFs 均小于 1，占植物总数的 97.8%，表明多数植物地上部对土壤总汞的富集能力较低。

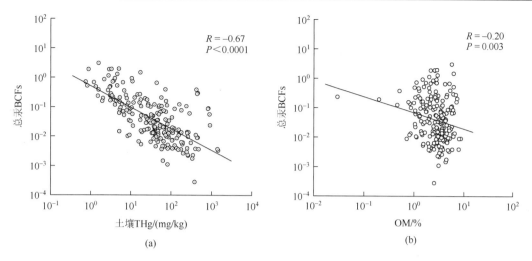

图 4-5-23　土壤总汞（THg）、有机质（OM）含量与植物根部对总汞的富集系数（BCFs）间的关系

图 4-5-24 展示了研究区植物地上部对总汞的富集系数位居前 10 位和后 10 位的植物。对于地上部富集系数较高的 10 种植物，其 BAFs 值变化范围为 0.01～21。其中，蜈蚣草地上部对总汞的 BAFs 均值最高，为 1.8±5.8；其次是波叶山蚂蝗，均值为 0.55±0.54，酸模、獐牙菜、类芦和苍耳的 BAFs 差异较小，均值分别为 0.38±0.53、0.33±0.35、

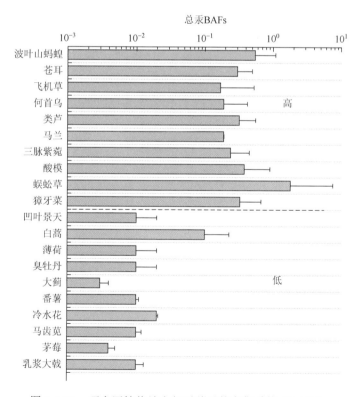

图 4-5-24　研究区植物地上部对总汞的富集系数（BAFs）

0.32±0.24 和 0.30±0.20，飞机草 BAFs 最低，均值为 0.17±0.36。对于地上部富集系数较低的 10 种植物，其 BAFs 范围为 0.002～0.47。其中，白蒿的 BAFs 均值为 0.10±0.13；其次是冷水花，均值为 0.02±0.001；大蓟的 BAFs 最低，均值为 0.003±0.001。

一般而言，陆生植物对汞的生物吸收系数在 0.038～0.38，均小于 1。本研究区的植物根部和地上部对汞的吸收能力表现出一定差异，蜈蚣草和波叶山蚂蝗地上部对总汞的 BAFs 高于其他植物，也高于同一研究区前人的调查结果，例如，赵甲亭等（2014）报道万山汞矿区悬钩子和野蒿对总汞的生物富集系数（BAFs）约为 0.50 和 0.30，灰绿藜对总汞的 BCFs 为 0.41（王建旭，2012），暗示了蜈蚣草和波叶山蚂蝗地上部对总汞的吸收富集能力较强。研究显示，相同生长条件下不同植物对汞的吸收富集能力存在差异，表现为灌木高于木本植物。而同一类型植物由于生长时间差异等，也可导致不同组织（部位）对汞的吸收富集能力存在差异。例如，灌木不同组织（部位）对汞吸收能力表现为：叶大于茎；而叶片越小、生长时间长的植物（如小叶黄杨和榆树），其叶片汞的含量往往越高于生长时间短的植物（如连翘和紫丁香等）（闫丽岗，2009）。

土壤汞含量及理化性质等均可影响植物对汞的吸收。图 4-5-25 显示，随着土壤总汞含量的增加，植物地上部对总汞的吸收富集能力明显降低，土壤总汞含量与 BAFs 之间呈现极显著负相关关系（$R = -0.74$，$P < 0.0001$），表明土壤总汞与植物地上部吸收富集汞的能力密切相关。研究显示，植物不同组织（部位）对汞的吸收富集能力存在差异，土壤中汞在向植物体迁移过程中，由于根部和其他组织间存在某种较强的阻碍汞迁移机制，能转运至地上部的汞比例较低。但是，少量汞还是可以穿过细胞壁迁移至植物（水稻）茎、叶等地上部（Gnamuš et al.，2000；Schwesig and Krebs，2003；Shiyab et al.，2009；Meng et al.，2012）。同时，植物叶片对汞有较强的吸收和累积能力，因此，大气是植物叶片中汞的重要来源（Fay and Gustin，2007）。在大气汞污染严重地区生长的植物（如橄榄树），可通过叶片吸收大气中的汞，导致土壤汞含量和植物组织汞含量之间呈现较弱的相关性（Higueras et al.，2016）。本研究显示，土壤总汞与 BCFs、BAFs 之间均呈现显著负相关关系，表明植物根部和地上部对汞的吸收富集能力受控于土壤总汞。图 4-5-25 显示，

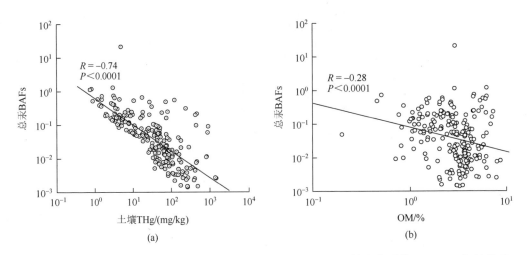

图 4-5-25　土壤总汞（THg）、有机质（OM）含量与植物对总汞的富集系数（BAFs）间的关系

植物 BAFs 与土壤有机质（OM）含量呈现显著负相关关系（$R = -0.28$，$P<0.0001$），暗示土壤有机质对植物地上部吸收富集汞的能力有一定的影响。

3）植物对总汞的转运能力

转运系数（TFs）通常用于评价植物对重金属的转运能力，当 TFs 大于 1 时，说明植物能将地下部吸收的重金属转移至地上部，达到地上部对重金属大量吸收。当 TFs 小于 1 时，植物通过自身解毒机制可有效阻止地下部吸收的重金属向地上部运输，从而减少对植物的毒害。由表 4-5-2 可以看出，不同植物对总汞的 TFs 变化范围较大，集中在 0.06～24，均值为 1.8±2.9，中值为 0.97，变异系数为 162%。其中，油菜、蜈蚣草、何首乌、苣荬菜等 25 种植物对总汞的转运系数均大于 1，占总植物数的 54%。

图 4-5-26 展示了地上部对总汞的转移系数位居前 10 位和后 10 位的植物，位居前 10 的 TFs 变化范围介于 0.18～22。油菜对总汞的转移系数均值为 22±3.1；之后为何首乌，均值为 3.8±3.9；苣荬菜和紫堇的 TFs 与何首乌接近，分别为 3.4±1.4 和 3.2±0.05；最低的为狗脊，均值也达到 2.1±0.01。同时还发现，BAFs 较高的蜈蚣草，其 TFs 均值也高于 1，达到 2.6±3.0，变化范围为 0.36～11。位居后 10 位的植物 TFs 变化范围介于 0.13～2.3。其中，冷水花 TFs 均值为 0.70±0.48，之后是鬼针草，均值为 0.64±0.83，荩草、珠芽景天和臭牡丹的 TFs 值接近，分别为 0.53±0.26、0.54±0.22 和 0.54±0.59，茅莓、马兰和白茅 TFs 最低，均为 0.19。

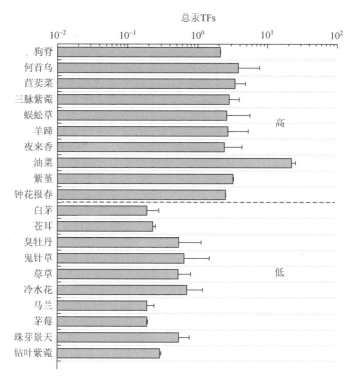

图 4-5-26　研究区 20 种植物对总汞的转运系数（TFs）

本研究调查的植物对总汞的 TFs 普遍高于前人研究结果，例如，王建旭（2012）报道蒿、盐肤木、小飞蓬和牛膝菊的 TFs 分别为 2.7±0.9、1.9±0.55、1.3±0.9 和 1.94±0.99，表明不同植物对重金属的转运能力存在较大差异。Hozhina 等（2001）研究认为，宽叶香蒲（*Typha latifolia*）、林生藨草（*Scirpus sylvaticus*）和芦苇（*Phragmites australis*）对锑的转运系数较低，其地下部可以大量积累锑，但不易转运至地上部。Baroni 等（2000）报道，同一种植物对锑的转运系数也存在差异。例如，长叶车前（*Plantago lanceolata*）的 TFs 在 0.21～2.76。

3. 植物对甲基汞的富集能力评价

1）植物根部对甲基汞的富集能力

由图 4-5-27 可知，研究区植物根部对甲基汞的 BCFs 变化范围较大，介于 0.01～99，均值为 3.3±11。有 21 种植物对甲基汞的 BCFs 大于 1，占植物总数的 46%。其中，BCFs 大于 10 的植物有何首乌、蜈蚣草、荩草、黄花月见草、鬼针草和钻叶紫菀，占植物总数的 13%。

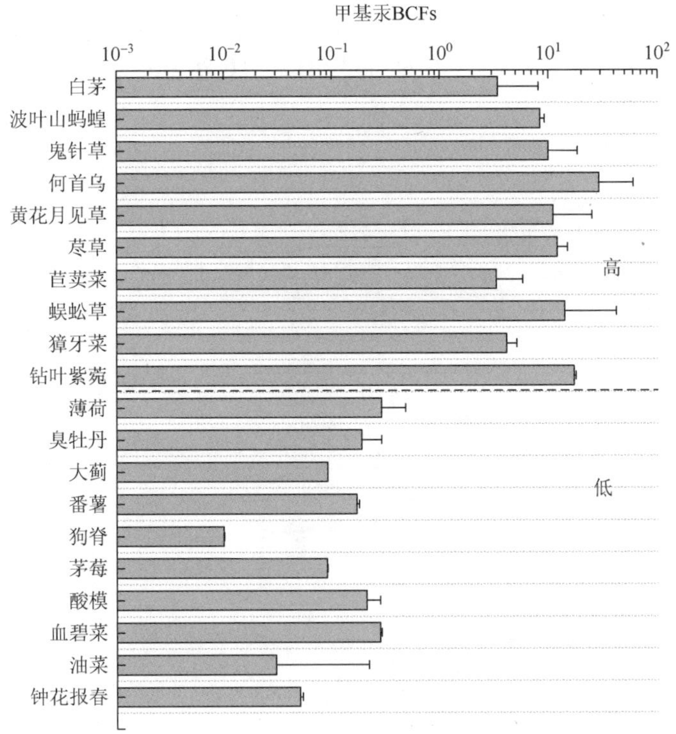

图 4-5-27　研究区 20 种植物对甲基汞的富集系数（BCFs）

对于 BCFs 位居前 10 位植物，其 BCFs 变化范围为 0.10～99。其中，何首乌的 BCFs 均值达 29±31；其次是钻叶紫菀，均值为 17±0.78。BCFs 大于 10 的植物还包括蜈蚣草、荩草、黄花月见草和鬼针草，均值分别为 14±28、12±2.9、11±14 和 10±8.4。苣荬菜 BCFs 相对较低，均值为 3.3±2.5。对于 BCFs 位居后 10 位植物，其 BCFs 的变化范围介于 0.01～0.43。其中，薄荷的 BCFs 均值为 0.29±0.19；其次为血碧菜，均值为 0.28±0.01；狗脊对甲基汞的 BCFs 最低，均值为 0.01±0.0001。一般而言，生物富集系数大于 1 即可定义为富集植物（Gnamuš et al.，2000），以上 BCFs 大于 1 的植物，表明其根部对土壤中甲基汞的富集能力较强。

植物根部吸收富集甲基汞的能力，受土壤甲基汞含量、土壤理化性质以及植物种属等因素共同影响。图 4-5-28 显示，土壤总汞含量与 BCFs 呈现微弱的负相关关系（$R = -0.23$，$P = 0.002$）。同样，BCFs 与土壤甲基汞含量间也呈现显著负相关关系（$R = -0.49$，$P < 0.0001$），表明植物根部对甲基汞的吸收富集能力与土壤甲基汞含量紧密关联。研究表明，生态系统中的甲基汞主要源于微生物的甲基化过程，大气中仅有极少量的甲基汞存在（Beckers and Rinklebe，2017），因此，以上相关性分析结果表明，土壤甲基汞是影响植物根部甲基汞富集能力的关键性因子。与无机汞相比，甲基汞更容易被植物根系所吸收，但随着土壤甲基汞含量的升高，植物根部对土壤中甲基汞的吸收可能逐渐达到饱和导致其富集能力降低，表现为 BCFs 呈现降低趋势。

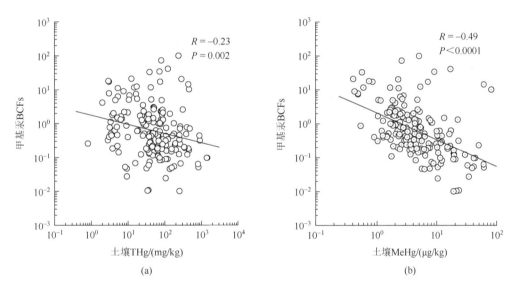

图 4-5-28　土壤汞、甲基汞含量与甲基汞 BCFs 的关系

2）植物地上部对甲基汞的富集能力

研究区植物地上部对土壤甲基汞的富集系数（BAFs）变化范围较大，在 0.01～54，均值为 2.2±7.1，中值为 0.39，变异系数为 314%。BAFs 大于 1 的植物有 16 种，占植物总数的 35%。其中，豆茶决明、何首乌、蜈蚣草和钻叶紫菀对甲基汞的 BAFs 均大于 10，占植物总数的 8.7%。

图 4-5-29 展示了 BAFs 位居前 10 位和后 10 位植物，位居前 10 位的植物地上部对甲基汞的富集系数范围为 0.02～54。其中，豆茶决明对甲基汞的 BAFs 均值高达 22±21；其次是何首乌，均值为 21±24；钻叶紫菀和蜈蚣草对甲基汞的 BAFs 也相对较高，均值分别可达 13±0.61 和 10±18；獐牙菜对甲基汞的 BAFs 均值最低，为 2.7±0.82。对于

BAFs 位居后 10 位的植物，其 BAFs 范围为 0.01～0.36。其中，薄荷对甲基汞的 BAFs 均值为 0.26±0.09；其次是博落回，均值为 0.24±0.17；珠芽景天、平车前和臭牡丹对甲基汞的 BAFs 值接近，分别为 0.19±0.15、0.17±0.12 和 0.17±0.11；大蓟对甲基汞的 BAFs 最低，均值为 0.01±0.0001。

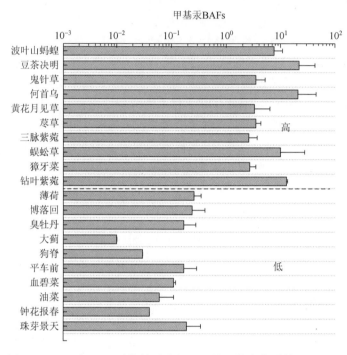

图 4-5-29　研究区 20 种植物地上部对甲基汞的富集系数（BAFs）

图 4-5-30 显示，植物对甲基汞的 BAFs 分别与土壤总汞和甲基汞含量间呈现显著负相关关系（$R=-0.39$，$P<0.0001$；$R=-0.58$，$P<0.0001$），表明汞矿区植物地上部对甲基汞的富集能力与土壤汞含量高低有关，并且土壤甲基汞含量对其富集能力的影响较总汞更为明显。由图 4-5-30（c）可知，随着土壤有机质含量的升高，植物地上部对甲基汞的富集能力降低，表现出显著负相关关系（$R=-0.31$，$P<0.0001$）。目前，有关汞矿区植物体内高富集甲基汞的文献报道相对较少。Qiu 等（2008）研究发现，万山汞矿区稻米具有较强的甲基汞富集能力，随后研究进一步证实，水稻在生长期间，首先通过根部从土壤吸收甲基汞，在水稻成熟前，大部分甲基汞转运至茎部和叶部，在水稻成熟期间被转运至果实中（Meng et al.，2011）。因此，水稻被认为是汞矿区甲基汞的超富集农作物（Meng et al.，2010；Qiu et al.，2008）。而曹阿翔（2017）报道万山汞矿区天然生苔藓甲基汞含量高达 260μg/kg，远超过稻米对甲基汞的富集程度，且甲基汞占总汞比例高达 10%。

3）植物对甲基汞的转运能力

汞矿区不同植物对甲基汞的转运系数也呈现较大的变化特征，范围在 0.04～8.4，均值为 1.2±1.4，中值为 0.65，变异系数为 117%。其中，豆茶决明、蜈蚣草、白蒿等 16 种植物对甲基汞的 TFs 均大于 1，占植物总数的 35%。

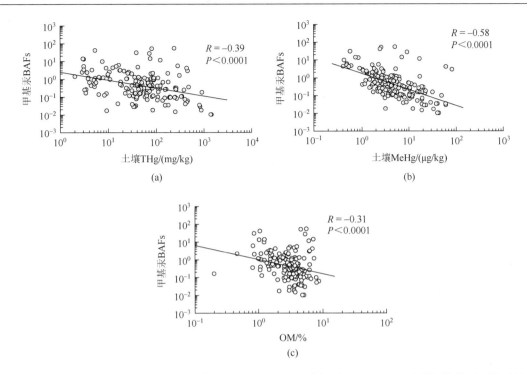

图 4-5-30　土壤总汞（THg）（a）、甲基汞（MeHg）（b）、有机质（OM）（c）含量与植物对甲基汞的富集系数（BAFs）间的关系

图 4-5-31 展示了 TFs 位居前 10 位和后 10 位的植物。TFs 位居前 10 位的植物，其 TFs 变化范围在 0.1～4.1。其中，苍耳对甲基汞的 TFs 均值最高，为 4.1±4.9；三脉紫菀和茅莓对甲基汞的 TFs 值相当，分别为 3.6±4.9 和 3.4±0.12；狗脊和节节草对甲基汞的 TFs 也分别达到了 2.8±0.03 和 2.1±0.25。对于 TFs 位居后 10 位植物，其 TFs 范围为 0.10～1.8。其中，血碧菜 TFs 均值为 0.38±0.03，其次是灰绿藜、番薯和马齿苋，

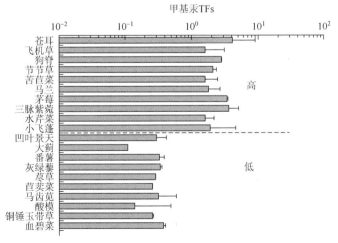

图 4-5-31　研究区 20 种植物对甲基汞的转运系数（TFs）

TFs 分别为 0.34±0.02、0.33±0.06 和 0.32±0.27；大蓟对甲基汞的 TFs 最低，均值为 0.11±0.0001。

图 4-5-32 显示，土壤总汞（THg）含量与植物对甲基汞的转运系数（TFs）具有显著负相关关系（$R = -0.26$，$P = 0.0006$），表明随着土壤汞含量的升高，植物对甲基汞的转移系数呈降低趋势，这与前人的研究结果相一致，如王建旭（2012）报道随着土壤汞含量的增加，册亨本底油菜、安顺苦油菜、天平大黄油菜和郎岱竹油菜对汞的转运系数逐渐降低。研究表明，植物对汞的吸收受配体离子的影响，如果没有特定的配体离子，植物不会主动吸收汞（Moreno et al.，2005）。植物生长过程中根系会分泌一些离子和化学物质（根系分泌物），这些物质可以活化土壤中的金属离子（Dessureault-Rompré et al.，2008），从而提高土壤中重金属的生物可利用性。但是，根细胞膜和凯氏带是限制植物吸收和转运重金属的主要障碍，只有植物细胞膜和凯氏带存在某种特殊转运蛋白才能将重金属转运至其他部位。例如，受硫酸盐转运体的控制，藻类能有效将 $Ag-S_2O_3$ 化合物转运至细胞内（Campbell et al.，2002）。磷酸盐转运体能将砷吸收并转运进入植物体内（Meharg and Hartley-Whitaker，2002）。王建旭（2012）研究推测，$Hg-S_2O_3$ 能优先被植物从根系转运至地上部。假设不同植物根系往地上部传输汞的能力是一定的，当土壤汞含量较低时，土壤中的生物可利用态汞浓度也较低，植物可通过转运通道将这部分汞有效传输至地上部；随着土壤汞浓度增加，植物吸收的生物有效态汞浓度也上升，超出了转运通道的转运能力，导致转运能力的降低。图 4-5-32 显示，土壤 pH、有机质（OM）与植物对甲基汞的转运系数之间均呈现显著相关关系（pH：$R = 0.23$，$P = 0.001$；OM：$R = -0.27$，$P = 0.0003$），表明土壤 pH、有机质含量可以影响植物对甲基汞的转运能力。研究显示，植物根系从土壤中吸收营养物的同时会分泌大量的根系分泌物，这部分物质容易将土壤中部分有机质活化，从而使与之结合的重金属被活化（Dessureault-Rompré et al.，2008），间接影响植物中重金属的迁移。因此，本研究推测，植物对汞的吸收转运过程可能受土壤理化性质、土壤汞含量及植物本身代谢过程等因素共同影响。

统计分析发现（表 4-5-3），本研究采集的 46 种植物中，根部总汞含量均值≥10mg/kg 的植物包括荩草、蜈蚣草、臭牡丹、苦苣菜和黄花月见草；地上部总汞含量≥10mg/kg 的植物包括荩草、何首乌和蜈蚣草；根部和地上部总汞含量同时＞10mg/kg 的植物有荩草和蜈蚣草；根部对总汞的富集系数（BCFs）＞1 的植物有苍耳、何首乌和马兰；地上部

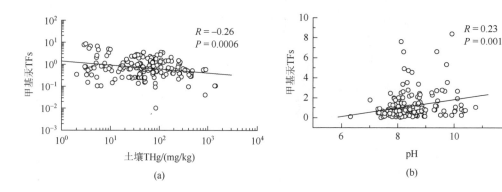

(a)　　　　　　　　　　　　　　　　　　(b)

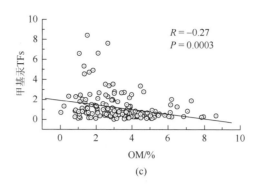

图 4-5-32　土壤总汞（THg）、pH、有机质（OM）与植物对甲基汞转移系数（TFs）间的关系

对总汞富集系数（BAFs）＞1 的植物仅有蜈蚣草；对总汞转运系数（TFs）＞1 的植物包括了蜈蚣草、何首乌、苣荬菜、白蒿等多种植物。上述植物长期生长在严重汞污染的环境中，表明其具有较强的汞耐性特征，并且对汞表现出较强的富集能力和转运能力。因此，上述植物在汞污染土壤修复方面具有一定的优势和潜力。

表 4-5-3　植物对总汞和甲基汞的富集与转运系数比较

	THg≥10mg/kg		THg 富集系数		THg 转移系数	MeHg≥10μg/kg		MeHg 富集系数		MeHg 转移系数
	根部	地上部	BCFs 根部 ＞1	BAFs 地上部 ＞1	TFs＞1	根部	地上部	BCFs 根部＞1	BAFs 地上部 ＞1	TFs＞1
植物名称	苨草、蜈蚣草、臭牡丹、苦苣菜、黄花月见草	苨草、何首乌、蜈蚣草	苍耳、何首乌、马兰	蜈蚣草	蜈蚣草、何首乌、苣荬菜、白蒿、薄荷、波叶山蚂蝗、博落回、大叶醉鱼草、飞机草、狗脊、渐尖毛蕨、苦苣菜、三脉紫菀、小飞蓬、夜来香、油菜、鱼腥草、钟花报春、紫堇	苨草、蜈蚣草、何首乌、苣荬菜、豆茶决明、黄花月见草、铜锤玉带草、钻叶紫菀	苨草、蜈蚣草、何首乌、黄花月见草、钻叶紫菀	何首乌、苨草、蜈蚣草、白蒿、黄花月见草、白茅、波叶山蚂蝗、苍耳、大叶醉鱼草、豆茶决明、鬼针草、灰绿藜、马齿苋、羊蹄、夜来香、獐牙菜、钻叶紫菀	苨草、何首乌、蜈蚣草、白蒿、白茅、波叶山蚂蝗、苍耳、豆茶决明、鬼针草、黄花月见草、灰绿藜、酸模、夜来香、獐牙菜、钻叶紫菀	蜈蚣草、黄花月见草、白蒿、博落回、苍耳、大叶醉鱼草、飞机草、狗脊、茅莓、苦苣菜、三脉紫菀、水芹菜、小飞蓬、羊蹄
耐性植物优势种					蜈蚣草、白茅、节节草和酸模					

如表 4-5-3 所示，本研究采集的 46 种植物中，根部甲基汞含量均值≥10μg/kg 的植物为苨草、蜈蚣草、何首乌、苣荬菜、豆茶决明、黄花月见草、铜锤玉带草、钻叶紫菀；地上部甲基汞含量≥10μg/kg 的植物为苨草、蜈蚣草、何首乌、黄花月见草、钻叶紫菀；

根部对甲基汞的富集系数（BCFs）＞1 的植物包括何首乌、苊草、蜈蚣草、白蒿、黄花月见草、白茅、波叶山蚂蟥、苍耳、大叶醉鱼草、豆茶决明、鬼针草、灰绿藜、马齿苋、羊蹄、夜来香、獐牙菜、钻叶紫菀；地上部对甲基汞富集系数（BAFs）＞1 的植物包括苊草、何首乌、蜈蚣草、白蒿、白茅、波叶山蚂蟥、苍耳、豆茶决明、鬼针草、黄花月见草、灰绿藜、酸模、夜来香、獐牙菜、钻叶紫菀。对甲基汞转运系数（TFs）＞1 的植物包括蜈蚣草、黄花月见草、白蒿、博落回、苍耳和大叶醉鱼草等多种植物。以上统计结果表明，汞矿区自然生长的植物对甲基汞具有较强的吸收富集能力。

　　分析结果显示，苊草、蜈蚣草和何首乌根部和地上部均呈现较高的总汞和甲基汞含量。植物对汞的富集系数和转运系数的统计结果（表 4-5-3）表明，上述三种植物对总汞和甲基汞的富集能力和转运能力并未呈现一致规律。其中，蜈蚣草和何首乌对总汞的富集系数和转运系数均大于 1，而对甲基汞的富集系数和转运系数均大于 1 的仅有蜈蚣草，表明作为生物可利用性更强的甲基汞容易在蜈蚣草体内富集。蜈蚣草不仅对总汞的富集能力强，也体现了较强的甲基汞富集和转运能力。因此，与其他植物相比，蜈蚣草表现出更强的汞富集能力和转运能力。

　　统计分析结果还显示，汞矿区自然生长的牧草植物，如苊草和何首乌等，其体内检测到高含量的甲基汞，表现出较强的甲基汞吸收富集能力。通常，牧草植物由于富含各种微量元素和营养物质成为饲养家畜的首选。因此，牧草植物（苊草等）作为矿区野生动物或者家畜（牛和羊等）的重要食物来源，其体内高含量的甲基汞无疑会造成甲基汞在食物链的传递和累积，由此导致的甲基汞暴露及其潜在生态风险不容忽视。

参 考 文 献

曹阿翔. 2017. 贵州万山汞矿区石生苔藓植物总汞和甲基汞分布特征及生物指示意义. 贵阳：贵州师范大学硕士学位论文.

陈怀满. 2010. 环境土壤学. 2 版. 北京：科学出版社.

陈同斌, 韦朝阳, 黄泽春, 等. 2002. 砷超富集植物蜈蚣草及其对砷的富集特征. 科学通报, 47（3）：207-210.

丁疆华, 温琰茂, 舒强. 2001. 土壤汞吸附和甲基化探讨. 农业环境与发展, 18（1）：34-36.

冯新斌, Jonas S, Katarina G, 等. 2002. 夏季自然水体与大气界面间气态总汞的交换通量. 中国科学（D 辑）, 32（7）：609-616.

国家环境保护总局, 国家质量监督检验检疫总局. 2002. 地表水环境质量标准（GB 3838—2002）. 北京：中国环境科学出版社.

黄玉芬. 2011. 土壤汞对作物的毒害及临界值研究. 福州：福建农林大学硕士学位论文.

李静, 陈宏, 陈玉成, 等. 2003. 腐殖酸对土壤汞、镉、铅植物可利用性的影响. 四川农业大学学报, 21（3）：234-236, 240.

李平. 2008. 贵州省典型土法炼汞地区汞的生物地球化学循环和人体汞暴露评价. 贵阳：中国科学院地球化学研究所博士学位论文.

李平, 冯新斌, 仇广乐, 等. 2006. 贵州省务川地区土法炼汞工人汞蒸汽暴露调查及健康影响评价. 生态毒理学报, 1（1）：30-34.

李有丹. 2015. 富汞植物的筛选及性能评价. 北京：北京化工大学硕士学位论文.

刘俊华, 王文华, 彭安. 2000. 土壤中汞生物有效性的研究. 农业环境保护, 19（4）：216-220.

孟博. 2011. 西南地区敏感生态系统汞的生物地球化学过程及健康风险评价. 贵阳：中国科学院地球化学研究所博士学位论文.

牛凌燕, 曾英. 2008. 土壤中汞赋存形态及迁移转化规律研究进展. 广东微量元素科学, 15（7）：1-5.

仇广乐. 2005. 贵州省典型汞矿地区汞的环境地球化学研究. 贵阳：中国科学院地球化学研究所博士学位论文.

仇广乐, 冯新斌, 王少锋. 2004. 贵州省万山汞矿区地表水中不同形态汞的空间分布特点. 地球与环境, 32（3-4）：77-82.

单孝全, 王仲文. 2001. 形态分析与生物可给性. 分析试验室, 20（6）：103-108.

生态环境部, 国家市场监督管理总局. 2018. 土壤环境质量 农用地土壤污染风险管控标准 (试行) (GB 15618—2018). 北京: 中国环境科学出版社.

王建旭. 2012. 汞矿区土壤汞污染植物提取方法建立及机理研究. 贵阳: 中国科学院地球化学研究所博士学位论文.

王少锋. 2006. 汞矿化带土壤/大气界面汞交换通量研究. 贵阳: 中国科学院地球化学研究所博士学位论文.

王少锋, 冯新斌, 仇广乐, 等. 2004. 贵州红枫湖地区冷暖两季土壤/大气界面间汞交换通量的对比. 环境科学, 25 (1): 123-127.

王娅, 李平, 吴永贵. 2015. 万山汞矿区大米汞污染及人体甲基汞暴露风险. 生态学杂志, 34 (5): 1396-1401.

吴迪, 邓琴, 耿丹, 等. 2014. 贵州废弃铅锌矿区优势植物中汞、砷含量及富集特征研究. 贵州师范大学学报 (自然科学版), 32 (5): 42-46, 56.

吴攀, 刘丛强, 杨元根, 等. 2002. 炼锌废渣中重金属 Pb、Zn 的矿物学特征. 矿物学报, 22 (1): 39-42.

夏汉平, 束文圣. 2001. 香根草和百喜草对铅锌尾矿重金属的抗性与吸收差异研究. 生态学报, 21 (7): 1121-1129.

徐小蓉. 2008. 万山汞矿区耐汞植物筛选及耐性机理研究. 贵阳: 贵州师范大学硕士学位论文.

徐小逊, 张世熔, 李丹阳, 等. 2010. 川中典型丘陵区土壤砷和汞空间变异特征及影响因素分析. 农业环境科学学报, 29 (7): 1320-1325.

薛亮. 2013. 锑矿区植物重金属积累特征及其耐锑机理研究. 北京: 中国林业科学研究院博士学位论文.

闫丽岗. 2009. 汞在土壤-植物中的分布、累积以及相关性研究. 太原: 山西大学硕士学位论文.

尹德良. 2015. 万山汞矿区水稻汞含量影响因素研究及修复技术初探. 贵阳: 贵州大学硕士学位论文.

张敏英. 2014. 土壤中汞的赋存形态与其生物有效性的关系研究. 北京: 北京化工大学硕士学位论文.

赵甲亭, 李云云, 高愈希, 等. 2014. 贵州万山汞矿地区耐汞野生植物研究. 生态毒理学报, 9 (5): 881-887.

郑娜, 王起超, 郑冬梅, 等. 2007. 不同污染类型河流沉积物的汞、铅、锌污染特征研究. 水土保持学报, 21 (2): 155-158.

Amirbahman A, Reid A L, Haines T A, et al. 2002. Association of methylmercury with dissolved humic acids. Environmental Science & Technology, 36 (4): 690-695.

Bailey E A, Gray J E, Theodorakos P M. 2002. Mercury in vegetation and soils at abandoned mercury mines in southwestern Alaska, USA. Geochemistry: Exploration, Environment, Analysis, 2 (3): 275-285.

Baroni F, Boscagli A, Protano G, et al. 2000. Antimony accumulation in *Achillea ageratum*, *Plantago lanceolata* and *Silene vulgaris* growing in an old Sb-mining area. Environmental Pollution, 109 (2): 347-352.

Beckers F, Rinklebe J. 2017. Cycling of mercury in the environment: Sources, fate, and human health implications: a review. Critical Reviews in Environmental Science and Technology, 47 (9): 693-794.

Biester H, Gosar M, Müller G. 1999. Mercury speciation in tailings of the Idrija mercury mine. Journal of Geochemical Exploration, 65 (3): 195-204.

Biester H, Gosar M, Covelli S. 2000. Mercury speciation in sediments affected by dumped mining residues in the drainage area of the Idrija mercury mine, Slovenia. Environmental Science & Technology, 34 (16): 3330-3336.

Bloom N S, Watras C J, Hurley J P. 1991. Impact of acidification on the methylmercury cycle of remote seepage lakes. Water Air & Soil Pollution, 56 (1): 477-491.

Campbell P G C, Errécalde O, Fortin C, et al. 2002. Metal bioavailability to phytoplankton-applicability of the biotic ligand model. Comparative Biochemistry and Physiology Part C: Toxicology & Pharmacology, 133 (1-2): 189-206.

Chen J, Yang Z M. 2012. Mercury toxicity, molecular response and tolerance in higher plants. BioMetals, 25 (5): 847-857.

Chiasson-Gould S A, Blais J M, Poulain A J. 2014. Dissolved organic matter kinetically controls mercury bioavailability to bacteria. Environmental Science & Technology, 48 (6): 3153-3161.

Conaway C H, Black F J, Weiss-Penzias P, et al. 2010. Mercury speciation in Pacific coastal rainwater, Monterey Bay, California. Atmospheric Environment, 44 (14): 1788-1797.

Dessureault-Rompré J, Nowack B, Schulin R, et al. 2008. Metal solubility and speciation in the rhizosphere of *Lupinus albus* cluster roots. Environmental Science & Technology, 42 (19): 7146-7151.

Egler S G, Rodrigues-Filho S, Villas-Bôas R C, et al. 2006. Evaluation of mercury pollution in cultivated and wild plants from two small communities of the Tapajós gold mining reserve, Pará State, Brazil. Science of the Total Environment, 368 (1): 424-433.

Elbaz A, Wei Y Y, Meng Q, et al. 2010 Mercury-induced oxidative stress and impact on antioxidant enzymes in *Chlamydomonas reinhardtii*. Ecotoxicology, 19 (7): 1285-1293.

Fay L, Gustin M S. 2007. Investigation of mercury accumulation in cattails growing in constructed wetland mesocosms. Wetlands, 27 (4): 1056-1065.

Fernández-Martínez R, Larios R, Gómez-Pinilla I, et al. 2015. Mercury accumulation and speciation in plants and soils from abandoned cinnabar mines. Geoderma, 253: 30-38.

Frohne T, Rinklebe J, Langer U, et al. 2012. Biogeochemical factors affecting mercury methylation rate in two contaminated floodplain soils. Biogeosciences, 9 (1): 493-507.

Gnamuš A, Byrne A R, Horvat M. 2000. Mercury in the soil-plant-deer-predator food chain of a temperate forest in Slovenia. Environmental Science & Technology, 34 (16): 3337-3345.

Gosar M, Žibret G. 2011. Mercury contents in the vertical profiles through alluvial sediments as a reflection of mining in Idrija (Slovenia). Journal of Geochemical Exploration, 110 (2): 81-91.

Gray J E, Theodorakos P M, Bailey E A, et al. 2000. Distribution, speciation, and transport of mercury in stream-sediment, stream-water, and fish collected near abandoned mercury mines in southwestern Alaska, USA. Science of the Total Environment, 260 (1-3): 21-33.

Gray J E, Crock J G, Fey D L. 2002. Environmental geochemistry of abandoned mercury mines in West-Central Nevada, USA. Applied Geochemistry, 17 (8): 1069-1079.

Gray J E, Hines M E, Higueras P L, et al. 2004. Mercury speciation and microbial transformations in mine wastes, stream sediments, and surface waters at the Almaden Mining District, Spain. Environmental Science & Technology, 38 (16): 4285-4292.

Gruba P, Błońska E, Lasota J. 2014. Predicting the concentration of total mercury in mineral horizons of forest soils varying in organic matter and mineral fine fraction content. Water Air and Soil Pollution, 225 (4): 1924.

Gustin M S, Lindberg S, Marsik F, et al. 1999. Nevada STORMS project: measurement of mercury emissions from naturally enriched surfaces. Journal of Geophysical Research: Atmospheres, 104 (D17): 21831-21844.

Higueras P L, Amorós J A, Esbri J M, et al. 2016. Mercury transfer from soil to olive trees. A comparison of three different contaminated sites. Environmental Science and Pollution Research, 23 (7): 6055-6061.

Hines M E, Bailey E A, Gray J E, et al. 1999. Transformations of mercury in soils near mercury contaminated sites in the USA. 5th International Conference on Mercury as a Global Pollutant, Proceedings, Vol. 1, CETEM, Rio de Janeiro, 471.

Horvat M, Covelli S, Faganeli J, et al. 1999. Mercury in contaminated coastal environments, a case study: the Gulf of Trieste. Science of the Total Environment, 237: 43-56.

Horvat M, Jereb V, Fajon V, et al. 2002. Mercury distribution in water, sediment and soil in the Idrijca and Soča river systems. Geochemistry: Exploration, Environment, Analysis, 2 (3): 287-296.

Horvat M, Kotnik J, Logar M, et al. 2003. Speciation of mercury in surface and deep-sea waters in the Mediterranean Sea. Atmospheric Environment, 37 (suppl.1): 93-108.

Hozhina E I, Khramov A A, Gerasimov P A, et al. 2001. Uptake of heavy metals, arsenic, and antimony by aquatic plants in the vicinity of ore mining and processing industries. Journal of Geochemical Exploration, 74 (1-3): 153-162.

Kim C S, Brown G E Jr, Rytuba J J. 2000. Characterization and speciation of mercury-bearing mine wastes using X-ray absorption spectroscopy. Science of the Total Environment, 261 (1-3): 157-168.

Kirk J L, Muir D C G, Gleason A, et al. 2014. Atmospheric deposition of mercury and methylmercury to landscapes and waterbodies of the athabasca oil sands region. Environmental Science & Technology, 48 (13): 7374-7383.

Lindqvist O, Johansson K, Aastrup M, et al. 1991. Mercury in the Swedish environment-recent research on causes, consequences and corrective methods. Water Air and Soil Pollution, 55 (1-2): xi-xiii.

Lodenius M. 2013. Use of plants for biomonitoring of airborne mercury in contaminated areas. Environmental Research, 125: 113-123.

Mason R P, Fitzgerald W F. 1990. Alkylmercury species in the equatorial Pacific. Nature, 347 (6292): 457-459.

Meharg A A，Hartley-Whitaker J. 2002. Arsenic uptake and metabolism in arsenic resistant and nonresistant plant species. New Phytologist，154（1）：29-43.

Meng B，Feng X B，Qiu G L，et al. 2010. Distribution patterns of inorganic mercury and methylmercury in tissues of rice（*Oryza sativa* L.）plants and possible bioaccumulation pathways. Journal of Agricultural and Food Chemistry，58（8）：4951-4958.

Meng B，Feng X B，Qiu G L，et al. 2011.The process of methylmercury accumulation in rice（*Oryza sativa* L.）. Environmental Science & Technology，45（7）：2711-2717.

Meng B，Feng X B，Qiu G L，et al. 2012. Inorganic mercury accumulation in rice（*Oryza sativa* L.）. Environmental Toxicology and Chemistry，31（9）：2093-2098.

Miskimmin B M，Rudd J W M，Kelly C A. 1992. Influence of dissolved organic carbon，pH，and microbial respiration rates on mercury methylation and demethylation in lake water. Canadian Journal of Fisheries and Aquatic Sciences，49（1）：17-22.

Molina J A，Oyarzun R，Esbri J M，et al. 2006. Mercury accumulation in soils and plants in the Almadén mining district，Spain：One of the most contaminated sites on Earth. Environmental Geochemistry and Health，28（5）：487-498.

Moreno F N，Anderson C W N，Stewart R B，et al. 2005. Effect of thioligands on plant-Hg accumulation and volatilisation from mercury-contaminated mine tailings. Plant and Soil，275（1-2）：233-246.

Nagajyoti P C，Lee K D，Sreekanth T V M. 2010. Heavy metals，occurrence and toxicity for plants：a review. Environmental Chemistry Letters，8（3）：199-216.

Niu Z C，Zhang X S，Wang Z W，et al. 2011. Field controlled experiments of mercury accumulation in crops from air and soil. Environmental Pollution，159（10）：2684-2689.

Porvari P，Verta M. 1995. Methylmercury production in flooded soils：a laboratory study//Porcella D B，Huckabee J W，Wheatley B. Mercury as a Global Pollutant：Proceedings of the Third International Conference held in Whistler，British Columbia. Netherlands，Dordrecht：Springer.

Qiu G L，Feng X B，Wang S F，et al. 2005. Mercury and methylmercury in riparian soil，sediments，mine-waste calcines，and moss from abandoned Hg mines in East Guizhou Province，southwestern China. Applied Geochemistry，20（3）：627-638.

Qiu G L，Feng X B，Li P，et al. 2008. Methylmercury accumulation in rice（*Oryza sativa* L.）grown at abandoned mercury mines in Guizhou，China. Journal of Agricultural and Food Chemistry，56（7）：2465-2468.

Reis A T，Rodrigues S M，Davidson C M，et al. 2010. Extractability and mobility of mercury from agricultural soils surrounding industrial and mining contaminated areas. Chemosphere，81（11）：1369-1377.

Roulet M，Lucotte M，Canuel R，et al. 2001. Spatio-temporal geochemistry of mercury in waters of the Tapajós and Amazon rivers，Brazil. Limnology and Oceanography，46（5）：1141-1157.

Rudd J W M. 1995. Sources of methyl mercury to freshwater ecosystems：a review. Water Air and Soil Pollution，80（1-4）：697-713.

Rytuba J J. 2000. Mercury mine drainage and processes that control its environmental impact. Science of the Total Environment，260（1-3）：57-71.

Rytuba J J. 2003. Mercury from mineral deposits and potential environmental impact. Environmental Geology，43（3）：326-338.

Schwesig D，Krebs O. 2003. The role of ground vegetation in the uptake of mercury and methylmercury in a forest ecosystem. Plant and Soil，253（2）：445-455.

Senesi G S，Baldassarre G，Senesi N，et al. 1999. Trace element inputs into soils by anthropogenic activities and implications for human health. Chemosphere，39（2）：343-377.

Shiyab S，Chen J，Han F X，et al. 2009. Phytotoxicity of mercury in Indian mustard（*Brassica juncea* L.）. Ecotoxicology and Environmental Safety，72（2）：619-625.

Steffan R J，Korthals E T，Winfrey M R. 1988. Effects of acidification on mercury methylation，demethylation，and volatilization in sediments from an acid-susceptible lake. Applied and Environmental Microbiology，54（8）：2003-2009.

Summers A O. 1986. Organization，expression，and evolution of genes for Mercury resistance. Annual Review of Microbiology，40：607-634.

Sunderland E M，Gobas F A P C，Branfireun B A，et al. 2006. Environmental controls on the speciation and distribution of mercury in coastal sediments. Marine Chemistry, 102 (1-2): 111-123.

Tan H, He J L, Liang L, et al. 2000. Atmospheric mercury deposition in Guizhou, China. Science of the Total Environment, 259 (1-3): 223-230.

Tomiyasu T, Okada M, Imura R, et al. 2003. Vertical variations in the concentration of mercury in soils around Sakurajima Volcano, Southern Kyushu, Japan. Science of the Total Environment, 304 (1-3): 221-230.

Ullrich S M, Tanton T W, Abdrashitova S A. 2001. Mercury in the aquatic environment: a review of factors affecting methylation. Critical Reviews in Environmental Science and Technology, 31 (3): 241-293.

Wallschläger D, Turner R R, London J, et al. 1999. Factors affecting the measurement of mercury emissions from soils with flux chambers. Journal of Geophysical Research: Atmospheres, 104 (D17): 21859-21871.

Wang J J, Guo Y Y, Guo D L, et al. 2012. Fine root mercury heterogeneity: Metabolism of lower-order roots as an effective route for mercury removal. Environmental Science & Technology, 46 (2): 769-777.

Wang Y D, Greger M. 2004. Clonal differences in mercury tolerance, accumulation, and distribution in willow. Journal of Environmental Quality, 33 (5): 1779-1785.

Wang Y D, Greger M. 2006. Use of iodide to enhance the phytoextraction of mercury-contaminated soil. Science of the Total Environment, 368 (1): 30-39.

Wright D R, Hamilton R D. 1982. Release of methyl mercury from sediments: effects of mercury concentration, low temperature, and nutrient addition. Canadian Journal of Fisheries and Aquatic Sciences, 39 (11): 1459-1466.

Wu H, Ding Z H, Liu Y, et al. 2011. Methylmercury and sulfate-reducing bacteria in mangrove sediments from Jiulong River Estuary, China. Journal of Environmental Sciences, 23 (1): 14-21.

Xun L Y, Campbell N E R, Rudd J W M. 1987. Measurements of specific rates of net methyl mercury production in the water column and surface sediments of acidified and circumneutral lakes. Canadian Journal of Fisheries and Aquatic Sciences, 44 (4): 750-757.

Ye M, Li J T, Tian S N, et al. 2009. Biogeochemical studies of metallophytes from four copper-enriched sites along the Yangtze River, China. Environmental Geology, 56 (7): 1313-1322.

Yin R S, Gu C H, Feng X B, et al. 2016. Distribution and geochemical speciation of soil mercury in Wanshan Hg mine: effects of cultivation. Geoderma, 272: 32-38.

Yin Y J, Allen H E, Huang C P, et al. 1997. Kinetics of mercury (II) adsorption and desorption on soil. Environmental Science & Technology, 31 (2): 496-503.

Yoon J, Cao X D, Zhou Q X, et al. 2006. Accumulation of Pb, Cu, and Zn in native plants growing on a contaminated Florida site. Science of the Total Environment, 368 (2-3): 456-464.

Zhang H, Feng X B, Larssen T, et al. 2010. Bioaccumulation of methylmercury versus inorganic mercury in rice (*Oryza sativa* L.) grain. Environmental Science & Technology, 44 (12): 4499-4504.

Zillioux E J, Porcella D B, Benoit J M. 1993. Mercury cycling and effects in freshwater wetland ecosystems. Environmental Toxicology and Chemistry, 12 (12): 2245-2264.

第5章　汞矿区典型流域汞循环质量平衡模型

5.1　研究方案

5.1.1　研究目标与研究内容

在文献调研的基础上开展野外观测，明确研究区土壤、地表水、大气等环境介质中汞的含量、空间分布及迁移过程；基于地理信息系统（geographic information system，GIS）平台和模型工具，估算研究区土壤汞承载量、汞在地表的迁移量、土壤向大气的释汞量、大气汞的干/湿沉降量以及汞在地表径流中的迁移量，最终建立汞矿区典型流域汞循环质量平衡模型。主要开展以下六方面的研究工作。

（1）系统采集研究区表层土壤及典型土壤剖面并测定其汞含量，明确汞矿区典型流域土壤汞的污染状况及空间分布特征，基于 GIS 平台估算土壤汞承载量。

（2）基于通用土壤侵蚀模型模拟土壤侵蚀总量，结合研究区土壤汞的含量及空间分布特征，估算研究区因土壤侵蚀产生的汞迁移量。

（3）基于野外实际观测数据，明确研究区大气气态单质汞（Hg^0）浓度及空间分布特征；通过对研究区大气降水中汞的含量进行系统的监测，估算研究区大气汞的干/湿沉降通量。

（4）通过对已有数据的整理，结合研究区表层土壤汞的含量及空间分布特征，估算土壤向大气释汞通量。

（5）基于当地日均降水量数据，采用分布式水文模型（Hydrologic Engineering Center Hydrological Model System，HEC-HMS）和水质分析模型（Water Quality Analysis Simulation Program，WASP），估算汞在地表径流中的迁移量。

（6）建立汞矿区典型流域汞循环质量平衡模型。

5.1.2　实验设计方案

1. 研究区选择

万山汞矿的开采、冶炼区以及土法炼汞区，分布在万山镇、敖寨侗族乡（简称敖寨乡）和下溪侗族乡（简称下溪乡）。以敖寨-下溪河为核心开展研究工作，包括万山镇、敖寨乡和下溪乡三个行政区域，涵盖万山汞矿、岩屋坪汞矿和土法炼汞区。

2. 研究区概况

1）地理位置

研究区位于 109°07′E～109°24′E，27°24′N～27°38′N，面积约为 167.70km²，东西长

20.40km，南北长 150km。其中，万山镇 15.20km^2，敖寨乡 87.10km^2，下溪乡 65.40km^2。

2）地貌、气候与地质背景

研究区地处云贵高原东部边缘向湘西丘陵过渡的陡山绝壁地带。境内山峦起伏，地形破碎，具有比较典型的喀斯特地形地貌特征。境内平均海拔 850m，最高点 1130m，最低点 290m。地势东部低、西部高。东部山峦起伏，沟壑纵横，深谷密布，西部丘陵，地势开阔平缓。全区属亚热带湿润季风气候，气候温差较大，夏季湿润多雨。年平均气温 15℃左右，降水量 1200～1400mm，无霜期约 270d。

研究区处于扬子准地台江南台隆、雪峰台背斜的西缘，北西西向和北北东向褶皱、断裂发育。区内底层绝大部分属海相沉积，厚度巨大，呈北东、北北东向带状分布。区域构造为向西倾状的半背斜及其以南与之邻接的半向斜。万山汞矿位于湘黔汞矿带南段，呈北北东向延伸。万山地质成矿条件良好，矿产资源丰富。已探明的有汞、钾、锰、钒、钼、铀、铜、锌、铅、硒、磷、重晶石、大理石、陶土、稀土等 20 多个矿种。汞矿床被限制在一个宽约 4km 的窄而长的带状范围内。汞矿化地层位多，主要富集于中寒武统、下寒武统地层的碳酸岩中。有岩屋坪矿田、万山矿田及龙天冲矿田三个主要矿田。矿区已查明 22 个汞矿床，其中以杉木董、张家湾、岩屋坪、客寨 4 个矿床规模最大。除少数矿床共生硒外，多数矿床为单一汞矿床。矿物成分单一，主要有辰砂，次为黑辰砂、自然汞、辉硒汞矿、伴生有辉锑矿、闪锌矿、黄铁矿等。汞矿品位丰富，一般高于 0.25%。万山是国内最大的汞工业基地，汞矿储量和产量均居世界前茅，素有中国"汞都"之称。20 世纪 50 年代初，国家接管矿山组建"贵州汞矿"，开始大规模、正规地开采。目前，随着可利用汞资源的枯竭，汞矿生产规模日益减小，现已全部停产、闭坑。

3）水系分布

研究区内主干河流有两条，分别为南部的下溪河和北部的敖寨河，其属雨源型河流，主要由降水补给。两河属锦江流域，为长江水系，进入湖南省后汇入沅江。境内溪流众多，具有丰富的水利资源，年径流量约 1.1 亿 m^3，有效灌溉面积占总耕地面积的 25.7%。河流流域上游多出露白云岩、石灰岩及白云质灰岩等碳酸岩类岩石，属于典型的岩溶区。中、下游地区出露砂、页岩，为非岩溶区，支流发育。

4）农业与土壤

研究区居民以自产稻米、蔬菜为主食。全区农业生产条件差，有耕地 1.5 万亩（1 亩≈666.67m^2），其中，大于 25°的坡耕地占 65%，人均耕地不足 0.6 亩。研究区土壤类型以黄壤、红壤、石灰土和水稻土为主。改坡土为梯土 150 多亩。境内水稻田占总耕地面积的 64.9%，其中，矿毒型水稻土 89 亩，分布于汞矿区附近以及大水溪、敖寨乡的梅子溪一带。全区农业以种植水稻和油菜为主。稻田耕作制度为一水一旱两熟制，分布在水源较好的溪河两岸。旱地多为一熟制。

3. 样品采集、预处理及分析

土壤样品采集于 2010 年 7 月；降雨样品采集于 2010 年 5 月～2011 年 5 月；大气汞监测时间为 2010 年 5 月；河流水质参数测定时间分别为 2010 年 9 月、2011 年 4 月和 2011 年 8 月。采样点具体分布见图 5-1-1。

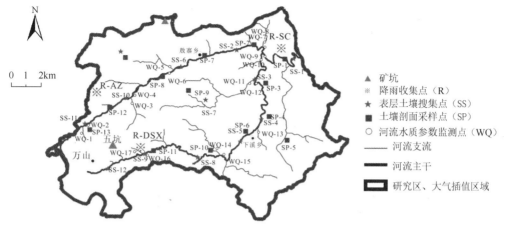

图 5-1-1　研究区采样点分布图

1) 水样

雨水样品收集时间是 2010 年 5 月～2011 年 5 月。选取矿渣堆放区（大水溪，R-DSX）、土法炼汞区（苏朋，R-AZ）和轻度污染区（深冲，R-SC）收集降雨样品。每个采集点设置两个降雨采集器，一个放置在露天区域，另一个放置在距离露天降雨采集器约 30m 的林木下。林木为当地的优势树种石栎，采样周期为 1 周。对奥斯陆和巴黎委员会（Oslo and Paris Commission，1998）设计的降雨采集装置进行改装（详见第三章）。

样品采集前所有硼硅器皿均需要进行超净处理，用双层保鲜袋密封备用。样品采集后，分成 2 份分别装入 200mL 超净硼硅玻璃采样瓶中，其中一份以孔径为 0.45μm 醋酸纤维酯微孔滤膜现场对水样进行过滤（用以测定溶解态汞）；另一份直接密封后保存，用以测定总汞和活性汞。整个准备、采样、分析过程佩戴一次性聚乙烯手套，并参照 USEPA Method 1631（USEPA，2002），最大限度地减少操作过程中带入的人为汞污染。样品采集结束后，确保采样瓶密封，用双层保鲜袋包装，迅速带回实验室置于 0～4℃的冰箱中避光保存。样品中各种形态的汞的分析测定工作在 1 周内完成，以避免汞的损失和形态转化。采用冷原子荧光光谱法（CVAFS）分析水样中的总汞含量，详细的分析方法见第三章。

此外，在敖寨河和下溪河的主干与有明显水流的支流交界处分别测河流的溶解氧、pH、温度、电导率、盐度。水质参数的测定采用美国生产的 YSI ProPlus 型手持式多参数水质监测仪。

2) 大气

使用便携式 Lumex RA-915＋塞曼效应汞分析仪，于 2010 年 5 月 26～27 日对研究区白天和夜间大气汞（Hg^0）含量进行连续动态监测。将 Lumex RA-915＋和一台可以实时传输地理坐标的 GPS 导航仪固定在汽车上，车速固定为 10km/h，每 5s 同时记录地理坐标点和大气汞含量数据。同时，在深冲、苏朋和大水溪分别进行大气汞 24h 的连续监测，每 5s 记录一个数据。

3) 土壤

表层土壤采集时，以远离污染区的深冲为起点，沿敖寨河和下溪河分别采集（四分法则）稻田土、灌木土及林地土，采样间隔为 4km。另外，选取典型土壤剖面，除去表面凋落物后，利用套筒式土钻采集土壤剖面，观察并记录剖面结构、颜色等信息，按表层 10cm、下层 5cm 间隔进行分层。采集完毕后，土壤样品使用聚乙烯封口袋封装后，低温冷藏保存。土壤样品冷冻干燥后，用玛瑙研钵研磨至小于 200 目，装入聚乙烯自封袋中备用。分别测定土壤样品总汞、有机质和 Ti 含量。采用原子吸收光谱法（CVAAS）测定土壤样品中总汞含量，详细的分析方法见第三章。土壤有机质含量采用国家标准土壤有机质测定法进行测定。土壤样品 Ti 含量采用 X 荧光光谱法测定（XRF）（Bowie，1974；Anzelmo and Lindsay，1987）。

此外，本研究采用环刀法测定土壤容重。采样前，确保每个土层表面平整，使环刀内的土壤体积为环刀的容积，并准确称重。在 105～110℃条件下用干燥箱烘干，冷却至 30～40℃时测定干土重。具体计算方法如下：

$$d = (W_1 - W_2) / W_2 \times 100 \tag{5-1-1}$$

式中，d 为土壤含水率（%）；W_1 为土壤湿重（g）；W_2 为土壤干重（g）。

土壤容重计算公式如下：

$$B = (W_1 \times 100) / [V \times (100 + d)] \tag{5-1-2}$$

式中，B 为土壤容重（g/cm^3）；V 为环刀容积（cm^3）。

5.2　典型流域环境介质中汞的分布特征

5.2.1　土壤汞含量及分布特征

1. 土壤汞含量

长期的汞矿开采及冶炼活动对周围环境造成了严重的污染。矿区附近稻田土壤总汞含量高达 790mg/kg（Qiu et al.，2005），旱地土壤达 740mg/kg（仇广乐等，2006）。为全面了解研究区土壤汞的空间分布特征，在大量文献调研的基础上（已报道的万山汞矿区土壤总汞含量）结合本研究的实测数据，作为研究区土壤总汞空间分布的基础数据（表 5-2-1）。结果表明，研究区稻田土、旱地土、灌木土和林地土总汞平均含量分别为（84.72±76.64）mg/kg、（170.35±278.67）mg/kg、（35.12±53.57）mg/kg 和（28.18±51.59）mg/kg，变化范围分别为 0.12～790mg/kg、0.30～740mg/kg、0.13～310mg/kg 和 0.11～300mg/kg。

表 5-2-1　研究区土壤总汞含量　　　　　　　　（单位：mg/kg）

土壤类型		最小值	最大值	平均值	标准偏差	变异系数（CV）
植被覆盖类型（$n=101$）	稻田土	0.12	790	84.72	76.64	0.90
	旱地土	0.30	740	170.35	278.67	1.64
	灌木土	0.13	310	35.12	53.57	1.53
	林地土	0.11	300	28.18	51.59	1.83

续表

土壤类型		最小值	最大值	平均值	标准偏差	变异系数（CV）
土壤剖面/cm（$n=168$）	0～10	0.19	556.11	57.86	148.73	2.57
	10～15	0.13	483.22	51.18	130.30	2.55
	15～20	0.11	572.30	58.10	153.41	2.64
	20～25	0.50	523.71	52.9	140.47	2.66
	25～30	0.19	479.43	49.84	129.42	2.60
	30～35	0.27	491.32	50.62	132.49	2.62
	35～40	0.16	296.95	34.73	83.08	2.39
	40～45	0.40	159.27	24.09	51.33	2.13
土壤剖面/cm（$n=168$）	45～50	0.16	143.07	23.26	49.23	2.12
	50～55	0.16	35.20	6.41	10.05	1.57
	55～60	0.16	26.29	5.72	7.76	1.36
	60～65	0.22	30.34	6.95	8.94	1.29
	65～70	0.19	58.69	10.67	17.99	1.69
	70～75	0.19	81.36	16.44	26.38	1.60
	75～80	1.78	77.31	19.69	28.82	1.46

2. 土壤汞空间分布特征

1）空间分布特征

如图 5-2-1 所示，研究区土壤总汞含量具有明显的空间分布特征，表现为：矿渣堆附近的土壤汞含量最高，在距矿渣堆 4～8km 时其含量急剧降低。在研究区几种主要的土地利用方式中，稻田土总汞含量显著高于其他土壤类型，在矿渣堆附近表现得更为明显。

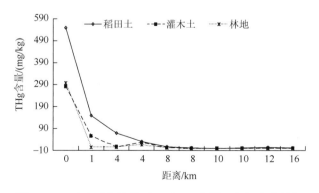

图 5-2-1　汞矿区土壤总汞（THg）含量及空间分布特征

空间插值法被广泛用于资源管理、灾害管理和生态环境治理的研究中（郭旭东等，2000；姜勇等，2003）。其中，反距离权重插值法（IDW）是一种加权平均的内插法，该方法认为任何一个观测值都对邻近的区域有影响，且影响的大小随距离的增加而减小（曲宸绪等，2006）。研究区不同土地利用方式土壤汞含量差异较大，利用反距离权重法分别对研究区林地、灌木、稻田、旱地表层土壤汞含量内插模拟（图 5-2-2）。

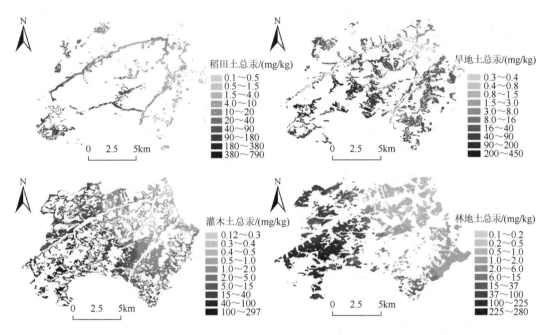

图 5-2-2　利用反距离权重插值法内插表层土壤汞空间分布（后附彩图）

不同土地利用方式下土壤总汞含量的差异与汞的来源和迁移过程有关。研究区稻田主要分布在河流沿岸，与矿区地表水总汞含量的空间分布特征一致（Zhang et al.，2010），这表明稻田土壤汞含量主要受到上游汞污染水源的影响。另外，对于灌木和林地，大气汞沉降是影响其土壤汞含量高低的主要因素。汞通过大气干、湿沉降过程进入地表环境，一部分被植物叶片吸收，另一部分重新释放到大气或被氧化成其他形态的汞（Brown and Parsons，1987；Lindberg，1996），只有一小部分汞会被冲刷到地面（Schroeder and Munthe，1998；付学吾等，2005）。值得注意的是，敖寨方向距矿渣堆 4km 处稻田土壤汞含量高于下溪方向同等距离的稻田土壤，这可能是由于敖寨河靠近土法炼汞区，土壤汞不仅来自河流灌溉，大气沉降也是其土壤汞含量升高的重要原因（Li et al.，2009a）。

不同土地利用方式的土壤总汞含量与距矿渣堆直线距离间的相关性分析表明（表 5-2-2），稻田、灌木和林地土壤总汞含量与距离均表现出了显著的负相关关系，而旱地却与距离没有明显的相关关系。分析当地农田分布和耕作特点，一部分旱地分布在坡地上，距离河流较远，灌溉主要依靠天然降水。而靠近河流部分耕地，除自然降水外，当地农户会辅以河流灌溉，因此旱地土壤中汞含量差异较大。

表 5-2-2　不同土地利用方式土壤总汞含量与距矿渣堆直线距离的关系

项目	距离	稻田土	旱地土	灌木土	林地土
距离	1				
稻田土（$n=12$）	-0.73^*	1			
旱地土（$n=8$）	-0.51	-0.48	1		
灌木土（$n=12$）	-0.80^{**}	0.83^{**}	-0.51	1	
林地土（$n=12$）	-0.80^{**}	0.88^{**}	-0.51	0.92^{**}	1

*显著性水平为 0.05（双尾）；**显著性水平为 0.01（双尾）。

　　由于矿渣堆附近的土壤遭受严重的汞污染，而随着距污染源距离的增加，土壤汞含量迅速下降。土壤中不同形态的汞含量均表现出随着距矿渣堆距离的增加呈下降趋势。土壤中不同形态的汞占总汞的比例可以有效地反映汞的变化趋势（图 5-2-3）。可交换态汞在矿渣附近的比例小于远离矿渣堆的区域，这与 Zhang 等（2010）所报道的地表水中溶解态汞的空间分布特征一致，这也侧面反映了地表水（河流）是土壤汞的重要来源。而氧化结合态汞和有机结合态汞含量主要取决于环境条件，如 Eh 降低，氧化结合态汞含量也会随之降低，有机结合态汞则会增加（齐雁冰等，2008）。稻田在淹水状态下其土壤处于厌氧/还原环境，氧化态汞在还原条件下被释放出来，但部分释放的汞会被有机物络合从而被固定在土壤中（Schuster，1991）。矿区土壤中残渣态汞占总汞的比例一般高于其他形态的汞，是土壤中汞的主要赋存形式（包正铎等，2011）。汞矿冶炼废渣中常常含有较高含量的汞（Rytuba，2003；Gray et al.，2004），这部分汞在自然条件不易被释放，能长期保存在沉积物中或被冲刷至下游（冯新斌等，1996）。因此，矿渣堆附近土壤中残渣态汞占的比例相对较高；在下游区域，受到河流中残渣态汞的影响，土壤也表现出较高的残渣态汞。

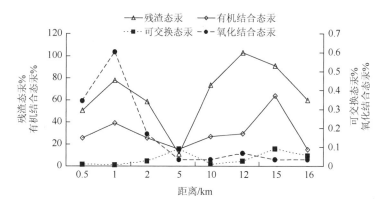

图 5-2-3　距矿渣堆不同距离稻田土壤汞形态分布特征（包正铎等，2011）

　　2）剖面分布特征

　　对研究区内 4 种土壤类型进行采样，包括：灌木土、林地土、稻田土和旱地土。其中，灌木土和林地土为自然土壤，稻田土和旱地土为耕作土壤，如图 5-2-4 和图 5-2-5 所示，

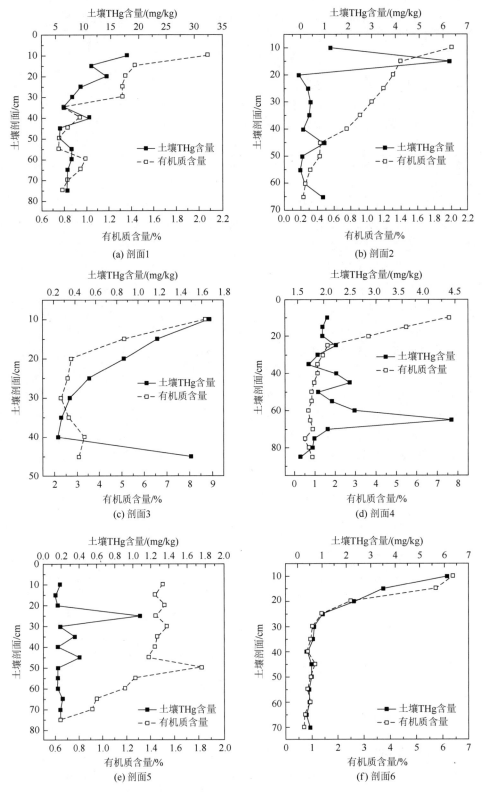

图 5-2-4　矿研究区自然土壤剖面总汞（THg）含量与有机质含量分布特征

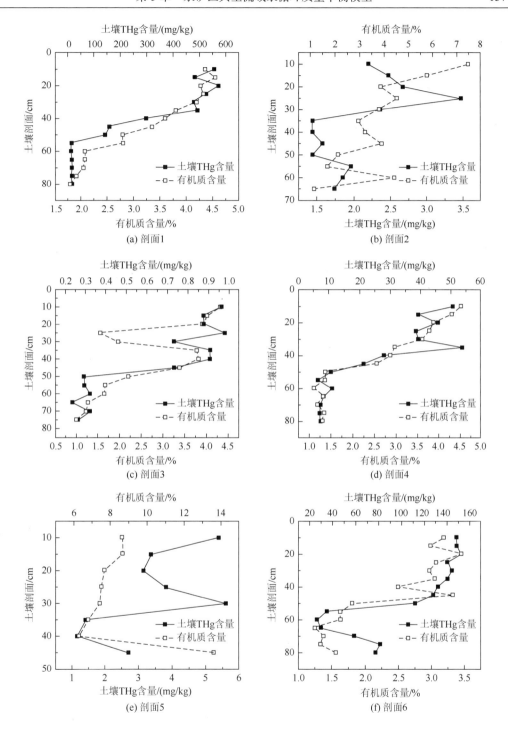

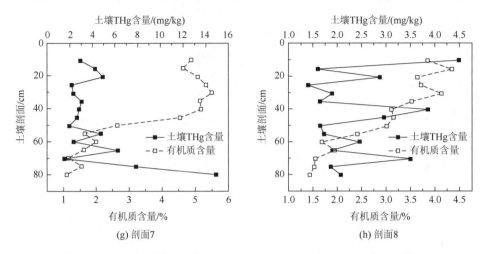

图 5-2-5　研究区耕作土壤剖面总汞（THg）含量与有机质含量分布特征

自然土和耕作土总汞含量均表现为随着土层深度的增加而逐渐降低的趋势。在自然土中，土壤结构多为 A-B-C、A-AB-B-C 或 A_0-A_1-BC-C 层，土壤颜色多为灰褐色-棕黄色-棕褐色、棕黄色-灰黄色-橙黄色-红黄色、灰褐色-黄灰色-深灰色-黄褐色，也有黄灰色-灰黄色-深黄色-红黄色。由此可见，自然土壤发育程度在剖面分布上具有明显差异。由于坡地自然土受地表径流冲刷比较严重，表层土壤经侵蚀作用搬运至异地。因此，其土壤剖面结构显著不同，但多数土壤剖面仍表现出表层土壤总汞含量高于下层土壤的特征，且随着深度的增加，总汞含量逐渐趋于稳定。自然土中总汞含量与有机质含量在剖面上呈现出一致的分布规律。

　　在耕作土中，土壤结构多为犁底层-耕作层-心土层或为水耕熟化层-犁底层-渗育层-潜育层-母质层，颜色为灰色-灰黄色-黄棕色或灰色-黄灰色-浅黄棕色-黄灰色-深灰色。为扩大耕作面积，当地居民通常从异地运土，人为地将部分河滩改造为农田。因此，本研究所采集的部分农田土壤剖面不存在母质层，土壤总汞含量也没有表现出明显的剖面分布规律。

　　将采集的土壤剖面按照<4km 稻田土、<4km 自然土、4～8km 稻田土、4～8km 自然土、>8km 稻田土和>8km 自然土进行分类，并与有机质含量进行相关性分析（图 5-2-6）。结果表明，<4km 的耕作土和自然土中总汞含量与有机质含量间呈显著正相关关系（$R = 0.78$，$P<0.01$，$n = 67$；$R = 0.50$，$P<0.01$，$n = 29$），4～8km 的自然土总汞含量与有机质含量间也呈现出显著正相关关系（$R = 0.77$，$P<0.01$，$n = 36$）；而对于 4～8km 的稻田土、>8km 的稻田土和自然土，其总汞含量与有机质含量间并没有显著相关关系。汞进入土壤后，大部分被土壤中的黏土矿物和有机质吸附，使得土壤汞浓度升高（戴前进等，2004；Ravichandran，2004）。Schuster（1991）研究发现，汞在土壤中的分布特征与土壤有机质密切相关。但在耕作土中，受到汞污染灌溉水以及人为干扰的影响，汞的来源和迁移过程比较复杂。在 8km 范围外，大气汞浓度较低，土壤接收汞沉降的量少（仇广乐，2005），灌溉水中汞含量相对较低（Zhang et al.，2010），土壤汞的外源输入有限，与有机质含量没有明显的相关关系。

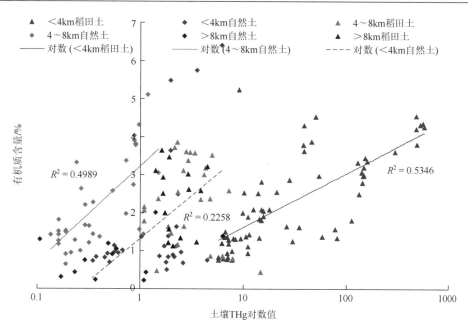

图 5-2-6　土壤剖面总汞（THg）含量与有机质含量相关关系（后附彩图）

3. 人为活动对土壤汞分布的影响

人为活动会向土壤输入大量的汞，导致土壤严重的汞污染。张磊等（2004）研究发现，土壤中水溶态汞含量很低，不易向土壤底层迁移，多在表层富集。为进一步探明人为活动对汞在土壤剖面分布的影响，本研究借助富集因子来分析土壤汞的人为源和自然源。

1）富集因子

富集因子（enrichment factor，EF）是评价人为活动对土壤及沉积物中重金属富集程度的重要参数，用以区分自然因素和人为活动对土壤及沉积物中重金属富集的影响（Ansari et al.，2000）。富集因子的计算常引入参比元素进行标准化，参比元素常选择地球化学性质稳定的元素，如 Al、Ti、Sc、Zr 等。本书采用 Ti 值作为参比元素，富集因子的计算公式如下：

$$EF = \frac{(C_{Hg} / C_{Ti})_{sample}}{(C_{Hg} / C_{Ti})_{baseline}} \tag{5-2-1}$$

式中，C_{Hg} 为土壤汞含量；C_{Ti} 为土壤 Ti 的含量；sample 和 baseline 分别为样品和背景。根据富集因子的大小，Sutherland（2000）将元素的污染程度分为 5 个级别，详见表 5-2-3。

表 5-2-3　富集因子分级表

EF	级别	污染程度
<2	1	<1 为无污染，1～2 为轻微污染
2～5	2	中度污染
5～20	3	显著污染
20～40	4	强烈污染
>40	5	极强污染

由于研究区部分土壤并不是由原生母质风化发育而来的，针对这一情况，采用表层样品的测定值与深层样品的比值评价土壤中金属的污染情况（Rognerud et al., 2000）。修正后的富集因子计算公式如下：

$$EF = \frac{(C_{Hg} / C_{Ti})_{surface}}{(C_{Hg} / C_{Ti})_{deep}} \qquad (5\text{-}2\text{-}2)$$

式中，surface 和 deep 分别为表层和深层土壤样品。

2）人为活动对土壤汞的影响

按照式（5-2-1）和式（5-2-2），将 14 个典型土壤剖面按 10cm 分层计算 EF 值，并将汞污染程度分为 5 个级别（图 5-2-7）。从空间分布看，距矿渣堆 4km 范围内的耕作土壤多属于强烈污染或显著污染，4km 范围外的稻田土，污染程度基本一致，均属于轻微污染。自然土的汞污染程度明显小于稻田土，且靠近五坑的土壤也遭受一定程度的污染，表现为中度污染或显著污染。在距矿渣堆 4km 范围外，土壤污染程度逐渐降低，土壤大多属于轻微污染或无污染。

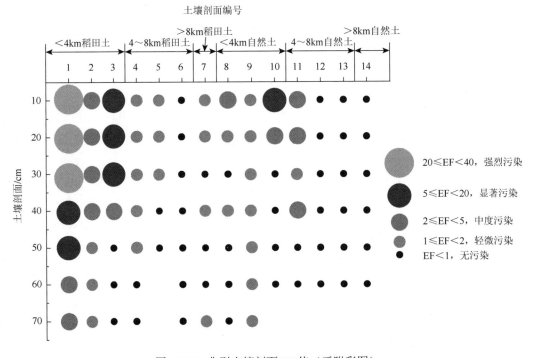

图 5-2-7　典型土壤剖面 EF 值（后附彩图）

从剖面分布特征看，在距离矿渣堆 4km 内，表层土壤汞污染程度显著高于下层土壤，耕作土壤更为明显；靠近母质层的土壤也遭受中度污染。自然土表层土壤多属于中度或显著污染，但底层土壤受人为活动的影响较小。远离矿渣堆（＞4km）的稻田土和自然土，尽管表层 EF 大于 1，但底层土壤并未受到明显的污染。上述结果表明，研究区表层土壤，尤其在靠近污染源的区域，土壤遭受强烈或显著污染；但对于自然土或远离污染源的稻田土，其下层土壤受人为活动的影响较小，且污染程度较低。对比不同的土壤剖面发现，EF 在土壤剖面上的分布特征存在较大差异，这可能与土壤性质、土壤发育过程等因素有关。

5.2.2　大气及大气沉降中汞的含量及分布特征

1. 大气汞含量及分布特征

1）大气汞含量及空间分布特征

2010 年 5 月，利用 Lumex RA-915＋测定研究区大气汞（Hg^0）含量，共采集到 323 个大气汞浓度数据。利用 GIS 的空间插值功能，采用反距离权重插值法（IDW）对研究区大气汞含量进行空间插值，获得大气汞的空间分布图（图 5-2-8）。

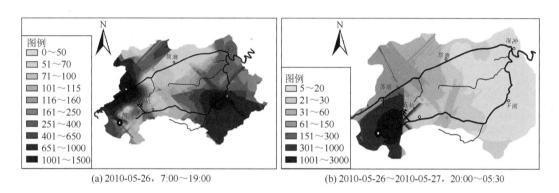

(a) 2010-05-26，7:00～19:00　　　　　　　　　(b) 2010-05-26～2010-05-27，20:00～05:30

图 5-2-8　研究区大气汞（Hg^0）含量及空间分布（单位：ng/m^3）（后附彩图）

研究区大气 Hg^0 浓度范围为 17～5680ng/m^3，波动幅度较大。采样期间白天相对较高的大气汞浓度分别出现在汞矿渣堆附近（大水溪）、居民居住区（下溪乡和万山镇）和土法炼汞区（苏朋）。而夜间大气汞含量明显降低，仅在万山镇附近监测到相对高的大气汞含量。在苏朋，土法炼汞活动导致大气汞含量偏高（Li et al.，2008，2009a，2009b）；而夜间土法炼汞活动停止，大气汞含量随之降低。在大水溪，白天大气汞含量也显著高于夜间。

野外调查显示，研究区汞矿开采和冶炼活动产生的冶炼炉渣直接堆放于冶炼点附近。炉渣是矿石在高温焙烧下的产物，矿石中的辰砂在高温下形成大量的富汞次生矿物。在地表营力作用下，炉渣中的汞会不断释放至周围环境中（Kim et al.，2000；Rytuba，2003），其释放过程及强度受控于太阳辐射强度和地表温度（Wang et al.，2007；Feng and Qiu，2008）。王少锋（2006）研究发现，矿区矿渣堆夏季向大气的释汞通量高达 16070$ng/(m^2\cdot h)$，冬季释放通量明显偏低，平均为 1710$ng/(m^2\cdot h)$。尽管在冬季低温环境下，矿渣堆仍表现为大气汞的释放源。

另外，居民区较高的大气汞浓度，与当地的居民生产生活有密切联系。有研究表明，中国煤的平均汞含量约为 0.15mg/kg，贵州因燃煤排放的大气汞量位居全国之首（蒋靖坤等，2005）。煤燃烧过程中，汞经历复杂的物理和化学过程大部分进入烟气中，小部分残留在底灰和熔渣中。释放到大气中的汞主要为单质汞（Hg^0），但不同的炉膛温度，汞排放的形态存在一定的差异。距离污染源最远的研究点（深冲）大气汞含量最低，但仍高于贵州省大气汞含量背景值，如雷公山 [（2.80±1.51）ng/m³；Fu et al.，2010a]。大气汞的空间分布表明，除燃煤对大气汞含量的影响外，矿渣堆的释汞以及土法炼汞活动也对当地大气造成严重的汞污染。上述监测结果表明，尽管万山地区大规模汞矿开采及冶炼已经停止，但土法炼汞活动、矿渣堆、燃煤排放等仍然是重要的大气汞排放源，导致当地大气汞含量普遍偏高，且超出北半球大气汞背景含量1～3个数量级（Ebinghaus et al.，2002a，2002b；Lindberg et al.，2002；Lamborg et al.，2002）。

2）大气汞的主要来源

监测结果表明，土法炼汞区和矿渣堆附近大气汞含量最高，且高出其他研究点几个数量级。距土法炼汞区和矿渣堆越远的采样点，大气汞含量越低。因此，本研究推测万山汞矿区大气汞的来源主要包括：①土法炼汞活动。土法炼汞的工艺简单，金属汞的回收装置密封性差，回收率仅为70%左右（李平等，2006）。冶炼过程中大量的汞挥发进入大气中，导致地表大气汞浓度急剧升高（仇广乐，2005）。②冶炼废渣。汞矿石的高温冶炼，使矿石挥发出的汞进入炉壁或周围物质的晶格中；当温度降低时，这部分汞将缓慢释放至大气中（Biester et al.，1999；仇广乐，2005）。另外，居民生产生活的燃煤释汞也是矿区大气汞的潜在来源。

2. 大气沉降汞的含量及分布特征

大气干湿沉降过程是大气汞进入地表生态系统的主要途径，湿沉降主要包括大气降水的直接沉降和经林木冠层的湿沉降，干沉降包括大气汞向地表的直接沉降和向植物叶片的沉降。本研究分别在苏朋、大水溪、深冲设置露天雨集雨器和穿透雨集雨器，于2010年5月17日～2011年5月23日对研究区大气降雨进行了系统的采集。研究区露天雨和穿透雨中汞含量见表5-2-4。分析数据表明，深冲、大水溪和苏朋三个采样点露天雨中总汞平均含量分别为（500±180）ng/L、（810±410）ng/L和（7490±3090）ng/L，对应的三个采样点穿透雨中总汞含量分别为（980±455）ng/L、（3390±1930）ng/L和（9640±12640）ng/L。穿透雨中总汞含量高出对应的露天雨中总汞含量的1～7倍（图5-2-9）。

表 5-2-4　研究区露天雨和穿透雨中汞含量　　　　　　　　（单位：ng/L）

研究区	数值	露天雨			穿透雨		
		总汞（THg）	溶解态汞（DHg）	颗粒态汞（PHg）	总汞（THg）	溶解态汞（DHg）	颗粒态汞（PHg）
深冲（n=21）	最小值	24.40	9.70	10	110.30	16.60	16
	最大值	680	290	623	2060	1590	810
	体积权重平均	500	178	324	980	600	380
	标准方差	180	79.40	164.90	455	380	230
大水溪（n=28）	最小值	147.80	16.80	5.00	170	40	32
	最大值	2120	1660	1120	7890	33100	7800
	体积权重平均	810	510	496	3390	1200	2190
	标准方差	410	340	300	1930	960	1770

续表

研究区	数值	露天雨			穿透雨		
		总汞 （THg）	溶解态汞 （DHg）	颗粒态汞 （PHg）	总汞 （THg）	溶解态汞 （DHg）	颗粒态汞 （PHg）
苏朋 （$n=24$）	最小值	300	9.40	198	645	150	200
	最大值	9690	4120	8060	54940	19920	50480
	体积权重平均	7490	1740	5750	9640	3190	6100
	标准方差	3090	1160	2250	12640	5770	11240

研究指出，叶片是大气汞的重要汇，大气汞含量越高，汞沉降量越多（Ericksen et al.，2003；Bushey et al.，2008；Zhang et al.，2005；Poissant et al.，2008）。大气颗粒态汞和活性气态汞向植物叶片的沉降速率明显高于其他环境介质表面的沉降速率（Lindberg and Stratton，1998；Poissant et al.，2004a），大气降水经过叶片表面时，冲刷并携带了大量吸附在叶片表面的颗粒态汞和活性气态汞。被冲刷的汞有一部分重新被释放到大气中，但绝大部分进入地表生态系统（Rea et al.，2001）。因此，穿透雨中汞含量很大程度上取决于被降水冲刷下的叶片表面的颗粒态汞和活性气态汞含量（Iverfeldt，1991；Munthe et al.，1995；Schwesig and Matzner，2000）。而大气直接降水（露天雨）中的汞含量取决于成云过程中气溶胶对大气活性气态汞和颗粒态汞的捕获，以及降水过程中对大气颗粒态汞和活性气态汞的冲刷作用（Abbott et al.，2002）。

对比发现，苏朋采样点（土法炼汞区）露天雨和穿透雨中总汞含量均较其他两个采样点高出 1 个数量级。土法炼汞活动向大气排放了大量的气态单质汞（Hg^0）（冯新斌等，2009），气态单质汞在雨水或云层中被氧化成易溶解的二价汞（Hg^{2+}），从而增加了雨水中汞的含量。此外，土法炼汞设备落后，冶炼过程中汞的释放因子和释放通量非常高，一部分汞在矿石冶炼过程中附着于烟尘微粒或悬浮颗粒物排放到大气之中；另一部分汞则残留在冶炼废渣中（Guentzel et al.，2001；Moreno et al.，2005）。而排放到大气中的颗粒态汞除被降水淋洗下来外，还可以通过重力沉降、湍流扩散等过程沉降至地表。与大气汞含量分布规律相类似，深冲采样点露天雨和穿透雨总汞含量最低。虽然深冲采样点降雨总汞含量远低于苏朋和大水溪采样点，但仍远远高于以燃煤型大气汞污染为主的长春市，以及欧洲和北美的一些偏远地区（Fang et al.，2004；Hall et al.，2005；Witt et al.，2009）。

如图 5-2-10 所示，三个采样点露天雨和穿透雨中总汞含量和颗粒态汞含量间存在极显著正相关关系。三个采样点雨水中颗粒态汞占总汞的比例高达 64.5%～76.7%，表明研究区降雨中的汞主要以颗粒态汞的形式存在。对于深冲采样点，其露天雨和穿透雨中总汞含量与降雨量间呈现显著负相关关系（露天雨 $R=-0.47$，$P<0.05$；穿透雨 $R=-0.43$，$P<0.05$；$n=26$）。此外，深冲采样点露天雨和穿透雨中总汞含量表现为 7～12 月相对较高，1～6 月相对较低。对于苏朋和大水溪采样点，其露天雨和穿透雨中总汞含量与降雨量间并没有表现出明显的相关关系，且季节分布规律不同于深冲采样点，其原因可能为：大水溪矿渣堆向大气的释汞过程以及大气汞的沉降过程都受到气象条件、土壤湿度等多因素的影响；苏朋采样点大气汞浓度及沉降通量主要取决于当地土法炼汞活动的时间和频率。

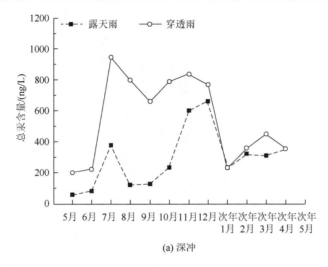

(a) 深冲

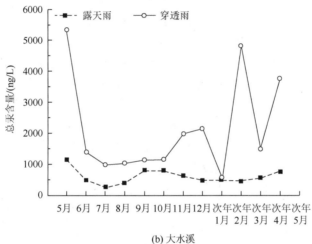

(b) 大水溪

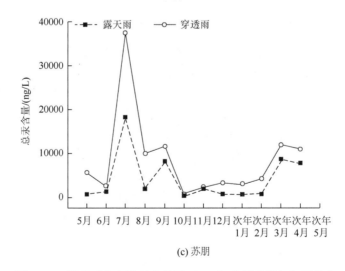

(c) 苏朋

图 5-2-9　露天雨和穿透雨中总汞（THg）含量的月加权平均值

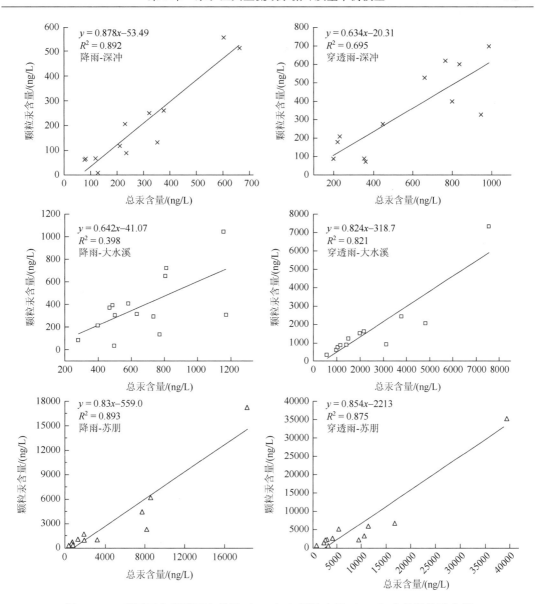

图 5-2-10　露天雨和穿透雨中总汞（THg）与颗粒态汞（PHg）含量相关性分析

5.2.3　地表水中汞的含量及分布特征

1. 基本理化性质

如表 5-2-5 所示，研究区地表水体温度（T）三次监测的平均值分别为 27.4℃（2010 年 9 月）、10.0℃（2011 年 4 月）和 21.3℃（2011 年 8 月）。由于研究区河流水体较浅且水流较快，水体并没有明显的温度分层现象。此外，研究区属于典型喀斯特地貌，水体 pH 均大于 7，整体偏碱性。受矿渣淋滤液的影响，部分河段水体呈强碱性，其 pH 最高达 11；但水体 pH 在距矿渣堆 1km 后迅速降低，远离矿渣堆的河段水体 pH 降至 7 左右。

不同采样时间地表水体电导率（EC）和溶解氧（DO）具有不同的分布特征。分析发现，下溪河和敖寨河水体溶解氧相对较高，这与河流比降大、水体复氧能力强密切相关。而对于支流，水体溶解氧表现出升高的趋势，而电导率却显著降低，这说明支流受到大量的水资源补给，但这些补给水中颗粒物较少，水质也相对较好（污染较低）。在观测期内，敖寨河水体氧化还原电位变化规律不明显，均表现为还原状态；而下溪河差异显著，枯水期部分河段水体呈还原状态。在平水期，部分河段水体氧化还原电位为正值，说明这些河段水体已经显示出了一定的氧化状态。

表 5-2-5　研究区地表水基本物理化学参数

采样时间	河流	距离/km	pH	$T/℃$	DO/(mg/L)	EC/(μS/cm^2)	TDS/(ng/L)	Eh/mV
2010 年 9 月	下溪河	0	11.00	23.90	5.50	2.80	0.00	—
		1	7.80	21.30	9.60	1650	0.90	—
		2	7.30	27.50	7.10	1260	0.40	—
		6	7.70	30.50	7.20	1284	0.60	—
		8	8.10	30.50	8.10	778	0.30	—
		9	8.20	29.80	9.10	685	0.30	—
		10	7.60	30.40	6.40	652	0.30	—
		6（支流）	7.30	28.90	7.70	105	0.10	—
		9（支流）	7.10	30.60	7.50	115	0.10	—
	敖寨河	1（上游）	7.55	23.40	9.67	275	0.10	—
		4	8.01	25.10	7.25	418	0.20	—
		6	8.20	27.00	10.25	454	0.20	—
		10	8.06	27.90	12.30	421	0.20	—
2011 年 4 月	下溪河	0	8.80	12.30	9.50	406.90	0.20	−58.80
		1	7.80	11.00	9.60	784	0.50	−25.00
		2	7.60	11.00	9.30	668	0.50	−13.70
		6	7.70	10.40	10.20	350.50	0.20	−10.20
		8	7.60	10.30	10.30	221.80	0.10	−17.30
		9	7.80	10.30	10.20	234.40	0.20	−16.20
		10	7.60	10.40	9.90	224.70	0.10	−5.50
		6（支流）	8.00	10.10	10.70	52.00	0.00	−48.80
		9（支流）	7.70	10.30	10.40	62.30	0.00	−28.50
	敖寨河	1（上游）	7.93	8.60	11.40	262.50	0.20	−27.60
		3	7.78	8.70	11.45	151.50	0.10	−16.90
		3.5	7.98	9.40	11.30	266.00	0.20	−30.20
		4	7.91	10.10	11.05	232.70	0.20	−23.50
		6	8.23	9.30	11.15	254.50	0.20	−37.20
		10	7.61	8.40	11.80	222.20	0.20	−15.20

续表

采样时间	河流	距离/km	pH	T/℃	DO/(mg/L)	EC/(μS/cm^2)	TDS/(ng/L)	Eh/mV
2011 年 8 月	下溪河	0	7.50	21.00	8.70	1255	0.90	−0.80
		1	7.20	21.40	8.30	1012	0.70	11.50
		2	7.40	20.70	9.60	658	0.40	6.40
		6	7.30	20.80	10.50	628.00	0.40	6.10
		8	7.80	21.60	10.80	338.90	0.20	−10.20
		10	7.50	22.60	9.50	315.10	0.20	1.80
		6（支流）	7.60	19.80	10.80	48.50	0.00	−1.70
		9（支流）	7.70	22.50	10.30	58.50	0.00	−11.00
	敖寨河	1（上游）	7.73	20.30	10.63	141.80	0.20	−12.00
		3	8.58	20.70	11.48	171.20	0.10	−43.20
		3.5	8.22	21.10	10.86	259.40	0.20	−28.20
		4	8.45	21.20	11.07	262.00	0.20	−37.80
		6	8.38	21.10	11.08	250.30	0.20	−33.70
		10	8.77	24.00	12.90	270.70	0.20	−20.80

2. 水体不同形态汞的分布

鉴于前人对万山汞矿区地表水汞的含量及分布特征已开展了系统的研究工作，本节对前人的数据进行总结。研究区地表水总汞含量变化范围为 1.9～12000ng/L。矿渣堆上游的采样点，其水体总汞含量（13～53ng/L）与下游支流采样点的水体总汞含量接近（1.0～69ng/L），但远低于矿渣堆附近的地表水（张华，2010）。虽然支流并未受到矿渣堆的直接影响，但水体汞含量仍高于全球天然水体总汞含量（0.1～20ng/L；Lepine and Chamberland，1995），这可能与当地特殊的地质背景（Qiu et al.，2005；花永丰和崔敏中，1995）和较高的大气汞沉降有关。矿渣堆淋滤液是下游水体汞的重要来源，其对水体汞的影响远远大于大气汞沉降的贡献。汞矿开采冶炼过程中产生的矿渣和冶炼炉渣中含有大量汞，这部分汞在地表径流和雨水的淋滤作用下会不断释放到环境中，从而造成地表水体严重的汞污染（仇广乐，2005）。

前人对研究区地表水（丰水期、平水期和枯水期）中汞含量分析结果表明，丰水期、平水期和枯水期地表水中总汞含量分别为 1.90～12000ng/L、2.90～1200ng/L 和 2.60～3200ng/L（张华，2010）。在靠近矿渣堆的河段，敖寨河与下溪河在各个时期水体总汞含量存在巨大差异（敖寨河为 R150，下溪河为 R450）（张华，2010）。R150 河段地势平缓，丰水期河流水动力强，剧烈的冲刷作用使得河流携带大量的汞进入该河段，导致丰水期水体总汞含量显著高于平水期和枯水期。而 R450 河段坡度下降较大，丰水期较高的流量会带走大部分泥沙；而枯水期水量相对较小、河流流速慢，与汞结合的大粒径颗粒物滞留于该河段的概率相对较高，这可能是导致 R450 河段水体总汞含量在枯水期呈现峰值的主要原因。此外，枯水期河流稀释作用不明显，在污染物来源稳定的情况下，水体中总汞含量会显著升高（张华，2010）。

矿渣堆附近水体总汞含量最高，在距矿渣堆 6～8km 后迅速降低。地表水中汞含量的下降与颗粒态汞的沉降作用和未受污染的支流水源补给有关。可见，矿渣堆淋滤液是地表水中汞的重要来源，但它对地表水体汞含量的影响范围比较有限。与总汞在水体中的分布特征相似，颗粒态汞和溶解态汞均在矿渣堆附近出现最高值，随着距矿渣堆距离的增加其含量迅速降低。地表径流流经矿渣堆，将大量汞污染的颗粒物带入地表水中。同时，炉渣中大量的易溶、亚稳态汞的次生矿物经地表风化和径流冲刷，不断地从矿渣中释放到周围水体，导致附近水体颗粒态汞和溶解态汞含量偏高。颗粒态汞和溶解态汞含量呈显著正相关关系。矿渣堆附近河段颗粒态汞占总汞的比例较高，是水体中汞的主要存在形态。丰水期、枯水期和平水期颗粒态汞占总汞比例分别高达 92%、84%和 86%（张华，2010）。而在下游轻度污染区，丰水期、枯水期和平水期颗粒态汞占总汞比例分别为61%、59%和 62%（张华，2010）。颗粒态汞的迁移过程主要受到河流流量和流速的影响，随着迁移距离的增加，逐渐沉降至沉积物中；当水动力条件增强超过临界值时，部分沉降到沉积物中的汞可通过再悬浮作用进入水体进行迁移。

水体中活性汞的空间分布特征与溶解态汞类似，在上游矿渣堆附近含量最高，可达300～400ng/L，而在河流下游活性汞含量一般小于 10ng/L。活性汞占总汞的比例相对较低，丰水期、枯水期和平水期分别为 6%、13%和 17%（张华，2010）。

5.3　汞在不同介质中的迁移过程

5.3.1　汞随地表径流的迁移

1. 模型的选择

由于目前没有专门针对汞在陆地生态系统中迁移而开发的模型，因此，本研究借助通用土壤流失方程（revised universal soil loss equation，RUSLE）对研究区土壤侵蚀的程度进行评估。已有学者将 RUSLE 应用于贵州喀斯特地区的土壤侵蚀研究，模拟和预测结果与实际监测结果吻合度高（蔡崇法等，2000；许月卿和邵晓梅，2006）。因此，本节选用 RUSLE 预测研究区年均土壤流失量：

$$A = R \times K \times LS \times C \times P \tag{5-3-1}$$

式中，A 为单位面积年平均土壤流失量[t/(hm²·a)]；R 为降雨侵蚀力因子[MJ·mm/(hm²·h·a)]；K 为土壤可蚀性因子[t·hm²·h/(MJ·mm·hm²)]；L 为坡长因子；S 为坡面坡度因子（无量纲）；C 为土壤覆盖与管理因子（无量纲）；P 为水土保持措施因子（无量纲）。

将 RUSLE 各因子图层转化为像元大小为 15m×15m 的栅格图（同一坐标系）。土壤侵蚀估算流程见图 5-3-1。基于 ArcInfo 9.3 的空间数据管理分析功能，得到流域土壤侵蚀的空间分布图。根据《土壤侵蚀分类分级标准》（SL 190—2007）确定土壤侵蚀分类标准（表 5-3-1），并将土壤侵蚀像元图进行重分类，获得土壤侵蚀强度分级图。

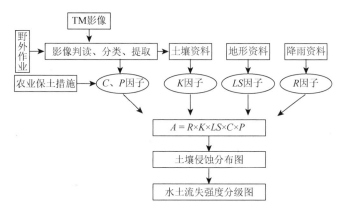

图 5-3-1 土壤侵蚀估算流程

表 5-3-1 土壤侵蚀分类标准

级别	平均侵蚀模数 /[t/(km²·a)]	平均流失厚度 /(mm/a)	指标
微度	<200，<500，<1000	<0.15，<0.37，<0.74	A、B、C 三层剖面保持完整
轻度	200，500，1000～2500	0.15，0.37，0.74～1.9	A 层保留厚度大于 1/2，B、C 层完整
中度	2500～5000	1.9～3.7	A 层保留厚度大于 1/3，B、C 层完整
强烈	5000～8000	3.7～5.9	A 层无保留，B 层开始裸露，受到剥蚀
极强烈	8000～15000	5.9～11.1	
剧烈	>15000	>11.1	A、B 层全部剥蚀，C 层出露，受到剥蚀

2. 模型因子量化分析

1）降雨侵蚀力因子（R）

降雨侵蚀力是评价降雨对土壤剥离、搬运侵蚀的动力指标，是按数学模型遥感监测水土流失量的重要依据。日降雨资料能提供更详细的降雨特征信息。因此，本研究采用 Yu 和 Rosewell（1996）建立的利用日降雨量直接估算月降雨侵蚀力的模型：

$$E_i = \alpha[1 + \eta\cos(2\pi f j + \omega)]\sum_{d=1}^{N} R_d^{\beta} \quad R_d > R_0 \tag{5-3-2}$$

式中，E_i 为第 i 月降雨侵蚀力[MJ·mm/(hm²·h·mon)]；R_d 为日降雨量（mm）；R_0 为产生侵蚀的日降雨强度阈值(mm)，即降雨量达到 R_0 以上才会产生明显径流，本研究 R_0 取 12.7mm（Wischmeier and Smith，1978；Renard et al.，1997）；N 为一个月中降雨强度超过 R_0 的天数；f 为频率，取 1/12；ω 取 $5\pi/6$；j 为月份值，α、β、η 为模型参数。

当降雨量大于 1050mm 时，α 和 β 的关系可通过式（5-3-3）表达；当降雨量介于 500～1050mm 时，α 和 β 的关系可通过式（5-3-4）表达（Yu et al.，2001）：

$$\ln\alpha = 2.11 - 1.57\beta \tag{5-3-3}$$

$$\alpha = 0.395(1 + 0.098^{3.26S/P})$$
$$\eta = 0.58 + 0.25P/1000$$

(5-3-4)

式中，S 为下半年平均降雨量（5～8 月，mm）；P 为年均降雨量（mm）。

2）土壤可蚀性因子（K）

土壤可蚀性 K 值是指土壤受侵蚀潜在的可能性。K 值与土壤类型、土壤质地、土壤有机质含量等有关。在土壤测定或计算方法中，Wischmeier 和 Smith（1978）建立的计算土壤可蚀性 K 值的诺谟公式得到广泛应用：

$$K = \{2.1 \times 10^{-4} \times (12 - a) \times [\text{soil}_{粉} \times (100 - \text{soil}_{黏})]^{1.14} + 3.25(b - 2) + 2.5(c - 3)\}/100$$

(5-3-5)

式中，a 为土壤有机质含量；b 为土壤结构等级；c 为土壤渗透等级；$\text{soil}_{粉}$、$\text{soil}_{黏}$ 为土壤中粉砂粒、黏粒的百分比。

可蚀性诺谟图需要提供土壤结构系数和渗透级别资料，而我国现有的土壤背景资料非常有限，尤其在偏远山区，土壤普查资料很难获得。由于未在研究区设置降雨侵蚀力标准小区，缺少土壤理化性质数据，故参考已有研究结果（朱安国，1992；何腾兵，1995；徐燕和龙健，2005），结合实际情况，分别赋予研究区主要土壤类型可蚀性 K 值（表 5-3-2）。

表 5-3-2　研究区主要土壤类型可蚀性 K 值

土壤类型	K 值
黄色石灰土	0.41
黄壤	0.4
黄红壤	0.231
水稻土	0.28
大土泥	0.05

3）地形因子（LS）

地形因子计算方法参考 Hickey（2000）和 van Remortel 等（2001），即利用 ArcInfo 输入整数型的 DEM 和栅格边界图层，运行计算 LS 的宏语言程序，得到流域地形因子 LS 的图层。其算法原理为建立一个无凹陷点的栅格数字高程模型，假设坡长是从栅格中心到其输入栅格中心基础上计算获得的，所有输入数据需要计算累积坡长。LS 值的计算公式如下：

$$LS = (\lambda/72.6)^m (65.41 \times \sin^2\beta + 4.56 \times \sin\beta + 0.065)$$

(5-3-6)

式中，λ 为累积坡长；β 为坡度角；m 为取决于坡度的可变值（表 5-3-3）。

表 5-3-3　不同坡度下 m 值对照表

坡度	m 值
<0.57°	0.2
0.57°～1.72°	0.3
1.72°～2.86°	0.4
>2.86°	0.5

4）植被覆盖与管理因子（C）和水土保持措施因子（P）

植被覆盖与管理措施是土壤侵蚀的抑制因素，可削减降雨能量、保水和抗蚀。C 值主要与植被覆盖和土地利用类型有关。由于流域没有植被覆盖因子和水土保持措施因子的小区实验数据，本节采用蔡崇法等（2000）提出的计算方法，通过实地考察得到 C 值。具体计算公式如下：

$$\begin{cases} C = 1 & V = 1 \\ C = 0.6500.3436\lg V & 0 < V \leqslant 78.3\% \\ C = 0 & V > 78.3\% \end{cases} \qquad (5\text{-}3\text{-}7)$$

$$V = (\mathrm{NDVI} - \mathrm{NDVI}_{\min}) / (\mathrm{NDVI}_{\max} - \mathrm{NDVI}_{\min}) \qquad (5\text{-}3\text{-}8)$$

式中，V 为植被覆盖率。将计算结果赋予流域内土地利用类型（表 5-3-4）。0 表示无侵蚀，1 表示未采取水保措施。

表 5-3-4　不同土地利用方式下植被覆盖因子和水土保持因子值对照表

因子	稻田	旱地	林地	灌木林	其他林地	水域	城镇居民点及工矿用地	裸地
C	0.1	0.22	0.0006	0.001	0.004	0	0	0
P	0.01	0.22	1	1	0.7	0	0	0

水土保持措施因子（P）是采用专门措施后的土壤流失量与顺坡种植时的土壤流失量的比值。由于本研究没有设置小区试验，P 因子参照相关文献进行赋值（表 5-3-4）（朱安国，1992；何腾兵，1995；万军等，2004；许月卿和邵晓梅，2006）。

3. 土壤侵蚀强度

研究区土壤侵蚀模数范围为 0～600884t/(km²·a)，年土壤侵蚀量为 23 万 t（图 5-3-2），相当于研究区每年将有 0.6mm 厚度的土壤发生土壤流失。表 5-3-5 和图 5-3-2 反映了不同土地利用方式下的土壤侵蚀强度。其中，发生微度和剧烈侵蚀面积分别占研究区总面积的 45% 和 31.6%，对应的土壤流失量分别占流失总量的 0.2% 和 90.5%。从水土流失分布来看，地势最高的万山镇多表现为微度侵蚀，土法炼汞区和冶炼矿渣堆放区属于轻度和中度侵蚀，伴有强烈侵蚀。位于下游的下溪乡，由于山多坡陡，大部分属于极强烈侵蚀和剧烈侵蚀。

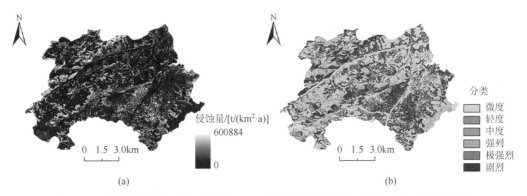

图 5-3-2　流域土壤侵蚀空间分布图（a）和土壤侵蚀强度分级图（b）（后附彩图）

降雨和径流可使土壤颗粒发生剥离，是水土流失发生的直接原因（贾志伟等，1990；王晓燕等，2000）。研究区 R 因子为 4083.30MJ·mm/(hm^2·h·a)，在数据采集期间，年降雨量为 1317mm，但由于降雨量多集中在暖季，加剧了水土流失的程度。从地形来看，研究区地貌复杂，沟蚀明显，LS 因子为 0.030～79.49。坡度和坡长通过土壤入渗和产流影响着水土流失程度。坡度越大，降雨过程中土壤入渗量越少，产生的径流越大，侵蚀量也越大（周佩华等，1997）。坡度的增加同时会导致土壤含水量降低，地表冲刷侵蚀增强，土壤黏粒含量降低（贺祥等，2009）。研究区内灌木和旱地多分布在坡度较陡的坡面上，占剧烈侵蚀总面积的 98.6%，而位于山顶的林地发生剧烈侵蚀的面积仅占剧烈侵蚀总面积的 0.7%。

植被覆盖度和植被活力是林地土壤侵蚀强度的潜在影响因素。低矮的灌木和草本植物根系浅薄，而高大的乔木不仅能消耗大量风能、降低风速，发达的根系对侵蚀也有控制作用（刘树华等，1998）。此外，旺盛的林木可增加土壤有机质含量，保持良好的土壤质地。而良好的土壤结构和质地，可以大大增加降雨的渗漏和通透性，从而减少雨水和径流的冲刷（张丽娟等，2007）。此外，研究区内诸如开矿、修路、滥垦/滥耕等人为活动比较普遍，灌木土和旱地分别受到不同程度的人为干扰，导致其土层浅薄，土壤有机质含量低（苏维词，2001；徐燕和龙健，2005），这也是导致灌木和旱地水土流失严重的重要原因。

表 5-3-5　土壤侵蚀强度分级统计

侵蚀级别	面积/km^2					年侵蚀量/万 t	占年侵蚀总量比例/%
	林地	灌木	旱地	稻田	裸地		
微度	45.11	2.73	7.06	15.82	0.040	0.40	0.2
轻度	13.03	2.27	1.19	0.010	0.030	0.60	0.3
中度	0.010	1.42	2.64	0.020	0.00	1.50	0.7
强烈	0.020	2.99	3.26	0.020	0.010	3.90	1.7
极强烈	0.06	7.34	6.61	0.040	0.010	14.80	6.6
剧烈	0.37	40.65	10.35	0.090	0.27	202.90	90.5

4. 土壤侵蚀引起的汞迁移

利用式（5-3-1）计算获得研究区每年因土壤侵蚀而产生的汞流失量为 505kg，平均迁移速率为 3.02kg/(km^2·a)。将土壤总汞流失量按不同土地利用方式分类统计（表 5-3-6），流失量大小依次为：灌木>旱地>裸地>林地>稻田，这与土壤汞含量的分布特征不同。在耕作土中，稻田中汞的迁移速率最小，仅为 0.10kg/(km^2·a)。目前，坡改梯工程已在研究区普及，多用于水稻的种植。该工程的实施，使原本的坡耕地变成水平梯田，土层加厚，保水能力大幅度提高，有效地减少了土壤的流失（刘志刚，2011）。而旱地多分布在较大坡度、地势陡的区域，尤其在轮作条件下，垦殖活动活跃导致土壤结构破坏严重，土壤养分贫瘠，水土流失导致的汞迁移严重（Lal，2009），甚至大大增强了汞向大气的释放。而在自然土中，裸地中汞迁移速率最大[16.07kg/(km²·a)]，林地则最小[0.080kg/(km²·a)]。Hudson等（1995）指出，植被覆盖能有效分散降雨冲击和地表径流引起的剥蚀，以及防止雨滴打击下土壤表面结皮的形成。植被覆盖还可以增加土壤湿度，提高有机质含量，在一定程度上减少因水土流失导致的汞迁移。但在灌木土中，植物的截留作用小，加上陡坡开垦严重，导致汞迁移通量偏高。

表 5-3-6　不同土地利用方式、不同坡度下因土壤侵蚀产生的土壤汞迁移速率和年侵蚀量

项目		林地	灌木	旱地	稻田	裸地
迁移速率/[kg/(km²·a)]		0.080	5.55	5.62	0.10	16.07
不同坡度下汞流失量/(kg/a)	0°～10°	—	—	0.010	1.59	—
	10°～15°	—	—	—	—	—
不同坡度下汞流失量/(kg/a)	15°～25°	0.020	—	—	—	—
	25°～50°	0.12	0.010	—	—	—
	50°～70°	0.96	0.41	0.020	—	—
	＞70°	3.64	318	174.87	—	4.82
不同土地利用方式下汞流失量/(kg/a)		4.74	318.78	174.9	1.59	4.82
面积/km²		58.6	57.40	31.10	16	0.30

水土流失直接关系土壤汞的迁移程度。有学者认为，土地利用在坡度上的分布格局对土壤侵蚀的控制临界值为15°～25°（徐天蜀等，2002；吴秀芹等，2005）。为此，本研究将全区坡度（0°～79°）划分为6个等级后与汞迁移通量叠加，分别计算不同坡度下汞的迁移通量（表5-3-6）。结果表明，0°～25°坡度的土壤汞迁移量占总迁移量的0.3%。其中，99.5%的汞迁移由稻田的土壤侵蚀产生。随着坡度的增加，土壤侵蚀量加大，土壤汞迁移能力增强。在坡度大于50°的区域，汞流失量达502.70kg/a。

5.3.2　土壤-大气界面汞交换通量

1. 大气汞沉降量

1）大气汞干湿沉降估算

通过计算获得苏朋、大水溪、深冲三个采样点大气汞干湿沉降通量和年沉降量（表5-3-7）。结果表明，研究区汞的年沉降量高达约190kg/a，其中干沉降量占总沉降量的88.6%。尽管矿区大规模的汞矿开采和冶炼活动已停止多年，但大气汞含量仍处在较高水平，大气汞沉降依然是土壤汞的重要来源。通过对比三个采样点汞的干湿沉降量可发现，汞矿区大气汞沉降以干沉降为主，大气汞干沉降速率远远高于湿沉降速率，且年干沉降量是湿沉降量的8倍左右。

表 5-3-7　研究区三个采样点大气汞干、湿沉降通量及年沉降量

采样点	湿沉降			干沉降		
	沉降通量/[ng/(m²·d)]	年沉降量/(kg/a)	面积/km²	沉降通量/[ng/(m²·d)]	年沉降量/(kg/a)	面积/km²
深冲	79.70	1.20	40.10	1040	9.30	24.60
大水溪	190	2.80	41.10	7160	37.80	14.50
苏朋	1630	17.60	29.70	16920	120.40	19.50

　　深冲、大水溪、苏朋三个采样点大气汞月平均沉降通量与降雨量见图 5-3-3。对比发现，苏朋采样点大气汞干、湿沉降通量（月平均值）远远高于其他两个采样点。通常来讲，干、湿沉降量与降雨量之间具有很好的相关性；但在雨季，二者之间的相关关系并不明显。由此可见，降水可有效冲刷大气中的汞，而颗粒态汞是构成干湿沉降的主要组成部分。雨季，长时间高强度的降雨带走大气中大量的汞；而随着降雨量的增加，稀释过程占主导作用，导致干、湿沉降量与降雨量之间的相关关系不明显。对比三个采样点的干湿沉降通量，土法炼汞活动向大气排放了大量的汞，对当地大气造成了严重的污染。此外，矿渣堆也源源不断地向大气释汞，由于释汞过程缓慢且受气象因素影响较大，大气汞沉降通量及年沉降量均低于苏朋采样点。而在大气汞含量最低的深冲采样点，干湿沉降通量和年沉降量均低于其他两个采样点。

　　2）大气汞沉降对比

　　本研究区、我国其他地区、北美以及欧洲等地大气汞干湿沉降统计数据，见表 5-3-8。斯洛文尼亚 Idrijca 汞矿仅次于西班牙的 Almaden 汞矿，是世界第二大汞矿。该汞矿经历数百年的开采和冶炼，但目前大气汞含量较以前大幅度降低（Kocman et al.，2011）。对比发现，本研究区采样期间大气汞含量与 Idrijca 汞矿区 1999 年大气汞含量相当。Kocman 等（2011）对 Idrijca 汞矿区大气汞干湿沉降进行了估算，对比发现本研究区大气汞的干沉降通量高出 Idrijca 汞矿区 12～200 倍，湿沉降也高出 2～45 倍。

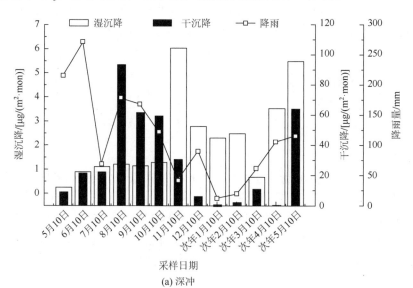

(a) 深冲

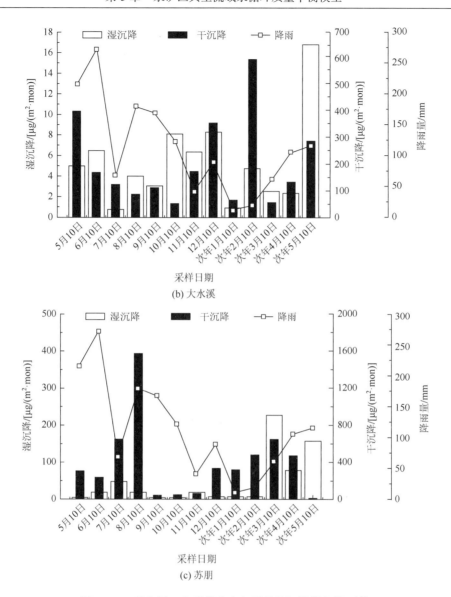

图 5-3-3　研究区三个采样点大气汞月均沉降量与降雨量

表 5-3-8　研究区大气干湿沉降与其他区域的对比

研究区	监测时间（年-月）	研究区分类	汞沉降通量/[μg/(m²·a)]		参考文献
			湿沉降	干沉降	
中国，万山（深冲）	2010-05～2011-05	污染区	29.90	380	
中国，万山（大水溪）	2010-05～2011-05	污染区	68.10	2600	本研究
中国，万山（苏朋）	2010-05～2011-05	污染区	592.60	6170	
斯洛文尼亚，Idrijca 流域	2006-10～2007-10	污染区	13.10	29.70	Kocman and Horvat，2010
美国，Steubenville	2004 年	城市	19.70		Keeler et al.，2006

续表

研究区	监测时间（年-月）	研究区分类	汞沉降通量/[μg/(m²·a)]		参考文献
			湿沉降	干沉降	
美国，Fakahatchee Strand 西部河岸	1993~1996 年	城市	23		Guentzel et al.，2001
日本	2002-12~2003-11	城市	12.80	8	Sakata and Marumoto，2005
中国，重庆	2003-03~2006-02	城市	77.60	113	Wang et al.，2009
中国，鹿冲关	2005-01~2005-12	郊区		77.70	Wang et al.，2009
中国，乌江流域	2006-01~2006-12	郊区	34.70		Guo et al.，2008
中国，雷公山	2008-05~2009-05	偏远地区	6.10	10.50	Fu et al.，2010a
中国，贡嘎山	2005-05~2007-04	偏远地区	26.10	57	Fu et al.，2010b
中国，长白山	2005-08~2006-07	偏远地区	8.40		Wan et al.，2009
加拿大，Ontario 北方区域	2005~2006 年	偏远地区	3.10	5.10	Graydon et al.，2008
美国，Walker Branch	1993-07~1993-09	偏远地区	10	14	Lindberg，1996
美国，Huron 湖流域	1996-06~1997-06	偏远地区	4.90	6.70	Rea et al.，2001
美国，Champlain 湖流域	1994-08~1994-09	偏远地区	7.90	11.70	Rea et al.，1996
芬兰，Uraani	1994~1995 年	偏远地区	5.10	15.80	Porvari and Verta，2003
瑞典，Svartberget	1993~1994 年	偏远地区	7	15	Lee et al.，2000
德国，Lehstenbach	1998-04~1999-04	偏远地区	35	38.40	Schwesig and Matzner，2000

　　研究表明，中国人口密集城市和以工业为主的区域，大气汞湿沉降通量为 77.6~152μg/(m²·a)，远远高于北美和欧洲的同类型地区（Dommergue et al.，2002；Lynam and Keeler，2005）。我国较高的大气汞沉降通常位于人口密集的内陆地区，大气汞排放源主要包括工业燃煤、有色金属冶炼以及民用燃煤等（Fu et al.，2009，2012）。从表 5-3-8 可以看出，除德国的 Lehstenbach 外，我国偏远地区大气汞湿沉降通量高于其他国家同类型的地区［<10μg/(m²·a)］。德国 Lehstenbach 受到东欧大气汞污染的影响，其大气汞湿沉降通量高达 35μg/(m²·a)（Schwesig and Matzner，2000）。此外，我国的近郊区域或偏远地区大气汞湿沉降通量范围为 6.1~34.7μg/(m²·a)，显著低于城市。本研究区作为典型汞矿区，其大气汞沉降通量远远高于城市，这说明研究区已遭受严重的汞污染，环境汞污染控制与治理迫在眉睫。

2. 土壤释放汞量估算

　　土壤-大气界面汞释放通量计算方法见 5.4 节。相关参数采用 Wang 等（2007）利用动力学通量箱法在万山汞矿区监测土壤-大气汞释放通量的研究结果。由于 Wang 等

（2007）的野外监测只在矿区内选取了 7 个采样点进行汞通量监测（冷季和暖季），其研究结果并不能完全满足全矿区土壤-大气汞释放通量的估算。考虑 Wang 等（2007）监测期间各采样点土壤汞含量、温度等基础数据与本研究基本一致（图 5-3-4）。因此，本研究采用 Wang 等（2007）研究中每 15min 的监测数据（如 Ea、T 等），用以估算本研究区土壤释汞的总量。图 5-3-5 为土壤-大气汞交换计算过程。以 Wang 等（2007）研究中 2～7 号采样点为中心，利用泰森多边形法则，将研究区分为 6 自然土子单元和 6 个稻田土子单元。

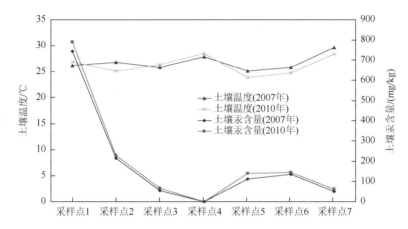

图 5-3-4　2007 年和 2010 年土壤汞含量与土壤温度的对比（Wang et al.，2007）

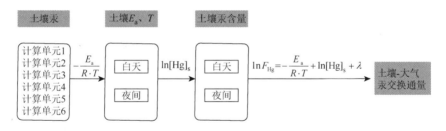

图 5-3-5　土壤-大气汞交换计算过程

　　利用公式计算得到研究区表层土壤年释汞量约 80kg。需要特别指出的是，本研究获得的计算结果是以点源数据为基础估计全区汞释放量的，其结果与实际值会存在一定的偏差。从土地利用方式来看，研究区耕作土壤释汞量远远小于自然土壤，耕作土仅占研究区表层土壤年释汞总量的 0.01%（图 5-3-6）。对比耕作土和自然土汞的承载量，耕作土的汞承载量为 1300 t，远远高于自然土，而耕作土向大气的释放总量却远远小于自然土。此外，土壤释汞过程具有明显的昼夜变化规律，表现为白天高于夜晚（图 5-3-6）。在矿渣堆和土法炼汞区附近，土壤表现出强烈的释汞过程。这与大气汞和土壤汞的空间分布特征有关，在大气汞污染严重区域，大气汞沉降剧增的同时，土壤汞释放量也相对较高。

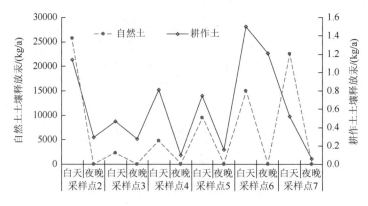

图 5-3-6　研究区昼夜土壤释汞量

5.3.3　汞在地表水中的迁移

1. 模型的选择

分布式水文模型（HEC-HMS）是美国陆军工程师团水资源研究中心开发的降雨径流模型，主要由流域模块、气象模块和控制模块三个部分组成。流域模块用于构建流域水文系统的各个水文单元，包括子流域产流、坡面汇流、地下径流、河道汇流和水文参数率定等内容（HEC，2006）。其特点是在产流和汇流中采用相应的产流及汇流模型，用户可以根据所研究流域的情况，选取适当的模型进行整个流域水文过程的模拟。为了充分利用日益发展的空间信息技术和 GIS 技术，特别是其强大的空间分析功能，HEC 将 HMS 进一步改进成能够与 Arc/View GIS 融为一体的 HEC-GeoHMS。它通过对输入的数字高程模型（DEM）进行地形处理，将水系数字化，同时划分出子流域并统计基本水文信息，还把降雨径流路径和流域边界转化成表示流域与降雨之间响应关系的水文数据结构，生成 HEC-HMS 能够接受的 hms 文件（HEC，2006；陆波等，2005）。本研究采用 HEC-HMS 来模拟研究区降水引起的地表径流。

美国国家环境保护局开发的水质分析模型（WASP）可以模拟水文动力学、河流一维不稳定流、湖泊和河口三维不稳定流、常规污染物和有毒污染物在水体中的迁移和转化规律（Ambrose et al.，1988）。WASP 基于质量守恒原理，由有毒化学模型 TOXI 和富营养化模型 EUTRO 两个子程序组成。其中，TOXI 是有机化合物和重金属在各类水体中迁移积累的动态模型，采用了 EXAMS 的动力学结构，结合 WASP 迁移结构和简单的沉积平衡机理，预测溶解态和吸附态物质在河流中的迁移情况。随着水质模型的不断发展，TOXI 子模块不断增加，使得水质模拟的对象更加细化。目前，已发展为面向 Simple Toxicant 模块、Non-Ionizing 模块、Organic Toxicant 模块和 Mercury 模块。Mercury 模块用于汞、二价汞和甲基汞的模拟，已成功应用于美国内华达州的 Carson 河（Carroll et al.，2000）以及斯洛文尼亚的 Idrijca 河（Zagar et al.，2006）。本研究将 HEC-HMS 与 WASP 的 Mercury 模块结合，模拟总汞以及沉积物的运移，操作流程见图 5-3-7。

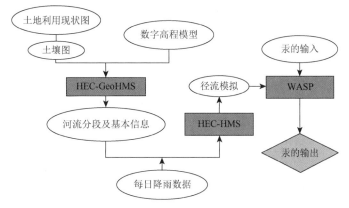

图 5-3-7　地表水中汞迁移模拟流程图

2. HEC-HMS 模型的建立

1）流域处理与空间信息提取

通过嵌入在 ArcView 地理信息系统软件中的 HEC-GeoHMS 模块，对流域的 DEM 等空间数据进行分析，主要包括填洼、提取河网、子集水区勾画，并对流域面积、河道比降等流域水文信息进行统计，进而对子集水区进行合并和分割操作，生成建立 HEC-HMS 模型所需的流域本底水文过程文件和部分参数。由于 Lin 等（2011）已对下溪河流域采用相同方法进行模拟，因此，本研究只对敖寨河的汞运移进行分析。大水溪和敖寨水文子单元及采样点位置图见图 5-3-8。

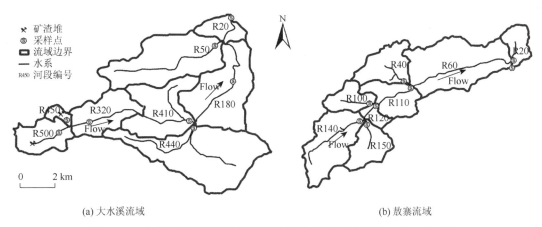

(a) 大水溪流域　　　　　　　　　　　　　　(b) 敖寨流域

图 5-3-8　大水溪和敖寨水文子单元及采样点位置图（Lin et al.，2011）

2）流域模块的建立

根据研究区基础资料及水文数据的完整性、准确性以及模型中水文过程模拟所需参数率定的简便性和合理性，对本研究 HEC-HMS 模型中各个流域水文过程模块进行选择。从产流的角度来讲，流域内地表可划分为透水和不透水两种类型。在降雨过程中，透水地表的部分降水被损耗，不透水部分没有下渗、截留等其他损耗，降雨则全部转化为径流。本研究选取 SCS（soil conservation service）单位线法构建产流结构，其是由美国水土保持局根据降雨、土地覆盖、土地利用等资料研究发展而来的经验曲线，用于估算每个模型计算的时间步长内最后的累计超渗降雨量，其中 CN 是美国农业部水土保持局通过统计分析全美大量流域得到的系数，统计依据如下公式：

$$\text{Pe} = \frac{(P - \text{Ia})^2}{(P - \text{Ia}) + S} \tag{5-3-9}$$

式中，S 为最大潜在降雨损耗量（mm）；Pe 为超渗降雨量（mm）；P 为总降雨量（mm）；Ia 为降雨起始损失量（mm）。

考虑前期降雨损失的降雨量-超渗降雨量的关系式，降雨损失量 Ia 可由美国水土保持局根据集水小区得到的 Ia 和 S 值获得

$$\text{Ia} = 0.2S \tag{5-3-10}$$

由此，将式（5-3-9）和式（5-3-10）结合可转化为

$$\text{Pe} = \frac{(P - 0.2S)^2}{P + 0.8S} \tag{5-3-11}$$

美国水土保持局所修订的在不同状况下的 S 与 CN 值的相互关系可用如下公式表达：

$$S = \frac{25400 - 254\text{CN}}{\text{CN}} \tag{5-3-12}$$

式中，CN 为 SCS 模型中用于描述降雨径流关系的重要参数（无量纲），反映流域前期土壤湿润程度（antecedent moisture condition，AMC）、坡度、土壤类型和土地利用现状的综合特性。CN 值的计算公式为

$$\text{CN} = \frac{\sum A_i \text{CN}_i}{\sum A_i} \tag{5-3-13}$$

式中，CN_i 为第 i 种土壤和土地利用类型的 CN 值；A_i 为第 i 种土壤和土地利用类型的面积。

美国自然资源保护委员会基于土壤的入渗特性，将不同土壤类型的水文单元划分为 A、B、C、D 四组，认为同一组土壤在相同的暴雨和植被覆盖条件下具有类似的产流潜能。水文土壤组定义指标见表 5-3-9。

表 5-3-9　水文土壤组定义指标

土壤类型	最小下渗率/(mm/h)	土壤质地
A	>7.26	砂土、土壤质砂土、砂质壤土
B	3.81~7.26	壤土、粉砂壤土
C	1.27~3.81	砂黏壤土
D	0.00~1.27	黏壤土、粉砂黏壤土、砂黏土、粉砂黏土、黏土

除了土壤、土地利用类型等条件决定 CN 值外，临前土壤水分 AMC 的高低能够显著影响降雨损失量。根据临前土壤水分条件，CN 值可细分为：第一类（AMC1），土壤干燥，但未达到凋萎点，尚可耕作；第二类（AMC2），多年平均水平，即多数集水区洪峰

流量达到多年平均水平；第三类（AMC3），在降雨发生前 5 日内有大雨或小雨，土壤状况接近饱和（表 5-3-10）。

表 5-3-10　临前土壤水分状况划分

临前土壤水分状况	前 5 天降雨量/mm	
	植被生长期	其他阶段
AMC1	<30	<15
AMC2	30～50	15～30
AMC3	>50	>30

由于下溪河和敖寨河各个子单元中存在多种植被类型和土地利用类型，它们之间的相互组合形成了更复杂的下垫面情况和不同的水文过程。为了进一步反映该流域内部的真实状况，同时减少复杂程度，本研究根据已有土地利用分类结果对流域土地利用类型进行重新分类，使其符合 HEC-HMS 的要求。在此基础上，将重新分类后的土地利用图与流域划分的子集水区相叠加，计算其 CN 值。

3）河道汇流模型

河道汇流是以上游水文过程线为边界条件，利用圣维南方程组，根据河段的水量平衡原理与蓄泄关系，将河段上游断面的入流量过程演算为下游断面的出流量过程的方法，即通过河槽调蓄作用的计算反映河道洪水波运动的变化规律，其是河道非恒定流计算中一种水文学的近似简解方法（林三益，2001）。

本节选取马斯京根法作为河道汇流模型（詹士昌，2006），需要的模型参数为河段上游洪水波的传播时间 K 和流量比重因素值 X，该模型对连续性方程组做如下差分：

$$\frac{I_{t-1}+I_t}{2}-\frac{Q_{t-1}+Q_t}{2}=\frac{S_t+S_{t-1}}{\Delta t} \tag{5-3-14}$$

式中，I_{t-1} 为 $t-1$ 时刻的入流量；I_t 为 t 时刻的入流量；Q_{t-1} 为 $t-1$ 时刻的出流量；Q_t 为 t 时刻的出流量；S_{t-1} 为 $t-1$ 时刻的河段蓄流量；S_t 为 t 时刻的河段蓄流量；Δt 为单位河道距离的时间步长。

洪水波经过河段时，河槽蓄水量可分为两部分：一部分为平行于河底的直线下面的槽蓄量，称为柱蓄；另一部分是该直线与水面线之间的槽蓄量，称为楔蓄。河段的蓄水量为槽蓄和楔蓄之和。在洪水波的波前，楔蓄量为正；在洪水波波后，楔蓄量为负。柱蓄量是出流与河段传播时间的乘积，楔蓄量为入流与出流之差的一个权重值与传播时间的乘积，即马斯京根方法对河道槽蓄量定义为（潘文学等，2010）：

$$S_t=KQ_t+KX(I_t-Q_t)=K[XI_t+(1-X)Q_t] \tag{5-3-15}$$

式中，K 为河段上洪水波的传播时间；X 为流量比重因素（无量纲）。

HEC-HMS 模型可根据实测的入流、出流过程数据，通过入流和出流水文过程线上同一点的传播情况来确定河段上洪水波的传播时间 K 值。单位河道距离的时间步长 Δt 为 HEC-HMS 模型中模拟过程的时间间距。在确定了以上两个参数后，可以通过试错法估算流量比重因素 X 值。

在确定河道参数时，假定河道为不规则四边形，利用曼宁公式确定流速：

$$V = \frac{1}{n} R_h^{2/3} \times S^{1/2} \qquad (5\text{-}3\text{-}16)$$

式中，V 为断面流速（m/s）；n 为曼宁系数，是综合反映管渠壁面粗糙情况对水流影响的一个系数（本节取值 0.035，Lin et al.，2011）；R_h 为水力半径，是流体截面积与湿周长的比值，湿周长指流体与固壁接触的周长，不包括与空气接触的周长部分；S 为明渠的坡度。

3. WASP 参数的确定

1）模型计算原理

WASP 水质模型利用变步长空间模型，分析各种水体水质变化问题。其基本原理是一个平移-扩散质量迁移方程，能描述任意水质指标的时间与空间变化。方程除了平移和扩散外，还包括由生物、化学和物理作用引起的源汇项。对于任一无限小的水体，水质指标 C 的质量平衡式为

$$\frac{\partial C}{\partial t} = -\frac{\partial}{\partial x}(U_x C) - \frac{\partial}{\partial y}(U_y C) - \frac{\partial}{\partial z}(U_z C) + \frac{\partial}{\partial x}\left(E_x \frac{\partial C}{\partial x}\right) + \frac{\partial}{\partial y}\left(E_y \frac{\partial C}{\partial y}\right) + \frac{\partial}{\partial z}\left(E_z \frac{\partial C}{\partial z}\right) + S_L + S_B + S_K$$

$$(5\text{-}3\text{-}17)$$

式中，U_x、U_y、U_z 为流速（m/s）；C 为水质指标浓度（mg/L）；E_x、E_y、E_z 为河流纵向、横向、垂向扩散系数（m²/s）；S_L 为点源和非点源负荷，正为源、负为漏[g/(m³·d)]；S_B 为边界负荷，包括上游、下游、底部和大气环境[g/(m³·d)]；S_K 为动力转换项[g/(m³·d)]。

水动力学的基本方程为

$$\frac{\partial U}{\partial t} = -U \frac{\partial U}{\partial x} + \mathrm{ag}, \lambda + \mathrm{af} + \mathrm{aw}, f \qquad (5\text{-}3\text{-}18)$$

$$\frac{\partial A}{\partial t} = -\frac{\partial Q}{\partial x} \qquad (5\text{-}3\text{-}19)$$

式中，$\frac{\partial U}{\partial t}$ 为时变加速度（m/s²）；$U \frac{\partial U}{\partial x}$ 为变加速度（m/s²）；x 为沿渠段的距离（m）；t 为时间；Q 为流量（m³/s）；U 为沿渠段的流速（m/s）；λ 为渠段方向；ag, λ 为沿渠段方向的风加速度（m/s²）；af 为阻力加速度（m/s²）；aw, f 为垂直渠段方向的风加速度（m/s²）；A 为横断面面积（m²）。

2）假设条件

假定汞在河段横断面上均匀混合；认为河道概化为顺直河道，在水深变化不大的情况下横向流速很小，忽略水流横向速度分量；认为水体纵向扩散远小于推流的影响。

3）模型计算参数的确定

水质模型中的参数通常是指物理、化学和生物化学过程中的常数，辅助完成模型的率定。模型参数的估值通常是根据已有的污染物变化规律，选定初始模型和初始参数值后，进行的既有尝试又有主观判断的模拟计算和迭代的过程（邢妍，2011）。本节需要的模型参数主要为河流流量、河道信息、污染物的初始浓度以及汞的反应系数。

（1）河流的概化与河道的分段：WASP 的模拟对象是变量沿河长方向的平均值。为了便于模型的离散和数值计算，对目标河段进行河流概化，其结果能够利用简单的数学模型来描述水体的水动力和水质变化规律。河流的断面宽深比不小于 20 时，将其概化为矩形河流；大、中河流的最大弯曲系数大于 1.3 时，将其概化为弯曲河流；其他情况则可以简化为平直河流。河流形状沿程变化较大时，可以进行分段考虑。较小的河流简化为矩形平直河流。本节基于 ArcGIS 9.3，利用 HEC-GeoHMS 将大水溪和敖寨水系分别分为 8 个河段，每个河段的水体又分为表层和底层。利用 HEC-HMS 模型模拟，获得下溪河和敖寨河各个河段的基本信息（表 5-3-11）。

表 5-3-11　下溪河和敖寨河基本信息（Lin et al.，2011）

	河流分段	长度/m	坡度	下垫面宽/m	边坡坡度（xH：1V）	面积/km²	分级
下溪河	R450	646	0.17301	1.5	5	0.99	汞输入河段
	R500	2675	0.04434	2	5	5.08	汞输入河段
	R320	4687	0.02238	4	5	7.15	干流
	R410	3388	0.02766	6	5	10.20	干流
	R180	6813	0.01	10	5	13.50	干流
	R20	2017	0.01	20	5	2.98	干流
	R440	5688	0.03769	5	5	18.80	支流
	R50	7353	0.02745	8	5	14.60	支流
敖寨河	R30	1730	0.0537	8.5	5	2.79	支流
	R40	1008	0.1191	2	5	5.67	支流
	R60	5450	0.0170	5.5	5	14.73	干流
	R100	2474	0.0599	2	5	3.43	支流
	R110	2555	0.0235	5.5	5	5.31	干流
	R120	1340	0.0149	4.8	5	1.42	干流
	R140	5039	0.0281	4.1	5	9.63	干流
	R150	2005	0.0598	1.4	5	4.78	汞输入河段

注：坡度为河道的纵比降，即水面沿河流方向的高程差与相应河道长度的比值；边坡坡度为河岸两侧坡面的横向差异与纵向差异的比值。

（2）污染源的概化：污染源概化的前提是假定所有污染源均为稳态排放，排放量不随时间变化。作者认为河流中汞的来源主要为汞矿渣堆的淋滤作用，其中，下溪河中汞由 R450、R500 河段输入，敖寨河中汞由 R150 河段输入。

（3）水动力学参数的率定：水动力学参数主要用来确定河道的水力特性，其在很大程度上关系模型的模拟精度。水动力学参数主要包括水力学因子参数 a、b、c、d，用来确定流量、流速、水深等水动力因子之间的关系，计算公式为

$$V = aQ^b \tag{5-3-20}$$

$$D = cQ^d \qquad (5\text{-}3\text{-}21)$$

式中，V 为河流的平均流速（m/s）；Q 为河流流量（m³/s）；D 为河流的平均水深（m）；a、b、c、d 为水动力学参数。

基于式（5-3-20）和式（5-3-21），利用最小二乘法获得下溪河和敖寨河的水动力学参数 a、b、c、d（表 5-3-12）。

表 5-3-12　下溪河与敖寨河水动力学参数（Lin et al.，2011）

河段编号		速度		深度	
		a	b	c	d
下溪河	R450	2.84	0.26	0.16	0.46
	R500	1.67	0.27	0.20	0.48
	R320	1.19	0.29	0.18	0.52
	R410	1.18	0.31	0.14	0.54
	R180	0.73	0.33	0.14	0.56
	R20	0.58	0.35	0.09	0.58
	R440	1.37	0.30	0.14	0.53
	R50	1.10	0.32	0.12	0.55
敖寨河	R30	0.75	0.16	0.10	0.35
	R40	0.35	0.25	0.05	0.32
	R60	0.99	0.08	0.05	0.23
	R100	0.51	0.06	0.05	0.46
	R110	1.68	0.45	0.03	0.51
	R120	1.98	0.90	0.04	0.31
	R140	2.99	0.26	0.12	0.59
	R150	3.05	0.27	0.20	0.58

（4）水体悬浮颗粒物的迁移：不同形态汞进入水体后，会在水、沉积物、生物体和各种环境介质间发生一系列的迁移和转化过程。水体不断向大气释汞的同时，部分 Hg^{2+} 可吸附在悬浮颗粒物上，随颗粒物沉降到沉积物中，或随颗粒物一起进行迁移（Ullrich et al.，2001）。有研究表明，在汞污染较严重区域，河流中约 95%的汞吸附在颗粒物表面进行迁移（Hines et al.，2000；Horvat et al.，2003；Zhang et al.，2010）。因此，研究水体中颗粒物迁移过程，是模拟汞在水体中迁移的重要环节。

本节采用 Lin 等（2011）采集的地表水中悬浮颗粒物（TSS，孔径 0.45μm 醋酸纤维滤膜）总量的相关数据进行分析运算。Carrloll 等（2000）指出细悬浮颗粒物（黏粒和粉粒，＜0.063mm）和粗悬浮颗粒物（砂粒，＞0.063mm）的含量与流速呈现极好的线性相关性。Lin 等（2011）研究发现，下溪河河水悬浮颗粒物与河流流量间存在显著的正相关关系 [图 5-3-9（a）]。其中，河流汞的输入源（R450、R500）与流量间的相关关系可用式（5-3-22）表示。远离污染源的河段（R440、R50）悬浮颗粒物与流量的关系，见式（5-3-23）。对于敖寨河，河流汞由 R150 河段输入，但由于矿渣堆距 R150 河段较远，河流中悬浮颗粒物含量及分布与下溪河不同［图 5-3-9（c）］。R150 河段悬浮颗粒物与流速间的关系，见式（5-3-24）。远离污染源河段（R60）中悬浮颗粒物与流速之间的关系，见式（5-3-25）。

$$\text{TSS} = 25.79Q \quad R^2 = 0.89 \tag{5-3-22}$$

$$\text{TSS} = 0.637Q \quad R^2 = 0.97 \tag{5-3-23}$$

$$\text{TSS} = 0.87Q \quad R^2 = 0.86 \tag{5-3-24}$$

$$\text{TSS} = 0.24 \times Q \quad R^2 = 0.95 \tag{5-3-25}$$

式中，TSS 为水体中悬浮颗粒物含量（mg/L）；Q 为河流流量（m^3/s）。

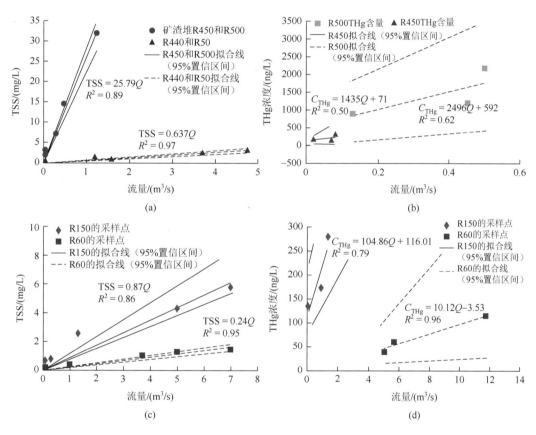

图 5-3-9　下溪河（a）和敖寨河（c）中 TSS 与河流流量线性拟合及下溪河（b）和敖寨河（d）中总汞（THg）含量与河流流量线性拟合［下溪河（a）、（b）引自 Lin et al.，2011］

　　悬浮颗粒物的粒径检测由高分辨率的库尔特颗粒计数仪完成（Lin et al.，2011）。分析结果显示，研究区河流水体中悬浮颗粒物粒径均小于 10μm。水体中颗粒物的运移受到重力、浮力和黏滞阻力等作用的影响，运动过程可用 Stokes 定律进行描述。在 WASP 模型中，将细颗粒物和粗颗粒物在水体中的运移速度分别设置为 5m/d 和 25m/d。

　　（5）汞的边界条件：由于 WASP 模型模拟过程是在一定的假设条件下进行的，河流概化时将分为若干个河段，需要在 WASP 模型中人为指定每个河段的汞初始浓度和每个边界条件的浓度与流量。本节采用 Zhang 等（2010）在万山地区针对平水期（2007 年 8 月）

和丰水期（2008 年 9 月）采集的地表水数据，采样点见图 5-3-8。污染源的概化结果表明，下溪河中 R450、R500 河段作为汞的输入源，敖寨河 R150 河段为汞的输入源。Carroll 等（2000）发现美国内华达州金矿附近河流流量与总汞（THg）含量间具有显著的相关关系。Suchanek 等（2009）在美国 Sulphur Bank 汞矿区河流中也发现了类似的规律。因此，本节采用线性回归法模拟敖寨河汞的负荷与河流流量的关系。Lin 等（2011）采用 Zhang 等（2010）在枯水期、平水期和丰水期针对 R450、R500 河段测定的总汞（THg）数据，作为矿渣堆附近的边界值。对应的关系式，见式（5-3-26）和式（5-3-27）[图 5-3-9（b）]。本节基于相同的数据，计算敖寨上游和下游的边界值，分别见式（5-3-28）和式（5-3-29）[图 5-3-9（d）]。

$$C_{THg} = 1435Q + 71 \quad R^2 = 0.50 \tag{5-3-26}$$

$$C_{THg} = 2496Q + 592 \quad R^2 = 0.62 \tag{5-3-27}$$

$$C_{THg} = 104.86Q + 116.01 \quad R^2 = 0.79 \tag{5-3-28}$$

$$C_{THg} = 10.12Q - 3.53 \quad R^2 = 0.96 \tag{5-3-29}$$

（6）反应常数和分配系数：根据扩散理论和固液界面吸附理论（Babiarz et al.，2001），金属离子在固体上的吸附速率与离子在固相和液相间的分配比例关系密切。假设汞的吸附与解吸附只发生一级动力学反应，则分配系数可表示为

$$K_d = \frac{C_{PHg}}{C_{DHg} \times C_{solid}} = \frac{C_{THg} - C_{DHg}}{C_{DHg} \times C_{solid}} \tag{5-3-30}$$

式中，K_d 为汞在固-液相中的分配系数（L/kg）；C_{PHg} 为颗粒态汞含量（ng/L）；C_{DHg} 为溶解态汞含量（ng/L）；C_{solid} 为悬浮颗粒物含量（kg/L）。

Langmuir 方程适合描述汞的等温吸附过程。但在自然条件下，温度是影响反应速率的重要因素。当在非常温条件（20℃）时，需要对温度因子进行校正：

$$f_{temp} = Q_{10}^{\frac{T-20}{10}} \tag{5-3-31}$$

式中，T 为空气温度（℃）；Q_{10} 为温度系数，WASP 建议将该系数设置为 2。

（7）模型性能：模型的性能检验主要通过模拟结果与实测值进行对比。标准误差（Error）、相对误差（%error）、乖离率（Bias）分别表示为

$$Error = \left[\frac{1}{n} \sum_{i=1}^{n} (C_M - C_0)_i^2 \right]^{0.5} \tag{5-3-32}$$

$$\%Error = 100 \cdot \left[\frac{\sum_{i=1}^{n} |C_M - C_0|}{\sum_{i=1}^{n} C_0} \right] \tag{5-3-33}$$

$$Bias = \frac{\sum_{i=1}^{n} (C_M - C_0)}{n} \tag{5-3-34}$$

式中，C_M 为模型模拟含量（ng/L）；C_0 为实测值（ng/L）。

（8）模型参数灵敏度分析：参数的灵敏度分析是模型灵敏度分析中最重要的一个环节（Hamby，1995）。它不仅可以确定各个参数对模型输出的影响程度，还可以评估各个参数的重要性。保留重要参数且对其他参数进行简化处理，可以降低参数的不确定性对模型模拟的影响。

本节对水体中甲基汞的运移过程不做分析。因此，对甲基化和去甲基化速率不做考虑。而具有不确定性的模型参数，边界条件采用 95%的置信区间进行误差控制。K_d 是影响模型灵敏性的重要因素。金属离子在固体上的吸附速率取决于固体的比表面积、电性及吸附过程的逆过程（解吸附过程）的强弱。因此，悬浮颗粒物粒径的分级对 K_d 敏感性分析至关重要。本研究无法获得河流悬浮颗粒物中有机质含量的相关数据。因此，WASP模型中有关有机质的参数假设与细颗粒物一致。溶解态汞在固-液相中分配比例的灵敏性检验，见表 5-3-13。

表 5-3-13　溶解态汞在固-液相中分配比例的灵敏性检验

细	粗				
	10^2	10^3	10^4	10^5	10^6
10^6	33.47	30.95	29.54	29.26	32.79
10^7	29.16	26.30	24.68	24.37	27.97
10^8	18.63	14.23	11.75	12.29	15.42
10^9	39.06	36.03	32.67	32.30	38.84

4. 基于 HEC-HMS 和 WASP 的运算结果

1）降水与河流流量的模拟

图 5-3-10 为 2007 年 9 月～2008 年 8 月下溪河 R20 河段（Lin et al.，2011）和 2007 年 8 月～2008 年 9 月敖寨河 R60 河段日降水量与 HEC-HMS 模拟河流流量。从图中可以看

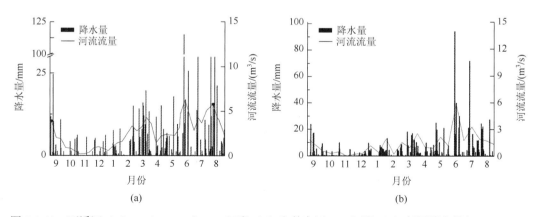

图 5-3-10　下溪河（Lin et al.，2011）R20 河段（a）和敖寨河 R60 河段（b）每日降水量与 HEC-HMS 模拟河流流量

出，河流流量与降水量具有明显的季节变化规律。受亚热带湿润季风气候的影响，研究区降水多集中在夏季，6～8 月降水量占全年总降水量的 48%左右。径流洪峰期也出现在这一时期，最高流量出现在 2008 年 6 月 8 日，下溪河河流流量为 35m³/s，敖寨河为 32m³/s。秋季（9～11 月）降水量逐渐减少，冬季（12 月至次年 2 月）气候寒冷干燥，河流流量在当年 10 月至次年 1 月降至最低值（＜1m³/s）。

2）悬浮颗粒物的运移

下溪河与敖寨河干流悬浮颗粒物随时间变化，见图 5-3-11。由于下溪河参考 Lin 等（2011）的研究结果［图 5-3-11（a）］，因此，与图 5-3-11（b）数据间隔不同，其曲线平滑度也存在差异。对比同一时期各个河段悬浮颗粒物含量可以发现，随着距汞输入源距离的增加，悬浮颗粒物含量呈现降低趋势。模型计算结果表明，每年下溪河流经 R320 河段的悬浮颗粒物共有 59 t，而敖寨河流经 R120 河段的悬浮颗粒物共有 14 t。径流洪峰期（6～8 月）河流流量达到峰值，水体中悬浮颗粒物含量也显著高于非洪峰期。由于研究区地形陡峭，集水区坡降大，水体流速加快、下渗量小、冲刷力强，造成河流更强的物理侵蚀。此外，河流沉积物在水动力条件和生物扰动下可发生再悬浮，从而导致水体悬浮颗粒物含量升高。悬浮颗粒物含量与降水量间也表现出一定的相关关系，即降水量越大水体悬浮颗粒物含量越高，该过程与降水引发的河流冲刷侵蚀作用有关。

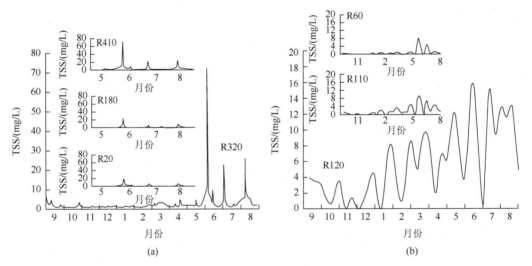

图 5-3-11　下溪河（a）与敖寨河（b）干流悬浮颗粒物随时间变化

（下溪河 R410、R180、R20 模拟月份为 5～8 月，Lin et al.，2011）

悬浮颗粒物（TSS）含量模拟值与观测值的对比见表 5-3-14。根据式（5-3-32）～式（5-3-34），估算模型的模拟性能。结果显示，在与 Lin 等（2011）的模型参数设置完全相同的条件下，2007 年 9 月下溪河模拟的标准误差为 0.11，相对误差为 11%；而敖寨河标准误差为 0.4，相对误差为 19.5%。将 2008 年 8 月的模拟值与观测值进行对比发现，下溪河与敖寨河模拟的标准误差分别为 0.08 与 0.65，相对误差分别为 2.5%与 0.49%。

表 5-3-14　悬浮颗粒物（TSS）含量模拟值与观测值的对比

河段		模拟值/(mg/L)	观测值（2007-09-04）	差异性/%	模拟值/(mg/L)	观测值（2008-08-08）	差异性/%
下溪河	R320	1.74	1.70	2.35	4.27	4.40	2.95
	R410	0.69	0.76	9.21	1.94	2	3
	R180	0.56	0.44	27.3	2.15	2.20	2.27
	R20	0.53	0.7	24.3	2.13	2.10	1.43
	标准误差	0.11			0.08		
	相对误差%	11			2.50		
	乖离率	−0.02			−0.05		
河段		模拟值/(mg/L)	观测值（2007-08-15）	差异性/%	模拟值/(mg/L)	观测值（2008-09-15）	差异性%
敖寨河	R120	3.80	3.10	22.58	12.70	11.78	7.81
	R110	0.80	0.74	8.11	4.56	5.10	10.59
	R60	0.23	0.20	15	1.10	1.50	26.67
	标准误差	0.40			0.65		
	相对误差%	19.50			0.49		
	乖离率	0.26			−0.0070		

3）总汞与溶解态汞在水体中的运移

利用 WASP 模拟下溪河与敖寨河水体总汞（THg）和溶解态汞（DHg）含量的变化趋势，见图 5-3-12。模型的模拟性能数据，列于表 5-3-15。结果显示，无论是下溪河还是敖寨河，随着远离污染源河流水体总汞和溶解态汞浓度逐渐降低。对河流水体样品分析表明，下溪河源头河段（近矿渣堆）水体总汞含量高达 2100ng/L，而距污染源 15km 的河段总汞含量低于我国饮用天然水体中总汞限制值 1000ng/L（GB 5749—2022），敖寨河汞输入源水体总汞含量为 316ng/L，但在 R60 河段，总汞含量降至 14ng/L。

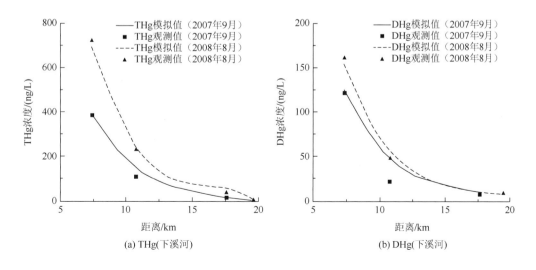

(a) THg(下溪河)　　　　　　　　　　　　　(b) DHg(下溪河)

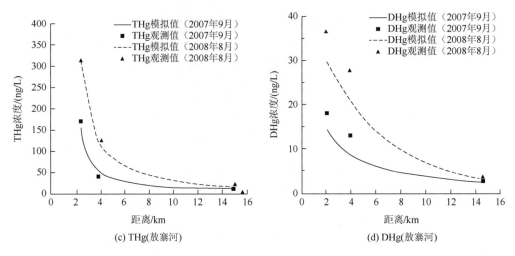

(c) THg(敖寨河)　　　　　　　　　　　(d) DHg(敖寨河)

图 5-3-12　下溪河和敖寨河水体总汞（THg）和溶解态汞（DHg）模型模拟值和实测值对比

表 5-3-15　干流河段水体总汞（THg）和溶解态汞（DHg）模拟值与实测值对比（单位：ng/L）

河段编号		2007 年 9 月 4 日			2008 年 8 月 8 日		
		模拟值	观测值	相对误差/%	模拟值	观测值	相对误差/%
下溪河 THg	R320	394	380	3.70	695	720	3.50
	R410	88	110	20	250	230	8.70
	R180	15	17	11.80	57	39	46.20
	R20	7.9	6.60	19.70	14	9.3	
	标准误差		13			19	
	相对误差/%		7.70			7.20	
	乖离率		−2.20			5.40	
下溪河 DHg	R320	124.40	120	3.70	153.10	160	4.30
	R410	26.11	21	24.30	28.40	48	40.80
	R180	8.20	7.20	38.90	9.90	7.50	32
	R20	6.70		22.40	7.90	8.30	4.8
	标准误差		3.80			10	
	相对误差/%		9			13	
	乖离率		3.50			−6.10	

河段编号		2007 年 8 月 15 日			2008 年 9 月 15 日		
		模拟值	观测值	相对误差%	模拟值	观测值	相对误差%
敖寨河 THg	R120	163	171	4.68	324	316	2.50
	R110	37	40	7.50	105	114	7.90
	R60	12	14	14.28	20	23	13.04
	标准误差		5.1			7.20	
	相对误差/%		5.80			4.40	
	乖离率		−4.30			−1.30	

续表

河段编号		2007 年 8 月 15 日			2008 年 9 月 15 日		
		模拟值	观测值	相对误差%	模拟值	观测值	相对误差%
敖寨河 DHg	R120	14	18	22.20	30	37	18.90
	R110	9.80	13	24.60	23	28	17.80
	R60	2.70	3.10	12.90	2.80	3.50	20
	标准误差	2.97			4.42		
	相对误差/%	22.20			15.60		
	乖离率	−2.53			−1.57		

　　悬浮颗粒物的运移方式是河流水体汞含量及分布特征的重要影响因素。地表河流中的汞主要受矿渣堆冲刷后产生的颗粒物影响，颗粒物对 Hg^{2+} 有较强的吸附能力，从而提高了汞在水体中的迁移能力（Rytuba，2000）。靠近污染源的河段，河流水体中的汞主要以颗粒态汞的形式存在。随着颗粒物的沉降，河流下游水体中颗粒态汞的含量和溶解态汞的含量相当（Zhang et al.，2010）。此外，靠近矿渣堆河流水体溶解态汞的含量也比较高，这与冶炼废渣淋滤作用以及颗粒态汞的溶解过程有关（Gray et al.，2002，2003；Kim et al.，2000，2004）。

　　地表水中颗粒物的运移过程主要受到流量和流速的影响。径流洪峰期河流水体携带大量颗粒物发生迁移，甚至表层沉积物部分颗粒物会发生再悬浮。而在枯水期，河流水体颗粒物以沉降作用为主，大量颗粒物逐渐沉降进入沉积物中。当水动力条件增强时，表层沉积物中的颗粒物会再次进入水体，即颗粒物在河流水体-沉积物体系存在"迁移—沉降—再迁移"的循环过程（Zhang et al.，2010）。因此，计算各个河段汞的输出量成为研究汞在河流中运移的必要部分。某一河段汞输出量的计算公式为

$$Hg = C_{THg} \times Q \times T \tag{5-3-35}$$

式中，Hg 为某一河段汞的输出量（kg）；C_{THg} 为水体中汞的含量（ng/L）；Q 为河流流量（m^3/L）；T 为模拟间隔时间（s）。

　　下溪河和敖寨河水体汞输入/输出通量见图 5-3-13。对于下溪河，每年从 R320 河段输入的汞为 8.80kg，从 R20 河段排出的汞为 2.60kg，汞在该河段年沉积量占总输入量的比例为 70%。对于敖寨河，每年从 R150 河段输入的汞为 1.48kg，从 R60 河段排出的汞为 0.80kg，汞在该河段的年沉积量占输入量的比例为 46%。

　　对模型估算值与实际观测值进行对比发现，对敖寨河水体总汞的模拟结果，其相对误差值均小于 10%，模拟结果较好。而对溶解态汞的模拟结果相对误差值偏大，模拟有效性稍差，主要是相关数据的缺乏导致的，如无法估算汞在水体中的还原过程以及水体汞向大气的释放过程。同时，为最大限度减少 K_d 带来的模拟误差，敖寨河和下溪河水体总汞的 K_d 取值 $10^5 \sim 10^7$。但该数值仍是估算值，不可避免地会给模拟结果带来一定的误差。此外，由于模型参数设置时忽略了对水体和大气间交换系数的设定，这就意味着忽略了水体-大气汞的交换过程。上述诸多因素导致模型模拟结果存在较大的误差。因此，敖寨河汞的质量平衡模型模拟值较实际监测结果偏低。

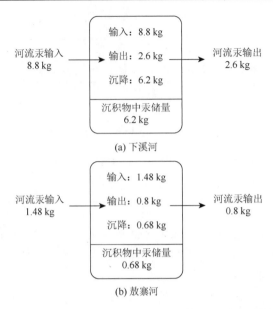

(a) 下溪河

(b) 敖寨河

图 5-3-13　下溪河和敖寨河水体汞年输入/输出通量

5.4　典型流域汞的质量平衡模型

5.4.1　理论基础

　　河流流域是一个复杂的生态体系，而传统的野外采样、样品测试等方法无法准确模拟和估算整个流域汞的循环过程（王礼先等，1992）。为全面系统地了解研究区汞的迁移特征，通过查阅资料收集已有关于土壤、大气、河流等相关数据，结合本研究采集的数据，基于地理信息平台（GIS 平台），运用已有模型建立汞矿区典型流域汞循环质量平衡模型。近年来，GIS 管理自然资源不均匀空间分布的功能快速发展，并得到了广泛的应用（Chairat and Delleur，1993）。地理信息平台与模型联合应用，可有效对环境污染状况进行模拟分析，直观展示影响范围、空间分布特征和动态变化等，使模型计算结果最优化。质量平衡模型包括以下重要组成部分（图 5-4-1）。

　　（1）基于研究区表层土壤和土壤剖面汞含量数据，估算研究区土壤中汞的承载量。利用 EF 值评估人为活动对土壤汞污染的影响，并估算人为源对土壤汞储库的贡献。

　　（2）估算研究区表层土壤汞因土壤侵蚀产生的汞迁移量。RUSLE 是修正后的通用土壤流失方程（USLE），也是目前最为简洁有效的侵蚀产沙分析工具之一。该方程以更准确的气象资料代替 USLE 模型中的平均降水量，有丰富的地形信息，以及考虑了各种水土保持措施对侵蚀的影响。同时，还扩大了土壤侵蚀度的适用范围。

　　（3）估算研究区大气汞沉降量和沉降通量。

　　（4）估算土壤释汞通量。

　　（5）通过降水量模拟地表径流。使用观测值进行校准，利用 WASP 模型模拟汞在地表水中的迁移和沉积过程。

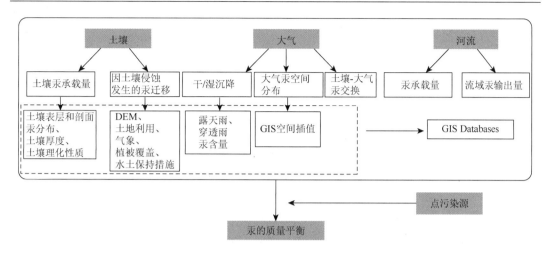

图 5-4-1　研究区汞质量平衡研究框架

构建模型是科学研究的基础方法之一,理想化方法是构建模型的前提(孙晶,2000)。合理的假设条件,一方面可以有效抓住主要因素;另一方面,可以简化甚至忽略次要因素,将复杂的过程简单化。基于理想化方法建立的模型,是在理想化状况下所遵循的基本规律的反映。虽然自然环境中这些理想状况并不存在,但这并不影响模型在解决实际问题中的应用。因为很多实际现象在特定的条件下与相应的模型模拟获得的结果相吻合。本研究的假设条件如下。

(1)在对土壤汞的承载量进行估算时,假设土壤的基本理化参数(如土壤湿度、土壤容重等)在剖面上的分布是一致的。

(2)忽略居民区、水域、道路、工业用地等区域土壤汞的承载量。

(3)土壤侵蚀只发生在土壤表层,且只有颗粒态汞随土壤侵蚀发生迁移,而溶解态汞随地表径流发生迁移。

(4)随地表径流发生的汞迁移全部进入河流水体中,且在迁移过程中没有发生损失。

(5)由于本研究只针对土壤总汞建立质量平衡模型,因此,假定土壤中的汞没有发生形态转化。

(6)估算土壤厚度时,忽略由人为搬运或沟壑地区超出研究区一般土壤厚度的土层。

(7)大气沉降至叶片表面的二价汞(Hg^{2+})没有转化为单质汞(Hg^0)。

(8)忽略植物对汞的吸收作用。

(9)假定土壤-大气界面存在汞的交换过程,但土壤中汞的含量不发生改变。

由于研究区土壤理化性质差异较大,因此,将研究区划分成 6 个水文单元,每个水文单元按照土地利用方式分为耕作土区域和自然土区域(图 5-4-2)。水文单元的划分依照泰森多边形法进行分割(Vincent and Daly,1990),即以土壤采样点为中心,将地形地貌相似的像素单元合并为一个水文单元,再按照土地利用方式分别提取耕作土区域和自然土区域。

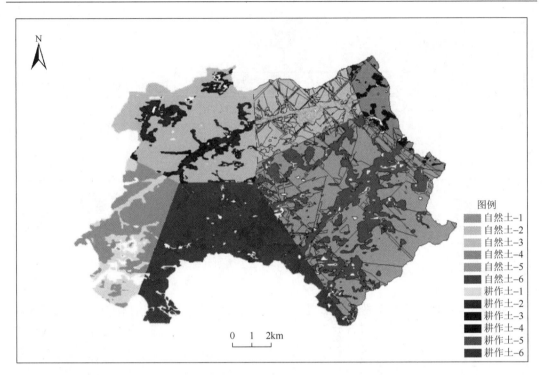

图 5-4-2　研究区的 6 个水分子单元（后附彩图）

5.4.2　数学描述

1. 土壤汞的承载量

由于本研究所采集土壤剖面有限，在估算土壤汞的总量时以土壤剖面为中心，利用泰森多边形法则将研究区分为若干个小流域，并基于 GIS 统计各个小流域的面积。由于研究区地形复杂，且土壤发育程度不同、土壤厚度差异显著，为减少这一误差，在计算过程中以 15m×15m 为像素单元进行计算，计算公式如下：

$$S = \sum_{i=1}^{n} C_{\text{THg}} \times B \times (1-d) \times \Delta h \times A \qquad (5\text{-}4\text{-}1)$$

式中，S 为土壤中汞的总量（mg）；C_{THg} 为土壤汞含量（mg/kg）；d 为土壤质量含水率（%）；B 为土壤容重（g/cm^3）；Δh 为土壤厚度（cm）；A 为面积（m^2）。

2. 土壤-大气界面汞的交换通量

1）大气汞沉降

作者在进行野外穿透雨采样期间，集雨器收集到的样品包含干沉降和湿沉降两部分。净穿透沉降量应为穿透沉降量减去露天沉降量，是大气汞沉降至叶片表面的干沉降量（St. Louis et al.，2001；Rea et al.，2001；Graydon et al.，2006，2008）。然而，作为干沉降重要的组成部分,本研究缺乏叶片干沉降量的数据。因此,对研究区大气汞干沉降量的估算采用理论模型进行模拟。研究区大气汞湿沉降量的计算方法如下:

$$D_{\mathrm{Hg}} = \frac{\sum M_{\mathrm{Hg}}}{A_{\mathrm{sam}}} \qquad (5\text{-}4\text{-}2)$$

式中,D_{Hg} 为月均大气汞沉降通量(ng/m^2);M_{Hg} 为每个露天雨样品中汞的含量(ng);A_{sam} 为集雨器的面积(m^2)。

大气汞干沉降的计算采用 Hick 等(1987)建立的 Multiple Resistance Model 模型,后经 Lindberg 等(1992)修正,具体计算公式如下:

$$P_{\mathrm{Hg}} = \frac{1}{1000} \sum_{i=1}^{i=12} \left[(C_{\mathrm{T}}^{i} - C_{\mathrm{R}}^{i}) \frac{P_{\mathrm{Tf}}^{i}}{\tau^{i}} \right] \qquad (5\text{-}4\text{-}3)$$

式中,P_{Hg} 为干沉降速率[μg/(m^2·a)];C_{T} 为穿透雨中总汞含量(ng/L);C_{R} 为露天雨中总汞含量(ng/L);P_{Tf}^{i} 为每个样品的集雨量;τ^{i} 为每个样品发生干沉降的时间(h)。

2)土壤释放汞量

目前,土壤-大气界面汞交换通量的测定技术已比较成熟(如动力学通量箱法、微气象法),人们对土壤-大气界面汞交换过程及其影响因素的认识也比较深入(Gustin,2003;Engle and Gustin,2002;Engle et al.,2001;Ferrara et al.,1998)。基于实验室模拟,Zhang 等(2001)和 Gbor 等(2006)提出,土壤-大气界面间汞的交换是发生在表层土壤的物理化学过程,主要包括吸附和解吸附以及汞在土壤孔隙中的扩散过程。基于这一假设,本节提出了计算土壤-大气界面汞交换通量的计算方法,具体的计算公式如下:

$$F_{\mathrm{Hg}} = -\frac{\mathrm{d}[\mathrm{Hg}]}{\mathrm{d}t} = k[\mathrm{Hg}]_{\mathrm{s}}^{n} \qquad (5\text{-}4\text{-}4)$$

式中,F_{Hg} 为土壤-大气界面汞的交换速率[ng/(m^2·h)];$[\mathrm{Hg}]_{\mathrm{s}}$ 为土壤汞含量(mg/kg);t 为时间(h);k 为土壤-大气界面汞交换速率常数;n 为反应级数。

由于土壤向大气释放汞是一个持续的过程,随着反应级数的增加,界面间$[\mathrm{Hg}]_{\mathrm{s}}$是一个变量。本节假设整个过程只发生一级反应,即$[\mathrm{Hg}]_{\mathrm{s}}$始终不变。Arrhenius 方程是计算化学反应速率常数随温度变化关系的经验公式,此处被用于计算k值,即动能与温度的关系:

$$\ln k = -\frac{E_{\mathrm{a}}}{R \cdot T} + \lambda \qquad (5\text{-}4\text{-}5)$$

式中,E_{a} 为化学反应的活化能;R 为气体常数 8.314472J/(K·mol);T 为土壤温度(K);λ 为常数。

将式(5-4-4)和式(5-4-5)合并后,得到式(5-4-6):

$$\ln F_{\mathrm{Hg}} = -\frac{E_{\mathrm{a}}}{R \cdot T} + \ln[\mathrm{Hg}]_{\mathrm{s}} + \lambda \qquad (5\text{-}4\text{-}6)$$

3. 土壤汞的迁移

假设土壤侵蚀只引起土壤颗粒态汞的迁移,而径流则影响溶解态汞的迁移。事实上,引起土壤汞迁移的过程还包括淋滤和蒸发。由于缺乏相关数据，本节并没有考虑上述过程对土壤汞迁移的影响。

1）土壤汞的固-液相平衡

土壤中的汞存在于液相和固相中，其分配比例取决于土壤的含水量以及土壤固定汞的能力，可通过以下方程来表达：

$$f_{ws} = \theta_w / (\theta_w + K_{ds} \times B) \tag{5-4-7}$$

$$f_{ps} = 1 - f_{ws} \tag{5-4-8}$$

式中，f_{ws} 为土壤汞的液相比例；f_{ps} 为土壤汞的固相比例；θ_w 为土壤含水量（mL/cm^3）；K_{ds} 为分配系数（mL/g）；B 为土壤容重（g/cm^3）。

K_{ds} 为污染物在土壤溶液及土壤颗粒表面发生界面反应定量化的一个重要指标（朱永官，2003）。K_{ds} 受土壤 pH、有机质含量、土壤含水率、土壤机械组成以及土壤的化学组成等因素的影响。由于研究区土壤理化性质比较复杂，无法获得详细资料，因此，本节综合国内外已有研究成果（Lyon et al.，1997；Kocman，2008），采用理想状态赋值法进行估算，研究区污染源附近土壤 K_{ds} 赋值 250L/kg，其他区域土壤赋值 100L/kg。

2）径流流失率

溶质随地表径流的迁移过程是环境质量的关键环节（Holt et al.，1975）。溶质随径流迁移过程包含了一系列复杂的物理化学过程。该过程不仅受到土壤理化性质、化合物的理化性质以及降雨径流特征的影响，还受到坡面微地形地貌、排水状况、表层土壤理化性质以及地表植被覆盖等下垫面条件的影响。径流流失系数的计算与径流体积、溶解态汞的比例有关，具体计算公式如下：

$$Ks_{R_0} = \frac{R_0}{Z_d} \times \frac{f_{ws}}{\theta_w} \tag{5-4-9}$$

式中，Ks_{R_0} 为径流系数（a^{-1}）；R_0 为径流量（cm）；Z_d 为流域土壤混合厚度（cm）。

3）土壤侵蚀率

土壤中的汞可与土壤组分发生吸附、络合、沉淀反应，形成稳定性不同的汞形态（Revis et al.，1989）。当土壤遭受侵蚀时，一部分汞会随土壤颗粒被搬运至异地。在不同的流域，汞因土壤侵蚀而发生的迁移程度存在很大差异（Balogh et al.，1998）。土壤侵蚀系数的计算公式如下：

$$Ks_E = \frac{A \cdot SDR \cdot ef}{Z_d} \times \frac{f_{ps}}{B} \tag{5-4-10}$$

式中，Ks_E 为土壤侵蚀系数；A 为土壤侵蚀模数[t/(hm^2·a)]；SDR 为沉积物运移率；ef 为汞的富集因子。

富集因子 ef 在相对富集汞的土壤以及高有机质含量的土壤中，往往表现高值。对于研究区总面积（A_{ws}，km^2），应用 Mullins 等（1993）ef 的计算方法，具体公式为

$$ef = 2 + 0.2 \cdot \ln\left(\frac{A}{A_{ws}}\right) \tag{5-4-11}$$

基于 GIS 平台，计算获得研究区各水文单元 ef 平均值为 2.9。该值与研究区地质地貌特征相似的 Idrijca 流域中 ef 相近（2.02～2.57；Kocman，2008）。土壤侵蚀模数 A 通过 RUSLE 模型计算获得，详细计算过程见 5.3 节。

沉积物运移率 SDR 采用 Gavrilovic（1976）的计算方法：

$$\text{SDR} = \frac{(O \times D)^{0.5}}{0.25 \times (L + D)} \tag{5-4-12}$$

式中，O 为流域周长（km）；D 为平均高度距离（km）；L 为研究区的长度（km）。平均高度距离计算公式如下：

$$D = \frac{\sum_{i=1}^{n} f_i \cdot h_i}{F_w} - H_{\min} \tag{5-4-13}$$

式中，f_i 为两条等高线间的面积（km^2）；h_i 为等高线的高度（m）；$H_{\min}$ 为流域最低海拔（m）。

4. 河流汞的输入

在质量平衡计算中，假设因土壤侵蚀和径流流失的土壤汞全部进入河流水体中。河流汞的输入包含颗粒态汞和溶解态汞两种汞形态，可描述为

$$L_{\text{total}} = L_{\text{runoff}} + L_{\text{erosion}} \tag{5-4-14}$$

式中，L_{total} 为输入河流的汞（g/a）；L_{runoff} 为因地表径流引起的汞迁移（g/a）；L_{erosion} 为土壤侵蚀引起的汞迁移（g/a）。

1）地表径流发生的汞流失量

研究区土壤中溶解态汞随地表径流的迁移量，可通过如下公式计算获得

$$L_{\text{runoff}} = \text{Ks}_{R_0} \times V_s \times C_{\text{THg}} \times B \tag{5-4-15}$$

式中，L_{runoff} 为地表径流引起的汞迁移（g/a）；Ks_{R_0} 为径流流失系数；V_s 为土壤体积（m^3）；C_{THg} 为表层土壤总汞含量（mg/kg）；B 为土壤容重（g/cm^3）。

2）土壤侵蚀发生的汞流失量

本节只考虑地表侵蚀引起的汞迁移，而地下侵蚀引起的汞迁移不做考虑。研究区土壤中颗粒态汞随地表径流的迁移量计算公式为

$$L_{\text{erosion}} = \text{Ks}_{\text{E}} \times V_s \times C_{\text{THg}} \times B \tag{5-4-16}$$

式中，L_{erosion} 为汞流失量（g/a）；Ks_{E} 为汞迁移系数（a^{-1}）；V_s 为土壤体积（m^3）；C_{THg} 为表层土壤总汞含量（mg/kg）；B 为土壤容重（g/cm^3）。

5. 研究区汞输出

汞在研究区进行迁移和转化的同时，也会随地表水输出研究区。汞的输出通量计算公式如下：

$$F_{\text{out}} = C_{\text{w}} \times \sigma \tag{5-4-17}$$

式中，F_{out} 为研究区汞的输出通量（ng/d）；C_{w} 河流水体中汞的含量（ng/L）；σ 为河流流量（m^3/d）。

5.4.3 基础数据来源

本节使用的基础数据包括：行政区划图、地形图、土壤图、土地利用现状图和植被覆盖图。相关图件资料来自贵州省铜仁市万山区农业农村局和自然资源局。对上述资料/数据进行矢量化后，赋予统一的坐标系（WGS 1984）。气象数据主要为逐日降水量，该数据由贵州省铜仁市气象局提供。

1）行政区划图

基于 1∶50000 万山行政区划图（原行政区划），确定万山镇、下溪乡、敖寨乡范围。

2）数字高程模型

基于万山区自然资源局提供的 1∶10000 万山地形图（原地形图），经矢量化后内插生成数字高程模型（digital elevation model，DEM），栅格大小为 15m，作为数据库及后续分析的基础。DEM 精度通过平面精度和高程精度分别评定，其中平面精度为±1m，平坦区域高程精度为±2 m，山体区域为±4.5 m。

3）土壤图

基于万山区农业农村局提供的 1∶100000 土壤类型图,经矢量化后生成 ESRI 面文件。研究区土壤类型主要包括：黄壤、黄红壤、黄色石灰土、大土泥、黄泥土、淹育型水稻土、潜育型水稻土和矿毒型水稻土。矢量图完成后随机选取一系列采样点，通过实际土壤类型进行校正。

4）植被覆被图

由于万山区自然资源局提供的 1∶10000 土地利用现状图测绘时间较早，本节基于卫星影像的遥感制图方法，与纸质图件进行对照并提取植被覆被图。成图质量主要取决于影像质量和遥感解译深度（李乔等，2000；魏娜等，2008）。遥感影像数据为 2009 年 10 月和 2010 年 5 月的 TM 影像，分辨率为 30m。在遥感解译时，采用直接判读法，根据遥感影像目视判读标志（色调、色彩、大小、形状、阴影、纹理、图案等），直接确定目标地物属性和范围。基于 ENVI 平台，以数字化地形图和纸质土地利用现状图为参照，将 TM 影像 5、4、3 波段组合成伪彩色遥感图像，并对其进行几何校正和重采样，误差控制在 0.5 个像元内。然后根据建立的遥感解译标志，在 ArcGIS 9.3 软件的支持下，对流域两期遥感影像进行人工目视解译，得到研究区土地利用现状图和植被覆被图。最后在 Erdas 平台下，通过随机抽取地面点，对土地覆被数据结果进行评价（Anderson et al.，1976）。

利用遥感技术监测植被的变化，可以用 NDVI 作为替代指标，其是近红外波段（波段 4）与红外波段（波段 3）的差异经二者校正后的结果。ENVI 直接计算出的结果为 DN 值（0～255），需经大气校正和地形校正后转化为表观反射率，然后利用式（5-4-18）计算获得 NDVI：

$$NDVI = (NIR - RED) / (NIR + RED) \qquad (5\text{-}4\text{-}18)$$

5）降水资料

2000～2010 年降水数据由贵州省铜仁市气象局提供，包括逐日、月均及年均降水量数据。由于研究区内只设有一个气象站，故质量平衡的计算中涉及的降水资料均为平均值。

5.4.4　土壤汞承载量的估算

1. 土壤汞承载量

计算结果显示，研究区共有 1526t 汞储存在土壤中。其中，自然土汞承载量共 226t，耕作土汞承载量共 1300t。研究区耕作土面积为 47.1km²，远远小于自然土的面积（116.3km²）。由此可见，耕作土中遭受汞污染的程度远远大于自然土。

植物不仅可以通过根系吸收土壤中的汞，叶、茎表面也可直接吸收大气中的汞。对于汞污染严重的土壤，植物表现出不同程度的对汞的富集。对于研究区内耕作土而言，其土壤汞含量显著高于其他类型的土壤（如灌木土和林地土），种植的蔬菜和粮食作物等汞含量也会较高（Li et al.，2008；Qiu et al.，2008）。因此，当地居民食用汞污染的蔬菜或粮食导致的健康风险值得进一步关注。

2. 土壤汞人为源的估算

根据 ef 值的分类计算获得研究区自然土（灌木土和林地土）、耕作土（稻田和旱地）中人为活动输入的汞总量分别为 75t、1227t，分别占土壤汞总储量的 33.5%、94.4%。

已有研究表明，土壤中的汞主要有三个来源（戴前进等，2002；刘鹏，2006；Echeverria et al.，1995）。首先，土壤母质是土壤汞的最基本来源。基岩中汞的含量，直接决定着土壤中汞的含量。其次，汞通过干湿沉降到达土壤，随后被土壤中的黏土矿物和有机物吸附，富集在土壤表层（Wang et al.，2007）。最后，汞污染河水的灌溉过程也是土壤汞的重要来源之一。野外调查显示，研究区露天堆放了大量的尾矿和矿渣。尾矿和矿渣堆在不断向大气释放汞的同时，又在地表营力作用下随地表径流进入河流，后经人为灌溉进入农田生态系统（刘鹏，2006）。

在自然土中，土壤主要受大气汞干湿沉降的影响，污染源相对单一，土壤汞污染程度相对较低。而在耕作土中，大气汞沉降和灌溉水是土壤汞的重要来源。经灌溉水进入土壤的汞量达 1196 t。研究区内地表水汞污染严重，地表水作为矿区农田灌溉的主要水源，进一步加剧了农田土壤的汞污染程度。

5.4.5　研究区汞的质量平衡

基于 GIS 平台和模型工具，本节估算了研究区土壤汞的承载量、地表汞的迁移量、土壤向大气的释汞量、大气汞干/湿沉降量以及土壤汞向水体的迁移量（详见 5.3 节）。在此基础上，最终建立了万山汞矿区典型流域汞循环质量平衡模型。研究区地表河流水体、土壤、大气汞的年迁移量，见图 5-4-3。主要包括大气汞的干湿沉降、表层土壤向大气的释汞、矿渣堆向大气的释汞、因地表径流/土壤侵蚀引起的土壤汞迁移、水体颗粒物沉降至沉积物中的汞和研究区输出的汞。

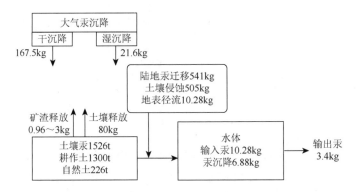

图 5-4-3　研究区汞循环质量平衡模型

如图 5-4-3 所示，研究区土壤中汞的承载量为 1526t，是研究区最大的汞储存库。同时，土壤也是水体、大气最大的汞污染源。由于研究区坡度较大且土壤保水能力差，土壤侵蚀剧烈。随土壤侵蚀发生的汞迁移量（505kg）占研究区汞循环总量的比例较高。值得注意的是，由于土壤侵蚀引起的汞迁移并没有全部进入地表水中，并且 WASP 设定了汞的边界条件，假定矿渣堆是地表水中汞的唯一输入源，因此，估算河流汞沉降的值比实际值要低。

参 考 文 献

包正铎, 王建旭, 冯新斌, 等. 2011. 贵州万山汞矿区污染土壤中汞的形态分布特征. 生态学杂志, 30 (5)：907-913.

蔡崇法, 丁树文, 史志华, 等. 2000. 应用 USLE 模型与地理信息系统 IDRISI 预测小流域土壤侵蚀量的研究. 水土保持学报, 14 (2)：19-24.

戴前进, 冯新斌, 唐桂萍. 2002. 土壤汞的地球化学行为及其污染的防治对策. 地质地球化学, (4)：75-79.

戴前进, 冯新斌, 仇广乐, 等. 2004. 陕西省潼关采金地区汞污染的初步研究. 环境化学, 23 (4)：460-464.

冯新斌, 陈业材, 朱卫国. 1996. 土壤中汞存在形式的研究. 矿物学报, 16 (2)：218-222.

冯新斌, 仇广乐, 付学吾, 等. 2009. 环境汞污染. 化学进展, 21 (2/3)：436-457.

付学吾, 冯新斌, 王少锋, 等. 2005. 植物中汞的研究进展. 矿物岩石地球化学通报, 24 (3)：232-238.

郭旭东, 傅伯杰, 马克明, 等. 2000. 基于 GIS 和地统计学的土壤养分空间变异特征研究——以河北省遵化市为例. 应用生态学报, 11 (4)：557-563.

国家市场监督管理总局, 国家标准化管理委员会. 生活饮用水卫生标准：(GB 5749—2022).

何腾兵. 1995. 贵州山区土壤物理性质对土壤侵蚀影响的研究. 土壤侵蚀与水土保持学报, 1 (1)：85-95.

贺祥, 熊康宁, 陈洪云. 2009. 喀斯特石漠化地区不同治理措施下的土壤抗蚀性研究——以贵州毕节石桥小流域为例. 西南师范大学学报 (自然科学版), 34 (4)：133-139.

花永丰, 崔敏中. 1995. 贵州万山汞矿. 北京：地质出版社.

贾志伟, 江忠善, 刘志. 1990. 降雨特征与水土流失关系的研究. 中国科学院水利部西北水土保持研究所集刊 (2)：9-15.

姜勇, 张玉革, 梁文举, 等. 2003. 沈阳市苏家屯区耕层土壤养分空间变异性研究. 应用生态学报, 14 (10)：1673-1676.

蒋靖坤, 郝吉明, 吴烨, 等. 2005. 中国燃煤汞排放清单的初步建立. 环境科学, 26 (2)：34-39.

李平, 冯新斌, 仇广乐, 等. 2006. 贵州省务川汞矿区土法炼汞过程中汞释放量的估算. 环境科学, 27 (5)：837-840.

李乔, 刘春, 奚长元, 等. 2000. 数字土地利用现状图的制图概括. 测绘通报, 3：30-32.

林三益. 2001. 水文预报. 2 版. 北京：中国水利水电出版社.

刘鹏. 2006. 贵州典型矿区环境中汞的污染研究. 贵阳：贵州大学.

刘树华, 刘和平, Mei X, 等. 1998. 森林冠层上下湍流谱结构和耗散率. 中国科学 (D 辑：地球科学), 28 (5)：469-480.

刘志刚. 2011. 坡改梯对我国经济可持续发展的影响和对策. 中国水土保持科学, 9 (4): 46-49.

陆波, 梁忠民, 余钟波. 2005. HEC 子模型在降雨径流模拟中的应用研究. 水力发电, 31 (1): 12-14.

潘文学, 孙淑侠, 雷智昌. 2010. 一种适用于水量传播特点的流量演算公式. 水利与建筑工程学报, 8 (2): 23-26.

齐雁冰, 黄标, Darilek J L, 等. 2008. 氧化与还原条件下水稻土重金属形态特征的对比. 生态环境, 17 (6): 2228-2233.

仇广乐. 2005. 贵州省典型汞矿地区汞的环境地球化学研究. 贵阳: 中国科学院地球化学研究所博士学位论文.

仇广乐, 冯新斌, 王少锋, 等. 2006. 贵州汞矿矿区不同位置土壤中总汞和甲基汞污染特征的研究. 环境科学, 27 (3): 550-555.

曲宸绪, 姜勇, 武燕萍, 等. 2006. 使用反距离权重内插法绘制中国 1990 年代肿瘤分布地图. 中华流行病学杂志, 27 (3): 230-233.

苏维词. 2001. 贵州喀斯特山区的土壤侵蚀性退化及其防治. 中国岩溶, 20 (3): 217-223.

孙晶. 2000. 理想化方法与理论模型. 北京理工大学学报 (社会科学版), 2 (1): 32-36.

万军, 蔡运龙, 张惠远, 等. 2004. 贵州省关岭县土地利用/土地覆被变化及土壤侵蚀效应研究. 地理科学, 24 (5): 573-579.

王礼先, 陆守一, 洪惜英, 等. 1992. 流域管理信息系统的建立及应用研究. 水土保持学报, 6 (1): 25-32.

王少锋. 2006. 汞矿化带土壤/大气界面汞交换通量研究. 贵阳: 中国科学院地球化学研究所博士学位论文.

王晓燕, 高焕文, 李洪文, 等. 2000. 保护性耕作对农田地表径流与土壤水蚀影响的试验研究. 农业工程学报, 16 (3): 66-69.

魏娜, 姚艳敏, 陈佑启. 2008. 高光谱遥感土壤质量信息监测研究进展. 中国农学通报, 24 (10): 491-496.

吴秀芹, 蔡运龙, 蒙吉军. 2005. 喀斯特山区土壤侵蚀与土地利用关系研究——以贵州省关岭县石板桥流域为例. 水土保持研究, 12 (4): 46-48, 77.

邢妍. 2011. 清河水系氨氮污染负荷与水质响应关系模拟研究. 沈阳: 沈阳理工大学硕士学位论文.

徐天蜀, 彭世揆, 岳彩荣. 2002. 基于 GIS 的小流域土壤侵蚀评价研究. 南京林业大学学报 (自然科学版), 26 (4): 43-46.

徐燕, 龙健. 2005. 贵州喀斯特山区土壤物理性质对土壤侵蚀的影响. 水土保持学报, 19 (1): 157-159, 175.

许月卿, 邵晓梅. 2006. 基于 GIS 和 RUSLE 的土壤侵蚀量计算——以贵州省猫跳河流域为例. 北京林业大学学报, 28 (4): 67-71.

詹士昌. 2006. 马斯京根洪水演算模型的改进——兼论其参数的蚁群算法率定. 自然灾害学报, 15 (2): 32-37.

张华. 2010. 汞矿区陆地生态系统硒对汞的生物地球化学循环影响与制约. 贵阳: 中国科学院地球化学研究所博士学位论文.

张磊, 王起超, 李志博, 等. 2004. 中国城市汞污染及防治对策. 生态环境, 13 (3): 410-413.

张丽娟, 毕淑芹, 袁丽金, 等. 2007. 不同土地利用方式土壤侵蚀与养分流失的模拟试验. 林业科学, 43 (Sp. 1): 17-21.

周佩华, 郑世清, 吴普特, 等. 1997. 黄土高原土壤抗冲性的试验研究. 水土保持研究, 4 (5): 47-58.

朱安国. 1992. 贵州省武陵山区土壤侵蚀研究. 贵州农业科学, 20 (2): 1-6.

朱永官. 2003. 土壤-植物系统中的微界面过程及其生态环境效应. 环境科学学报, 23 (2): 205-210.

Abbott M L, Susong D D, Krabbenhoft D P, et al. 2002. Mercury deposition in snow near an industrial emission source in the western US and comparison to ISC3 model predictions. Water Air and Soil Pollution, 139 (1-4): 95-114.

Ambrose R B, Wool T A, Connolly J P, et al. 1988. WASP4, a hydrodynamic and water-quality model—model theory, user's manual, and programmer's guide. US Environmental Protection Agency: Athens, GA. EPA/600/3-87-039.

Anderson J R, Hardy E E, Roach J T, et el. 1976. A land use and land cover classification system for use with remote sensor data. USGS Numbered Series: 964.

Ansari A A, Singh I B, Tobschall H J. 2000. Importance of geomorphology and sedimentation processes for metal dispersion in sediments and soils of the Ganga Plain: Identification of geochemical domains. Chemical Geology, 162 (3-4): 245-266.

Anzelmo J A, Lindsay J R. 1987. X-ray fluorescence spectrometric analysis of geologic materials Part 2. Applications. Journal of Chemical Education, 64 (9): A200.

Babiarz C L, Hurley J P, Hoffmann S R, et al. 2001. Partitioning of total mercury and methylmercury to the colloidal phase in freshwaters. Environmental Science & Technology, 35 (24): 4773-4782.

Balogh S J, Meyer M L, Johnson D K. 1998. Transport of mercury in three contrasting river basins. Environmental Science & Technology, 32 (4): 456-462.

Biester H, Gosar M, Müller G. 1999. Mercury speciation in tailings of the Idrija mercury mine. Journal of Geochemical Exploration,

65（3）：195-204.

Bowie S. 1974. Modern methods in the search for metalliferous ores in Britain. Proceedings of the Royal Society of London Series A-Mathematical and Physical Sciences，339（1618）：299-311.

Brown D A，Parsons T R. 1978. Relationship between cytoplasmic distribution of mercury and toxic effects to zooplankton and chum salmon（*Oncorhynchus keta*）exposed to mercury in a controlled ecosystem. Journal of the Fisheries Research Board of Canada，35（6）：880-884.

Burwell R E，Timmons D R，Holt R F. 1975. Nutrient transport in surface runoff as influenced by soil cover and seasonal periods. Soil Science Society of America Journal，39（3）：523-528.

Bushey J T，Nallana A G，Montesdeoca M R，et al. 2008. Mercury dynamics of a northern hardwood canopy. Atmospheric Environment，42（29）：6905-6914.

Carroll C，Merton L，Burger P. 2000. Impact of vegetative cover and slope on runoff，erosion，and water quality for field plots on a range of soil and spoil materials on central Queensland coal mines. Soil Research，38（2）：313-328.

Carroll R W H，Warwick J J，Heim K J，et al. 2000. Simulation of mercury transport and fate in the Carson River，Nevada. Ecological Modelling，125（2-3）：255-278.

Chairat S，Delleur J. 1993. Integrating a physically based hydrological model with GRASS. IAHS Publication，Application of Geographic Information Systems in Hydrology and Water Resources Management，211：143-143.

Dommergue A，Ferrari C P，Planchon F A M，et al. 2002. Influence of anthropogenic sources on total gaseous mercury variability in grenoble suburban air（France）. Science of the Total Environment，297（1-3）：203-213.

Ebinghaus R，Kock H H，Coggins A M，et al. 2002a. Long-term measurements of atmospheric mercury at Mace Head，Irish west coast，between 1995 and 2001. Atmospheric Environment，36（34）：5267-5276.

Ebinghaus R，Kock H H，Temme C，et al. 2002b. Antarctic springtime depletion of atmospheric mercury. Environmental Science & Technology，36（6）：1238-1244.

Echeverria D，Heyer N J，Martin M D，et al. 1995. Behavioral-Effects of low-level exposure to Hg^0 among dentists. Neurotoxicology and Teratology，17（2）：161-168.

Engle M A，Gustin M S. 2002. Scaling of atmospheric mercury emissions from three naturally enriched areas：Flowery Peak，Nevada；Peavine Peak，Nevada；and Long Valley Caldera，California. Science of the Total Environment，290（1-3）：91-104.

Engle M A，Gustin M S，Zhang H. 2001. Quantifying natural source mercury emissions from the Ivanhoe Mining District，north-central Nevada，USA. Atmospheric Environment，35（23）：3987-3997.

Ericksen J A，Gustin M S，Schorran D E，et al. 2003. Accumulation of atmospheric mercury in forest foliage. Atmospheric Environment，37（12）：1613-1622.

Fang F M，Wang Q C，Li J F. 2004. Urban environmental mercury in Changchun，a metropolitan city in Northeastern China：source，cycle，and fate. Science of the Total Environment，330（1-3）：159-170.

Feng X B，Qiu G L. 2008. Mercury pollution in Guizhou，Southwestern China—an overview. Science of the Total Environment，400（1-3）：227-237.

Ferrara R，Maserti B E，Andersson M，et al. 1998. Atmospheric mercury concentrations and fluxes in the Almadén district（Spain）. Atmospheric Environment，32（22）：3897-3904.

Förstner U，Wittmann G T W. 1981. Metal pollution in the aquatic environment. Berlin：Springer.

Fu X W，Feng X B，Wang S F，et al. 2009. Temporal and spatial distributions of total gaseous mercury concentrations in ambient air in a mountainous area in Southwestern China：Implications for industrial and domestic mercury emissions in remote areas in China. Science of the Total Environment，407（7）：2306-2314.

Fu X W，Feng X B，Dong Z Q，et al. 2010a. Atmospheric gaseous elemental mercury（GEM）concentrations and mercury depositions at a high-altitude mountain peak in South China. Atmospheric Chemistry and Physics，10（5）：2425-2437.

Fu X W，Feng X B，Zhu W Z，et al. 2010b. Elevated atmospheric deposition and dynamics of mercury in a remote upland forest of southwestern China. Environmental Pollution，158（6）：2324-2333.

Fu X W，Feng X B，Sommar J，et al. 2012. A review of studies on atmospheric mercury in China. Science of the Total Environment，421-422：73-81.

Gavrilovic S. 1976. Bujicni tokovi i erozija（Torrents and erosion）. Gradevinski kalendar，Beograd，Serbia.

Gbor P K，Wen D Y，Meng F，et al. 2006. Improved model for mercury emission，transport and deposition. Atmospheric Environment，40（5）：973-983.

Gray J E，Crock J G，Fey D L. 2002. Environmental geochemistry of abandoned mercury mines in West-Central Nevada，USA. Applied Geochemistry，17（8）：1069-1079.

Gray J E，Greaves I A，Bustos D M，et al. 2003. Mercury and methylmercury contents in mine-waste calcine，water，and sediment collected from the Palawan Quicksilver Mine，Philippines. Environmental Geology，43（3）：298-307.

Gray J E，Hines M E，Higueras P L，et al. 2004. Mercury speciation and microbial transformations in mine wastes，stream sediments，and surface waters at the Almaden Mining District，Spain. Environmental Science & Technology，38（16）：4285-4292.

Graydon J A，St Louis V L，Lindberg S E，et al. 2006. Investigation of mercury exchange between forest canopy vegetation and the atmosphere using a new dynamic chamber. Environmental Science & Technology，40（15）：4680-4688.

Graydon J A，St Louis V L，Hintelmann H，et al. 2008. Long-term wet and dry deposition of total and methyl mercury in the remote boreal ecoregion of Canada. Environmental Science & Technology，42（22）：8345-8351.

Guentzel J L，Landing W M，Gill G A，et al. 2001. Processes influencing rainfall deposition of mercury in Florida. Environmental Science & Technology，35（5）：863-873.

Guo Y N，Feng X B，Li Z G，et al. 2008. Distribution and wet deposition fluxes of total and methyl mercury in Wujiang River Basin，Guizhou，China. Atmospheric Environment，42（30）：7096-7103.

Gustin M S. 2003. Are mercury emissions from geologic sources significant? A status report. Science of Total Environment，304（1-3）：153-167.

Hall B D，Manolopoulos H，Hurley J P，et al. 2005. Methyl and total mercury in precipitation in the Great Lakes region. Atmospheric Environment，39（39）：7557-7569.

Hamby D M. 1995. A comparison of sensitivity analysis techniques. Health Physics，68（2）：195-204.

Hudson R J M，Gherini S A，Fitzgerald W F，et al. 1995. Anthropogenic influences on the global mercury cycle：a model-based analysis. Water Air and Soil Pollution，80（1-4）：265-272.

HEC（Hydrologic Engineering Center）. 2006. HEC-RAS，Version 4.0 Beta [Computer Program]. Davis，CA.

Hickey R. 2000. Slope angle and slope length solutions for GIS. Cartography，29（1）：1-8.

Hicks B B，Baldocchi D D，Meyers T P，et al. 1987. A preliminary multiple resistance routine for deriving dry deposition velocities from measured quantities. Water Air and Soil Pollution，36（3-4）：311-330.

Hines M E，Horvat M，Faganeli J，et al. 2000. Mercury biogeochemistry in the Idrija River，Slovenia，from above the mine into the gulf of trieste. Environmental Research，83（2）：129-139.

Horvat M，Kotnik J，Logar M，et al. 2003. Speciation of mercury in surface and deep-sea waters in the Mediterranean Sea. Atmospheric Environment，37（Supplement 1）：93-108.

Hydrologic Engineering Center，US Army Corps of Engineers. 2006. HEC2HMS user's manual. Davis，CA：US Army Corps of Engineers.

Iverfeldt Å. 1991. Mercury in forest canopy throughfall water and its relation to atmospheric deposition. Water Air and Soil Pollution，56：553-564.

Keeler G J，Landis M S，Norris G A，et al. 2006. Sources of mercury wet deposition in eastern Ohio，USA. Environmental Science & Technology，40（19）：5874-5881.

Kim C S，Brown G E Jr，Rytuba J J. 2000. Characterization and speciation of mercury-bearing mine wastes using X-ray absorption spectroscopy（XAS）. Science of the Total Environment，261（1-3）：157-168.

Kim C S，Rytuba J J，Brown G E. 2004. Geological and anthropogenic factors influencing mercury speciation in mine wastes：an EXAFS spectroscopy study. Applied Geochemistry，19（3）：379-393.

Kocman D. 2008. Mass balance of mercury in the Idrijca River catchment. Ljubljana, The Republic of Slovenia: Jožef Stefan Institute International Postgraduate School: 152.

Kocman D, Horvat M. 2010. A laboratory based experimental study of mercury emission from contaminated soils in the River Idrijca catchment. Atmospheric Chemistry and Physics, 10 (3): 1417-1426.

Kocman D, Vreca P, Fajon V, et al. 2011. Atmospheric distribution and deposition of mercury in the Idrija Hg mine region, Slovenia. Environmental Research, 111 (1): 1-9.

Lal R. 2009. Soil quality impacts of residue removal for bioethanol production. Soil & Tillage Research, 102 (2): 233-241.

Lamborg C H, Fitzgerald W F, O'Donnell J, et al. 2002. A non-steady-state compartmental model of global-scale mercury biogeochemistry with interhemispheric atmospheric gradients. Geochimica et Cosmochimica Acta, 66 (7): 1105-1118.

Lee Y H, Bishop K H, Munthe J. 2000. Do concepts about catchment cycling of methylmercury and mercury in boreal catchments stand the test of time? Six years of atmospheric inputs and runoff export at Svartberget, northern Sweden. Science of the Total Environment, 260 (1-3): 11-20.

Lepine L, Chamberland A. 1995. Field sampling and analytical intercomparison for mercury and methylmercury determination in natural water. Water Air and Soil Pollution, 80 (1): 1247-1256.

Li P, Feng X B, Shang L H, et al. 2008. Mercury pollution from artisanal mercury mining in Tongren, Guizhou, China. Applied Geochemistry, 23 (8): 2055-2064.

Li P, Feng X B, Qiu G L, et al. 2009a. Mercury pollution in Asia: a review of the contaminated sites. Journal of Hazardous Materials, 168 (2-3): 591-601.

Li P, Feng X B, Qiu G L, et al. 2009b. Atmospheric mercury emission from artisanal mercury mining in Guizhou Province, Southwestern China. Atmospheric Environment, 43 (14): 2247-2251.

Lin Y, Larssen T, Vogt R D, et al. 2011. Modelling transport and transformation of mercury fractions in heavily contaminated mountain streams by coupling a GIS-based hydrological model with a mercury chemistry model. Science of the Total Environment, 409 (21): 4596-4605.

Lindberg S E. 1996. Forests and the global biogeochemical cycle of mercury: the importance of understanding air/vegetation exchange processes//Baeyens W R G, Ebinghaus R, Vasiliev O. Global and regional mercury cycles: sources, fluxes and mass balances. Berlin: Springer.

Lindberg S E, Stratton W J. 1998. Atmospheric mercury speciation: concentrations and behavior of reactive gaseous mercury in ambient air. Environmental Science & Technology, 32 (1): 49-57.

Lindberg S E, Meyers T P, Taylor G E Jr, et al. 1992. Atmosphere-surface exchange of mercury in a forest: results of modeling and gradient approaches. Journal of Geophysical Research-Atmospheres, 97 (D2): 2519-2528.

Lindberg S E, Brooks S, Lin C J, et al. 2002. Dynamic oxidation of gaseous mercury in the arctic troposphere at polar sunrise. Environmental Science & Technology, 36 (6): 1245-1256.

Lynam M M, Keeler G J. 2005. Automated speciated mercury measurements in Michigan. Environmental Science & Technology, 39 (23): 9253-9262.

Lyon B F, Ambrose R, Rice G, et al. 1997. Calculation of soil-water and benthic sediment partition coefficients for mercury. Chemosphere, 35 (4): 791-808.

Moreno T, Higueras P, Jones T, et al. 2005. Size fractionation in mercury-bearing airborne particles (HgPM$_{10}$) at Almaden, Spain: implications for inhalation hazards around old mines. Atmospheric Environment, 39 (34): 6409-6419.

Mullins J, Carsel R, Scarbrough J, et al. 1993. PRZM-2, a model for predicting pesticide fate in the crop root and unsaturated soil zones: User's manual for release 2.0. Athens, GA, United States: ASCI Corp, EPA/600/R-93/046.

Munthe J, Hultberg H, Iverfeldt Å. 1995. Mechanisms of deposition of methylmercury and mercury to coniferous forests. Water Air and Soil Pollution, 80 (1-4): 363-371.

Oslo and Paris Commission. 1998. JAMP guidelines for the sampling and analysis of mercury in air and precipitation. Joint Assessment and Monitoring Programme: 1-20.

Poissant L，Pilote M，Constant P，et al. 2004a. Mercury gas exchanges over selected bare soil and flooded sites in the bay St. Francois wetlands（Quebec，Canada）. Atmospheric Environment，38（25）：4205-4214.

Poissant L，Pilote M，Xu X H，et al. 2004b. Atmospheric mercury speciation and deposition in the Bay St. Francois wetlands. Journal of Geophysical Research-Atmospheres，109（D11）：D11301.

Poissant L，Pilote M，Yumvihoze E，et al. 2008. Mercury concentrations and foliage/atmosphere fluxes in a maple forest ecosystem in Québec，Canada. Journal of Geophysical Research-Atmospheres，113（D10）：D10307.

Porvari P，Verta M. 2003. Total and methyl mercury concentrations and fluxes from small boreal forest catchments in Finland. Environmental Pollution，123（2）：181-191.

Qiu G L，Feng X B，Wang S F，et al. 2005. Mercury and methylmercury in riparian soil，sediments，mine-waste calcines，and moss from abandoned Hg mines in East Guizhou Province，Southwestern China. Applied Geochemistry，20（3）：627-638.

Qiu G L，Feng X B，Li P，et al. 2008. Methylmercury accumulation in rice（*Oryza sativa* L.）grown at abandoned mercury mines in Guizhou，China. Journal of Agricultural and Food Chemistry，56（7）：2465-2468.

Ravichandran M. 2004. Interactions between mercury and dissolved organic matter—a review. Chemosphere，55（3）：319-331.

Rea A W，Keeler G J，Scherbatskoy T. 1996. The deposition of mercury in throughfall and litterfall in the Lake Champlain watershed：A short-term study. Atmospheric Environment，30（19）：3257-3263.

Rea A W，Lindberg S E，Keeler G J. 2001. Dry deposition and foliar leaching of mercury and selected trace elements in deciduous forest throughfall. Atmospheric Environment，35（20）：3453-3462.

Renard K G，Foster G R，Weesies G A，et al. 1997. Predicting soil erosion by water：a guide to conservation planning with the revised universal soil loss equation（RUSLE）. US Department of Agriculture. Agriculture Handbook No. 703：404.

Revis N W，Osborne T R，Holdsworth G，et al. 1989. Distribution of mercury species in soil from a mercury contaminated site. Water Air and Soil Pollution，45（1-2）：105-113.

Rognerud S，Hongve D，Fjeld E，et al. 2000. Trace metal concentrations in lake and overbank sediments in southern Norway. Environmental Geology，39（7）：723-732.

Rytuba J J. 2000. Mercury mine drainage and processes that control its environmental impact. Science of the Total Environment，260（1-3）：57-71.

Rytuba J J. 2003. Mercury from mineral deposits and potential environmental impact. Environmental Geology，43（3）：326-338.

Sakata M，Marumoto K. 2005. Wet and dry deposition fluxes of mercury in Japan. Atmospheric Environment，39（17）：3139-3146.

Schroeder W H，Munthe J. 1998. Atmospheric mercury-an overview. Atmospheric Environment，32（5）：809-822.

Schuster E. 1991. The behavior of mercury in the soil with special emphasis on complexation and adsorption processes：a review of the literature. Water Air and Soil Pollution，56（1）：667-680.

Schwesig D，Matzner E. 2000. Pools and fluxes of mercury and methylmercury in two forested catchments in Germany. Science of the Total Environment，260（1-3）：213-223.

St Louis V L，Rudd J W M，Kelly C A，et al. 2001. Importance of the forest canopy to fluxes of methyl mercury and total mercury to boreal ecosystems. Environmental Science & Technology，35（15）：3089-3098.

Suchanek T H，Cooke J，Keller K，et al. 2009. A mass balance mercury budget for a mine-dominated lake：Clear Lake，California. Water Air and Soil Pollution，196（1-4）：51-73.

Sutherland R A. 2000. Bed sediment-associated trace metals in an urban stream，Oahu，Hawaii. Environmental Geology，39（6）：611-627.

Ullrich S M，Tanton T W，Abrashitova S A. 2001. Mercury in the aquatic environment：a review of factors affecting methylation. Critical Reviews in Environmental Science & Technology，31（3）：241-293.

United States Department of Agriculture（USDA）. 1986. Urban hydrology for small watersheds，Technical Release 55（TR-55）.

USEPA. 2002. Mercury in water by oxidation，purge and trap，and cold vapor atomic fluorescence spectrometry（Method 1631，Revison E）：EPA-821-R-02-019. Washington，D C.

van Remortel R D，Hamilton M E，Hickey R J. 2001. Estimating the LS Factor for RUSLE through iterative slope length processing of digital elevation data within Arcinfo Grid. Cartography, 30 (1): 27-35.

Vincent P, Daly R. 1990. Thiessen polygon types and their use in GIS. Mapping Awareness, 4 (5): 40-42.

Wan Q, Feng X B, Lu J L, et al. 2009. Atmospheric mercury in Changbai Mountain area, northeastern China Ⅱ. The distribution of reactive gaseous mercury and particulate mercury and mercury deposition fluxes. Environmental Research, 109 (6): 721-727.

Wang D Y, He L, Wei S Q, et al. 2006. Estimation of mercury emission from different sources to atmosphere in Chongqing, China. Science of the Total Environment, 366 (2-3): 722-728.

Wang S F, Feng X B, Qiu G L, et al. 2007. Characteristics of mercury exchange flux between soil and air in the heavily air-polluted area, eastern Guizhou, China. Atmospheric Environment, 41 (27): 5584-5594.

Wang Z W, Zhang X S, Xiao J S, et al. 2009. Mercury fluxes and pools in three subtropical forested catchments, Southwest China. Environmental Pollution, 157 (3): 801-808.

Wischmeier W H, Smith D D. 1978. Predicting rainfall erosion losses: a guide to conservation planning. Agriculture Handbook No. 537. USDA/Science and Education Administration, US. Washington, DC: Govt. Printing Office.

Witt E L, Kolka R K, Nater E A, et al. 2009. Influence of the forest canopy on total and methyl mercury deposition in the boreal forest. Water Air and Soil Pollution, 199 (1-4): 3-11.

Yu B, Rosewell C J. 1996. An assessment of a daily rainfall erosivity model for New South Wales. Soil Research, 34 (1): 139-152.

Yu B F, Hashim G, Eusof Z. 2001. Estimating the R-factor with limited rainfall data: a case study from peninsular Malaysia. Journal of Soil and Water Conservation, 56 (2): 101-105.

Zagar D, Knap A, Warwick J J, et al. 2006. Modelling of mercury transport and transformation processes in the Idrijca and Soca river system. Science of the Total Environment, 368 (1): 149-163.

Zhang H, Lindberg S E, Marsik F J, et al. 2001. Mercury air/surface exchange kinetics of background soils of the Tahquamenon River watershed in the Michigan Upper Peninsula. Water Air and Soil Pollution, 126 (1-2): 151-169.

Zhang H, Feng X B, Larssen T, et al. 2010. Fractionation, distribution and transport of mercury in rivers and tributaries around Wanshan Hg mining district, Guizhou Province, Southwestern China: part 1 - Total mercury. Applied Geochemistry, 25 (5): 633-641.

Zhang H H, Poissant L, Xu X H, et al. 2005. Explorative and innovative dynamic flux bag method development and testing for mercury air-vegetation gas exchange fluxes. Atmospheric Environment, 39 (39): 7481-7493.

第6章　万山汞矿区稻田汞污染状况

6.1　研究方案

6.1.1　汞矿区稻田汞污染状况调查研究方案

为理解汞矿区稻田土壤及稻米可食部分（精米）汞污染状况，选择位于贵州省铜仁市的万山汞矿区为研究区域，以当地稻田为研究对象开展研究工作。具体的采样点分布如图 6-1-1 所示。研究区主要涉及的区域包括：万山镇、下溪侗族乡（简称下溪）、敖寨侗族乡（简称敖寨）、茶店镇（简称茶店）、黄道侗族乡（简称黄道）、高楼坪侗族乡（简称高楼坪）。其中，敖寨和下溪地势起伏较大，耕地面积非常有限，稻田（采样点）主要分布在河流两侧。黄道与高楼坪地势相对开阔平坦，稻田（采样点）相对比较分散。

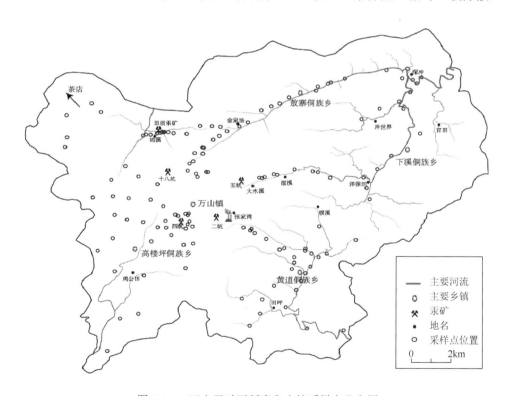

图 6-1-1　万山汞矿区稻米和土壤采样点分布图

于 2017 年 9 月水稻成熟期间，在万山汞矿区稻田集中分布的区域，系统采集稻米样品和对应的水稻根际土壤（图 6-1-1），共计 138 组。土壤样品经自然风干后研磨过 100

目筛，避光保存，待测。稻米样品自然风干后，经去壳和去皮过程获得精米。精米采用微型植物粉碎机粉碎后避光保存，待测。其中，稻米样品（精米）用于分析总汞和甲基汞含量，土壤样品用于分析总汞含量。

6.1.2 低汞累积水稻品种筛选研究方案

不同作物对汞的吸收、累积水平具有很大差异，甚至相同作物不同品种对汞的吸收、累积能力也可能存在差异。据调查，我国登记的水稻品种接近上万种，其中适宜贵州省铜仁市种植的水稻品种多达几百种。因此，了解不同水稻品种对汞的吸收、富集特征，筛选低汞累积水稻品种，以实现汞矿区农田汞污染治理、降低居民食用稻米导致的汞暴露风险，具有非常重要的实际意义和应用价值。

基于以上考虑，选择重庆市、贵州省和湖南省普遍种植的 71 种水稻品种为研究对象（表 6-1-1），在万山汞矿区敖寨乡中华山村金家场组开展野外田间试验。所选择的 71 种水稻品种中，常规稻 4 种，二系杂交稻 11 种，三系杂交稻 55 种，其他 1 种。每种水稻品种种植面积为 1.5m×3m，株距为 25cm×25cm（图 6-1-2）。于 2017 年 4 月中旬播种、6 月移栽，9 月分早、中、晚三次进行收获，每次间隔约 7 d。水稻成熟期间，每种水稻品种随机采集稻米样品 3 组，用于分析精米中总汞和甲基汞的含量。同时，每种水稻品种随机采集 8 组稻米样品，用于评估不同水稻品种的产量。稻米总汞和甲基汞分析方法，详见第三章。

表 6-1-1　71 种水稻品种基础信息一览表

编号	名称	简写	购买地	类型	成熟时期	审地
1	Y 两优 1 号	YLY 1	重庆	三系	中熟	渝审稻
2	深两优 5814	SLY 5814	重庆	三系	晚熟	黔审稻
3	成优 149	CY 149	重庆	—	中熟	—
4	成优 489	CY 489	重庆	三系	中熟	渝审稻
5	瑞市 9 号	RS 9	重庆	常规	晚熟	渝审稻
6	川丰 6 号	CF 6	重庆	三系	中熟	国审稻
7	Y 两优 1146	YLY 1146	重庆	二系	中熟	黔审稻
8	民优 93	MY 93	贵阳	三系	早熟	国审稻、黔审稻
9	中优 177	ZY 177	重庆	三系	中熟	渝审稻
10	Q 优 1 号	QY 1	重庆	三系	早熟	渝审稻
11	万香优 1 号	WXY 1	重庆	三系	中熟	渝审稻
12	T 优 109	TY 109	重庆	三系	中熟	黔审稻
13	丰两优一号	FLY 1	重庆	三系	中熟	—
14	宜香 10 号	YX 10	重庆	三系	中熟	—
15	福优 012	FY 012	重庆	三系	早熟	渝审稻
16	川优 6205	CY 6205	贵阳	三系	中熟	黔审稻

续表

编号	名称	简写	购买地	类型	成熟时期	审地
17	中优 5617	ZY 5617	贵阳	三系	中熟	黔审稻
18	蓉 3 优 918	R3Y 918	贵阳	三系	中熟	黔审稻
19	川优 72	CY 72	重庆	三系	中熟	渝审稻
20	中 9 优 2 号	Z9Y 2	贵阳	—	中熟	黔审稻
21	川谷优 1378	CGY 1378	万山	三系	中熟	黔审稻
22	五优 308	WY 308	湖南	三系	中熟	国审稻
23	恒丰优华占	CFYHZ	湖南	三系	中熟	湘审稻、赣审稻
24	T 优 277	TY 277	湖南	三系	早熟	湘审稻
25	桃优香占	TYXZ	湖南	三系	中熟	湘审稻
26	鄂荆糯 6 号	EJN 6	湖南	常规	早熟	国审稻
27	Q 优 1127	QY 1127	湖南	三系	早熟	湘审稻
28	蓉 18 优	R18Y	重庆	三系	晚熟	渝审稻
29	五优华占	WYXZ	湖南	三系	中熟	湘审稻、桂审稻
30	岳优 3700	YY 3700	湖南	三系	中熟	湘审稻
31	内 5 优 263	N5Y 263	湖南	三系	中熟	湘审稻
32	丰源优华占	FYYXZ	湖南	三系	中熟	湘审稻、赣审稻
33	荣优 225	RY 225	湖南	三系	早熟	国审稻、赣审稻
34	T 优 1655	TY 1655	湖南	三系	中熟	湘审稻
35	湘优 1126	XY 1126	湖南	三系	早熟	桂审稻
36	泰优 390	TY 390	湖南	三系	中熟	湘审稻、赣引稻
37	T 优 6135	TY 6135	湖南	三系	中熟	国审稻
38	荃优 3301	QY 3301	湖南	三系	晚熟	待审定
39	科优 21	KY 21	湖南	三系	中熟	湘审稻、鄂审稻
40	Y 两优 9918	YLY 9918	湖南	二系	中熟	国审稻、湘审稻
41	Y 两优 696	YLY 696	湖南	二系	中熟	湘审稻
42	岳优 518	YY 518	湖南	三系	早熟	湘审稻
43	粘两优 4011	ZLY 4011	湖南	二系	中熟	湘审稻
44	广两优 143	GLY 143	湖南	二系	晚熟	湘审稻
45	建两优 117	JLY 117	湖南	二系	晚熟	国审稻
46	中优 169	ZY 169	万山	三系	中熟	黔审稻、滇审稻
47	川谷优 425	CGY 425	万山	三系	早熟	黔审稻
48	湘优 66	XY 66	万山	三系	早熟	黔审稻
49	F 优 993	FY 993	万山	三系	中熟	黔审稻、滇审稻
50	鑫糯 1 号	XN 1	万山	常规	中熟	黔审稻
51	安优 08	AY 08	万山	三系	中熟	黔审稻
52	隆两优华占	NLYHZ	万山	二系	晚熟	国审稻、湘审稻

续表

编号	名称	简写	购买地	类型	成熟时期	审地
53	湘优109	XY 109	万山	三系	中熟	黔审稻、滇审稻
54	丰优香占	FYXZ	万山	三系	中熟	国审稻、黔审稻
55	成优981	CY 981	湖南	三系	中熟	国审稻、滇审稻
56	天优华占	TYHZ	万山	三系	中熟	国审稻、黔审稻
57	安优5819	AY 5819	湖南	三系	早熟	黔审稻
58	欣荣优华占	XRYHZ	万山	三系	中熟	国审稻、湘审稻
59	中优63	ZY63	万山	三系	中熟	黔引稻
60	文稻4号	WD 4	万山	常规	早熟	黔审稻
61	Y两优302	YLY 302	万山	二系	晚熟	国审稻、湘审稻
62	中优295	ZY 295	万山	三系	中熟	黔审稻
63	中浙优1号	ZZY 1	万山	三系	晚熟	浙审稻、黔审稻
64	丰两优3948	FLY 3948	万山	二系	中熟	湘审稻
65	宜香2866	YX 2866	万山	三系	中熟	黔审稻
66	禾优6号	HY 6	万山	三系	中熟	黔审稻
67	金香优830	JXY 830	万山	三系	中熟	黔审稻
68	丰两优四号	FLY 4	万山	二系	中熟	国审稻
69	锋优85	FY 85	万山	三系	中熟	黔审稻
70	花香优1618	HXY 1618	万山	三系	中熟	黔审稻
71	茂优	MY	贵阳	三系	早熟	黔审稻

图 6-1-2 低汞累积水稻品种筛选田间试验（拍摄于 2017 年）

6.2 汞污染状况

6.2.1 土壤汞污染状况

万山汞矿区稻田土壤总汞含量平均值为（21±37）mg/kg，范围为 0.17～268mg/kg。

分析结果显示，万山汞矿区稻田土壤总汞含量平均值远高于我国农用地土壤污染风险筛选值 0.5mg/kg（5.5＜pH≤6.5）和管制值 2.5mg/kg（5.5＜pH≤6.5）（GB15618—2018）。与我国农用地土壤污染风险筛选值 0.5mg/kg（5.5＜pH≤6.5）相比，万山汞矿区稻田土壤总汞含量超风险筛选值比例高达 88%，表明历史上汞矿开采及冶炼活动已对当地稻田土壤造成了严重的汞污染。

如图 6-2-1 所示，万山汞矿区稻田土壤汞污染严重的区域主要集中在万山镇周边，这与历史上当地汞矿开采、冶炼活动活跃的区域相吻合，暗示长期的汞矿开采和冶炼活动是造成当地稻田土壤汞污染的主要原因。此外，汞矿一坑、二坑、四坑、五坑等，由于开采历史悠久、规模较大，其附近稻田土壤总汞含量远高于开采/冶炼历史较短的茶店田坝汞矿周边稻田土壤。敖寨金家场周边稻田土壤汞含量高于流域上游稻田土壤。从区域分布来看，万山汞矿区稻田土壤汞污染程度（总汞含量）由高到低依次为：万山镇＞下溪＞敖寨＞茶店＞黄道＞高楼坪。野外调查显示，万山地区稻田主要分布在敖寨河、下溪河和黄道河流域。结合当地稻田土壤汞污染特征，建议对流域上游稻田土壤汞污染较重的区域进行风险管控。而万山镇周边稻田土壤汞污染最为严重，但该区域稻田分布相对较少，建议对该区域汞污染严重的稻田进行生态修复，以降低当地居民食用汞污染稻米导致的汞暴露风险。

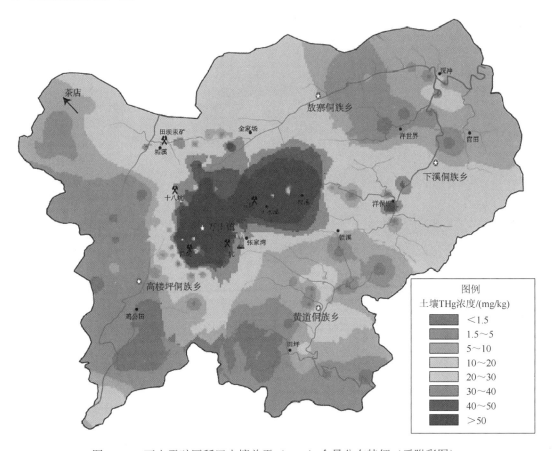

图 6-2-1　万山汞矿区稻田土壤总汞（THg）含量分布特征（后附彩图）

6.2.2 稻米汞含量分布特征

分析数据表明, 万山汞矿区稻米总汞含量范围为 5.4~90μg/kg, 平均值为 (25±19) μg/kg。其中, 有 40%的稻米样品总汞含量超过了我国食品中汞限量标准 (20μg/kg, GB 2762—2017)。如图 6-2-2 所示, 万山汞矿区稻米总汞含量较高的区域主要分布在万山镇、高楼坪、金家场和垢溪等地区, 这与稻田土壤汞污染严重的分布区域一致。但是, 远离污染源 (汞矿开采/冶炼区) 区域稻米总汞含量则低于我国食品中汞限量标准 (20μg/kg, GB 2762—2017)。从空间分布来看, 万山汞矿区不同区域稻米总汞含量由高到低依次为: 茶店＞高楼坪＞敖寨＞黄道＞万山镇＞下溪。

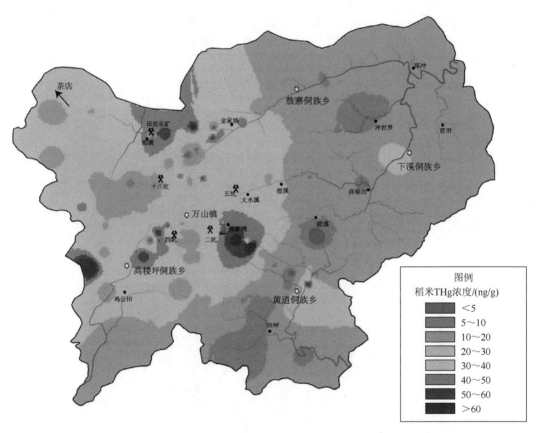

图 6-2-2 万山汞矿区稻米总汞 (THg) 含量分布特征 (后附彩图)

万山汞矿区稻米甲基汞含量范围为 1.8~69μg/kg, 平均值为 (15±14) μg/kg。通常, 农作物中总汞含量低于国家食品中汞限量标准 (总汞 20μg/kg, GB 2762—2017), 且主要以无机汞的形式存在 (WHO, 1991)。然而, 本研究发现, 万山汞矿区稻米中甲基汞占总汞的比例高达 58%±19% (范围: 15%~87%)。如图 6-2-3 所示, 万山、黄道、高楼坪和垢溪周边采集的稻米中甲基汞含量处在相对较高的水平, 而随着远离汞矿开采/冶炼点稻米甲基汞含量逐渐降低。从空间分布来看，万山汞矿区不同区域稻米甲基汞含量由高到低依次为：茶店＞高楼坪＞黄道＞敖寨＞万山镇＞下溪（图 6-2-3）。

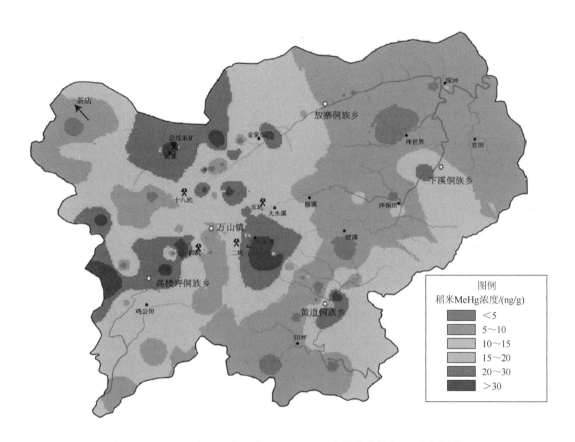

图 6-2-3　万山汞矿区稻米甲基汞（MeHg）含量分布特征（后附彩图）

6.2.3　稻米汞含量与根际土壤汞含量间的关系

如图 6-2-4 所示，万山汞矿区稻米总汞含量与对应根际土壤总汞含量间没有明显的相关关系，暗示土壤总汞含量并不是控制稻米汞污染程度的主要因素。也就是说，土壤并不是稻米中汞的唯一来源，稻米中的汞除了土壤来源之外，也有可能来源于大气（详细讨论见第七章）。稻米甲基汞含量与稻米总汞含量以及土壤总汞含量间的相关关系，如图 6-2-5 所示。统计分析发现，稻米甲基汞含量与对应的总汞含量之间呈显著正相关关系（$P<0.01$），而稻米甲基汞含量与对应的根际土总汞含量间并没有表现出明显的正相关关系（$P>0.05$）。由于本节中稻米甲基汞占总汞的比例较高（58%±19%），仅测定稻米中总汞的含量可以在一定程度上预测其甲基汞的含量水平。相对而言，稻田土壤总汞含量并不能很好地预测稻米甲基汞的含量水平，这可能与稻田生态系统复杂的甲基化过程有关（详细讨论见第七章）。

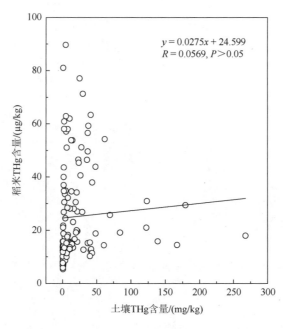

图 6-2-4　稻米总汞（THg）含量与根际土壤总汞含量间的相关关系

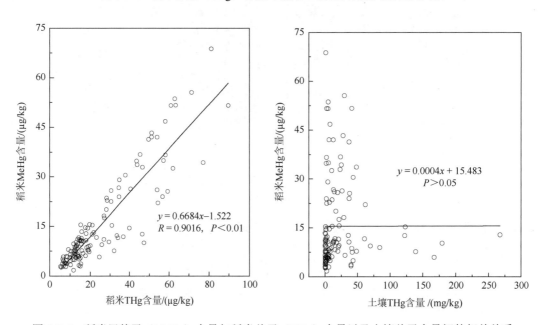

图 6-2-5　稻米甲基汞（MeHg）含量与稻米总汞（THg）含量以及土壤总汞含量间的相关关系

6.3　低汞累积水稻品种筛选

6.3.1　不同水稻品种产量的频次分布

本章所选择的 71 种水稻品种单株稻米产量的分布频率见图 6-3-1。结果显示，71 种水稻品种单株稻米产量的分布范围为 43～116g/株，平均产量为（81±14）g/株。其中，产量最高的品种为'荃优3301'，最低的为'文稻4号'；单株稻米产量主要分布区间为 70～100g/株，占样本总数的 69%。其中，较低产量（＜70g/株）品种占水稻样本总数的 21%，较高产量（＞100g/株）品种占水稻样本总数的 10%。上述结果表明，不同水稻品种在汞污染农田土壤中种植，其单株产量存在显著差异（$P<0.05$）。

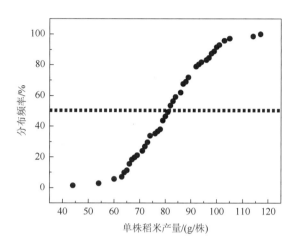

图 6-3-1 不同水稻品种稻米产量的频次分布

6.3.2 不同水稻品种总汞及甲基汞含量的频次分布

本章所选择的 71 种水稻品种稻米总汞和甲基汞含量频次分布如图 6-3-2 所示。分析数据表明，71 种水稻品种稻米总汞含量变化范围为 41～99μg/kg，平均含量为（63±12）μg/kg。

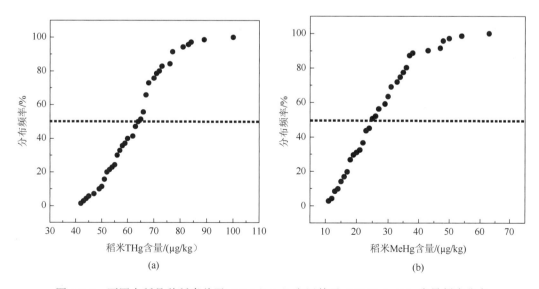

图 6-3-2 不同水稻品种稻米总汞（THg）（a）和甲基汞（MeHg）（b）含量频次分布

其中，总汞含量最高的水稻品种是'民优 93'，总汞含量最低的水稻品种为'恒丰优华占'。本章所选择的 71 种水稻品种稻米总汞含量均高于我国食品中汞限量标准规定的限值 20μg/kg（GB 2762—2017），最高超标达 5 倍。此外，71 种水稻品种稻米总汞含量显著高于万山汞矿区稻米总汞含量 [（25±19）μg/kg]。进一步分析发现，本章所选择的 71 种水稻品种稻米总汞含量大部分分布在 50～80μg/kg，占样本总数的 79%；总汞含量高于 80μg/kg 的水稻品种数量，占样本总数的 8%；总汞含量低于 50μg/kg 的水稻品种数量，占样本总数的 13%。以上结果表明，在同样污染程度的土壤中种植的水稻，不同水稻品种间稻米总汞含量存在较大差异。因此，筛选低汞累积水稻品种以降低当地居民食用稻米导致的汞暴露风险具有一定的可行性。

如图 6-3-2 所示，本章所选择的 71 种水稻品种稻米甲基汞含量变化范围为 10～63μg/kg，平均含量为（27±11）μg/kg，显著高于万山汞矿区稻米甲基汞含量 [（15±14）μg/kg]。71 种水稻品种稻米甲基汞含量间存在显著差异（$P<0.05$），其中，稻米甲基汞含量最高的水稻品种为'金香优 830'，甲基汞含量最低的水稻品种为'深两优 5814'，说明不同水稻品种对甲基汞的吸收富集能力具有显著差异。本章选取的 71 种水稻品种稻米甲基汞含量普遍分布在 10～30μg/kg，占样本总数的 63.3%。71 种水稻品种稻米总汞含量与甲基汞含量间呈显著正相关关系（$R = 0.50$，$P<0.01$；图 6-3-3），表明研究结果更有利于筛选同时具有低总汞和甲基汞含量的水稻品种。稻米中甲基汞占总汞的比例平均值为 42%±14%，范围为 13%～70%，稍低于万山汞矿区稻米甲基汞占总汞的比例（平均值为 58%±19%，范围为 15%～87%）。

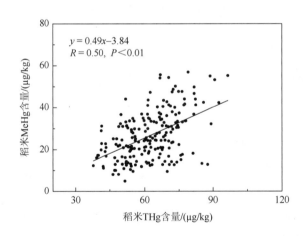

图 6-3-3　不同水稻品种稻米总汞（THg）和甲基汞（MeHg）含量间相关关系

6.3.3　不同水稻品种稻米汞含量差异分析

本章选择的 71 种水稻品种可分为：常规稻（4 种）、二系杂交稻（11 种）和三系杂交稻（55 种）3 种类型。不同类型水稻品种单株产量、总汞含量和甲基汞含量分布特征如图 6-3-4 所示。统计分析发现，不同类型水稻品种稻米单株产量间具有极显著差异（$P<0.01$），单株产量由低到高依次为：常规稻＜三系杂交稻＜二系杂交稻，表明

杂交稻相比常规稻显示出更强的产量优势。三系杂交稻稻米总汞含量最高［均值（65±11）μg/kg，范围 41～99μg/kg］，其次为二系杂交稻［均值（57±8.3）μg/kg，范围 43～69μg/kg］，常规稻稻米总汞含量最低［均值（56±17）μg/kg，范围 41～72μg/kg］，这与田甜等（2015）的研究结果一致。但是，统计分析结果表明，不同类型水稻品种间稻米总汞含量差异不显著（$P>0.05$）。与稻米总汞含量的分布规律类似，三系杂交稻、二系杂交稻和常规稻稻米甲基汞含量均值（范围）分别为（27±12）μg/kg（10～63μg/kg）、（27±7.0）μg/kg（14～37μg/kg）和（24±7.9）μg/kg（17～35μg/kg）。同样，不同类型水稻品种间稻米甲基汞含量并没有明显差异（$P>0.05$）。

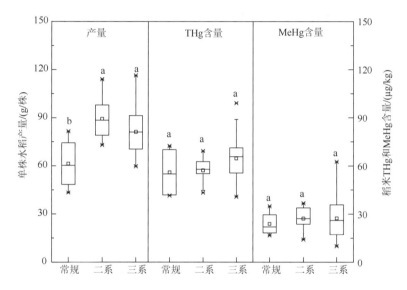

图 6-3-4　不同类型水稻品种单株产量、总汞含量和甲基汞含量分布特征

不同小写字母表明不同类型水稻品种间存在显著差异（$P<0.05$）

　　按照不同购买地进行划分，本章所选择的 71 种水稻品种分别来自重庆（16 种）、贵阳（6 种）、湖南（25 种）和万山本地（24 种）4 个地区。如图 6-3-5 所示，按照不同购买地进行比较发现，单株水稻稻米产量由高到低依次为：重庆＞湖南＞贵阳＞万山。但是，统计分析结果表明，不同购买地水稻品种稻米单株产量间并没有显著性差异（$P>0.05$）。然而，不同地区（重庆、湖南、贵阳、万山）水稻品种稻米总汞含量间呈现显著性差异（$P<0.05$），其中，来自贵阳的水稻品种稻米总汞含量最高［均值（69±16）μg/kg，范围 54～99μg/kg］，其次为万山［均值（66±11）μg/kg，范围 41～89μg/kg］、重庆［均值（63±9.9）μg/kg，范围 49～84μg/kg］、湖南［均值（58±11）μg/kg，范围 41～76μg/kg］。同样，来自不同地区（重庆、湖南、贵阳、万山）水稻品种稻米甲基汞含量间也具有显著性差异（$P<0.01$），其中，来自万山当地的水稻品种稻米甲基汞含量最高［均值（36±10）μg/kg，范围 20～63μg/kg］，其次为贵阳［均值（25±12）μg/kg，范围 13～47μg/kg］、湖南［均值（24±8.0）μg/kg，范围 11～43μg/kg］，来自重庆的水稻品种稻米甲基汞含量最低［均值（21±9.5）μg/kg，范围 10～47μg/kg］，说明万山当地的水稻品种对汞（总汞和甲基汞）的吸收富集能力最强。

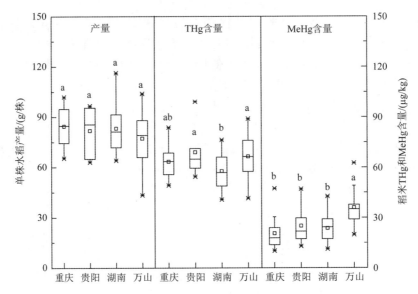

图 6-3-5　不同购买地水稻品种产量、总汞（THg）和甲基汞（MeHg）含量分布

不同小写字母表明不同购买地水稻品种间存在显著差异（$P<0.05$）

　　按照不同成熟期划分，本章选择的 71 种水稻品种中有早熟稻 14 种、中熟稻 48 种、晚熟稻 9 种。不同成熟期水稻产量、稻米总汞和甲基汞含量分布特征，如图 6-3-6 所示。早熟品种、中熟品种和晚熟品种单株产量均值分别为（75±14）g/株（范围 43~97g/株）、（81±12）g/株（范围 63~104g/株）和（91±19）g/株（范围 60~116g/株）。统计分析发现，不同成熟期水稻品种单株产量间存在显著性差异（$P<0.05$）。其中，晚熟水稻品种单株产量最高，早熟水稻品种单株产量最低。早熟品种、中熟品种和晚熟品种稻米总汞含量均值分别为（72±13）µg/kg（范围 42~99µg/kg）、（61±10）µg/kg（范围 41~89µg/kg）

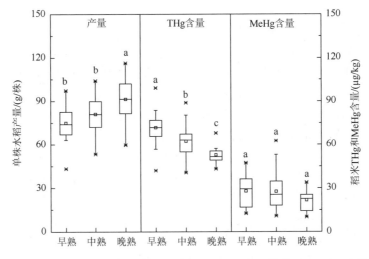

图 6-3-6　不同成熟期水稻品种产量、总汞（THg）和甲基汞（MeHg）含量分布

不同小写字母表明不同成熟期水稻品种间存在显著差异（$P<0.05$）

和（53±7.4）μg/kg（范围 43～68μg/kg）。统计分析结果表明，不同成熟期水稻品种稻米总汞含量间具有显著性差异（$P<0.01$），其中，早熟品种稻米总汞含量最高，晚熟品种稻米总汞含量最低。早熟品种、中熟品种和晚熟品种稻米总汞含量均值（范围）分别为（28±12）μg/kg（范围 12～47μg/kg）、（28±11）μg/kg（范围 11～63μg/kg）和（22±7.6）μg/kg（范围 10～34μg/kg）。分析结果表明，早熟品种和中熟品种稻米甲基汞含量高于对应的晚熟品种。但是，不同成熟期（早熟、中熟和晚熟）水稻品种稻米甲基汞含量间差异不明显（$P>0.05$）。由于不同成熟期水稻单株产量与稻米总汞含量呈现显著的差异（不同品种间差异），因此，在万山汞矿区可以选择晚熟品种进行种植，这样在增加稻米产量的同时还可以有效降低居民通过食用稻米导致的总汞暴露风险。

为了筛选出单株产量高，同时对总汞和甲基汞富集量均较低的水稻品种，本节综合分析了不同水稻品种的单株产量、稻米总汞和甲基汞含量数据，使这三个因子（单株产量、稻米总汞和甲基汞含量）在所选择的 71 种水稻品种中排序前 25%。结果表明，同时满足上述条件的水稻品种包括'Y 两优 1 号''深两优 5814''万香优 1 号''恒丰优华占''蓉 18 优''广两优 143'。上述优选的水稻品种对应的单株产量、稻米总汞和甲基汞含量统计数据，见表 6-3-1。

表 6-3-1　优选的水稻品种单株产量及对应的稻米总汞（THg）和甲基汞（MeHg）含量

名称	产量/（g/株）	THg/（μg/kg）	MeHg/（μg/kg）
Y 两优 1 号	91	56	13
深两优 5814	99	56	10
万香优 1 号	87	56	11
恒丰优华占	92	41	18
蓉 18 优	102	49	14
广两优 143	114	44	14

参 考 文 献

生态环境部，国家市场监督管理总局. 2018. 土壤环境质量　农用地土壤污染风险管控标准（GB 15618—2018）. 北京：中国环境科学出版社.

田甜，陈炎辉，陈春乐，等. 2015. 不同籼稻品种对土壤汞富集的研究. 农业环境科学学报，34（5）：824-830.

中华人民共和国国家卫生和计划生育委员会，国家食品药品监督管理总局. 2017. 食品安全国家标准　食品中污染物限量（GB 2762—2017）.

WHO，International Program on Chemical Safety. 1991. Environmental health criteria 118-Inorganic mercury，Geneva.

第 7 章　汞矿区稻田生态系统汞的生物地球化学过程

7.1　水稻植株汞的分布特征和来源

我国多数汞矿山分布于贵州、湖南和重庆等水稻种植区，稻米是当地居民的主食。因此，稻米甲基汞污染对当地居民人体健康的影响不容忽视。汞矿区稻米甲基汞污染，是矿区农业生态恢复亟须解决的关键问题。由于分析水平的限制，早期的研究局限于对水稻不同部位总汞的测试，而对水稻甲基汞的研究几乎是空白。随着环境介质中不同形态汞分析水平的提高，部分研究人员开始对水稻甲基汞进行分析，但也仅局限于稻田土壤和稻米中汞浓度的基础调查阶段。因此，深入开展水稻植株不同部位汞的分布特征和来源，水稻体内汞的化学形态、结合方式及运移行为等研究，可为典型区域表生环境中汞的次生富集与生物放大机制认识提供重要的理论依据，对寻求减少水稻对甲基汞的吸收、运移、富集的方法和技术，实现汞矿区农业绿色生产，降低汞矿区居民人体甲基汞暴露风险等，具有非常重要的理论和现实意义。

7.1.1　水稻植株不同部位汞的分布

1.研究方案

本研究开展于 2007~2008 年，选择贵州省典型的土法炼汞区和废弃汞矿区作为汞污染区，同时以贵阳市西南 30km 处花溪作为对照区，分别选择当地稻田为研究对象开展研究工作。

于 2007 年和 2008 年，在水稻生长期间采集大气降水数据，用于分析总汞（THg）含量。在水稻成熟期，采集水稻植株及对应根际土壤共 46 组（土法炼汞区 13 组，废弃汞矿区 22 组，对照区 11 组）。采样过程中，每块稻田随机采集 5~10 株水稻及对应根际土壤并混合获得 1 组样品。水稻植株样品自然风干后分割为根、茎、叶、壳（米壳）和米（糙米）五部分，准确称量各部分重量后进行粉碎，分析其中的总汞和甲基汞（MeHg）含量。土壤样品冷冻干燥后，玛瑙研磨、过筛，用于分析总汞和甲基汞含量。于 2008 年水稻生长期间，现场测定土法炼汞区和废弃汞矿区大气气态单质汞（gaseous elemental mercury，GEM）含量，花溪大气 GEM 数据参考郑伟（2007）。需要指出的是，本章采用总汞与甲基汞含量的差值获得水稻植株中无机汞（IHg）的含量（下同）。水稻植株和土壤样品前处理及分析方法，详见第三章。

2. 大气、降水和土壤汞含量分布

1）大气/降水

土法炼汞区大气 GEM 含量［（198±183）ng/m³］显著高于废弃汞矿区

[（32±36）ng/m³] 和对照区（花溪）[（6.2±3.0）ng/m³]。对比北半球大气汞的背景含量 1.5～2.0ng/m³（Ebinghaus et al.，2002；Lindberg et al.，2002）发现，汞矿区大气污染程度已超出正常大气浓度的 1～2 个数量级。由于土灶的工艺非常简单，汞的回收装置密闭性较差，回收率通常仅有 70%（李平等，2006；李平，2008），土法炼汞过程中会有大量的单质汞（Hg⁰）挥发至大气。因此，土法炼汞活动是导致当地大气 GEM 浓度升高的直接原因。针对务川汞矿区大气汞含量的调查表明，土灶附近大气汞含量可达到 40000ng/m³，位于土灶下风向约 2km 处仍高达 10000ng/m³，其污染程度远远高于垢溪地区（李平等，2006；李平，2008）。研究表明，汞矿石的高温冶炼过程，可以使 Hg⁰ 进入炉壁或周围物质的晶格内；当温度降低时，这部分 Hg⁰ 便会缓慢地释放到周围大气中（Biester et al.，2000）。同时，冶炼场所堆积的冶炼矿渣也是重要的大气汞污染源，其释汞通量最高可达 16090ng/（m²·h）（王少锋等，2006）。因此，相对于对照区，废弃汞矿区大气中高含量的汞归因于残留的冶炼炉渣及废弃冶炼厂向大气的释汞过程。

与大气 GEM 的分布特征类似，土法炼汞区 [（2012±1445）ng/L] 和废弃汞矿区 [（578±371）ng/L] 大气降水中总汞含量远高于对照区 [（24±14）ng/L]。大气中的气态单质汞会被氧化成二价汞（Hg²⁺），并随大气干湿沉降过程在释放源附近沉降（Schroeder and Munthe，1998）。因此，土法炼汞活动、废弃冶炼厂和冶炼矿渣向大气释放的汞是当地大气降水中汞的主要来源。Wang 等（2007a）研究发现，贵州务川土法炼汞区大气汞沉降通量高达（10916±8339）ng/（m²·h），高于背景区 3～5 个数量级。同样在万山汞矿区也发现了非常高的大气汞沉降通量 [最高达 9434ng/（m²·h）]（Wang et al.，2007b）。上述研究表明，矿区严重汞污染的大气干/湿沉降是当地陆地生态系统重要的汞输入途径。由于对照区没有明显的汞污染源，其大气汞干/湿沉降对当地环境影响较小，可代表为区域背景。

2）稻田土壤

土法炼汞区、废弃汞矿和对照区稻田土壤总汞平均含量分别为（22±8.4）mg/kg、（131±145）mg/kg 和（0.31±0.038）mg/kg。土法炼汞区和废弃汞矿区稻田土壤总汞含量远高于我国农田（水田）土壤汞含量最大限制值 1.0mg/kg（GB15618—2018），而对照区稻田土壤总汞含量相对较低。稻田土壤总汞含量最高值位于废弃汞矿区（527mg/kg）。野外调查表明，废弃汞矿区经历了长期的汞矿开采及冶炼活动，堆积了大量的冶炼炉渣。当地稻田灌溉水源为受矿渣堆渗滤液污染的河水。当地稻田长期使用污染河水进行灌溉，日积月累，致使土壤受到严重汞污染。因此，废弃汞矿区稻田土壤中高含量的汞主要来源于当地大规模的冶炼炉渣。高汞含量的大气沉降加上严重汞污染的灌溉水是造成土法炼汞区稻田土壤汞含量升高的主要原因。但是，土法炼汞区稻田土壤总汞含量远低于废弃汞矿区。一般来讲，矿区土壤汞污染程度取决于炼汞活动的规模和冶炼历史。显然，炼汞规模越大、冶炼历史越长，对当地土壤污染的程度越高，反之亦然。虽然研究期间垢溪地区存在土法炼汞活动，但是土法炼汞持续的时间较短。因此，当地稻田土壤受汞污染的程度小于废弃汞矿区。对照区采样点附近并未发现明显的汞污染源，其稻田土壤总汞含量低于我国农田（水田）土壤汞含量最大限制值 1.0mg/kg（GB15618—2018）。

分析结果表明，土法炼汞区稻田土壤甲基汞含量最高 [（3.2±0.47）μg/kg]，其次是废弃汞矿区 [（1.7±0.65）μg/kg]，对照区最低 [（0.40±0.10）μg/kg]，对应的甲基汞占总汞的比例分别为：0.17‰±0.08‰、0.029‰±0.024‰和 1.3‰±0.40‰。汞矿区（土法炼汞区和废弃汞矿区）稻田土壤甲基汞含量高于对照区，但甲基汞占总汞的比例却低于对照区。分析数据显示，对照区稻田土壤甲基汞占总汞的比例最高可达 1.9‰，而汞矿区均低于 0.5‰。线性回归分析显示，稻田土壤总汞和甲基汞含量间没有明显的相关关系（P>0.05），暗示土壤总汞含量并不是甲基汞净产量的主要控制因素。

3. 无机汞在水稻植株中的分布

土法炼汞区、废弃汞矿区和对照区水稻各部位 [根、茎、叶、壳（米壳）、米（糙米）] 无机汞分布特征见图 7-1-1。分析数据显示，土法炼汞区稻米无机汞含量 [（0.27±0.16）mg/kg] 明显高于废弃汞矿区 [（0.18±0.16）mg/kg] 和对照区 [（0.0033±0.0013）mg/kg]。对比发现，土法炼汞区和废弃汞矿区稻米总汞含量 [土法炼汞区（0.31±0.17）mg/kg；废弃汞矿区（0.18±0.16）mg/kg] 远远超过我国食品中汞限量标准（≤0.02mg/kg，总汞）（GB2762—2017），而对照区稻米总汞含量 [（0.0062±0.0020）mg/kg] 则低于此限量标准。土法炼汞区 [（0.63±0.48）mg/kg] 和

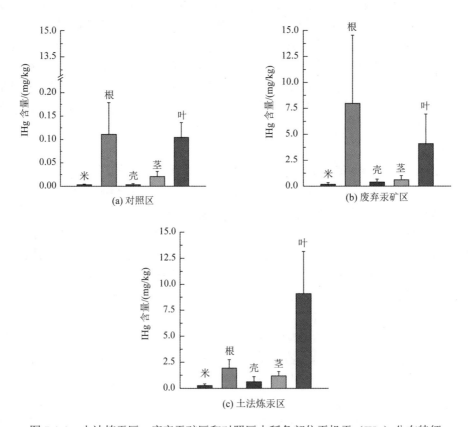

图 7-1-1　土法炼汞区、废弃汞矿区和对照区水稻各部位无机汞（IHg）分布特征

废弃汞矿区〔（0.39±0.28）mg/kg〕米壳中无机汞含量远远高于对照区〔（0.0032±0.0024）mg/kg〕。进一步分析发现，米壳中无机汞含量最高值出现在土法炼汞区〔（0.63±0.48）mg/kg〕，正好与大气汞浓度最高值出现的地点（土法炼汞区）一致，暗示米壳中无机汞含量与大气汞浓度间具有密切关系。

　　废弃汞矿区和土法炼汞区水稻根部无机汞含量分别为（8.0±6.6）mg/kg 和（1.92±0.82）mg/kg，远远高于对照区〔（0.11±0.068）mg/kg〕。土壤中总汞含量也表现出类似的分布特征，即废弃汞矿区＞土法炼汞区＞对照区。以往的研究发现，植物根部对汞的吸收富集程度与土壤汞含量密切相关（Fay and Gustin，2007）。回归分析显示，水稻根部无机汞含量和土壤总汞含量间呈显著正相关关系（表 7-1-1），暗示土壤是水稻根部无机汞的主要来源。因此，相对于对照区而言，汞矿区（尤其是废弃汞矿区）严重汞污染的土壤（Horvat et al.，2003；Qiu et al.，2005；Li et al.，2008）是导致水稻根部无机汞含量显著升高的主要原因。水稻根表的铁膜组织属两性胶体（Batty et al.，2000），其对土壤中的重金属阳离子（如 Cd^{2+}、Pb^{2+}、Hg^{2+} 等）有较强的吸附作用（St-Cyr and Crowder，1990；Otte et al.，1989；Trivedi and Axe，2000）。因此，在水稻生长期间，根表铁膜组织表现出潜在的"屏障"作用，使得大量的无机汞聚集在水稻根部（Tiffreau et al.，1995）。

表 7-1-1　水稻根、茎、叶、米（糙米）、壳（米壳）和土壤中汞浓度间的 Pearson 相关矩阵表（$n=46$）

	米[a]	壳[a]	茎[a]	叶[a]	根[a]	土壤[a]	米[b]	壳[b]	茎[b]	叶[b]	根[b]	土壤[b]
米[a]	1											
壳[a]	0.89***	1										
茎[a]	0.86***	0.87***	1									
叶[a]	0.90***	0.88***	0.95***	1								
根[a]	0.41**	0.39**	0.39**	0.28	1							
土壤[a]	0.27	0.23	0.27	0.18	0.92***	1						
米[b]							1					
壳[b]							0.81***	1				
茎[b]							0.94***	0.82***	1			
叶[b]							0.47***	0.66***	0.55***	1		
根[b]							0.78***	0.83***	0.84***	0.70***	1	
土壤[b]							0.76***	0.78***	0.72***	0.60***	0.80***	1

注：a 代表 IHg；b 代表 MeHg；**$P<0.01$（双尾）；***$P<0.001$（双尾）。

　　水稻茎部无机汞含量最高值出现在土法炼汞区〔（1.2±0.41）mg/kg〕，其次为废弃汞矿区〔（0.61±0.40）mg/kg〕，对照区最低〔（0.021±0.011）mg/kg〕。尽管废弃汞矿区稻田土壤总汞含量远高于土法炼汞区，但其水稻茎部无机汞含量却低于土法炼汞区。结合之前水稻根部无机汞含量数据，推测水稻茎部无机汞含量可能同时受控于大气和土壤汞污染程度。土法炼汞区水稻叶部无机汞含量高达（9.1±4.1）mg/kg，远远高于废弃汞

矿区 [（4.1±2.8）mg/kg] 和对照区 [（0.10±0.032）mg/kg]。研究期间，土法炼汞区大气 GEM 高达（198±183）ng/m³，远远高于废弃汞矿区 [（32±36）ng/m³] 和对照区 [（6.2±3.0）ng/m³]。因此，相对于废弃汞矿区和对照区，土法炼汞区水稻叶部高含量的无机汞可能与当地严重汞污染的大气有关。

　　土法炼汞区水稻各部位无机汞含量分布特征表现为叶＞根＞茎＞壳＞米；废弃汞矿区为根＞叶＞茎＞壳＞米；对照区为根＞叶＞茎＞米＞壳（图 7-1-1）。前人的研究证实，植物（特别是落叶植物）叶部汞浓度的高低受控于大气汞含量（Fay and Gustin，2007），茎部汞浓度同时受控于大气和土壤（Clarkson，1993），而根部汞浓度则主要与土壤汞污染程度有关（WHO，1991）。因此，土法炼汞区、废弃汞矿区和对照区大气及土壤汞污染程度存在的巨大差异，可能是导致无机汞在水稻各部位的分布特征存在差异的主要原因。

　　如表 7-1-1 所示，水稻叶、米、壳和茎部无机汞含量间均呈现极显著正相关关系，而与土壤无机汞含量间相关性不明显。水稻根部无机汞含量与土壤无机汞含量间呈极显著正相关关系（$P<0.001$），而与水稻其他部位（叶、米、壳和茎）的相关性相对较弱（$P<0.01$）。主因子分析表明（表 7-1-2），水稻地上部分（叶、米、壳和茎）无机汞含量受控于因子 F1。很明显，因子 F1 暗示环境大气；而土壤和水稻根部无机汞含量受控于因子 F2，因子 F2 则代表土壤。以上统计分析结果暗示，水稻地上部分（叶、米、壳和茎）无机汞主要来源于大气，而根部无机汞则主要来源于土壤。

表 7-1-2　水稻根、茎、叶、米（糙米）、壳（米壳）和土壤中汞含量主因子分析（$n=46$）

IHg	F1-PCR	F2-PCR	MeHg	F1-PCR	F2-PCR
米	0.93	−0.21	米	0.910	−0.34
壳	0.92	−0.25	皮	0.94	−0.048
茎	0.94	−0.20	茎	0.93	−0.23
叶	0.93	−0.31	叶	0.75	0.64
根	0.62	0.77	根	0.93	0.10
土壤	0.50	0.85	土壤	0.87	−0.003
因子权重/%	68	26	因子权重/%	80	9.8
	94			89.8	

　　无机汞在成熟水稻各部位（根、茎、叶、米、壳）的分配比例，见图 7-1-2。分析数据表明，土法炼汞区水稻各部位无机汞的分配比例表现为叶＞茎＞米＞根＝壳；废弃汞矿区为叶＞根＞茎＞米＞壳；对照区为叶＞茎＞根＞米＞壳。对于整株水稻，大部分无机汞富集在水稻地上部分（茎、叶、米、壳），叶部富集的无机汞明显高于其他部位（根、茎、米、壳），且最高值出现在土法炼汞区，主要归因于土法炼汞区高汞浓度的大气。然而，水稻根部无机汞分布最高比例出现在废弃汞矿区，进一步说明水稻根部无机汞主要受控于土壤汞含量。水稻籽粒部分富集的无机汞较少，仅占整株水稻的 6%～8%。

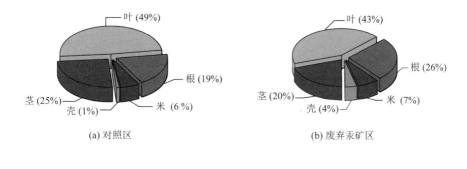

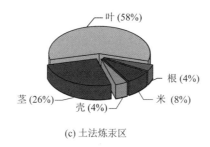

图 7-1-2　土法炼汞区、废弃汞矿区和对照区无机汞（IHg）在成熟水稻各部位的分配比例

4. 甲基汞在水稻植株中的分布

土法炼汞区、废弃汞矿区和对照区水稻各部位［根、茎、叶、米（糙米）和壳（米壳）］甲基汞分布特征见图 7-1-3。分析数据表明，水稻各部位甲基汞含量最高值均出现在土法炼汞区，其次为废弃汞矿区和对照区。通常，农作物可食部分总汞含量低于我国食品中汞限量标准（≤0.02mg/kg，总汞）（GB2762—2017），且主要以无机汞的形式存在（WHO，1991）。然而，本研究发现，稻米中含有较高比例的甲基汞（对照区 47%±8.0%；废弃汞矿区 11%±2.1%；土法炼汞区 8.1%±6.8%），且明显高于水稻其他部位（根、茎、叶和壳）。此外，土法炼汞区稻米中甲基汞含量高达（0.032±0.014）mg/kg，明显高于我国食品中汞限量标准（≤0.02mg/kg，总汞）（GB2762—2017）。因此，汞矿区稻米中高含量及高比例的甲基汞对当地居民健康造成潜在的威胁。

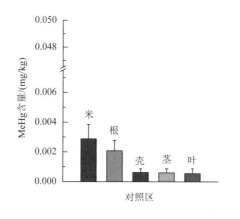

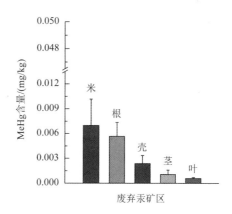

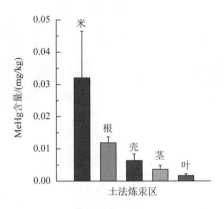

图 7-1-3　土法炼汞区、废弃汞矿区和对照区水稻各部位甲基汞（MeHg）分布特征

如前所述，废弃汞矿区水稻根部无机汞含量远高于土法炼汞区和对照区。然而，水稻根部和土壤甲基汞含量最高值均出现在土法炼汞区，且明显高于其他两个地区（图 7-1-3）。土法炼汞区、废弃汞矿区和对照区水稻各部位甲基汞含量分布特征均表现为：米＞根＞壳＞茎＞叶。多重比较和方差分析表明，水稻各部位甲基汞含量间具有显著差异（K-W 分析，$P<0.001$），且稻米甲基汞含量及甲基汞占总汞的比例均显著高于其他部位（根、茎、叶和壳）。进一步分析发现，稻米甲基汞含量与叶部甲基汞含量的比值高达 15±13，依次为米/茎（7.1±2.7）、米/壳（4.3±2.4）、米/根（1.7±0.97）。水稻各部位甲基汞含量与对应的土壤甲基汞含量比值可以衡量其对甲基汞的富集能力（即生物富集系数，水稻从土壤中吸收富集甲基汞的能力）（Gnamus et al.，2000）。分析结果表明，稻米对甲基汞的生物富集系数为 7.0±3.9，明显高于根（4.2±2.1）、壳（1.8±0.82）、茎（1.1±0.75）、叶（0.72±0.73）。以上结果表明，相对于根、茎、叶、皮，稻米具有最强的甲基汞富集能力。

回归分析表明（表 7-1-1），水稻根、茎、叶、米、壳、土壤甲基汞含量之间均具有极显著相关关系，暗示水稻各部位甲基汞具有相似的来源。Schwesig 和 Krebs（2003）研究发现，植物对甲基汞的吸收、运输能力要强于对无机汞的。研究表明，植物螯合素（phytochelatin），一种在植物体内对重金属具有解毒作用的肽，可以阻止水稻对无机汞的吸收，但不能阻止水稻对甲基汞的吸收（Krupp et al.，2009）。主因子分析表明，水稻各部位（根、茎、叶、米、壳）甲基汞含量同时受控于因子 F1（表 7-1-2）。很明显，因子 F1 暗示土壤甲基汞含量。综上所述，水稻各部位甲基汞可能来源于土壤，且土壤甲基汞含量高低是控制水稻各部位甲基汞含量高低的主要因素。

甲基汞在成熟水稻各部位（根、茎、叶、米、壳）的分配比例见图 7-1-4。土法炼汞区、废弃汞矿区和对照区水稻体内大部分甲基汞储存在稻米中（对照区 76%；废弃汞矿区 77%；土法炼汞区 84%），且远远高于对应的根、茎、叶和壳。上述结果进一步证实，相对于根、茎、叶、壳，稻米具有最强的甲基汞富集能力。而水稻根、茎、叶和壳仅存储了少量的甲基汞，且相互之间的差异较小。虽然土法炼汞区和废弃汞矿区大气及土壤汞含量间存在较大差异，但水稻各部位甲基汞分配比例均表现为：米＞茎＞壳＞根＞叶。一方面，说明水稻不同部位（根、茎、叶、米、壳）甲基汞具有相似的来源；另一方面，说明水稻对无机汞和甲基汞的吸收、运移及富集过程/机制存在差异。

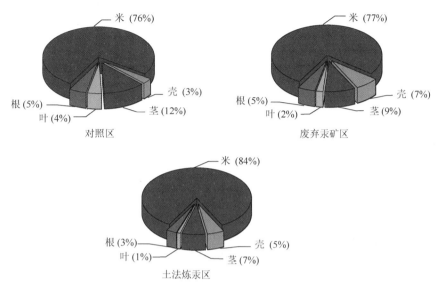

图 7-1-4　土法炼汞区、废弃汞矿区和对照区甲基汞（MeHg）在成熟水稻各部位的分配比例

7.1.2　稻米不同部位汞的分布特征及赋存状态

1. 研究方案

于 2006~2009 年水稻成熟期间，在土法炼汞区（40 组）、废弃汞矿区（39 组）和对照区花溪（10 组）共采集成熟水稻籽粒（稻米）样品 89 组，每组样品为 5~10 株水稻的混合样。稻米样品分割为米壳、米皮（麸皮）和精米三部分，干燥后准确称重。经微型植物粉碎机粉碎后，分析其中的总汞和甲基汞含量。此外，选择合适的样品利用同步辐射 X 射线荧光微区谱学成像技术（synchrotron radiation X-ray fluorescence micro-spectroscopy，SR-μXRF）和 X 射线近边吸收谱学技术（X-ray absorption near-edge spectroscopy，XANES），研究汞在稻米（糙米）中的微区分布和化学形态。

在北京同步辐射装置 1W1B 实验站进行标准样品和稻米样品吸收谱采集。用于 XANES 测试的标准物质有辰砂（α-HgS）、黑辰砂（β-HgS）、黄色氧化汞（yellow HgO）、红色氧化汞（red HgO）、氯化汞（$HgCl_2$）、硫酸汞（$HgSO_4$）、乙酸汞 [$(CH_3COO)_2Hg$]、半胱氨酸汞（Hg-cysteine）、二半胱氨酸汞（Hg-dicysteine）、硒化汞（HgSe）和半胱氨酸甲基汞（MeHg-cysteine）。其中，半胱氨酸汞和二半胱氨酸汞是参照 Andrews 和 Wyman（1930）及 Neville 和 Drakenderg（1974）的方法合成的，半胱氨酸甲基汞参考 Lemes 和 Wang（2009）进行合成，其他标准物质通过公司进行购买。获得的数据采用 IFEFFIT XAS 软件进行分析。在北京同步辐射装置 4W1B 光束线进行 XRF 扫描。扫描参数设定为：光斑大小为 50μm，扫描步长设定为 50~100μm，每点的扫描时间 60s。所获得的数据用 PyMca 4.4.1 分析处理后，用 Origin 8.0 进行绘图。

2. 稻米不同部位汞的含量分布

土法炼汞区、废弃汞矿区和对照区稻米不同部位（米皮、米壳和精米）无机汞和甲基汞含量分布特征见图 7-1-5。统计分析发现，三个研究区稻米不同部位无机汞和甲基汞含量间存在显著差异（$P<0.01$）。其中，米皮无机汞含量最高，其次为米壳和精米。与无机汞的分布特征类似，甲基汞含量最高值也位于米皮，其次为精米和米壳（图 7-1-5）。上述结果表明，相对于米壳和精米，米皮具有最强的无机汞和甲基汞富集能力。研究表明，Hg^{2+} 和 $MeHg^+$ 离子易于以含硫生物分子配体复合物的形式存在于生物组织中（Harris et al.，2003）。化学分析表明，米皮中蛋白质的含量远高于对应的精米和米壳（Pedersen and Eggum，1983）。此外，由于重金属离子与蛋白质中占主导地位的侧链配体具有强的亲和力（Hampp et al.，1976），因此本研究推测，汞（无机汞和甲基汞）强烈富集在米皮中，可能与米皮中相对富集的蛋白质以及蛋白质与汞之间较强的亲和力有关。

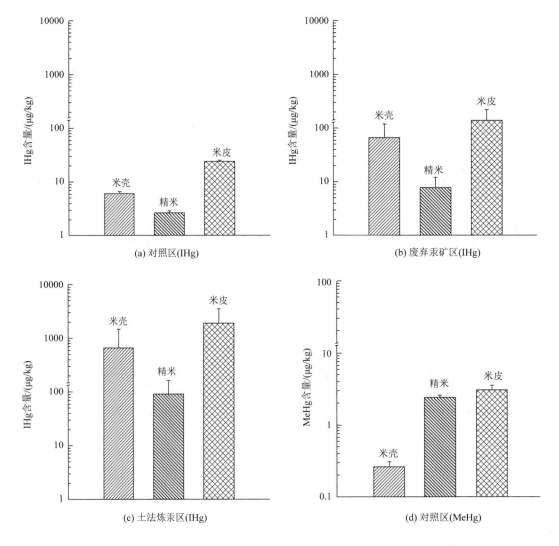

(a) 对照区(IHg)

(b) 废弃汞矿区(IHg)

(c) 土法炼汞区(IHg)

(d) 对照区(MeHg)

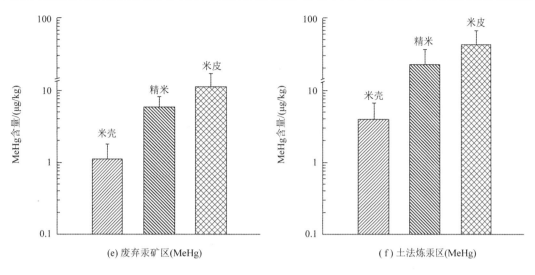

图 7-1-5　稻米不同部位无机汞（IHg）和甲基汞（MeHg）含量分布特征

　　为了解无机汞和甲基汞在稻米不同部位的储存位置，进一步计算了米皮、米壳和精米中不同形态汞的含量比率，其结果见表 7-1-3。对于三个研究区，米皮与米壳无机汞的含量比率低于对应的米皮与精米中无机汞的含量比率。不同的是，米皮与米壳甲基汞的含量比率要高于对应的米皮与精米甲基汞的含量比率。上述结果表明，无机汞更倾向于富集在米皮部位；不同的是，甲基汞则相对均匀地分布在整个水稻籽粒中，并且更倾向于分布在精米中。推测造成上述差异的主要原因可能是无机汞和甲基汞在水稻籽粒中的运输和储存机制不同。如前所述，水稻地上部分无机汞主要来源于大气，而土壤则是水稻体内甲基汞的主要来源。因此本研究认为水稻籽粒中无机汞和甲基汞的不同来源，也可能是其不同部位（米皮、米壳和精米）无机汞和甲基汞含量比率存在差异的重要原因之一。

表 7-1-3　稻米不同部位无机汞（IHg）和甲基汞（MeHg）的含量比率（平均值±标准偏差）

研究区	无机汞含量比率		甲基汞含量比率	
	米皮/米壳	米皮/精米	米皮/米壳	米皮/精米
对照区（$n=10$）	3.9±0.33	9.1±0.84	12±2.8	1.2±0.15
废弃汞矿区（$n=39$）	2.4±1.2	18±6.3	13±6.1	1.9±0.6
土法炼汞区（$n=40$）	4.1±2.9	22±6.6	14±9.9	2.1±0.7

　　土法炼汞区稻米可食部分（精米）总汞含量［（111±75）μg/kg］远远高于我国食品中汞限量标准（20μg/kg，总汞）（GB2762—2017）。然而，废弃汞矿区［（14±4.4）μg/kg］和对照区［（5.1±0.23）μg/kg］稻米（精米）总汞含量则未超过该限量标准。普遍认为，粮食作物中的汞主要以毒性较小的无机汞形式存在（WHO，1991）。目前，我国在制定食品中汞限量标准时仅考虑农作物中总汞的含量，针对农

作物中甲基汞的含量并没有明确的说明。然而本研究表明，土法炼汞区稻米（精米）甲基汞含量就已经高于我国食品中汞限量标准（20μg/kg，总汞）（GB2762—2017）。此外，精米中甲基汞占总汞的比例（26%～48%）也远远高于对应的米皮（3.7%～11%）和米壳（1.1%～4.1%）。

　　与米壳和精米相比，尽管米皮具有最强的无机汞和甲基汞富集能力（汞含量最高），但其生物量仅占整个水稻籽粒的8.0%左右。精米的生物量占整个水稻籽粒的比例高达71%±3.1%。因此，就食品安全而言，相对于含量分布特征，无机汞和甲基汞在水稻籽粒不同部位（精米、米皮和米壳）的储存比例更值得关注。如图7-1-6所示，对于对照区，无机汞在米皮、米壳和精米中的分布比较均匀。而对于汞矿区（土法炼汞区和废弃汞矿区），无机汞倾向于向米壳和米皮中转移。相比之下，对于三个研究区而言，甲基汞则主要储存在精米中。因此，在碾米过程中（去除米壳和米皮），大量的无机汞会随着米壳和米皮（麸皮）的去除而被去除；然而，大多数甲基汞则仍然保留在精米中。

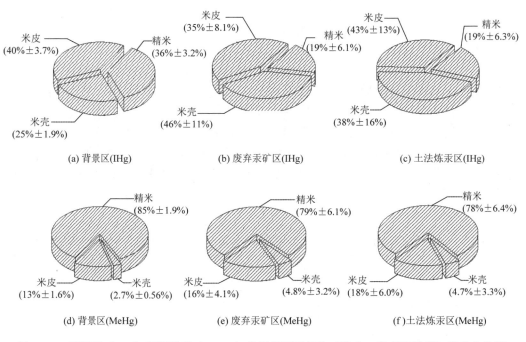

图 7-1-6　无机汞（IHg）和甲基汞（MeHg）在稻米不同部位（米皮、米壳和精米）的分布比例

　　无机汞和甲基汞在稻米不同部位（米皮、米壳和精米）含量及储存比例存在巨大差异，这暗示水稻对汞的吸收和富集过程受控于汞的形态和赋存状态。研究表明，甲基汞在水稻体内的迁移/富集过程与植物体内养分的迁移/富集过程非常类似（李兆伟等，2009；Ren et al.，2006）。本研究推测，米壳和米皮有很强的能力富集无机汞，并在很大程度上限制了无机汞向精米的转移。相比之下，稻田土壤中的甲基汞则可以通过根系吸收，并转运到水稻地上部分，最终被富集在精米中。

3. 稻米中汞的微区分布

糙米中汞（Hg）、镉（Cd）和锰（Mn）等元素 SR-μXRF 扫描图见图 7-1-7。需要指出的是，SR-μXRF 技术不能区分无机汞和甲基汞。因此，图 7-1-7 显示的是糙米中总汞的空间分布特征。SR-μXRF 结果表明，汞在糙米中的分布表现出明显的空间差异性：糙米纵切面和横切面 SR-μXRF 图均显示，相对于胚乳，汞强烈富集在糙米表层（对应为果皮和糊粉层），并且从糙米表层（果皮和糊粉层）到糙米内部（胚乳）汞的富集程度逐渐降低。基于 SR-μXRF 技术获得的糙米中汞微区分布特征，与稻米不同部位（米皮和精米）无机汞和甲基汞的含量分析结果相一致。此外，糙米纵切面 SR-μXRF 分析数据表明，相对于糙米内部（精米）汞在胚芽中的富集程度有所升高，其对汞的富集程度仍然低于糙米表层（果皮和糊粉层）。

如图 7-1-7 所示，糙米中其他元素的分布特征也表现出空间不均一性。与汞的空间分布特征相似，Ca、Fe、K、Mn 和 Cd 元素也高度富集在糙米表层（果皮和糊粉层），这与前人的研究结果相一致（Ren et al., 2006；Moriyama et al., 2003）。糙米横、纵切面 SR-μXRF 分析数据表明，Hg、Ca、Cd、Fe、K、Mn 并不是均匀地分布在籽粒外层，而是相对在糙米背侧富集（与腹侧相比）。del Rosario 等（1968）发现，糙米背侧糊粉层厚度大于腹侧，其背侧糊粉层与腹侧糊粉层细胞厚度比为 3：1。相对于糙米腹侧，Hg、Ca、Cd、Fe、

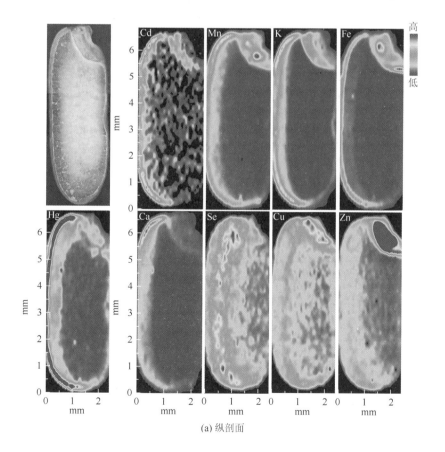

(a) 纵剖面

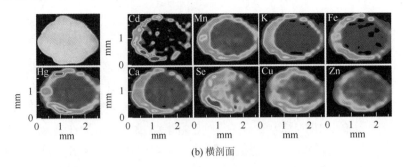

(b) 横剖面

图 7-1-7　糙米（腹部位于右侧）中 Hg、Cd 和 Mn 等元素 SR-μXRF 扫描图（后附彩图）

K、Mn 等元素在背侧相对富集的现象，也证实了糙米表层（米皮）厚度并不是均匀分布的。纵切面 SR-μXRF 分析数据显示，与 Hg、Ca、Cd、Fe、K、Mn 等元素的空间分布不同，Se 和 Cu 元素并没有在糙米表层（米皮）强烈富集，而是在糙米内部（精米）出现相对富集的现象。横切面 SR-μXRF 显示，Se 相对均匀地分布在整个糙米背侧，这与汞在糙米表层极度富集的空间分布特征正好相反。此外，SR-μXRF 谱图显示 Se 和 Hg 元素在糙米中的空间分布特征也存在部分重叠的现象。

综合考虑不同元素在糙米中的微区分布特征，本研究认为 SR-μXRF 谱图在一定程度上支持了如下猜测：水稻对 Hg 和 Se 这两种元素的储存机制存在差异。Zhang H 等（2012）研究发现，硒可以有效降低汞的生物可利用性以及抑制水稻对汞的吸收、转运和富集，即 Se-Hg 之间存在拮抗作用。因此，本研究推测硒在糙米内部（胚乳）相对富集的现象，很可能是导致汞在糙米表层（米皮）富集而不是在内部（精米）富集的重要原因。一般认为，生物体内相对惰性的硒代半胱氨酸甲基汞（MeHg-selenocysteine）和汞化硒（HgSe）配合物的形成，归因于 Se 与 Hg 之间的高亲和力（Zhang H et al.，2012；Ralston，2008），这在一定程度上解释了 Se 和 Hg 在糙米中存在部分重叠分布的现象。但是，上述推论目前还没有直接的证据加以支撑，开展更加深入的研究迫在眉睫。

在碾米过程中，米皮和大部分糊粉层将会被去除。与此同时，抛光过程也会去除胚芽，最终获得人们通常食用的精米（Ren et al.，2006）。果皮和糊粉层的去除过程会导致稻米中部分营养元素（如 Ca、Fe、K）的大量流失，从而对稻米的营养成分产生影响。但是，碾米过程中（去除果皮、糊粉层和胚芽）也会同时去除很大一部分的无机汞，但无法有效去除甲基汞。

4. 稻米中汞的化学形态和赋存状态

汞的毒性与其化学结构（分子结构）密切相关，如二甲基汞衍生物是剧毒物质，硒化汞可在生物体内富集但毒性较小，氯化甲基汞的毒性强于半胱氨酸甲基汞。由于甲基汞与巯基（—SH）间具有极强的亲和力，因此，游离的甲基汞（CH_3Hg^+）在生物体内不会大量存在，而一般是与含有巯基的生物大分子 [如与半胱氨酸（cysteine）、谷胱甘肽（glutathione）、白蛋白（albumin）等] 进行配位，不同的配位方式决定了甲基汞在生物体内的运移行为。例如，与谷胱甘肽配位的甲基汞很难被吸收、运移，表现出生物体对甲基汞的解毒作用；与半胱氨酸结合的甲基汞则易于穿过血脑和胎盘屏障，直接对生物体靶器官产生毒害作用。从分子生物学的角度来看，明确稻米中汞的化学形态及其结合方式，是全面理解其生物有效性、新陈代谢过程及毒性特征的前提，在汞的毒理学研究领域具有非常重要的理论和现实意义。

由于精米中汞含量相对较低，为了得到可靠的 XANES 谱图，本研究选择了两组汞含量相对较高的米皮样品（米皮-1 和米皮-2）用于 XANES 分析。在开展 XANES 分析之前，对米皮样品中无机汞和甲基汞的含量进行了测定。结果显示，米皮-1 和米皮-2 样品中总汞含量分别为 3412μg/kg 和 7365μg/kg，对应的甲基汞含量分别为 100μg/kg 和 33μg/kg。所选择的米皮样品（米皮-1 和米皮-2）和标准物质中汞的 L$_{\text{III}}$边 XANES 谱（归一化后）见图 7-1-8。XANES 谱图显示，标准物质红色氧化汞（red HgO）、乙酸汞 [(CH$_3$COO)$_2$Hg]、黄色氧化汞（yellow HgO）和氯化汞（HgCl$_2$）均在 12.28keV 附近存在一个明显的峰值。但是，该峰值并没有在半胱氨酸甲基汞（MeHg-cysteine）、辰砂（α-HgS）、黑辰砂（β-HgS）、半胱氨酸汞（Hg-cysteine）、二半胱氨酸汞（Hg-dicysteine）、硒化汞（HgSe）和米皮样品对应的谱图中出现。很明显，米皮样品

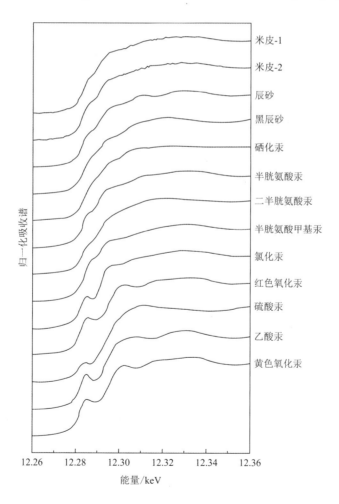

图 7-1-8　米皮样品（米皮-1 和米皮-2）和标准物质中汞的 L$_{\text{III}}$边 XANES 谱（归一化后）

中汞的 L$_{\rm III}$边 XANES 谱与对应的半胱氨酸甲基汞（MeHg-cysteine）、辰砂（α-HgS）、黑辰砂（β-HgS）、半胱氨酸汞（Hg-cysteine）、二半胱氨酸汞（Hg-dicysteine）和硒化汞（HgSe）对应的谱图非常相似。如图 7-1-9 所示，本章所选择的两组米皮样品汞的 L$_{\rm III}$边 XANES 谱高度吻合，说明米皮样品中汞的形态是非常接近的。

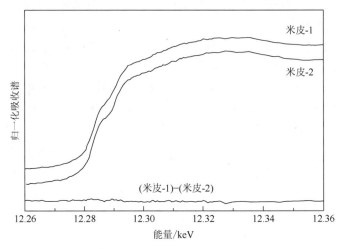

图 7-1-9　米皮样品中汞的 L$_{\rm III}$边 XANES 谱（归一化后）比较

如果将米皮样品汞的 L$_{\rm III}$边 XANES 谱与对应的半胱氨酸甲基汞（MeHg-cysteine）、辰砂（α-HgS）、黑辰砂（β-HgS）、半胱氨酸汞（Hg-cysteine）、二半胱氨酸汞（Hg-dicysteine）和硒化汞（HgSe）谱图叠加对比（图 7-1-10），发现米皮样品与半胱氨酸汞（Hg-cysteine）和

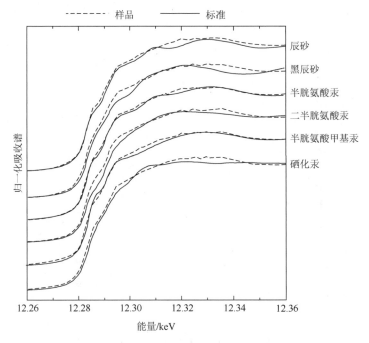

图 7-1-10　稻米（米皮）样品和标样中汞的 L$_{\rm III}$边 XANES 谱（归一化后）对比

半胱氨酸甲基汞（MeHg-cysteine）的谱图高度吻合，同时在一定程度上与二半胱氨酸汞（Hg-dicysteine）谱图相吻合。上述现象是比较容易理解的，因为米皮中富含蛋白质，且汞与蛋白质中的含巯基（—SH）官能团（如半胱氨酸和二半胱氨酸汞）具有很强的亲和力。

为了对米皮样品中汞的化学形态进行定量，本章将米皮中汞的 L_{III} 边 XANES 谱与可能存在的汞形态（标准物质）对应的谱图（包括 Hg-cysteine、Hg-dicysteine 和 MeHg-cysteine）进行了拟合（linear combination fitting）（图 7-1-11），结果表明，使用半胱氨酸汞（Hg-cysteine）和半胱氨酸甲基汞（MeHg-cysteine）拟合获得的谱图可以准确重现（高度吻合）米皮样品对应的 XANES 谱图（图 7-1-11）。因此，本研究推测米皮中的无机汞和甲基汞很可能与半胱氨酸结合形成汞-半胱氨酸复合物。最终，本研究获得了米皮样品中汞的化学形态信息及不同化学形态的汞所占的比例（表 7-1-4）。结果显示，米皮样品中的汞有 76%～77%为半胱氨酸汞（Hg-cysteine），其余的则以半胱氨酸甲基汞（MeHg-cysteine）形态存在。对比发现，通过常规分析方法（CVAFS）检测得到的米皮样品中甲基汞占总汞的比例稍低于上述拟合结果（Li et al.，2010）。但是，两种方法（CVAFS 和 XANES）获得的结果在一定程度上是相互支持的（Li et al.，2010）。本研究认为，上述两种方法所获的结果存在差异的主要原因可能为：虽然最大限度选择高汞含量的样品进行 XANES 分析，但是所选择的米皮样品中汞的含量仍然处在相对较低水平，其汞含量接近 XANES 技术的检测限。也就是说，虽然 XANES 技术可以提供样品中汞的形态信息，但是不能准确获得不同形态的汞在样品中所占的比例（Lombi and Susini，2009）。

表 7-1-4　汞的 L_{III} 边 XANES 谱分析米皮中不同形态汞所占的比例

样品	Hg-cysteine/%	MeHg-cysteine/%	R-Factor	Chi-Square	Reduced Chi-square
米皮-1	77±0.5	24±0.5	0.00019	0.011	0.00013
米皮-2	76±0.5	25±0.5	0.00027	0.016	0.00016

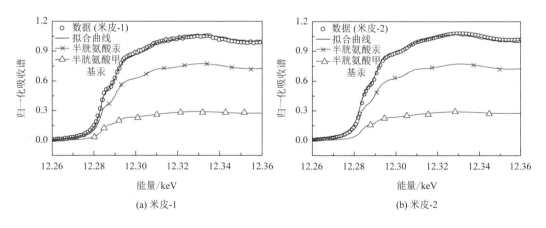

图 7-1-11　米皮样品中汞的 L_{III} 边 XANES 谱（归一化后）拟合结果

5. 稻米富集汞的机制探讨

生物体内含有丰富的巯基氨基酸、含硫醇的蛋白质和酶，这些有机化合物通过控制或解毒重金属离子等作用，在生物细胞内扮演着非常重要的角色。从金属组学的角度来看，植物和其他生物体内含有半胱氨酸（cysteine）和胱氨酸（glutamic acid）的多肽，在重金属解毒过程中发挥着重要的作用（Cobbett，2000）。在植物对重金属离子的解毒过程中，酶法合成的富含半胱氨酸的植物螯合肽（phytochelatins，PCs）通常被认为是重要的解毒过程。植物螯合肽的合成过程首先是在重金属离子的胁迫下激活相应的酶（Cobbett，2000），然后在酶的作用下诱导合成植物螯合肽。随后，生物体内活性的重金属离子被植物螯合肽所螯合，最终生成重金属-植物螯合肽复合物。研究表明，该过程可以在细胞内完成，也可以在细胞外完成（Zenk，1996）。有研究证实，当水稻植株（根部）暴露于高汞（Hg^{2+}或 $MeHg^+$）环境中时，其根部和茎部可以检测到多种汞-螯合肽复合物（Krupp et al.，2009）。有趣的是，水稻体内的植物螯合肽能够有效螯合 Hg^{2+}，但不能螯合 $MeHg^+$（Krupp et al.，2009）。因此，水稻对环境中的汞（主要为无机汞）表现出极强的耐受性，其中植物螯合肽起了非常关键的作用。然而，植物螯合肽在水稻对甲基汞的解毒方面发挥的作用非常有限，其相关机理还不清楚（Krupp et al.，2009）。

单质汞（Hg^0）具有亲脂性（Okouchi and Sasaki，1985），它可以通过气孔或非气孔通道在植物叶片-大气界面间进行交换（Stamenkovic and Gustin，2009）。大气中以氧化态形式存在的 Hg^{2+}化合物可以通过干湿沉降过程被植物叶片吸收并进入细胞组织，也可以在叶片表面被还原成单质汞（Rea et al.，2001）。如前所述，稻米中的无机汞可能主要来源于大气。稻米中来源于大气的无机汞主要和半胱氨酸结合形成半胱氨酸汞（Hg-cysteine），并以植物螯合肽的形式存在于细胞组织的细胞液中（Zenk，1996）。研究表明，液泡极有可能是汞离子的最终存储单元（Zenk，1996），那么，细胞液中的汞-植物螯合肽复合物很可能通过主动运输方式进入并最终储存在液泡中（Salt and Rauser，1995）。这也就解释了为什么无机汞倾向于在稻米表层（米皮）富集，而不能通过籽粒表层的维管束（作为营养器官向籽粒输送矿物质和养分的通道）被运输富集至胚乳中。这一现象可认为是水稻的自我保护或解毒机制，尤其是当水稻暴露在汞污染的大气环境中。但是，水稻对重金属汞的自我解毒机制可能更加复杂，而不能完全用植物螯合肽螯合汞离子来解释。本研究认为，汞离子通过诱导并激活植物螯合肽合成酶从而合成植物螯合肽，植物螯合肽然后螯合汞离子并生成更加复杂的汞-植物螯合肽复合物。然而，目前还没有直接证据证实上述猜测，未来需要开展更加深入的研究工作。

本研究发现稻米（米皮）中的甲基汞主要与巯基结合，并形成半胱氨酸-甲基汞（MeHg-cysteine）复合物。众所周知，甲基汞与巯基间具有很强的亲和力（Harris et al.，2003；Rajan et al.，2008），这也解释了为什么米皮中的甲基汞与巯基结合。采用高效液相色谱-电感耦合等离子质谱技术（high performance liquid chromatography-inductively coupled plasma-mass spectrometry，HPLC-ICP-MS），Li 等（2010）研究发现稻米（糙米）

中的甲基汞同样也是与半胱氨酸结合。研究证实，与半胱氨酸结合的甲基汞（MeHg-cysteine）可以自由穿过血脑和胎盘屏障对人体靶器官产生毒害作用。如前所述，水稻籽粒中绝大部分的甲基汞（80%±6.2%）储存在精米中。基于 XANES 技术及 HPLC-ICP-MS 技术的测定结果，我们有理由相信精米中的甲基汞也是与半胱氨酸结合。这与前人有关鱼体组织（Harris et al.，2003；Lemes and Wang，2009）和其他植物组织（Rajan et al.，2008）中甲基汞化学形态的研究结果是一致的。

虽然稻米中的甲基汞主要与半胱氨酸结合，但这并不意味着半胱氨酸-甲基汞（MeHg-cysteine）复合物是以游离态的形式存在于稻米中的。半胱氨酸很可能作为多肽的一部分，存在于许多蛋白质中。因此，稻米中的半胱氨酸-甲基汞（MeHg-cysteine）复合物很可能赋存于蛋白质中。有趣的是，水稻生长期间蛋白质和甲基汞在稻米中的富集过程高度耦合（Li et al.，2009；Xu et al.，2008）。基于以上研究结果，本研究推测与半胱氨酸结合的甲基汞主要赋存于蛋白质中，且在水稻生长期间这部分甲基汞会随蛋白质一起发生明显的运移：在水稻成熟之前，甲基汞和蛋白质主要储存在茎部和叶部；而在水稻成熟期间，茎部和叶部的甲基汞和蛋白质则被一起转移富集至稻米中（详见 7.2 节）。此外，与半胱氨酸结合的甲基汞在水稻体内的运移方式和游离的半胱氨酸（或其他氨基酸）类似，且甲基汞和半胱氨酸一同存在于蛋白质中。

糙米的外层由米皮包裹，米皮则由富含蛋白质的活体细胞构成。此外，米皮中的蛋白质含量远高于对应的精米和米壳（Pedersen and Eggum，1983）。麸皮与稻壳之间和麸皮与精米之间的蛋白质含量比率分别约为 6 和 2，且该比率和对应的甲基汞的比率接近（表 7-1-3），这进一步说明稻米中的甲基汞赋存于蛋白质中，且以这种形式存在的甲基汞可以顺利通过维管束进入胚乳。类似于甲基汞在水稻体内的转运过程文献已有广泛报道，如有机硒和二甲基砷酸（Sun et al.，2010），这也解释了为什么甲基汞可以在水稻体内发生明显的运移，而非无机汞（详见 7.2 节）。

7.1.3　水稻植株不同部位汞的来源及形态转化

1. 研究方案

1）实验设计

通过向稻田土壤添加单一富集稳定汞同位素，对水稻植株中无机汞和甲基汞的来源进行定量，同时明确水稻生长过程中植株体内是否存在无机汞的甲基化与甲基汞的去甲基化作用。选取陕西省安康市旬阳县的旬阳汞锑矿区为研究区域，在紧邻汞矿冶炼厂附近设置预净化后的 PVC 培养箱（长×宽×高：54cm×42cm×33cm），并在露天的条件下进行水稻培养实验。在培养箱中装入过 2mm 筛网后的土壤 40kg（土壤深度约 20cm）。为更好地识别大气与土壤对水稻植株中汞的贡献，培养实验用土采集自非污染区域的农田土壤。

将单一富集稳定汞同位素（^{200}Hg）溶解于浓硝酸中（纯度≥99.9%），制备得到 ^{200}Hg(NO$_3$)$_2$ 储备液，随后使用超纯水（Milli-Q，Millipore，美国）稀释 ^{200}Hg(NO$_3$)$_2$ 储备

液得到浓度为 12mg Hg/L 的工作液，并将该工作液的 pH 调至中性。将制备得到的 ^{200}Hg(NO$_3$)$_2$ 工作液使用一次性注射器，少量、多次均匀加入培养箱土壤中，并迅速混匀。添加 ^{200}Hg(NO$_3$)$_2$ 后，培养土壤老化 24h，然后开始水稻秧苗的移栽。实验用水稻品种为当地常用的杂交稻，水稻秧苗在温室中育苗 30d。移栽时，挑选长势接近的秧苗以 10cm×10cm 的间距，移入 PVC 培养箱中。水稻种植期间的灌溉水为自来水，并在水稻生长期间始终保持 3～5cm 深的淹水状态。培养实验于 2016 年 6 月开始，同年 9 月结束，从水稻移栽至收获，共培养 110d。水稻培养过程中的水肥措施与当地农民种植水稻时的一致。

2）样品采集、预处理及分析

在水稻移栽后的第 0d、30d、60d、90d 和 110d 进行样品的采集，每次随机采集 3～5 株水稻样品以及对应的根际土壤样品。其中，水稻植株样品现场使用自来水清洗后，装入尼龙网袋中。同时，使用经过预净化的高硼硅玻璃瓶采集灌溉水（自来水）样品，水样使用超纯 HCl 酸化后（0.5%），用双层保鲜袋保存，避免交叉污染。所有样品均保存于冷藏箱中，并在 24h 之内运回至实验室。在实验室内，使用纯水再次清洗水稻植株上的颗粒物，然后将水稻植株分为根、茎、叶和籽粒。由于水稻培养前期尚未结出籽粒，因此仅在第 90d 和 110d 有籽粒样品。随后，使用冷冻干燥机将水稻植株冷冻干燥，记录生物量，并使用微型粉碎机将干燥后的水稻植株进行粉碎。水稻籽粒进一步分割为米壳、米皮和精米三部分。土壤样品经冷冻干燥后，使用玛瑙研钵研磨。

使用电感耦合等离子体质谱仪（ICP-MS）（Agilent 7700x，美国）测定水稻植株样品与土壤样品中的总汞同位素（T^{200}Hg）含量；使用气相色谱-电感耦合等离子体质谱（GC-ICP-MS）测定水稻植株样品与土壤样品中的甲基汞同位素（Me^{200}Hg）含量。使用冷原子荧光光谱法（CVAFS）（Brooks Rand Model Ⅲ，美国）测定水体样品中的总汞浓度。同时，使用便携式汞蒸气分析仪（RA-915＋，Lumex，俄罗斯）在每次采样时每隔 10s 采集一个气态单质汞浓度数据，并连续测定 1h 以上。详细分析测定方法见第三章。

3）相关计算方法

在汞同位素数据分析过程中，能够区分环境中原本存在的汞和添加的单一富集汞同位素。前者可称为背景汞（ambient Hg），通过实际测定得到的 T^{202}Hg 和 Me^{202}Hg 以及 ^{202}Hg 的天然丰度计算得到［式（7-1-1）］；后者可称为 ^{200}Hg（spiked^{200}Hg），通过测定得到的 ^{200}Hg 含量扣除环境中原本存在的 ^{200}Hg 得到［式（7-1-2）］（包正铎等，2013；Mao et al.，2013；Meng et al.，2018）。

$$[ambient\ ^{200}Hg] = [measured\ ^{202}Hg]/29.9\% \times 23.1\% \qquad (7\text{-}1\text{-}1)$$

$$[spiked\ ^{200}Hg] = [measured\ ^{200}Hg] - [ambient\ ^{200}Hg] \qquad (7\text{-}1\text{-}2)$$

式中，[ambient^{200}Hg] 和 [spiked^{200}Hg] 分别为背景中的 ^{200}Hg 和添加的 ^{200}Hg 浓度；[measured^{200}Hg] 和 [measured^{202}Hg] 分别为测定得到的 ^{200}Hg 和 ^{202}Hg 浓度；23.1% 和 29.9% 分别为 ^{200}Hg 和 ^{202}Hg 的天然丰度。

无机汞浓度为总汞和甲基汞浓度的差值。水稻不同部位中，来自添加 ^{200}Hg 示踪剂所产生的 I^{200}Hg、Me^{200}Hg 和 T^{200}Hg 绝对质量根据 ^{200}Hg 的浓度、生物量以及株数计算得到。

大气沉降与根系吸收对水稻植株中无机汞和甲基汞含量的贡献率采用 Mao 等（2013）的方法。由于仅在土壤中添加 ^{200}Hg 示踪剂，因此 ^{200}Hg（I^{200}Hg 和 Me^{200}Hg）在地下部与地上部的分配系数（distribution coefficient）可以用下式表示：

$$R_{\text{IHg(tracer)}} = \frac{C_{\text{IHg (tracer)-}x}}{C_{\text{IHg (tracer)-root}}} \tag{7-1-3}$$

$$R_{\text{MeHg(tracer)}} = \frac{C_{\text{MeHg (tracer)-}x}}{C_{\text{MeHg (tracer)-root}}} \tag{7-1-4}$$

式中，$C_{\text{IHg(tracer)-}x}$ 和 $C_{\text{MeHg(tracer)-}x}$ 分别为水稻地上部中 I^{200}Hg 和 Me^{200}Hg 的浓度（x 为茎、叶、米壳、米皮和精米）；$C_{\text{IHg(tracer)-root}}$ 和 $C_{\text{MeHg(tracer)-root}}$ 分别为根系中 I^{200}Hg 和 Me^{200}Hg 的浓度。

假设水稻植株对背景汞和添加的汞同位素的吸收过程与速率一致，那么 $R_{\text{IHg(tracer)}}$ 和 $R_{\text{MeHg(tracer)}}$ 则应当与 $R_{\text{IHg(ambient)}}$ 和 $R_{\text{MeHg(ambient)}}$ 相等（Mao et al.，2013）。因此，通过根系吸收对水稻植株中无机汞和甲基汞的贡献 [$P_{\text{IHg(ambient)-root}}$ 和 $P_{\text{MeHg(ambient)-root}}$] 则可由以下公式计算得到：

$$P_{\text{IHg(ambient)-root}} = \frac{C_{\text{IHg (ambient)-root}} \times R_{\text{IHg (ambient)-root}}}{C_{\text{IHg(ambient)-}x}} \times 100\% \tag{7-1-5}$$

$$P_{\text{MeHg(ambient)-root}} = \frac{C_{\text{MeHg(ambient)-root}} \times R_{\text{MeHg(ambient)-root}}}{C_{\text{MeHg(ambient)-}x}} \times 100\% \tag{7-1-6}$$

式中，$C_{\text{IHg(ambient)-}x}$ 和 $C_{\text{MeHg(ambient)-}x}$ 分别为水稻地上部背景无机汞和背景甲基汞的浓度（x 为茎、叶、米壳、米皮和精米）；$C_{\text{IHg(ambient)-root}}$ 和 $C_{\text{MeHg(ambient)-root}}$ 分别为根系中背景无机汞和背景甲基汞的浓度。

大气沉降对水稻植株中无机汞和甲基汞的贡献 [$P_{\text{IHg(ambient)-air}}$ 和 $P_{\text{MeHg(ambient)-air}}$] 则可由以下公式计算得到：

$$P_{\text{IHg(ambient)-air}} + P_{\text{IHg(ambient)-root}} = 100\% \tag{7-1-7}$$

$$P_{\text{MeHg(ambient)-air}} + P_{\text{MeHg(ambient)-root}} = 100\% \tag{7-1-8}$$

2. 灌溉水、大气和土壤汞的含量分布

经测定，灌溉水总汞浓度均值为（5.3±3.7）ng/L。这一浓度较该区域受汞污染的地表水总汞浓度低 1~4 个数量级（Qiu et al.，2012），但与背景区天然水体总汞浓度接近。进一步对培养箱灌溉水以及土壤的总汞含量进行计算，发现灌溉水输入的总汞含量仅占土壤总汞含量的 0.01%。因此，水稻生长期间通过灌溉水输入汞量及其产生的水稻吸收与转运过程可忽略不计。培养期间，研究区大气气态单质汞（GEM）浓度达到（49±43）ng/m³，最高值为 298ng/m³（图 7-1-12）。因此，大气汞干湿沉降是培养体系中主要的汞输入源。

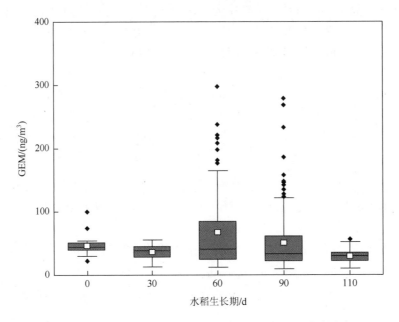

图 7-1-12　水稻生长期间大气气态单质汞（GEM）浓度分布

水稻生长期间，土壤背景总汞含量均值为（69±10）µg/kg。大气干湿沉降汞的输入，使得水稻生长期间土壤背景总汞含量略微增加。土壤中 $T^{200}Hg$ 含量与背景总汞含量接近，为（97±9.6）µg/kg（图 7-1-13）。在培养期间，土壤中背景甲基汞的含量为 0.12～0.58µg/kg，在培养开始至第 30d 出现短暂下降后一直保持稳定。土壤中的 $Me^{200}Hg$ 含量在 0～90d 内，从（0.03±0.003）µg/kg 显著上升至（0.51±0.10）µg/kg（图 7-1-13，$P<0.05$），表明在该时间段内存在着活跃的甲基化作用，使 $I^{200}Hg$ 示踪剂甲基化生成 $Me^{200}Hg$。

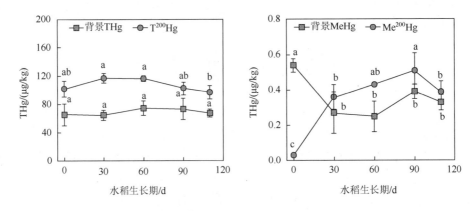

图 7-1-13　水稻生长期内土壤中总汞（THg）和甲基汞（MeHg）含量分布

不同小写字母表明 THg 或者 MeHg 在水稻生长周期内差异显著（$P<0.05$）

3. 水稻植株不同部位汞的含量分布

水稻生长期间，根、茎和叶中背景汞与 ^{200}Hg 的含量变化特征，如图 7-1-14 所示。由图 7-1-14 可知，叶片中背景无机汞含量在水稻生长期间显著增加，并在收获期（第 110天）达到峰值（1264±323）μg/kg。通过对整个生长周期、不同部位样品的配对检验发现，叶片中背景无机汞的含量显著高于根部与茎部（$P<0.01$）。而根部与茎部背景无机汞含量之间差异不显著。水稻收获时（第 110d 时），叶片中背景无机汞含量最高；而精米中的背景无机汞含量最低，仅为（50±9.1）μg/kg（$P<0.05$，图 7-1-15）。

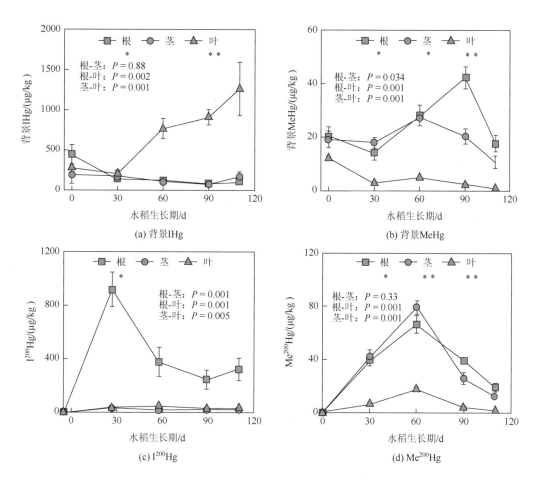

图 7-1-14　水稻生长期内根、茎和叶中无机汞（IHg）与甲基汞（MeHg）含量分布

图例下方*和**表明各形态汞在水稻生长期内差异显著（$P<0.05$）和极显著（$P<0.01$）

反观 $I^{200}Hg$，水稻根系中 $I^{200}Hg$ 的含量显著高于地上部（$P<0.05$，图 7-1-14）。收获期水稻不同部位 $I^{200}Hg$ 含量由高至低依次为：根部［（322±85）μg/kg］＞米皮［（70±13）μg/kg］＞精米［（59±5.9）μg/kg］＞叶［（33±7.3）μg/kg］＞茎［（23±6.5）μg/kg］＞米壳［（6.6±3.5）μg/kg］（$P<0.05$，图 7-1-15）。

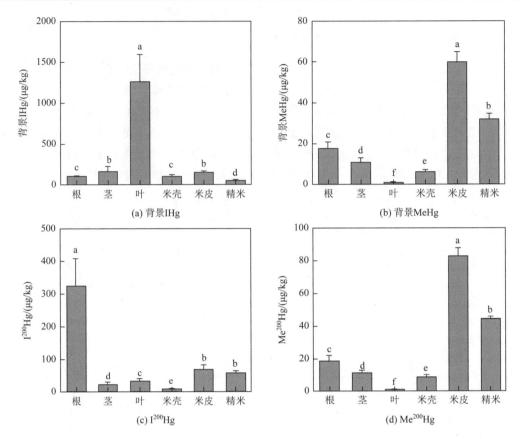

图 7-1-15　水稻收获期不同部位无机汞（IHg）和甲基汞（MeHg）含量分布

不同小写字母表明 IHg 或者 MeHg 在水稻不同部位中含量差异显著（$P<0.05$）

　　在水稻生长期内，根系与茎部背景甲基汞的含量表现为先升高后降低的趋势，其中，根部、茎部与叶片中背景甲基汞的最大值分别为（42±4.1）μg/kg（第 90d）、（27±1.4）μg/kg（第 60d）和（12±0.8）μg/kg（第 0d）（$P<0.05$，图 7-1-14）。对于成熟水稻，背景甲基汞的最大值和最小值分别位于米皮[（60±5.0）μg/kg]和叶片中[（0.89±0.2）μg/kg]（$P<0.05$，图 7-1-15）。然而，根部、茎部与叶片中 $Me^{200}Hg$ 含量变化趋势一致，即在第 0~60d 时上升，随后降低。在整个生长周期内，根部和茎部 $Me^{200}Hg$ 含量显著高于叶片（$P<0.01$，图 7-1-14）。对于成熟水稻，不同部位 $Me^{200}Hg$ 含量由高至低依次为：米皮[（83±4.8）μg/kg]＞精米[（44±1.5）μg/kg]＞根系[（19±3.3）μg/kg]＞茎[（12±1.7）μg/kg]＞米壳[（9.0±1.3）μg/kg]＞叶片[（1.2±0.2）μg/kg]（$P<0.05$，图 7-1-15）。

　　图 7-1-16 为 ^{200}Hg 和背景汞（IHg、MeHg 和 THg）在不同时期水稻各部位的相对分布情况。水稻根系中 $I^{200}Hg$ 的绝对含量在第 30~60d 时增加，随后逐渐下降，至第 90d 降至最低值。随着水稻籽粒的灌浆，米皮和精米中 $I^{200}Hg$ 的绝对含量显著增加，而米壳中 $I^{200}Hg$ 则相应减少（$P<0.05$，图 7-1-16）。$T^{200}Hg$ 在水稻不同部位的分布与变化趋势与 $I^{200}Hg$ 类似。对于背景 IHg 和 THg 来说，绝大部分 IHg 和 THg 储存在叶片中，且叶片背景无机汞的绝对含量在第 110d 时达到最高值（$P<0.05$，图 7-1-16）。

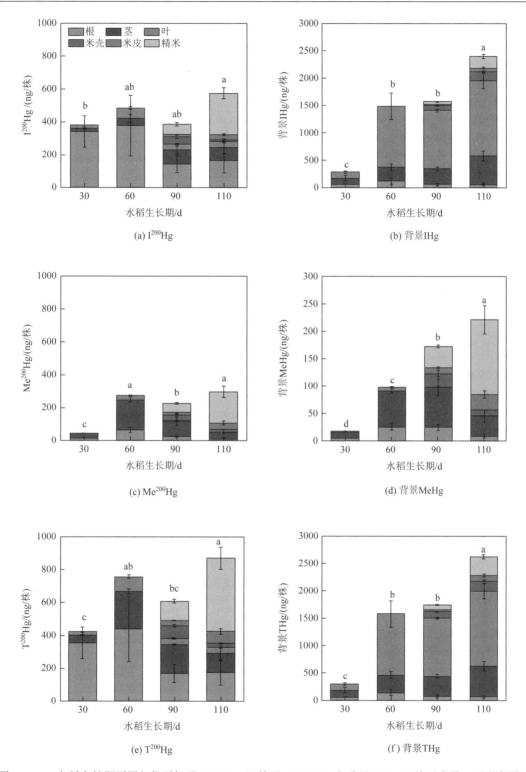

图 7-1-16　水稻生长期不同部位无机汞（IHg）、甲基汞（MeHg）和总汞（THg）绝对含量（后附彩图）

不同小写字母表明 IHg、MeHg 和 THg 不同部位净含量之和在不同时期差异显著（$P<0.05$）

在水稻生长前期，Me^{200}Hg 在水稻不同部位的绝对含量仍处于较低水平（$P<0.05$，图 7-1-16）。而在第 60～90d 时，水稻根系和茎部 Me^{200}Hg 的绝对含量出现降低趋势，且第 90～110d，米壳中 Me^{200}Hg 的绝对含量也出现降低的现象（$P<0.05$，图 7-1-16）。与之对应的是，该时期水稻米皮和精米中 Me^{200}Hg 的绝对含量迅速增加，表现出 Me^{200}Hg 在籽粒中的富集。背景甲基汞与 Me^{200}Hg 的变化趋势接近，即在水稻成熟之前，甲基汞主要富集在水稻茎部，占整个植株总甲基汞储量的 42%～66%；随着水稻籽粒的成熟，这部分甲基汞被迅速转移至精米中，此时精米中的甲基汞占整个植株甲基汞储量的 61.8%。

4. 水稻植株中汞的来源解析

土壤与水稻植株不同部位 ^{200}Hg/背景 Hg 可以用来指示水稻植株中汞的来源（Strickman and Mitchell，2017）。具体来讲，如果土壤与植株中 ^{200}Hg/背景 Hg 接近，则表明土壤是植株中汞的主要来源；当存在有其他来源的贡献时，会导致土壤与植株中 ^{200}Hg/背景 Hg 存在差异。例如，当大气中汞为主要来源时，水稻植株中 I^{200}Hg/背景 IHg 则会低于土壤中 I^{200}Hg/背景 IHg。当然，甲基化/去甲基化反应、植物吸收和转运等过程会使得汞的天然同位素组成（同位素分馏过程）发生一定的变化（Yin et al.，2013；Blum et al.，2014），但是这种变化在单一富集稳定汞同位素添加实验中均可以忽略不计（Mao et al.，2013；Meng et al.，2018）。

本节中，水稻茎部、叶片、米壳和米皮中的 I^{200}Hg/背景 IHg 均低于土壤（$P<0.05$，表 7-1-5），表明土壤并不是水稻植株中无机汞的唯一来源，结合图 7-1-16 可以推测，大气是水稻植株中无机汞的重要来源（尤其是水稻地上部分）。通过二元模型计算，在本实验条件下，水稻叶片中有 99.1%的无机汞来源于大气；水稻茎部、米皮和精米中，分别有 94.6%、84.3%和 58.2%的无机汞来自大气（图 7-1-17）。水稻植株与土壤 Me^{200}Hg/背景 MeHg 均非常接近（表 7-1-5），表明土壤是水稻植株体内甲基汞的唯一来源。通过计算大气和土壤对水稻植株甲基汞的贡献率，进一步证实水稻植株中的甲基汞全部来自稻田土壤中无机汞的原位甲基化-根系吸收过程。前期，大量研究通过不同的方法对水稻植株中的无机汞和甲基汞进行了溯源分析，包括基于浓度测定——统计分析的方法和测定汞天然同位素组成——计算同位素分馏的方法（Yin et al.，2013；Feng et al.，2016；Qin et al.，2020）。本节采用更为直接的手段，即单一富集稳定汞同位素示踪技术，进一步证实：除了传统上认为的大气来源，土壤也是稻米中无机汞的重要来源之一，并且这一来源（土壤）在以往的研究中常常被忽视。与无机汞的来源不同，稻米中的甲基汞则主要来源于土壤。

表 7-1-5　土壤与水稻植株不同部位人为添加的 ^{200}Hg 与背景汞的比值

比值	土壤	根	茎	叶	米壳	米皮	精米
I^{200}Hg/背景 IHg	1.45±0.13	3.02±0.80	0.15±0.08	0.03±0.01	0.06±0.03	0.45±0.07	1.20±0.21
Me^{200}Hg/背景 MeHg	1.53±0.75	1.07±0.16	1.09±0.13	1.36±0.06	1.47±0.17	1.39±0.10	1.40±0.12

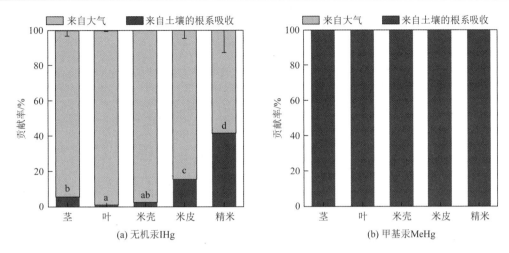

图 7-1-17　水稻不同部位无机汞（IHg）和甲基汞（MeHg）来源

不同小写字母表明 IHg 和 MeHg 的来源在不同部位之间差异显著（$P<0.05$）

5. 水稻植株中汞的形态转化

1）甲基化过程

有研究报道，蕹菜（又称空心菜，*Ipomoea aquatica*）（Göthberg and Greger，2006）、豌豆（*Pisum sativum*）（Gay，1976）和部分植物叶片（Tabatchnick et al.，2012）中存在无机汞的体内（in vivo）甲基化过程。植物自身或者其内生菌可以将无机汞转化为甲基汞，其中氨基酸中的 S-腺苷甲硫氨酸能够为植物体内甲基化反应提供甲基（Göthberg and Greger，2006）。在水稻植株中，有研究发现存在砷的甲基化过程（Zhao et al.，2009），而是否存在汞的甲基化过程尚不清楚。本节中，如果在水稻植株体内存在无机汞的甲基化作用，则植株中 $Me^{200}Hg$/背景 MeHg 应该较土壤中更低，因为植株地上部分背景无机汞的含量较 $I^{200}Hg$ 高 2～3 个数量级，即使其中一小部分背景无机汞被转化为甲基汞也能够显著地降低 $Me^{200}Hg$/背景 MeHg。然而，如表 7-1-5 所示，土壤和水稻植株地上部中 $Me^{200}Hg$/背景 MeHg 均比较接近，且不存在显著差异，这说明在水稻生长过程中，水稻植株体内并没有发生明显的无机汞甲基化过程。

2）去甲基化过程

研究表明，自然环境或者生物体内均存在甲基汞的生物去甲基化和非生物去甲基化过程（Ullrich et al.，2001；Li et al.，2020）。水稻吸收甲基汞后，无论是 $Me^{200}Hg$ 还是背景甲基汞在水稻植株中的转运和富集过程应该是类似的（Mao et al.，2013）。本节中，水稻地上部（茎、叶和籽粒）中背景甲基汞的绝对含量在第 60～90d 时，从（72±4.5）ng/株增加至（148±18）ng/株；然而，第 90d 时水稻地上部中 $Me^{200}Hg$ 的绝对含量却低于第 60d（图 7-1-16），这部分 $Me^{200}Hg$ 绝对含量的损失可能来自水稻植株体内甲基汞的去甲基化过程（Li et al.，2016；Xu et al.，2016；Strickman and Mitchell，2017）。另外，$Me^{200}Hg$ 降低的同时，伴随有 $I^{200}Hg$ 绝对含量的增加（图 7-1-16），进一步暗示了从 $Me^{200}Hg$ 转变为 $I^{200}Hg$ 的去甲基化过程的存在。目前，关于植物体内去甲基化机理的认识主要包括两方面：①植物体内内生菌介导的微生物去甲基化过程；

②光致去甲基化过程（Strickman and Mitchell，2017）。有学者通过测定水稻植株中天然汞同位素组成（汞的质量分馏和非质量分馏过程），发现水稻植株体内可能存在汞的光致还原作用（Yin et al.，2013）。因此，水稻植株内甲基汞的去甲基化过程可能与光化学作用下的光致去甲基化过程有关。然而，目前对于水稻体内汞的形态转化过程的研究非常有限、认识也比较粗浅，未来迫切需要开展相关研究工作。

7.2　水稻对汞的吸收富集过程

稻田土壤存在活跃的甲基化过程，是陆地生态系统潜在的甲基汞"源"，这是导致稻米富集甲基汞的主要原因。前期研究证实，水稻植株无机汞的分布特征、化学形态及来源完全不同于甲基汞（详见 7.1 节），暗示水稻对无机汞和甲基汞的富集过程存在巨大差异。为深入理解水稻对无机汞和甲基汞的富集过程及相关机理，选择土法炼汞区和对照区为研究区，采用野外盆栽实验，基于析因设计方案，人为控制水稻生长环境（大气和土壤汞含量），通过分析大气降水、土壤和水稻植株等样品中汞的含量及分布特征，基本明确了水稻对无机汞和甲基汞吸收、运移及富集过程。相关研究成果为典型区域表生环境中汞的次生富集与生物放大机制认识提供了重要理论依据和数据支撑。

7.2.1　研究方案

于 2007 年在土法炼汞区（铜仁垢溪）和对照区（贵阳花溪）进行了如下详细的实验设计（图 7-2-1 和图 7-2-2）：①对照区稻田（control site paddy，CS-P）：在对照区农田种植水稻，使用当地低汞自来水灌溉。本组实验具有低汞大气/大气汞沉降、低汞灌溉水和低汞土壤的特点。②对照区木箱（control site box，CS-B）：在对照区放置木箱（尺寸：1.5m×1.5m×0.4m），盛装采自土法炼汞区土壤并种植水稻，用当地低汞自来水灌溉。本组实验具有低汞大气/大气汞沉降、低汞灌溉水和高汞土壤的特点。③土法炼汞区稻田（artisanal site paddy，AS-P）：在土法炼汞区农田种植水稻，用当地地表水进行灌溉。本组实验具有高汞大气/大气汞沉降、高汞灌溉水和高汞土壤的特点。④土法炼汞区木箱

(a)　　　　　　　　　　　　　　　(b)

图 7-2-1　CS-P（a）和 CS-B（b）实验点水稻（2007 年）

（artisanal site box，AS-B）：在土法炼汞区放置木箱（尺寸：1.5m×1.5m×0.4m），盛装采自对照区低汞土壤并种植水稻，用当地低汞自来水进行灌溉。本组实验具有高汞大气/大气汞沉降、低汞灌溉水和低汞土壤的特点。

(a)　　　　　　　　　　　　　　(b)

图 7-2-2　AS-P（a）和 AS-B（b）实验点水稻（2007 年）

选择贵州省普遍种植的杂交水稻作为实验对象，在进行 1 个月左右的育苗过程后，将秧苗分别移栽至 CS-P、CS-B、AS-P 和 AS-B。水稻生长期间，系统采集灌溉水、大气降水、水稻植株及对应根际土壤。其中，灌溉水和大气降水分析总汞和甲基汞含量。水稻植株（分为根、茎、叶、米壳和糙米）清洗干净后干燥，并准确记录生物量；水稻植株样品采用微型植物型粉碎机进行粉碎，用于分析总汞和甲基汞含量。土壤样品冷冻干燥后使用玛瑙研钵研磨，用于分析总汞和甲基汞含量。样品的前处理方法和分析方法，详见第三章。

7.2.2　灌溉水、降水和土壤汞含量分布

CS-P、CS-B 和 AS-B 的灌溉水源为当地饮用水（自来水），而 AS-P 则选择当地严重汞污染的河水进行灌溉。如表 7-2-1 所示，AS-P 灌溉水总汞浓度远高于 AS-B、CS-P 和 CS-B。水稻生长期间，土法炼汞区大气降水总汞浓度远高于对照区，说明土法炼汞区大气汞沉降是当地稻田生态系统重要的汞输入源。对照区没有明显的汞污染源，其大气汞沉降对当地稻田生态系统的影响较小。上述数据表明，对于 CS-P 和 CS-B，通过大气沉降和灌溉水进入稻田土壤的汞均可忽略。然而，大气沉降和灌溉水均是 AS-P 重要的汞输入途径。对于 AS-B，大气沉降是其重要的汞输入源，而灌溉水的贡献可忽略。

表 7-2-1　大气降水和灌溉水中总汞和甲基汞数据统计　　　　（单位：ng/L）

试验设计	大气降水		灌溉水	
	THg	MeHg	THg	MeHg
CS-P 和 CS-B	27±17	0.28±0.14	5.4±1.9	0.13±0.036
AS-P	2900±1400	2.0±0.15	4200±4900	2.8±1.5
AS-B			14±2.7	0.24±0.017

　　水稻生长期间，CS-P、CS-B、AS-P 和 AS-B 水稻根际土壤总汞和甲基汞含量分布如图 7-2-3 所示。分析数据显示，AS-P 和 CS-B 原始土壤（第 0d）总汞含量分别为（11±3.4）mg/kg 和（30±1.1）mg/kg，远高于我国农用地土壤污染风险筛选值 0.5mg/kg（5.5＜pH≤6.5）和管制值 2.5mg/kg（5.5＜pH≤6.5）（GB15618—2018），而 CS-P［（0.29±0.023）mg/kg］和 AS-B［（0.44±0.028）mg/kg］则低于此标准。四组对比试验中，AS-P 原始土壤（第 0d）甲基汞含量最高［（4.2±0.23）μg/kg］，其次为 CS-B［（2.6±0.39）μg/kg］，CS-P［（0.42±0.10）μg/kg］和 AS-B［（0.42±0.034）μg/kg］土壤甲基汞含量处在较低水平。水稻生长期间，四组对比试验土壤总汞和甲基汞含量分布具有以下特征：①AS-P、CS-B 和 AS-B 甲基汞含量显著高于 CS-P；②AS-P、CS-B 和 CS-P 土壤总汞和甲基汞含量变化范围较小，且无明显分布规律；而 AS-B 土壤总汞和甲基汞含量变化范围较大，且在水稻生长期间表现出持续升高趋势（图 7-2-3）。

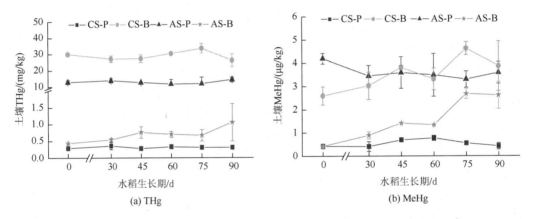

图 7-2-3　水稻生长期间根际土壤总汞（THg）和甲基汞（MeHg）含量分布

　　水稻种植初期（第 0d），AS-B 土壤总汞［（0.44±0.028）mg/kg）］和甲基汞［（0.42±0.034）μg/kg］含量均处在较低水平，但在水稻成熟时对应的总汞和甲基汞含量分别升高到 2.5 倍［（1.1±0.56）mg/kg］和 6.2 倍［（2.6±0.58）μg/kg］。普遍认为，汞的甲基化过程主要是在微生物参与下发生，来自大气沉降的甲基汞对地表生态系统的影响可忽略不计（Ferrara et al.，1997；Schroeder and Jackson，1987）。针对大气降雨及灌溉水对 AS-B 甲基汞的输入贡献，本节做了简单估算。结果表明，来自大气沉降及灌溉水中的甲基汞对 AS-B 的贡献均可忽略不计。如前所述，大气沉降是 AS-B 主要的汞输入途径，而大气沉降和灌溉水中的甲基汞对 AS-B 的贡献均可忽略不计。因此，AS-B 土壤中持续升高的总汞和甲基汞分别来自大气沉降和土壤原位甲基化过程。此外，水稻生长期间，AS-B 中土壤总汞含量仅升高了 2.5 倍，然而甲基汞含量却升高了 6.2 倍，说明稻田土壤具有活跃的甲基化作用。

　　研究表明，间歇性湿地生态系统有利于甲基汞的产生，并在食物链中富集放大（Schwesig and Krebs，2003）。水稻生长期期间，稻田处于淹水状态，而水稻收获后为了使秸秆加速腐烂，田地处于间歇性水淹状态。此外，高汞含量的灌溉水和大气沉降为汞矿区稻田土壤提供了充足的可供甲基化的无机汞"源"。因此，稻田作为一种典型的间歇性湿地生态系统，其土壤是无机汞甲基化的有利场所，是陆地生态系统潜在的甲基汞"源"。同时，水稻生长期间 AS-B 土壤中持续升高的甲基汞含量，表明来自大气沉降的"新"汞在稻田这种特殊的湿地环境中容易被转化为甲基汞，进而被水稻所吸收、富集（Harris et al.，2007）。

7.2.3　水稻对无机汞的吸收富集过程

1. 水稻生长期间各部位无机汞含量分布

水稻成熟时，AS-P［米（0.43±0.087）mg/kg；壳（1.1±0.37）mg/kg］和 AS-B［米（0.52±0.16）mg/kg；壳（1.5±0.17）mg/kg］稻米和米壳中无机汞含量远高于 CS-P［米（0.0042±0.0013）mg/kg；壳（0.0073±0.0025）mg/kg］和 CS-B［米（0.021±0.0086）mg/kg；壳（0.020±0.0039）mg/kg］。如图 7-2-4 所示，水稻生长期间，CS-B、AS-P 和 AS-B 水稻根部无机汞含量显著高于 CS-P。前期研究表明，水稻根部汞含量与土壤汞污染程度密切相关（详见 7.1 节）。水稻茎部无机汞含量分布特征表现为：①AS-B＞AS-P＞CS-B＞CS-P；②水稻移栽后，AS-P 和 AS-B 茎部无机汞含量逐渐升高，至水稻成熟时出现最高值。相反，CS-B 水稻茎部无机汞含量持续降低，至水稻成熟时降至最低值；CS-P 茎部无机汞含量变化规律不明显。水稻茎部无机汞含量同时受控于环境大气和土壤（详见 7.1 节）。土法炼汞区大气 GEM 浓度高达（197±183）ng/m³，远远高于对照区［（6.2±3.0）ng/m³］（郑伟，2007）（详见 7.1 节），这可能是造成 AS-P 和 AS-B 水稻茎部无机汞含量显著高于 CS-P 和 CS-B 的主要原因。CS-B 和 CS-P 均暴露在低汞的大气环境中，然而，CS-B 水稻茎部无机汞含量却高于 CS-P，归因于前者土壤汞污染程度远高于后者。以上分析结果说明，水稻茎部确实有部分无机汞来自土壤。CS-B 土壤总汞含量远远高于 AS-B，然而，AS-B 水稻茎部无机汞含量却明显高于 CS-B，暗示水稻茎部来自土壤的无机汞占其总量的比例较小，而大部分来源于大气。另外，水稻生长期间，AS-P 和 AS-B 水稻茎部无机汞浓度持续升高，说明无机汞一旦进入水稻茎部就被固定起来，并没有向其他部位发生明显的运移；而 CS-B 茎部无机汞含量持续降低，则暗示水稻生长过程中不断增加的生物量对无机汞表现出一定的稀释效应。

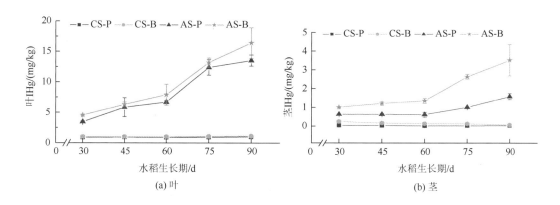

(a) 叶　　　　　　　　　　　　(b) 茎

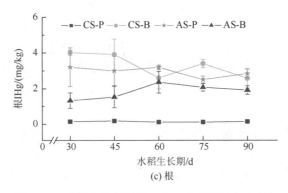

(c) 根

图 7-2-4　水稻生长期间根、茎、叶无机汞含量分布

如图 7-2-4 所示,水稻生长期间,叶部无机汞含量分布特征表现为:①AS-P 和 AS-B 叶部无机汞含量远远高于 CS-P 和 CS-B。②AS-P、AS-B、CS-P 和 CS-B 水稻叶部无机汞含量持续升高,至水稻成熟时达最高值。③AS-P 和 AS-B 以及 CS-P 和 CS-B 水稻叶部无机汞含量在各个时期均比较接近。前期研究表明,水稻叶部可以从大气中吸收汞,且叶部汞浓度的高低受控于大气汞污染程度(详见 7.1 节)。因此,土法炼汞区严重汞污染的大气,是导致 AS-P 和 AS-B 水稻叶部无机汞含量远高于 CS-P 和 CS-B 的主要原因。AS-P 土壤总汞含量远高于 AS-B,然而,两者叶部无机汞含量间差异性不显著。同时,CS-B 土壤无机汞含量远高于 AS-B,但 AS-B 水稻叶部无机汞含量却远高于 CS-B。以上结果进一步证实,水稻叶部无机汞主要来源于大气,且大气汞含量高低是控制叶部无机汞含量高低的关键因素。水稻生长过程中生物量不断增加,然而,AS-P、AS-B、CS-P 和 CS-B 叶部无机汞含量均持续升高,暗示水稻叶部从大气吸收无机汞进入体内后随即被固定起来,并没有向其他部位发生明显的运移。

2. 水稻生长期间各部位无机汞的分配

水稻生长期间,各部位(根、茎、叶、米和壳)无机汞的分配见图 7-2-5。分析数据表明,水稻移栽后前 60d 内,各部位无机汞绝对含量均表现为持续增长趋势,且在果实成熟期间(60~90d)基本保持稳定(图 7-2-5)。上述研究结果进一步证实,水稻根、茎、叶、米和壳从环境(大气或土壤)吸收无机汞到体内后,绝大部分被固定起来(除少量的无机汞从根部运移至茎部外),基本未发生明显的运移。

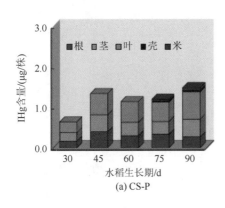

(a) CS-P

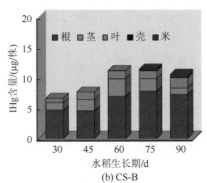

(b) CS-B

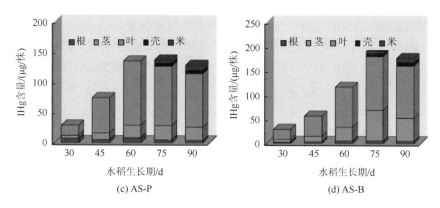

(c) AS-P   (d) AS-B

图 7-2-5 水稻生长期间各部位无机汞的分配（后附彩图）

7.2.4 水稻对甲基汞的吸收富集过程

1. 水稻生长期间各部位甲基汞含量分布

水稻生长期间，各部位甲基汞含量分布如图 7-2-6 所示。四组对实验所使用的秧苗在移栽初期具有相似的甲基汞含量。然而，在水稻生长期间，CS-B、AS-P 和 AS-B 根、茎和叶部甲基汞含量均显著高于 CS-P（$P<0.001$）。此外，CS-P、AS-B、AS-P 和 CS-B 水稻茎和叶部甲基汞含量均在 60d 内出现最高值，且在果实形成初期（60～75d）急剧下降，至成熟时出现最低值。

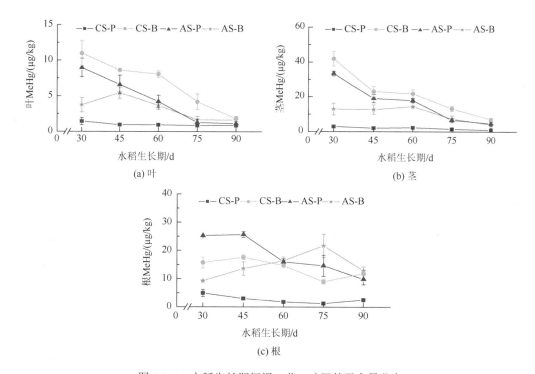

(a) 叶   (b) 茎

(c) 根

图 7-2-6 水稻生长期间根、茎、叶甲基汞含量分布

　　统计分析发现，AS-P、CS-B 和 AS-B 稻米中甲基汞含量显著高于 CS-P（$P < 0.001$），且稻米中甲基汞含量显著高于其他部位（根、茎、叶和壳）。如前所述，水稻移栽初期（0d），CS-P 和 AS-B 秧苗具有相似的甲基汞含量，然而，在整个生长期间，AS-B 水稻各部位（根、茎、叶、米和壳）甲基汞含量远高于 CS-P，其主要原因为 AS-B 土壤中持续升高的甲基汞（图 7-2-6）。CS-B 和 CS-P 最主要的区别为土壤汞浓度间的差异（均暴露于低汞大气中）。因此，相对于 CS-P，CS-B 土壤中高含量的甲基汞是其水稻各部位甲基汞含量显著高于 CS-P 的主要原因。

2. 水稻生长期间各部位甲基汞的分配

　　水稻生长期间，各部位（根、茎、叶、米和壳）甲基汞的分配见图 7-2-7。分析数据显示，茎部和叶部甲基汞绝对含量在水稻生长 60d 内均达到最高值，在果实开始形成时（$t = 60d$）急剧降低，至水稻成熟时出现最低值。

　　前期研究发现，稻米中大部分甲基汞以 CH_3Hg-Cys（一种和蛋白质结合且易于穿透血脑屏障和胎盘屏障的形态）形式存在（详见 7.1 节）。因此，土壤中的甲基汞容易穿过根部的铁膜"屏障"进入水稻体内，并被运移至地上部分。众所周知，在形成果实之前，水稻体内蛋白质主要分布于茎部和叶部，水稻成熟期间则迅速被转移富集至稻米

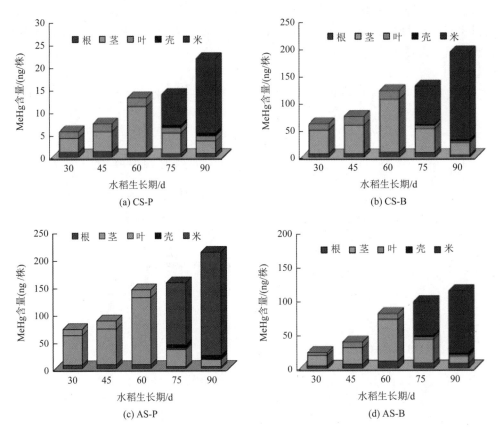

图 7-2-7　水稻生长期间各部位甲基汞的分配（后附彩图）

中（李兆伟等，2009；Xu et al.，2008）。研究表明，90%的钾和50%的磷（钾和磷均以植酸的形式存在）是在水稻成熟期间迅速转移至果实部分（Ogawa et al.，1979）。同时，镁、磷和钾在水稻成熟时强烈富集在稻米中（Ogawa et al.，1979）。因此，土壤中的甲基汞被水稻根部吸收后，很可能与蛋白质结合并被运移至地上部分（主要为茎和叶），在水稻果实成熟期间随蛋白质一起被运移、富集至稻米中。

综上所述，水稻生长期间，根部从土壤中吸收甲基汞进入体内，甲基汞很可能与蛋白质结合并被运移至地上部分（主要为茎和叶）。水稻成熟期之前，大部分甲基汞被储存在茎部和叶部。然而，在水稻成熟期间，大部分储存在茎部和叶部的甲基汞被运移、富集至果实（稻米）中。因此，水稻对甲基汞的富集是吸收—运移—富集的动态变化过程。

7.3　稻田生态系统不同介质中汞的分布特征及污染来源

稻田生态系统汞的生物地球化学过程非常复杂，且往往受到多种因素影响，包括大气及大气降水、灌溉水、土壤（固相和液相）中汞的含量及形态分布等。上述因素均可影响稻田土壤中汞的形态转化，进而影响水稻对汞的吸收富集过程。基于以上考虑，以贵州省万山汞矿区不同污染类型的稻田为研究对象，在水稻生长期间系统采集大气、大气降水、灌溉水、上覆水、土壤（孔隙水）等样品，通过分析上述样品中汞的含量及形态分布等信息，基本明确了汞矿区稻田生态系统不同介质中汞的分布特征及污染来源。

7.3.1　研究方案

本研究开展于2012年，以贵州省万山汞矿区为研究区域（图7-3-1）。万山汞矿区受历史时期大规模汞矿冶炼活动及小范围土法炼汞活动的影响，其大气、地表水、土壤等均受到了严重的汞污染。

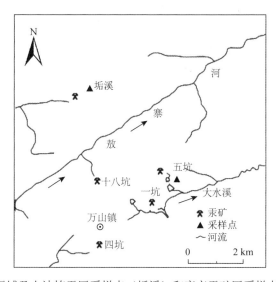

图 7-3-1　研究区域及土法炼汞区采样点（垢溪）和废弃汞矿区采样点（五坑）分布图

万山汞矿区五坑大规模汞冶炼活动时期产生了大量的废石和冶炼炉渣。废石和冶炼炉渣的淋滤液直接排入附近河流，对当地河流造成了严重的汞污染，当地稻田均使用汞污染的河水进行灌溉（图 7-3-2）。野外调查显示，五坑冶炼点大规模冶炼活动停止后，该冶炼点完全废弃，至本研究开展期间未发现汞矿开采及冶炼活动。垢溪位于万山区北部（图 7-3-1），历史上垢溪本地并不存在大规模的汞冶炼活动，但 2005 年前后当地开始出现土法炼汞活动。由于土法炼汞技术落后，所产生的废气排放至大气、冶炼炉渣就地堆放（图 7-3-3），给当地的生态环境造成了严重的污染。野外调查显示，垢溪土法炼汞活动在 2006～2007 年比较活跃。随后，虽然当地政府禁止了大部分炼汞土灶，但据当地居民介绍，某些隐蔽的地点仍有个别土灶在违法经营。

(a)　　　　　　　　　　　　(b)

图 7-3-2　废弃汞矿区矿渣（废石）淋滤液（a）及汞污染灌溉水（b）

(a)　　　　　　　　　　　　(b)

图 7-3-3　土法炼汞炉灶（a）及附近水稻田（b）

本研究选择的两组试验稻田（图 7-3-3 和图 7-3-4）具体情况如下：①土法炼汞区稻田，位于垢溪村后山腰（109°21′8182″E，27°56′4944″N），距离最近的土法炼汞炉灶约 200 m。设置试验田面积约为$(10 \times 10)m^2$，四周用田埂隔离处理。②废弃汞矿区稻田，位于五坑废渣堆渗滤池下方约 200m（109°23′8417″E，27°53′3508″N）。设置试验田面积约为$(10 \times 10)m^2$，四周用田埂隔离处理。

(a) 垢溪　　　　　　　　　　　(b) 五坑

图 7-3-4　土法炼汞区水稻田（a）和废弃汞矿区水稻田（b）

2012 年 6～9 月水稻生长期间，共完成了 5 次采样任务。其中，第一次采样任务完成于水稻移栽后的 20d（Day = 20），此后的 4 次采样任务均以 20d 为间隔，分别完成于水稻移栽后的 40d（Day = 40）、60d（Day = 60）、80d（Day = 80）和 100d（Day = 100）。所采集的内容包括：大气气态单质汞、大气降水、稻田灌溉水、上覆水、土壤孔隙水和土壤剖面（表 7-3-1）。从水稻移栽至水稻生长至 80d，稻田始终保持 2～8 cm 的上覆水，水稻成熟期间（90～100d）稻田处于落干环境。

表 7-3-1　水稻生长期间样品采集方案

水稻生长期/d	采集内容					
	大气	降水	灌溉水	上覆水	孔隙水	土壤剖面
20	✓	✓	✓	✓	✓	✓
40	✓	✓	✓	✓	✓	✓
60	✓	✓	✓	✓	✓	✓
80	✓	✓	✓	✓	✓	✓
100	✓	✓	✗	✗	✗	✓

大气气态单质汞（GEM）使用便携式大气气态单质汞自动分析仪（LUMEX，RA-915+）现场测定。雨水包括大气干沉降和湿沉降两部分，且为水稻生长期间的累积样（Guo et al.，2008；Oslo and Paris Commission，1998）。所采集到的雨水样品现场摇匀后分为两部分：一部分直接分装于预先进行空白处理的硼硅玻璃瓶中，用于分析总汞（HgT$_{unf}$）和总甲基汞（MeHg$_{unf}$）；另一部分现场用一次性过滤头过滤（0.45μm）后分装在硼硅玻璃瓶中，用于分析溶解态汞（HgT$_f$）和溶解态甲基汞（MeHg$_f$）。

水稻生长期间，对稻田灌溉水、上覆水、土壤孔隙水及土壤剖面（1～20cm 耕作层）进行了系统的采集。对于需要过滤的水样，使用一次性过滤头（0.45μm）现场过滤，用于分析溶解态汞（HgT$_f$）和溶解态甲基汞（MeHg$_f$）。未过滤水样直接盛装于硼硅玻璃瓶中，用于分析总汞（HgT$_{unf}$）和总甲基汞（MeHg$_{unf}$）。稻田灌溉水和上覆水的主要物理化学参数，如 pH、溶解氧和温度使用便携式水质参数仪现场测定。采集稻田土壤剖面并在厌氧袋（充氩气）中进行分割，然后通过高速离心的方法使土壤液相（孔隙水）和固相分离，在厌氧的环境下对孔隙水进行过滤（0.45μm）并保存在硼硅玻璃瓶中，用于分析溶解态汞（HgT_f）和溶解态甲基汞（$MeHg_f$）。用于汞形态分析的水样在采集结束后，立即加入超纯浓盐酸（0.5%，v/v）并拧紧瓶盖，Parafilm® 和保鲜袋密封后暂存在保温箱中，24h 内转运至实验室低温（+4℃）、避光保存，待测。同时，采集一根平行土壤剖面现场立即放入液氮中冷冻保存并分割。分割后的土壤样品使用冷冻干燥机干燥后测定含水率。干燥后的土壤经玛瑙研磨，盛装于干净的聚乙烯自封袋中避光保存，用于分析 pH、有机质、总汞、甲基汞和溶解态与可交换态汞（F1 形态）等。

采用冷原子荧光光谱法（cold vapor atomic fluorescence spectrometry，CVAFS）分析水样中的总汞，采用原子吸收光谱法（cold vapor atomic absorption spectrometry，CVAAS）测定土壤样品中总汞。水样和土壤样品甲基汞含量采用气相色谱-冷原子荧光光谱法（gas chromatography-cold vapor atomic fluorescence spectrometry，GC-CVAFS）进行分析。采用优化后的 Tessier 连续化学浸提法对土壤中溶解态与可交换态汞含量（F1 形态）进行测定（Tessier et al.，1979；包正铎等，2011）。稻田土壤有机质含量使用重铬酸钾氧化滴定法进行测定。详细的分析方法，见第三章。

7.3.2　大气和降水汞含量分布

水稻生长期间，土法炼汞区（垢溪）和废弃汞矿区（五坑）大气气态单质汞（GEM）及对应的雨水中汞的含量及分布特征见表 7-3-2。土法炼汞区大气 GEM 含量均值为（403±388）ng/m³，远高于同期的废弃汞矿区[（28±13）ng/m³]，表明在本研究期间土法炼汞区大气受到严重的汞污染，而废弃汞矿区大气汞污染程度相对较低。与废弃汞矿区相比，土法炼汞区大气中高浓度的 GEM 主要与当地活跃的土法炼汞活动有关。

表 7-3-2　大气、大气降水、稻田灌溉水和稻田上覆水中汞的含量分布特征（平均值±标准偏差）

样品类型	汞形态及比例	土法炼汞区（垢溪）	废弃汞矿区（五坑）
大气*	气态单质汞 GEM/(ng/m³)	403±388	28±13
降水	总汞 HgT_{unf}/(ng/L)	2599±1874	445±296
	总甲基汞 $MeHg_{unf}$/(ng/L)	0.48±0.20	0.30±0.15
	$MeHg_{unf}/HgT_{unf}$/%	0.031±0.028	0.16±0.20
灌溉水	总汞 HgT_{unf}/(ng/L)	159±67	513±215
	溶解态汞 HgT_f/(ng/L)	39±9.4	195±45
	总甲基汞 $MeHg_{unf}$/(ng/L)	0.75±0.65	1.7±1.1
	溶解态甲基汞 $MeHg_f$/(ng/L)	0.31±0.30	0.96±0.50
	$MeHg_{unf}/HgT_{unf}$/%	0.71±0.93	0.45±0.53

续表

样品类型	汞形态及比例	土法炼汞区（垢溪）	废弃汞矿区（五坑）
上覆水	总汞 HgT_{unf}/(ng/L)	189±117	430±279
	溶解态汞 HgT_f/(ng/L)	105±58	196±78
	总甲基汞 $MeHg_{unf}$/(ng/L)	13±16	1.1±0.52
	溶解态甲基汞 $MeHg_f$/(ng/L)	4.7±4.2	0.62±0.29
	$MeHg_{unf}/HgT_{unf}$/%	5.9±4.4	0.48±0.63

水稻生长期间，降水中总汞含量分布特征与对应的大气 GEM 浓度的分布特征一致，即土法炼汞区 [（2599±1874）ng/L] 远高于废弃汞矿区 [（445±296）ng/L]。上述结果表明，降水中总汞浓度与大气 GEM 含量间有一定的关系，土法炼汞区降水中高含量的汞与当地活跃的土法炼汞活动有关。水稻生长期间土法炼汞区和废弃汞矿区降水总甲基汞的平均含量分别为（0.48±0.20）ng/L 和（0.30±0.15）ng/L。土法炼汞区和废弃汞矿区降水中甲基汞占总汞的比例分别为 0.031%±0.028% 和 0.16%±0.20%。统计分析显示，土法炼汞区和废弃汞矿区降水总甲基汞含量间差异性不显著（$P>0.05$），这表明降水甲基汞的含量高低并不取决于总汞。

7.3.3　灌溉水和上覆水汞含量分布

水稻生长期间，土法炼汞区和废弃汞矿区稻田灌溉水和上覆水汞的含量分布，列于表 7-3-2。受冶炼废石和废渣的影响，汞矿区地表水（河水）已受到了严重的污染。本研究期间，废弃汞矿区稻田灌溉水总汞和总甲基汞含量分别高达（513±215）ng/L 和（1.7±1.1）ng/L，显著高于土法炼汞区 [总汞：（159±67）ng/L；总甲基汞：（0.75±0.65）ng/L]（$P<0.05$）。土法炼汞区和废弃汞矿区稻田灌溉水甲基汞占总汞的比例分别为 0.71%±0.93% 和 0.45%±0.53%。与灌溉水总汞含量分布特征类似，废弃汞矿区稻田上覆水总汞含量 [（430±279）ng/L] 处在较高水平，而土法炼汞区 [（189±117）ng/L] 相对较低。然而，土法炼汞区稻田上覆水总甲基汞含量高达（13±16）ng/L，废弃汞矿区则处在较低水平 [（1.1±0.52）ng/L]。土法炼汞区和废弃汞矿区稻田上覆水甲基汞占总汞的比例分别为 5.9%±4.4% 和 0.48%±0.63%。一般认为，甲基汞占总汞的比例可反映环境中无机汞的净甲基化潜力（Sunderland et al.，2006）。本研究发现，土法炼汞区稻田上覆水甲基汞占总汞的比例高达 5.9%±4.4%。此外，水稻生长过程中，土法炼汞区稻田上覆水甲基汞占总汞的比例远远高于对应的稻田灌溉水（0.71%±0.93%）和降水（0.031%±0.028%）（表 7-3-2）。然而，废弃汞矿区稻田上覆水甲基汞占总汞的比例与对应的稻田灌溉水和降水间没有明显的差异（$P>0.05$）。上述统计结果暗示，土法炼汞区稻田存在活跃的净甲基化作用，而废弃汞矿区稻田汞的净甲基化作用相对较弱。

　　废弃汞矿区采样点紧邻上游废渣堆（直线距离约 200m），废渣淋滤液直接排入河流中，不仅使河流受到严重的污染，而且对河水的物理化学性质也产生影响。废弃汞矿区稻田使用受淋滤液污染的河水进行灌溉。水稻生长期间，稻田灌溉水和上覆水的主要物理化学参数见表 7-3-3。

表 7-3-3　稻田灌溉水和上覆水的主要物理化学参数（平均值±标准偏差）

水样	参数	土法炼汞区（垢溪）	废弃汞矿区（五坑）
灌溉水	T/℃	24±1.7	25±2.1
	pH	8.3±0.24	11±0.45
	DO/(mg/L)	7.4±0.43	7.4±0.56
上覆水	T/℃	28±4.4	25±2.7
	pH	7.2±0.24	8.6±1.3
	DO/(mg/L)	3.0±0.95	4.4±0.73

　　水稻生长期间，废弃汞矿区稻田灌溉水和上覆水分别呈强碱性（pH 11±0.45）和弱碱性（pH 8.6±1.3）（表 7-3-3）。作者推测，废弃汞矿区稻田灌溉水和上覆水的碱性环境很可能在一定程度上抑制了无机汞的甲基化过程，同时也可能促进了甲基汞的去甲基化过程（Rothenberg and Feng，2012；Ullrich et al.，2001）。与废弃汞矿区不同，土法炼汞区稻田土壤上覆水甲基汞含量远远高于对应的降水及灌溉水（表 7-3-2），暗示土法炼汞区稻田存在活跃的甲基化作用。如表 7-3-3 所示，土法炼汞区稻田灌溉水和上覆水温度（T）及溶解氧（DO）含量与对应的废弃汞矿区没有明显的差异。但是，土法炼汞区稻田灌溉水和上覆水 pH 均显著低于对应的废弃汞矿区，其均值分别为 8.3±0.24 和 7.2±0.24，该环境很可能有利于无机汞向甲基汞的转化（Ullrich et al.，2001）。

　　水稻生长期间，土法炼汞区和废弃汞矿区稻田上覆水总汞含量均远远高于 USEPA 有关水体质量标准所规定的限定值 50ng/L（USEPA，2000）。到目前为止，国际上还没有任何有关水体甲基汞含量标准的限定值。但是，Rudd（1995）的研究表明，当水体甲基汞浓度高于 0.1ng/L 时，就可能存在甲基汞在食物链中强烈富集的风险，并对生态系统的健康发展构成威胁。水稻生长期间，土法炼汞区和废弃汞矿区稻田上覆水总甲基汞和溶解态甲基汞含量均远远高于 0.1ng/L（表 7-3-2），表明稻田是汞矿区陆地生态系统重要的甲基汞"源"，而汞矿区稻田上覆水中高含量的甲基汞有可能对当地居民及野生食物链构成潜在威胁。有研究发现，生长在稻田上覆水中的鱼类及脊椎动物，在 30d 内从周围水体所吸收、富集的甲基汞的量就可达到对自身健康构成威胁的程度（Ackerman et al.，2010a/b）。因此，在汞污染区种植水稻的同时又进行稻田养鱼，这种联合进行的农业活动所产生的健康效应引起人们的关注。

7.3.4　土壤剖面汞含量分布

1. 孔隙水

水稻生长期间，对土法炼汞区和废弃汞矿区稻田土壤孔隙水完成了 4 次采样，分别对应的采样时间为水稻秧苗移栽后的 20d、40d、60d 和 80d。在水稻生长期间，土法炼汞区和废弃汞矿区稻田土壤孔隙水中溶解态汞（HgT$_f$）和溶解甲基汞（MeHg$_f$）的剖面分布见图 7-3-5。

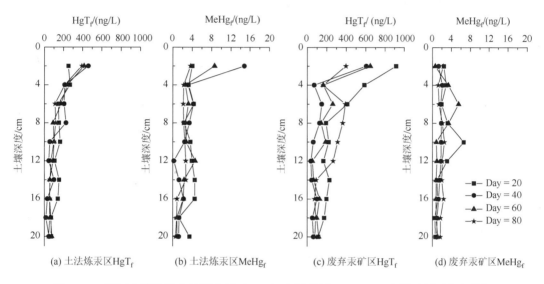

图 7-3-5　稻田土壤孔隙水溶解态汞（HgT$_f$）和甲基汞（MeHg$_f$）含量及剖面分布特征

结果表明，水稻生长期间废弃汞矿区稻田土壤孔隙水中溶解态汞的浓度稍高于土法炼汞区，其均值分别为（180±160）ng/L 和（142±111）ng/L。土法炼汞区和废弃汞矿区稻田土壤孔隙水中溶解态汞浓度最高值均位于表层土壤（1～2cm），且随着土壤深度的增加而逐渐降低。此外，土法炼汞区稻田土壤孔隙水溶解态汞浓度在水稻生长不同阶段没有明显差异（$P>0.05$）。与土法炼汞区不同，废弃汞矿区稻田土壤孔隙水溶解态汞浓度在水稻生长的不同阶段存在明显差异（$P<0.01$），表现为：表层土壤孔隙水溶解态汞浓度最高值出现在水稻移栽后 20d，最低处出现在水稻移栽后 80d。

如图 7-3-5 所示，稻田土壤孔隙水甲基汞的分布规律与对应的溶解态汞分布规律不同，表现为：土法炼汞区稻田土壤孔隙水甲基汞含量最高值可达 15ng/L，是废弃汞矿区稻田土壤孔隙水中甲基汞含量最高值（6.6ng/L）的 2.3 倍，暗示这两个采样点稻田土壤中净甲基化潜力间存在一定的差异。水稻不同生长阶段，土法炼汞区稻田土壤孔隙水甲基汞含量最高值均位于表层（1～2cm），在 4cm 深度急剧降低。然而，废弃汞矿区稻田土壤孔隙水甲基汞浓度除了两个较小的峰值外，均在较小的范围内变化（图 7-3-5）。此外，土法炼汞区和废弃汞矿区稻田土壤孔隙水甲基汞占总汞的比例（平均值）分别为 2.6%±1.7%和 1.6%±1.1%。统计分析发现，土法炼汞区稻田土壤孔隙水溶解态汞浓度和对应的甲基汞浓度间存在极显著正相关关系（$P < 0.001$）。然而，废弃汞矿区稻田土壤孔隙水溶解态汞浓度和对应的甲基汞浓度间没有明显的相关关系（$P = 0.17$）（图 7-3-6）。上述统计分析结果表明，土法炼汞区稻田土壤孔隙水甲基汞浓度与对应的溶解态汞密切相关。

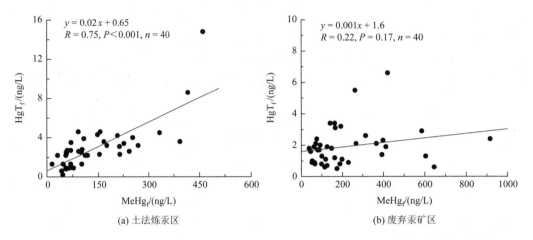

图 7-3-6　稻田土壤孔隙水溶解态汞（HgT$_f$）和溶解态甲基汞（MeHg$_f$）含量间的相关关系

2. 土壤剖面

土法炼汞区和废弃汞矿区稻田土壤总汞和甲基汞的含量及剖面分布特征，见图 7-3-7。水稻生长期间，土法炼汞区和废弃汞矿区稻田土壤总汞含量均值分别为（3.2±0.75）mg/kg 和（38±4.8）mg/kg。统计分析发现，废弃汞矿区稻田土壤总汞含量显著高于土法炼汞区（$P < 0.001$）。土法炼汞区和废弃汞矿区稻田土壤总汞含量均远远高于我国农用地（水田）土壤污染风险筛选值 0.5mg/kg（5.5＜pH≤6.5）和管制值 2.5mg/kg（5.5＜pH≤6.5）（GB15618—2018），表明其受到了严重的汞污染。

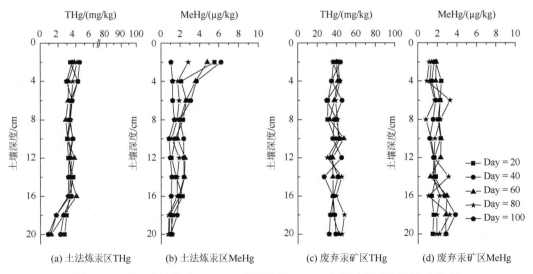

图 7-3-7　稻田土壤总汞（THg）和甲基汞（MeHg）的含量及剖面分布特征

如图 7-3-7 所示，土法炼汞区稻田表层土壤（2cm）总汞含量稍高于次表层（4cm），且在 4~16cm 深度范围内总汞含量基本保持稳定，但是 16cm 以下土壤总汞含量急剧降低，至 20cm 处降至最低值。本研究推测，土法炼汞区表层土壤中略高的总汞主要与当地土法炼汞活动有关，即土法炼汞活动排放到大气中的汞通过干湿沉降进入稻田土壤。与土法炼汞区稻田土壤中总汞的分布特征不同，废弃汞矿区稻田土壤剖面总汞含量在较小的范围内变化，且没有明显的分布规律（图 7-3-7）。

在整个水稻生长期间，土法炼汞区和废弃汞矿区稻田土壤甲基汞的含量均值分别为（2.0±1.2）µg/kg（范围 0.76~6.2µg/kg）和（2.0±0.66）µg/kg（范围 0.83~3.8µg/kg）。如图 7-3-7 所示，土法炼汞区稻田土壤甲基汞含量在不同深度和水稻生长的不同阶段均表现出明显的变化规律：水稻移栽后 20~80d，土法炼汞区稻田土壤甲基汞含量最高值出现在表层（上覆水和土壤的交界面），且随着土壤深度的增加而逐渐降低。然而，在水稻成熟期间（水稻移栽后 100d）土法炼汞区稻田土壤甲基汞含量变化范围较小，且表层也没有出现明显的峰值。土法炼汞区表层土壤明显的甲基汞峰值说明，在水稻生长的 20~80d，表层土壤存在活跃的净甲基化作用。与土法炼汞区不同，水稻生长期间，废弃汞矿区稻田土壤甲基汞含量均在较小的范围内变化，且没有明显的变化规律。统计分析发现，水稻生长期间，土法炼汞区稻田表层土壤（1~2 cm）甲基汞含量显著高于对应的废弃汞矿区（$P<0.001$）。对比发现，土法炼汞区稻田表层土壤甲基汞含量处在较高的水平，且变化范围较大；而废弃汞矿区稻田表层土壤甲基汞含量均处在较低水平，且变化范围相对较小。上述结果表明，土法炼汞区稻田土壤中存在活跃的净甲基化作用，而废弃汞矿区稻田土壤中汞的净甲基化作用相对较弱。

水稻生长期间，稻田土壤的氧化还原条件会发生改变，从而影响无机汞的甲基化过程。有研究证实，在受到人为汞污染的稻田中，土壤含水量的变化可直接影响土壤中生物可利用态汞的含量及分布特征，进而影响无机汞的甲基化作用（Rothenberg and Feng，2012；Wang et al.，2014；Peng et al.，2012）。Peng 等（2012）进一步研究发现，在水稻生长期间，通过人为控制稻田淹水环境，例如，将持续性淹水环境改变为间歇性淹水环境（间歇性落干）可以有效降低稻田土壤中生物可利用态汞的含量，进而抑制无机汞的甲基化作用，最终减少甲基汞在稻米中的富集。此外，稻田淹水状态下的厌氧环境可以刺激甲基化微生物的活性，从而增加甲基汞的产率。相反，在不影响水稻产量的情况下，稻田土壤间歇性落干是降低稻米富集甲基汞的有效途径（Wang et al.，2014；Peng et al.，2012）。统计分析发现，土法炼汞区稻田土壤甲基汞含量与对应的土壤含水率之间具有极显著的正相关关系（$P<0.001$），表明土法炼汞区稻田土壤甲基汞净生成量受到土壤环境（水淹或落干环境）的影响，这与前人的研究结果相一致（Wang et al.，2014；Peng et al.，2012）。也就是说，土法炼汞区稻田表层土壤含水率的变化（落干或淹水环境）是导致其甲基汞含量在水稻不同生长期间存在显著差异的重要原因。水稻移栽后 20~80d，土法炼汞区水稻田一直处于淹水状态，这种淹水状态通过提高土壤中生物可利用态汞的含量以及甲基化微生物的活性，促进了无机汞的甲基化过程。相反，在水稻成熟期间稻田土壤处于落干状态，落干环境在一定程度上抑制了无机汞的甲基化作用，同时还可能促进了甲基汞的去甲基化过程。然而，废弃汞矿区稻田土

壤甲基汞含量与对应的土壤含水率之间没有明显的相关关系（$P = 0.20$），表明其甲基化过程可能主要受到其他因素的影响。

研究表明，酸性的环境有利于汞的溶解（从固态向液态转化），导致环境介质中生物可利用态汞含量的升高，进而促进无机汞的甲基化过程。因此，环境介质的 pH 是甲基化作用的重要影响因素之一（Ullrich et al.，2001）。本研究发现，土法炼汞区稻田土壤 pH 和对应的甲基汞含量呈极显著负相关关系（$P = 0.003$），暗示土壤液相 H$^+$浓度的变化（由 pH 变化所引起）会影响土壤胶体（一般带负电）与游离的汞离子的结合，从而影响汞的甲基化作用。而对于废弃汞矿区，稻田土壤 pH 与对应的甲基汞含量间并没有明显的相关关系（$P = 0.78$），说明土壤 pH 可能对甲基汞的生成影响较小。研究证实，土壤植物的腐烂过程及其产物和土壤有机质均可刺激微生物的活性，从而促进无机汞向甲基汞的转化（Lucotte et al.，1999）。然而，本研究发现，土法炼汞区和废弃汞矿区稻田土壤有机质与对应的甲基汞含量间没有明显的相关关系（土法炼汞区：$P = 0.75$；废弃汞矿区：$P = 0.78$）。上述统计分析结果表明，单纯的 pH 或有机质含量并不能直接反映稻田土壤甲基汞的净生成量，这与前人的研究结论相一致（Frohne et al.，2012）。

统计分析发现，土法炼汞区稻田土壤总汞含量和对应的甲基汞含量间存在极显著正相关关系（$R = 0.53$，$P < 0.001$），暗示该采样点稻田土壤甲基汞含量与对应的土壤总汞含量密切相关。然而，废弃汞矿区稻田土壤总汞含量和对应的甲基汞含量间相关性不明显（$R = -0.033$，$P = 0.82$）（图 7-3-8）。通常来讲，土壤中甲基汞的含量并不完全依赖于总汞的含量，也就是说，仅测定土壤中总汞的含量并不能全面理解其生物地球化学循环过程及潜在的环境风险（Lin et al.，2011；Tessier et al.，1979），这主要是因为缺失了很多重要的信息，如活性特征、生物可利用性、毒性特征等。因此，进一步分析汞矿区稻田土壤中汞的赋存形态及其含量分布特征，是全面了解稻田生态系统中汞的迁移行为、生物可利用度及其对环境的潜在危害的基础。水溶态汞和可交换态汞（即 F1，生物可利用态汞）被认为是土壤中危害最大的汞形态，其主要原因为这种汞形态最容易被微生物所利用（Bishop et al.，1998）。

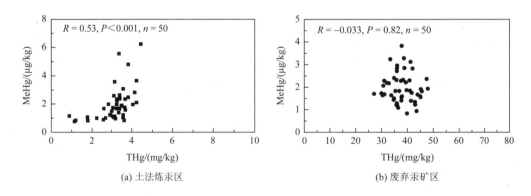

（a）土法炼汞区　　　　　　　　　　　（b）废弃汞矿区

图 7-3-8　稻田土壤总汞（THg）和甲基汞（MeHg）含量间的相关关系

统计分析结果表明，土法炼汞区稻田土壤甲基汞含量与对应的生物可利用态汞间存在极显著的正相关关系，其相关性系数可达 0.81（$P<0.001$）（图 7-3-9）。由此可见，作为无机汞甲基化过程的重要"汞"供给源，生物可利用态汞在土法炼汞区稻田土壤无机汞甲基化过程中扮演着非常重要的角色，其含量在一定程度上可以指示甲基汞的净产率。相比之下，废弃汞矿区稻田土壤甲基汞含量与对应的可利用态汞含量间没有明显的相关关系（$P=0.35$）（图 7-3-9）。此外，本研究还发现，土法炼汞区稻田表层土壤（1~2cm）甲基汞占生物可利用态汞的比例高达 37%±11%。然而，废弃汞矿区稻田表层土壤甲基汞占生物可利用态汞的比例仅为 4.8%±1.6%。上述结果表明，土法炼汞区和废弃汞矿区稻田土壤汞的甲基化过程及其控制因素存在差异。其中，两个研究区稻田土壤生物可利用态汞的来源很可能是影响其甲基汞净产率的重要因素之一。

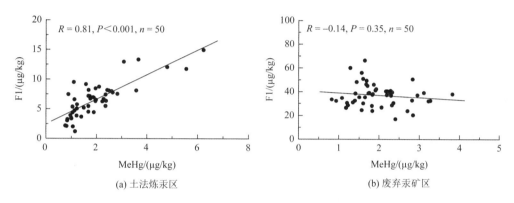

图 7-3-9　稻田土壤中甲基汞（MeHg）含量与生物可利用态汞（F1）含量相关关系

万山汞矿大规模汞矿开采冶炼活动停止后，大气汞排放随之减少。因此，与土法炼汞区相比，废弃汞矿区大气气态单质汞含量及大气降水汞含量均处在较低水平。然而，土法炼汞活动导致当地大气受到严重的汞污染，大气降水汞含量处在较高水平。因此，废弃汞矿区稻田土壤中的生物可利用态汞可能主要来源于历史时期大气汞沉降过程，且研究期间大气汞沉降输入非常有限。相对而言，土法炼汞区稻田表层土壤中较高含量的生物可利用态汞则主要来源于近期大气汞沉降过程。研究表明，土壤中的汞可以通过表面吸附作用被硫化亚铁（FeS）颗粒吸附，进一步形成更稳定的汞化合物——黑色硫化汞（β-HgS）（Jonsson et al.，2012）。另有研究发现，土壤中活性较高的汞经历老化过程，其生物可利用性会逐渐降低，无机汞的净甲基化作用随之受到抑制（Hintelmann et al.，2002）。因此，本研究推测，稻田土壤中新沉降的汞（"新"汞）主要通过简单吸附作用以不稳定的配合物的形式存在，该部分汞易于在微生物作用下被转化为甲基汞；土壤中历史时期沉降汞经历了漫长的老化过程，可能与有机质结合形成 Hg—OM 强络合物，或者与硫发生反应生成难溶的汞化合物（如 β-HgS），这部分汞很难被微生物利用。事实上，稻田土壤中汞的生物地球化学过程非常复杂，且有可能受控于"新"汞和"老"汞之间的平衡过程。然而，本研究仅局限于水稻生长期间的监测结果，并不能代表长期的演化规律，且未能将大气沉降的"新"汞与土壤本底"老"汞有效区分。

7.4　稻田土壤汞的甲基化过程及其影响因素

环境中的无机汞进入稻田生态系统后，主要通过微生物介导下的甲基化过程被转化为甲基汞，进而被水稻吸收富集。因此，只有最大限度地降低稻田土壤中甲基汞的净生成量，才能有效控制甲基汞在稻米中的富集程度。一般来讲，土壤中无机汞的甲基化过程和甲基汞的去甲基化过程同时发生。甲基化作用和去甲基化作用之间的平衡过程，决定了土壤中甲基汞的净生成量及甲基汞在稻米中的积累量。采用单一富集稳定汞同位素示踪技术，系统开展了稻田土壤汞的甲基化速率/去甲基化速率、参与甲基化的主要汞形态识别、大气沉降"新"汞在稻田土壤中的环境行为、汞甲基化/去甲基化的微生物代谢过程四个方面的研究工作，研究成果为污染区稻田土壤汞污染防治与修复提供了基础数据和理论支撑。

7.4.1　稻田土壤汞的甲基化速率/去甲基化速率

1. 研究方案

采用单一富集稳定汞同位素示踪技术，对土法炼汞区和废弃汞矿区稻田土壤汞的甲基化速率和去甲基化速率进行了的测定。研究区及采样点分布，见图 7-3-1。于 2012 年 7～9 月水稻生长期间，共完成了 3 次采样任务，分别对应水稻移栽后的 40d（Day = 40）、60d（Day = 60）和 80d（Day = 80）。野外采样之前，在实验室预先制备单一汞同位素形式无机汞（$^{202}HgCl_2$）和单一汞同位素形式甲基汞（Me^{198}HgCl）标准（Hintelmann et al.，1997，2000；Cappon and Smith，1977）。野外采集稻田土壤剖面，现场加入单一无机汞（$^{202}HgCl_2$）和甲基汞（Me^{198}HgCl）同位素，通过测定土壤中 Me^{202}Hg 和 Me^{198}Hg 含量随时间的变化来计算无机汞的甲基化速率以及甲基汞的去甲基化速率。同期，使用有机玻璃管采集多根土壤剖面，现场厌氧分割。分割后的土壤样品采用高速离心法获得土壤孔隙水，用于分析 S^{2-}、SO_4^{2-}、Fe^{2+} 和 Fe^{3+}。需要指出的是，本研究采样点和本章第三节研究方案中的采样点重合且野外采样同期进行（40d、60d 和 80d）。因此，对应的土壤总汞和甲基汞含量等参数参考本章第三节的数据。

土壤样品甲基汞同位素含量采用气相色谱-电感耦合等离子体质谱法（GC-ICP-MS）（Yan et al.，2013；Gilmour et al.，1998）进行测定。采用菲洛嗪显色法（ferrozine method，562nm）测定土壤孔隙水中 Fe^{2+} 含量，Fe^{3+} 含量为总铁与对应的 Fe^{2+} 含量之间的差值（Lovley and Phillips，1987；Gibbs，1979）。土壤孔隙水硫离子（S^{2-}）含量使用国际上通用的甲基蓝法进行测定（Cline，1969），硫酸根离子（SO_4^{2-}）含量使用电感耦合等离子体发射光谱仪（ICP-OES）进行测定。

无机汞的甲基化速率（K_m）定义为：稻田土壤中单位时间内由人为加入的单一无机汞同位素（$^{202}HgCl_2$）所生成的甲基汞的量。类似地，将甲基汞的去甲基化速率定义为：稻田土壤中单位时间内人为加入的单一甲基汞同位素（Me^{198}HgCl）的减少量。此外，本研究进一步计算了甲基化速率和对应的去甲基化速率的比值（K_m/K_d），用于表征甲基汞的产生能力，即净甲基化潜力（Korthals and Winfrey，1987）。土壤样品汞的甲基化速率/去甲基化速率采用式（7-4-1）和式（7-4-2）进行计算（Hintelmann et al.，1995，1997；Yan et al.，2013）：

$$K_m = \frac{[Me^{202}Hg]_{t_2} - [Me^{202}Hg]_{t_0}}{[^{202}Hg^{2+}]t} \tag{7-4-1}$$

$$K_d = \frac{\ln([Me^{198}Hg]_{t_0}) - \ln([Me^{198}Hg]_{t_2})}{t} \tag{7-4-2}$$

式中，K_m 为汞的甲基化速率；K_d 为汞的去甲基化速率；$[Me^{202}Hg]_{t_0}$ 为 t_0 时 $Me^{202}Hg$ 同位素含量；$[Me^{198}Hg]_{t_0}$ 为 t_0 时 $Me^{198}Hg$ 同位素含量；$[Me^{202}Hg]_{t_2}$ 为 t_2 时 $Me^{202}Hg$ 同位素含量；$[Me^{198}Hg]_{t_2}$ 为 t_2 时 $Me^{198}Hg$ 同位素含量；$[^{202}Hg^{2+}]$ 为土壤/沉积物中加入的 $^{202}Hg^{2+}$ 含量（土壤干重与加入的 $^{202}Hg^{2+}$ 实际计算所得）；t 为加入同位素后的培养时间。

2. 稻田土壤汞的甲基化速率/去甲基化速率

土法炼汞区和废弃汞矿区稻田土壤汞甲基化速率（K_m）、去甲基化速率（K_d）及净甲基化潜力（K_m/K_d）分布见图 7-4-1 和图 7-4-2。分析数据表明，水稻生长期间，土法炼汞区和废弃汞矿区稻田土壤甲基化速率常数均值分别为（0.41±0.25）×10^{-3}d^{-1} 和（0.20±0.15）×10^{-3}d^{-1}，对应的变化范围分别为 0.034×10^{-3} ~ 1.1×10^{-3}d^{-1} 和 0.054×10^{-3} ~ 0.81×10^{-3}d^{-1}。统计分析结果表明，土法炼汞区稻田土壤甲基化速率常数显著高于对应的废弃汞矿区（$P<0.01$）。对比发现，本研究所获得的汞矿区稻田土壤无机汞的甲基化速率低于其他类似生态系统的检测数据。例如，Li 等（2012）对美国

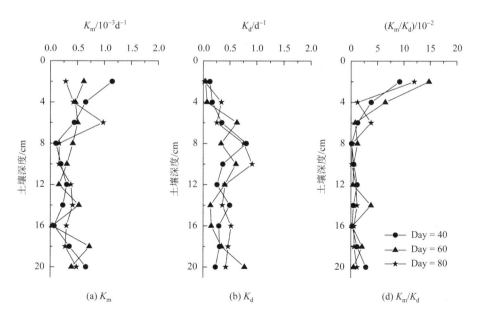

图 7-4-1　土法炼汞区稻田土壤甲基化速率（K_m）、去甲基化速率（K_d）及净甲基化潜力（K_m/K_d）分布

佛罗里达州 Everglades 湿地土壤中汞的甲基化速率进行了测定,其值变化范围为 $0.01\sim$ $0.07d^{-1}$。此外, 西班牙 Valdeazogue 河流沉积物及美国威斯康星州 Oligotrophic 湖泊沉积物无机汞的甲基化速率变化范围分别为 $0.0038\sim0.13d^{-1}$(Gray et al., 2004)及 $0.0051\sim0.028d^{-1}$(Korthals and Winfrey, 1987)。

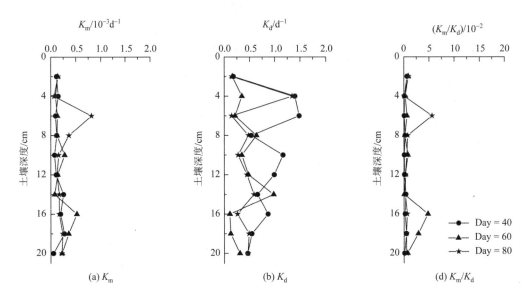

图 7-4-2　废弃汞矿区稻田土壤甲基化速率(K_m)、去甲基化速率(K_d)及净甲基化潜力(K_m/K_d)分布

如图 7-4-1 和图 7-4-2 所示,土法炼汞区和废弃汞矿区稻田土壤去甲基化速率与对应的甲基化速率在土壤剖面上的分布规律正好相反。分析数据表明,在水稻生长期间,土法炼汞区和废弃汞矿区稻田土壤去甲基化速率均值分别为(0.38 ± 0.23)d^{-1} 和(0.55 ± 0.40)d^{-1},对应的变化范围分别为 $0.02\sim0.92d^{-1}$ 和 $0.02\sim1.5d^{-1}$。统计分析发现,废弃汞矿区稻田土壤去甲基化速率常数显著高于对应的土法炼汞区($P<0.001$)。土法炼汞区稻田土壤去甲基化速率最低值出现在表层土壤(1~2cm),且随着土壤深度的增加而渐升高(图 7-4-1)。然而,废弃汞矿区稻田土壤去甲基化速率在剖面上没有明显的变化趋势(图 7-4-2)。本研究所获得的汞矿区稻田土壤甲基汞的去甲基化速率与前人所报道的类似生态系统土壤或沉积物中去甲基化速率数据相当,如美国佛罗里达州 Everglades 湿地土壤去甲基化速率变化范围为 $0\sim$ $0.25d^{-1}$(Li et al., 2012);西班牙 Azogado creek 河流沉积物中去甲基化速率变化范围为 $0.0090\sim0.53d^{-1}$(Gray et al., 2004);位于加拿大安大略省的 GorLake 湖,其沉积物去甲基化速率变化范围为 $0.39\sim0.53d^{-1}$(Hintelmann et al., 2000)。

一般来讲,土壤中甲基汞的净生成量并不单一取决于无机汞的甲基化过程,还受到甲基汞的去甲基化过程的影响(Hintelmann et al., 2000)。研究表明,环境中甲基汞的净生成量,一方面,与环境介质中生物可利用态汞的含量有关;另一方面,与环境介质中甲基化微生物的活性和种群丰度(Marvin-DiPasquale et al., 2009)、生物甲基化所占的比例(Marvin-DiPasquale et al., 2000)以及非生物去甲基化过程(Seller et al., 1996)密切相关。环境中无机汞的甲基化作用及甲基汞的去甲基化作用同时发生，因此，上述两个过程分别控制着甲基汞的产生（甲基化）及甲基汞的分解（去甲基化），而通常所检测到的环境介质中甲基汞的含量是上述两个过程平衡后的最终结果。本研究同期对稻田土壤甲基汞的含量（见 7.3 节）、甲基化速率和去甲基化速率进行了详细的监测，并对三者之间的相关关系进行了统计分析。结果表明，土法炼汞区和废弃汞矿区稻田土壤甲基汞含量与甲基化速率间存在显著的正相关关系，且与对应的去甲基化速率间存在显著的负相关关系（图 7-4-3），进一步说明汞矿区稻田土壤中甲基汞的含量同时受到甲基化过程和去甲基化过程的共同作用（Drott et al.，2008）。

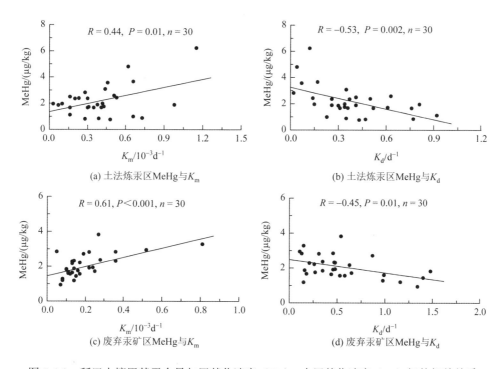

图 7-4-3　稻田土壤甲基汞含量与甲基化速率（K_m）、去甲基化速率（K_d）间的相关关系

　　本研究通过计算甲基化速率和去甲基化速率之间的比值（K_m/K_d），来表征稻田土壤汞的净甲基化潜力（Korthals and Winfrey，1987）。水稻生长期间，土法炼汞区稻田土壤汞的净甲基化潜力（K_m/K_d）与对应的甲基汞含量（见 7.3 节）具有相似的剖面分布规律，表现为：净甲基化潜力最大值均位于表层土壤，可见土法炼汞区稻田土壤甲基汞含量与对应的净甲基化潜力之间具有直接的关联性。统计分析结果表明，土法炼汞区和废弃汞矿区稻田土壤甲基汞含量与对应的净甲基化潜力间均具有极显著的正相关关系（土法炼汞区：$P<0.001$；废弃汞矿区：$P=0.003$），暗示稻田土壤净甲基化潜力可以如实反映甲基汞的含量水平。与废弃汞矿区相比，土法炼汞区稻田土壤甲基化速率较高而对应的去甲基化速率较低，其净甲基化潜力（K_m/K_d）也处于相对较高的水平。相比之下，废弃汞矿区稻田土壤甲基化速率较低而去甲基化速率相对较高，其净甲基化潜力处于相对较低的水平（与土法炼

汞区相比），导致土法炼汞区稻田土壤甲基汞含量高于对应的废弃汞矿区（尤其是在表层土壤）。此外，本研究也进一步证实，汞矿区稻田土壤甲基汞主要来源于自身的净甲基化过程，而外源输入（如大气干湿沉降和稻田灌溉水）的贡献可忽略。

3. 稻田土壤汞甲基化速率/去甲基化速率影响因素探讨

为揭示稻田土壤汞甲基化速率/去甲基化速率的影响因素，本研究对稻田土壤孔隙水 S^{2-}、SO_4^{2-}、Fe^{2+} 和 Fe^{3+} 浓度与甲基化速率、去甲基化速率、净甲基化潜力之间的关系进行了 Pearson 相关分析（表 7-4-1 和表 7-4-2）。相关性分析结果表明，土法炼汞区稻田土壤孔隙水硫离子浓度（S^{2-}）与对应的硫酸根离子（SO_4^{2-}）之间具有极显著的正相关关系（$P < 0.001$），表明硫酸根离子在一定程度上可以促进微生物作用下硫的还原过程。有研究指出，硫酸盐还原菌在代谢过程中伴随着硫离子的生成（King et al.，2002）。因此，在水稻生长期间，孔隙水中存在的硫离子侧面证明了稻田土壤中硫酸盐还原菌具有较高的活性。此外，土法炼汞区稻田土壤孔隙水硫酸根离子浓度与土壤（孔隙水）甲基汞含量间均呈现极显著正相关关系（$P < 0.001$）。如表 7-4-1 所示，土法炼汞区稻田土壤汞的净甲基化潜力（K_m/K_d）与对应的土壤孔隙水中硫离子（S^{2-}）和硫酸根离子（SO_4^{2-}）间具有极显著正相关关系（$P < 0.001$），这说明在硫酸盐还原菌代谢过程中，硫酸根离子作为电子给体在很大程度上促进了无机汞的甲基化作用。前人研究证实，硫酸根可以促进环境中硫酸盐还原菌介导下的汞甲基化过程（Harmon et al.，2004；Wiener et al.，2006）。

表 7-4-1　土法炼汞区稻田土壤孔隙水铁/硫离子与甲基化速率、去甲基化速率、净甲基化潜力间的相关关系（$n = 30$）

项目	Fe^{2+}	Fe^{3+}	S^{2-}	SO_4^{2-}	K_m	K_d	K_m/K_d
Fe^{2+}	1	−0.47**	−0.53**	−0.50**	−0.10	0.26	−0.43**
Fe^{3+}		1	0.25	0.04	0.10	−0.05	−0.02
S^{2-}			1	0.78***	0.26	−0.39*	0.69***
SO_4^{2-}				1	0.37*	−0.49**	0.84***
K_m					1	−0.42*	0.49**
K_d						1	−0.65***
K_m/K_d							1

*$P < 0.05$；**$P < 0.01$；***$P < 0.001$。

表 7-4-2　废弃汞矿区稻田土壤孔隙水铁/硫离子与甲基化速率、去甲基化速率、净甲基化潜力间的相关关系（$n = 30$）

项目	Fe^{2+}	Fe^{3+}	S^{2-}	SO_4^{2-}	K_m	K_d	K_m/K_d
Fe^{2+}	1	0.18	−0.32	−0.47***	−0.15	0.17	−0.17
Fe^{3+}		1	0.26	−0.07	−0.37*	0.36	−0.26

续表

项目	Fe^{2+}	Fe^{3+}	S^{2-}	SO_4^{2-}	K_m	K_d	K_m/K_d
S^{2-}			1	−0.22	−0.46*	0.05	−0.41*
SO_4^{2-}				1	0.10	−0.36*	0.07
K_m					1	−0.41*	0.91***
K_d						1	−0.49**
K_m/K_d							1

*$P<0.05$；**$P<0.01$；***$P<0.001$。

　　水稻生长期间，废弃汞矿区稻田土壤孔隙水中硫离子浓度和对应的硫酸根离子浓度间并没有明显的相关关系（$P>0.05$）（表 7-4-2）。类似地，废弃汞矿区稻田土壤净甲基化潜力与对应的土壤孔隙水中硫离子/硫酸根离子浓度间也没有显著的正相关关系（表 7-4-2）。上述结果表明，不同区域稻田土壤其物理化学条件不同，导致微生物作用下汞的甲基化/去甲基化过程存在巨大差异。

　　水稻生长期间，稻田土壤孔隙水二价铁离子的含量与对应的硫离子（土法炼汞区）以及硫酸根离子（土法炼汞区和废弃汞矿区）含量间存在显著负相关关系（$P<0.01$），暗示土壤孔隙水中的二价铁离子可能通过与硫离子结合生成难溶的硫化亚铁（FeS）沉淀（Coles et al.，2000），从而抑制了微生物作用下的不同形态硫之间的转化。研究认为，铁硫化物（FeS 等）通过形成带电荷的 Hg（Ⅱ）—多聚硫化物，降低中性 Hg（Ⅱ）—硫化物（主要是 HgS）的生物可利用性，从而抑制汞的甲基化过程（Liu et al.，2009）。此外，在硫酸盐含量较高的海湾沉积物，铁还原作用的增加会抑制甲基汞的生成（Han et al.，2008）。有研究发现，环境介质中以固态形式存在的硫化亚铁（FeS），可以通过吸附作用和协同沉淀作用（co-precipitation）固定重金属离子，例如，土壤中的硫化铁颗粒可以固定孔隙水中游离态的二价汞离子（Hg^{2+}）（Coles et al.，2000）。基于此，本研究推测稻田土壤铁的循环可以影响汞的生物可利用性，从而影响无机汞的甲基化过程（Mehrotra and Sedlak，2005）。

7.4.2　稻田土壤参与汞甲基化的主要汞形态识别

1. 研究方案

1）研究区与样品采集

　　选取三处汞浓度差异较大的稻田为研究对象，分别为位于贵州省铜仁市万山区的废弃汞矿区稻田（四坑，SK）、土法炼汞区稻田（垢溪，GX）和贵州省贵阳市花溪区背景区稻田（HX）。其中，四坑为废弃汞矿区，该区域稻田土壤受汞矿渣堆积的污染；垢溪为土法炼汞区，该区域稻田土壤受土法炼汞活动影响，大气汞沉降是该区域稻田土壤主要的汞污染源；花溪区稻田土壤未受到明显汞污染影响。

前期研究发现,在水稻生长的第 50～60d,稻田土壤中净甲基汞生成量相对较高,汞甲基化较为活跃(见 7.3 节)。因此,在该时期采集稻田土壤样品和对应上覆水样品。采集 1～5 cm 表层淹水土壤,装满至 500 mL 聚丙烯采样瓶中,不留空气。对应上覆水样品使用 250 mL 注射器,采集至 500 mL 聚丙烯采样瓶中。每个采样点各采集 3 份稻田土壤与上覆水样品。所有样品均使用 Parafilm® 封口膜密封后,双层自封袋包装暂存在保温箱中,并在 24h 内运回至实验室低温、避光冷藏保存,待用。本研究供试土壤的基本理化指标,如表 7-4-3 所示。

表 7-4-3　供试土壤/孔隙水基本理化性质

样品类型	参数	背景区(HX)	土法炼汞区(GX)	废弃汞矿区(SK)
土壤	总汞 THg/(mg/kg)	0.27±0.10 c	3.34±0.97 b	48.9±9.78 a
	甲基汞 MeHg/(μg/kg)	0.37±0.23 c	6.56±2.28 a	2.50±0.49 b
	甲基汞占总汞的比例 MeHg/THg/%	0.14±0.10 a	0.19±0.04 a	0.0051±0.002 b
	土壤有机质 SOM/%	7.47±0.27 a	4.11±0.19 b	3.28±0.30 c
	酸碱性 pH	7.52	7.51	7.53
	硫酸盐 SO_4^{2-}/(mg/kg)	486±41.5 b	489±21 b	1039±121 a
	铵盐 NH_4^+/(mg/kg)	3.55±0.30 b	5.86±0.95 a	1.69±0.07 c
	硝酸盐 NO_3^-/(mg/kg)	5.67±0.87 b	3.18±0.55 c	22.3±0.88 a
	土壤机械组成			
	黏粒/%	34.0±0.0 a	30.7±2.3 a	15.3±1.2 b
	粉粒/%	33.0±4.2 a	34.7±2.3 a	36.7±2.3 a
	砂粒/%	33.0±4.2 b	34.7±4.6 b	48.0±3.5 a
孔隙水	硫酸根 SO_4^{2-}/(mg/L)	0.23±0.09 b	1.28±0.16 a	0.83±0.02 ab
	硫化物 S(-Ⅱ)/(mg/L)	0.025±0.004b	0.059±0.002 a	0.018±0.007b
	硝酸根 NO_3^-/(mg/L)	N.D.	0.025±0.008 b	0.086±0.034 a
	亚硝酸根 NO_2^-/(mg/L)	0.009±0.003b	0.21±0.03 a	N.D.
	铵根 NH_4^+/(mg/L)	35.7±2.21 b	25.3±3.39 c	60.5±11.9 a
	亚铁离子 Fe^{2+}/(mg/L)	0.48±0.04 a	0.93±0.22 a	1.15±0.47 a
	铁离子 Fe^{3+}/(mg/L)	0.76±0.03 a	0.38±0.06 b	0.69±0.15 a

注:不同小写字母表明同一指标在不同位点间差异显著($P<0.05$)。

2)同位素示踪剂的制备与表征

本节使用 ^{198}Hg(纯度 95.3%±0.15%)、^{199}Hg(纯度 92.6%±0.15%)、^{200}Hg(纯度

98.2%±0.15%）和 ^{202}Hg（纯度 99.2%±0.15%）四种无机汞同位素以及一种甲基汞同位素（Me^{198}Hg）作为汞形态示踪剂。其中，无机汞同位素用于示踪甲基化过程，甲基汞同位素示踪去甲基化过程。人工制备得到四种不同形态的无机汞同位素，分别为溶解态汞 [^{198}Hg(NO$_3$)$_2$]、有机结合态汞 [NOM-^{199}Hg(Ⅱ)]、硫化亚铁吸附态汞 [≡FeS-^{200}Hg(Ⅱ)] 和纳米颗粒硫化汞 [Nano-^{202}HgS]。具体的制备方法如下。

^{198}Hg(NO$_3$)$_2$：将 ^{198}Hg^0 溶解于浓硝酸中（纯度≥99.9%），制备得到 ^{198}Hg(NO$_3$)$_2$ 储备液 [20（μg/mL）]，并使用去离子水（Milli-Q，Millipore，美国）稀释得到浓度为 1μg/mL 的工作液。

NOM-^{199}Hg(Ⅱ)：在厌氧手套箱中（PLAS-LABS，美国）将购买自国际腐殖质协会的标准腐殖质样品 Suwannee River NOM 与 ^{199}Hg(Ⅱ)均匀混合，超声几秒钟后低温（4℃）静置 5d（Jonsson et al.，2012）。制备得到的 NOM-^{199}Hg(Ⅱ)浓度为 2.95μg Hg/mL。

≡FeS-^{200}Hg(Ⅱ)：将 Fe(NH$_4$)$_2$(SO$_4$)$_2$ 和 Na$_2$S·9H$_2$O 在厌氧手套箱中溶解于脱氧去离子水，制备得到 FeS(s)（14.9mg/mL）。将制备得到的 FeS(s)润洗三次，以洗去残留的硫化物。随后将 ^{200}Hg(Ⅱ)加入含 FeS(s)的脱氧去离子水中，制备得到浓度为 23.8μg Hg/mL 的 ≡FeS-^{200}Hg(Ⅱ)（Jonsson et al.，2012）。

Nano-^{202}HgS：在配制的 Na$_2$S·9H$_2$O 溶液中加入 ^{202}Hg(Ⅱ)、购买自国际腐殖质协会的腐殖酸标准样品 Suwannee River humic acid（浓度 10mg C/L）、0.1mol/L NaNO$_3$、4mmol/L HEPES 缓冲液（pH 7.5），以稳定 HgS 纳米颗粒物。将该悬浮液在厌氧手套箱中常温静置一周，随后多次过滤至粒径小于 0.1 μm（Zhang T et al.，2012），得到 Nano-^{202}HgS，浓度为 10.03μg/mL。

Me^{198}Hg：采用甲基钴胺素为甲基供体合成得到 Me^{198}Hg（Rodriguez Martín-Doimeadios et al.，2002）。制备得到的 Me^{198}Hg 储备液浓度为 3.77μg/mL。

制备得到的≡FeS-^{200}Hg(Ⅱ)和 Nano-^{202}HgS 使用透射电镜（TEM）（Tecnai G2 F20 S-TWIN，FEI，美国）与 X 射线能量色散谱（EDX）（EDAX，美国）进行表征，表征结果如图 7-4-4 和图 7-4-5 所示。

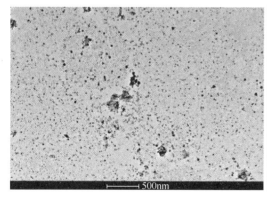 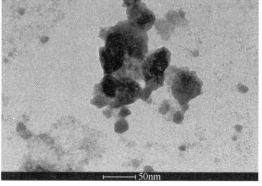

(a) 500nmTEM图像　　　　　　　(b) 50nmTEM图像

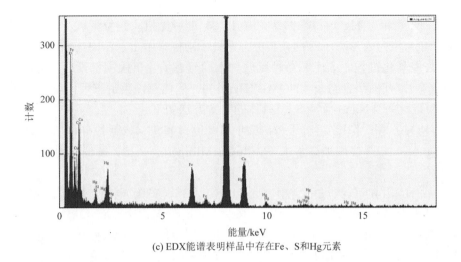

(c) EDX能谱表明样品中存在Fe、S和Hg元素

图 7-4-4　TEM-EDX 表征制备得到的≡FeS-²⁰⁰Hg（Ⅱ）

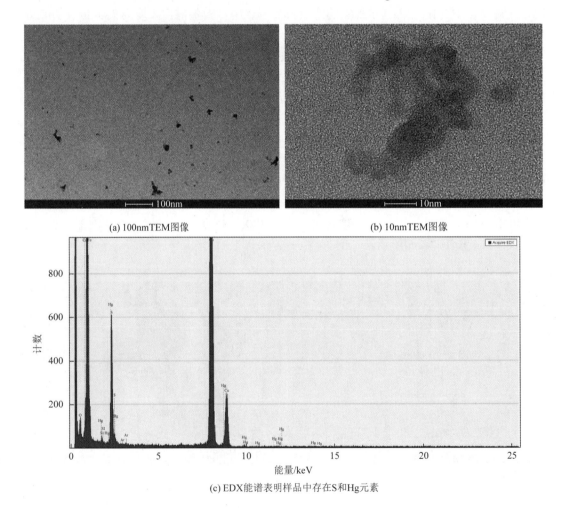

(a) 100nmTEM图像　　　　　　　　　　(b) 10nmTEM图像

(c) EDX能谱表明样品中存在S和Hg元素

图 7-4-5　TEM-EDX 表征制备得到的 Nano-²⁰²HgS

3）培养实验设计

在厌氧手套箱中，将采集自同一位点的稻田土壤与上覆水样品转移至 2L 烧杯中。使用特氟龙镊子去除岩石颗粒与植物残体后，将稻田土壤与上覆水均匀混合为含水率约为 75%的泥浆样品。之后将均匀的泥浆样品分装入 100mL 血清瓶中，每瓶分装泥浆约 50 mL。根据每个采样点稻田土壤总汞和甲基汞的本底值，按照总汞含量的 10%以及甲基汞含量的100%，分别加入无机汞与甲基汞示踪剂（Gilmour et al.，1998；Wu et al.，2020）。随后，将血清瓶完全密封，并在黑暗环境中厌氧培养 2d。由于示踪去甲基化的示踪剂（$Me^{198}Hg$）所用汞同位素与 $^{198}Hg(NO_3)_2$ 一致，均为 ^{198}Hg，因此甲基化过程与去甲基化过程分为两个培养试验分别进行，其中系列 A 为甲基化实验（设置 48 个培养瓶），系列 B 为去甲基化实验（设置 48 个培养瓶）（图 7-4-6）。分别在培养的第 0d、0.25d、0.5d、1d 和 2d 进行破坏性取样，每个采样点每次随机选取 3 个平行（共 9 个培养瓶＝3 个平行 ×3 个研究区）。取 30mL 泥浆样品至 50mL 离心管中，经过离心后分析上清液 pH、总硫化物（[S(-Ⅱ)]）、硫酸盐、$[Fe^{2+}]$和$[Fe^{3+}]$浓度以及土壤 DOM 含量。取少量泥浆样品装于 1.5mL 冻存管中冷冻（–80℃）保存，用于提取 DNA 样品。其余泥浆样品加入 1mL 6N HCl 酸化后，–20℃冷冻保存，用于分析总汞和甲基汞同位素含量。以上操作均在厌氧手套箱中进行，以避免操作过程氧气对样品的影响。

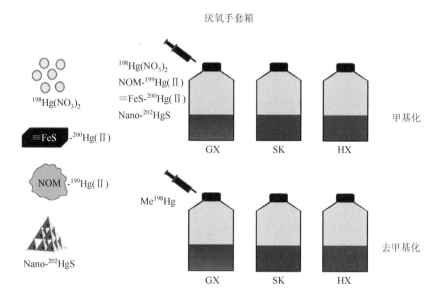

图 7-4-6　实验设计示意图

4）分析方法

使用气相色谱-电感耦合等离子体质谱法（GC-ICP-MS）测定土壤样品中甲基汞同位素（$Me^{198}Hg$、$Me^{199}Hg$、$Me^{200}Hg$、$Me^{202}Hg$）含量。采用高通量 16s rRNA 基因测序的方法对三个采样区原始土壤样品，进行微生物群落多样性分析。16s rRNA 基因的扩增引物为 341F-805R（341F：5'-CCTACGGGNGGCWGCAG-3'；805R：5'-GACTACHVGGGTATCTAATCC-3'）。基

于 Illumina PE250 测序平台对经过扩增和纯化的 DNA 进行测序,并对经过处理后的序列进行同源性分析,将相似度大于 97%的序列聚类为一个操作分类单元(OTU)。基于 OTU 进行 α 多样性和 β 多样性计算,包括菌群丰度(Chao1)与多样性(Shannon)指标和主坐标分析(PCoA)。此外,针对汞甲基化功能基因 *hgcAB* 进行荧光定量 PCR 分析,所用引物为 ORNL-*HgcAB*-uni-F/R 以及对应不同进化枝的 Clade-specific *hgcA* in Deltaproteobacteria(ORNL-Delta-*HgcA*-F/R)(Christensen et al.,2016;Liu et al.,2019)。

甲基化速率常数(K_m)和去甲基化速率常数(K_d)参照式(7-4-1)和式(7-4-2)进行计算。根据添加无机汞甲基化生成的甲基汞同位素计算甲基化率[MeHg/Hg(II)(%)],根据添加的甲基汞同位素的减少量计算去甲基化率 [MeHg demethylation(%)],计算公式如下:

$$甲基化率\ (\%)=\frac{[Me^iHg]}{[^iHg(II)]_{spiked}}\times100\% \tag{7-4-3}$$

$$去甲基化率\ (\%)=\frac{[Me^{198}Hg]_{spiked}-[Me^{198}Hg]}{[Me^{198}Hg]_{spiked}}\times100\% \tag{7-4-4}$$

式中,$[Me^iHg]$为通过添加的无机汞同位素甲基化生成的 MeHg;$[^iHg(II)]_{spiked}$ 为添加的无机通同位素示踪剂;$[Me^{198}Hg]_{spiked}$ 为添加的甲基汞同位素示踪剂;i 为 198、199、200 和 202。

此外,本节计算了培养开始与末期的同位素质量平衡,同位素总量的回收率为 100%±3.59%(图 7-4-7),表明培养实验过程中不存在同位素损失或者污染。

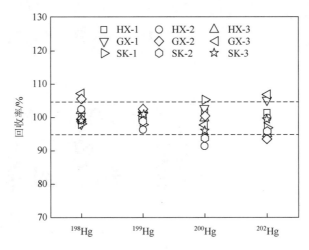

图 7-4-7　培养初期与末期汞同位素质量平衡

HX、GX、SK 分别为花溪、垢溪、四坑采样点

2. 不同形态汞同位素示踪剂的甲基化/去甲基化速率

图 7-4-8 所示为添加不同形态无机汞同位素示踪剂后,不同采样点稻田土壤的甲基化

率［MeHg/Hg（Ⅱ）］与甲基化速率常数（K_m）。可以看出，除≡FeS-^{200}Hg（Ⅱ）外，其他形态的无机汞同位素示踪剂均有显著的甲基化作用；并且 MeHg/Hg（Ⅱ）随稻田土壤汞含量的增加而显著降低，其中花溪背景区（HX，THg = 0.27mg/kg）、土法炼汞区（GX，THg = 3.34mg/kg）和废弃汞矿区（SK，THg = 48.9mg/kg）稻田土壤的 MeHg/Hg（Ⅱ）分别为 2%～5%、0.3%～0.35% 和 0.002%～0.005%（表 7-4-3 和图 7-4-8）。整个培养期间，三个点位甲基化速率常数（K_m）的变化趋势与对应的甲基化率一致。

　　在背景区稻田土壤培养末期，^{198}Hg(NO$_3$)$_2$ 的 MeHg/Hg（Ⅱ）最高（4.85%±0.13%），然后依次是 NOM-^{199}Hg（Ⅱ）、Nano-^{202}HgS 和≡FeS-^{200}Hg（Ⅱ）（$P<0.05$）。在中度汞污染的土法炼汞区稻田土壤培养末期，NOM-^{199}Hg（Ⅱ）的 MeHg/Hg（Ⅱ）最高，其次是 ^{198}Hg(NO$_3$)$_2$ 和 Nano-^{202}HgS，但差异不显著（$P>0.05$）。汞浓度最高的废弃汞矿区与土法炼汞区相似，NOM-^{199}Hg（Ⅱ）的 MeHg/Hg（Ⅱ）最高，其次是 Nano-^{202}HgS（$P<0.05$）。背景区和废弃汞矿区土壤培养实验中，MeHg/Hg（Ⅱ）随时间的变化趋势是先升高后逐渐达到平衡状态；而土法炼汞区土壤中 MeHg/Hg（Ⅱ）表现出持续升高的趋势。

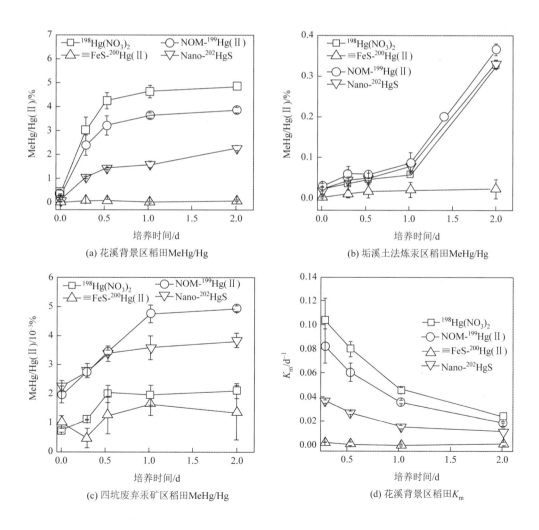

(a) 花溪背景区稻田MeHg/Hg

(b) 垢溪土法炼汞区稻田MeHg/Hg

(c) 四坑废弃汞矿区稻田MeHg/Hg

(d) 花溪背景区稻田K_m

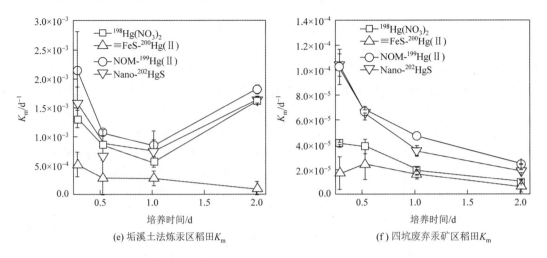

(e) 垢溪土法炼汞区稻田K_m　　　　　(f) 四坑废弃汞矿区稻田K_m

图 7-4-8　不同形态汞同位素示踪剂甲基化率［MeHg/Hg（Ⅱ）］与甲基化速率常数（K_m）

在本研究中，培养前期不同形态无机汞的 K_m 值相对较高，随后表现出降低的趋势，这与 Gilmour 等（2018）在纯培养体系中得到的结果一致。背景区和废弃汞矿区稻田土壤中不同形态无机汞示踪剂的 K_m 随时间的增长持续降低；而土法炼汞区稻田土壤中不同形态无机汞的 K_m 表现出先降低后增加的趋势，且在培养末期的 K_m 与初期接近［除≡FeS-^{200}Hg（Ⅱ）］。

图 7-4-9 所示为甲基汞示踪剂（Me^{198}Hg）的去甲基化率及去甲基化速率常数（K_d）。在培养末期，HX、GX 和 SK 的去甲基化率分别为 44.26%±6.79%、47.03%±6.45%和 80.99%±3.86%。SK 和 HX 的 K_d 随培养时间的变化趋势较为相似，分别从（2.28±0.18）d^{-1} 和（1.38±0.17）d^{-1} 逐步下降至（0.84±0.12）d^{-1}（$P<0.05$）和（0.31±0.04）d^{-1}（$P<0.05$）。GX 的 K_d 则在培养的第一天内迅速从（1.03±0.59）d^{-1} 下降至（0.33±0.06）d^{-1}，并在随后的培养中保持稳定。

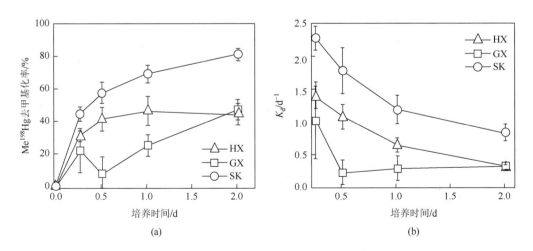

(a)　　　　　　　　　　　　(b)

图 7-4-9　甲基汞示踪剂去甲基化率与去甲基化速率常数（K_d）

3. 稻田土壤中参与甲基化作用的汞形态识别

之前的研究中，通常认为天然有机质（NOM）的存在会与汞形成大分子量的亲水性 Hg-NOM 复合物（Hsu-Kim et al.，2013；Chiasson-Gould et al.，2014），从而降低汞的生物有效性，进而抑制甲基汞的生成（Barkay et al.，1997；Ravichandran，2004）。然而，本研究发现，NOM-^{199}Hg（Ⅱ）在厌氧的稻田土壤培养中，能够快速被转化成 Me^{199}Hg，并且相较其他形态无机汞产生更多的甲基汞。由于土壤 DOM 的含量在培养周期内几乎未发生变化（图 7-4-10），说明实验土壤为微生物的代谢提供了充足的碳源，使得微生物甲基化过程并未受到碳源不足的影响。在本研究中，既然碳源的量并不是影响甲基化过程的主要因素，那么土壤中天然存在的 DOM 可能通过与不同形态汞的相互作用，从而改变汞的生物有效性（吴丰昌等，2008）。有学者通过淋溶实验发现（Gai et al.，2016），与腐殖酸结合的 Hg（Ⅱ）较溶解态的 Hg-Cl/—OH 络合物、Hg^0 和纳米颗粒态 HgS 具有更强的迁移性（mobility）。此外，还有学者指出，Hg（Ⅱ）与 NOM 的结合能够显著减少

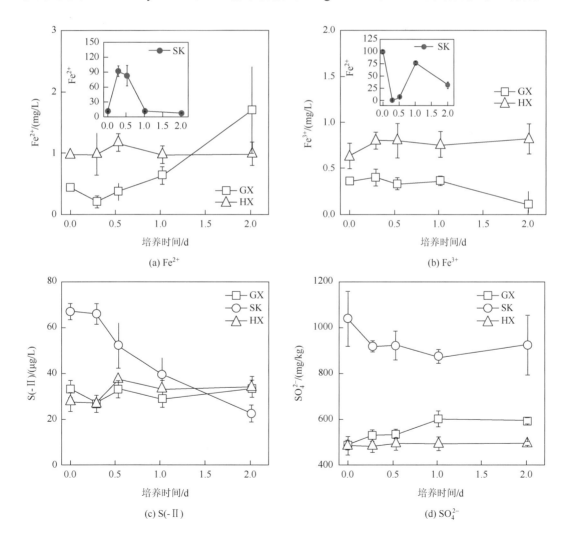

(a) Fe^{2+} 　　(b) Fe^{3+}

(c) S(-Ⅱ) 　　(d) SO$_4^{2-}$

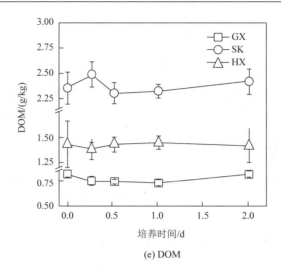

图 7-4-10　培养期间初期 Fe^{2+}、Fe^{3+}、S（-II）、SO_4^{2-} 以及土壤 DOM 含量

Hg（II）在土壤固相上的分配（Johs et al.，2019）。Zhu 等（2018）利用在 Nätraån 河口沉积物进行甲基化培养实验发现，NOM-^{202}Hg（II）的 K_m 甚至接近于 ^{201}Hg(NO$_3$)$_2$，说明 NOM-^{202}Hg（II）具有较高的生物有效性。在使用模式菌株 *Desulfovibrio desulfuricans* ND132 进行的纯培养实验中，Biswas 等（2011）也发现 NOM-Hg（II）具有较高的生物有效性，且该实验所用的 NOM 和本研究一致，均为国际腐殖质协会的 SRNOM。基于文献报道和本研究数据，认为 NOM-^{199}Hg（II）这一汞形态具有较高的生物有效性，在稻田土壤中能够被微生物利用并甲基化。

　　纳米颗粒态 HgS 广泛存在于缺氧或者有氧的环境中（Enescu et al.，2016；Manceau et al.，2018；Zhang et al.，2020），并且有研究报道纳米颗粒态 HgS 能够被甲基化（凌倩倩等，2020；Zhang T et al.，2012，2014；Zhang et al.，2020；Deonarine and Hsu-Kim，2009；Slowey，2010；Gerbig et al.，2011；Graham et al.，2012；Tian et al.，2021）。纳米颗粒态 HgS 粒径的大小决定了其生物有效性，其中粒径越小的纳米颗粒态 HgS 活性越高（生成更多的甲基汞）（Zhang T et al.，2012）。在本研究中，通过制备合成的 Nano-^{202}HgS 的粒径为 10nm 左右（图 7-4-5），这与 Zhang T 等（2012）制备的纳米颗粒态 HgS 粒径相似（3.2～20nm），它能够进行跨膜运输并被甲基化。值得注意的是，尽管 Nano-^{202}HgS 能够被甲基化，NOM 对于 Nano-^{202}HgS 的作用仍不可忽略。本研究在制备 Nano-^{202}HgS 时，加入了一定量的 NOM，用于稳定纳米尺度 HgS 结构的稳定性（Slowey，2010；Gerbig et al.，2011；Graham et al.，2012；Ravichandran et al.，1999；Pham et al.，2014）。有学者发现，胞外聚合物（EPS）也具有与 NOM 相似的功能（Zhang et al.，2020）。

　　有学者发现地下水系统中存在的 FeS 对汞具有较高的选择性，能够迅速与汞结合，从而抑制汞的甲基化作用（Wang et al.，2020）。Skyllberg 等（2021）在瑞典高纬度湖泊沉积物中也发现，FeS 的生成控制着汞的化学形态。在本研究中，培养实验开始后，SK 土壤中表现出 Fe^{3+} 含量的迅速下降以及 S（-II）的快速积累（图 7-4-10），这表明在本实验体系中可能有 FeS 的生成。这部分新生成的 FeS 既能够通过表面吸附的方式结合 $^{198}Hg(NO_3)_2$，还能够通过 Fe-Hg 置换的方式生成 HgS（Wolfenden et al.，2005；Jeong et al.，2007；Skyllberg and Drott，2010）。此外，较高的 S（-Ⅱ）浓度还会促进甲基汞的非生物去甲基化（Jonsson et al.，2016；West et al.，2020），这可能是 SK 去甲基化率高于 GX 和 HX 的原因之一。

4. 汞浓度梯度对稻田土壤汞甲基化和去甲基化的影响

本研究中，我们发现随稻田土壤汞含量的升高，无机汞的甲基化率与甲基化速率常数显著降低；特别是，不同形态无机汞在同一研究位点的差异（相差 1～5 倍）远小于不同位点之间（相差 1000～10000 倍）的差异（图 7-4-11）。这一发现表明，在更大的区域尺度上，不同位点稻田土壤自身的特异性对于汞甲基化过程的影响大于同一位点参与甲基化的不同汞形态。

然而，不同位点间汞甲基化过程以及净甲基汞积累的差异可能归咎于：汞污染的来源以及汞形态的差异；不同位点间土壤物理化学性质的差异；参与汞甲基化过程微生物群落结构的差异；甲基汞去甲基化过程的差异。接下来将逐一进行详细的讨论。

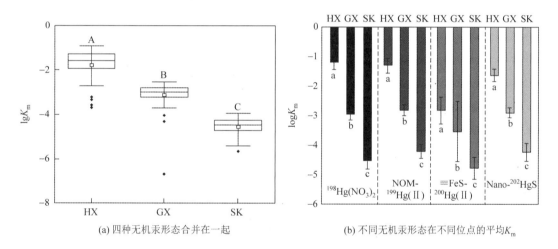

(a) 四种无机汞形态合并在一起　　　　(b) 不同无机汞形态在不同位点的平均 K_m

图 7-4-11　不同位点间经对数变换后的甲基化速率常数（K_m）

HX、GX、SK 分别为花溪、垢溪和四坑采样点

1）汞污染的来源以及汞形态的差异

在本研究的背景区（HX），不存在汞污染源，然而稻田土壤中的总汞含量［（0.27±0.10）mg/kg］依旧显著高于全国背景值（0.058mg/kg）。这是因为研究区地处环太平洋汞矿化带上，土壤中汞含量来自地质背景（Qiu et al.，2008）。本研究中发现的 K_m 随时间的变化趋势与 Jonsson 等（2012）采用河口沉积物开展的甲基化模拟实验一致，并且符合一级动力学模型（图 7-4-12），这表明在不存在汞污染的稻田土壤中，无机汞生物有效性由高到低的顺序为：$Hg(NO_3)_2 > NOM-Hg（Ⅱ）> Nano-HgS > ≡FeS-Hg（Ⅱ）$，且甲基化过程在 24h 内活跃，随后逐渐降低。

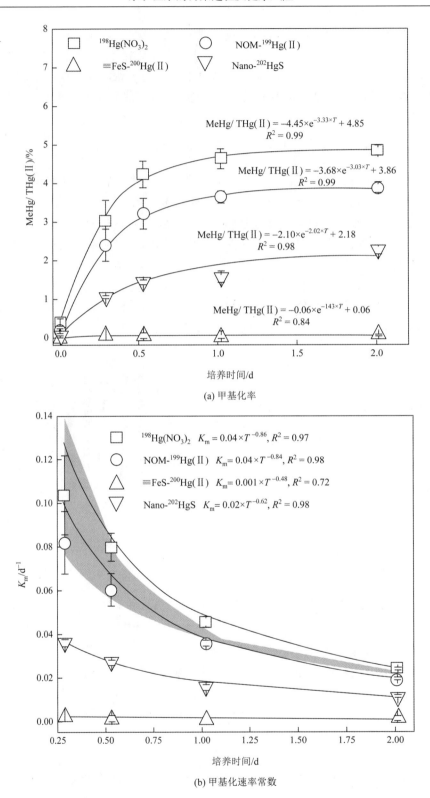

(a) 甲基化率

(b) 甲基化速率常数

图 7-4-12　背景区稻田土壤甲基化率和甲基化速率常数（K_m）的动力学拟合

土法炼汞区（GX），由于存在土法炼汞活动，大气中的 Hg⁰ 浓度显著高于背景区。此外，该区域稻田土壤中的甲基汞含量（4.16～9.93μg/kg）以及 MeHg/THg 的比例（0.19%）也为三个采样区中最高的（表 7-4-3）。前期研究也证实，新沉降的汞更易于被甲基化从而转化为甲基汞（见 7.2 节），这可能是受大气汞沉降影响区域甲基汞含量较高的原因。除此之外，通过连续提取法对汞形态进行分级后发现，有机结合态汞是 GX 稻田土壤中主要的汞形态，结合本研究 NOM-^{199}Hg（Ⅱ）较高的甲基化率与甲基化速率常数，我们推测一部分有机质结合态的汞也能够参与甲基化反应。同时，一部分通过大气沉降进入稻田土壤的汞可能会形成纳米颗粒态 HgS（Manceau et al.，2018），而这部分汞也具有较高的生物有效性。

由于长期的汞矿开采、冶炼活动以及尾矿的堆积，废弃汞矿区（SK）稻田土壤的总汞含量最高，达 35.11～59.96mg/kg；但其甲基化速率常数最低。通过连续提取法对该区域土壤中汞的形态进行分级发现，残渣态是主要汞形态（陆本琦等，2021）；采用同步辐射技术对土壤中汞的化学形态进行分析发现，β-HgS 的比例高达 67.4%～72.0%，为主要汞形态（Yin et al.，2016）。并且，本研究通过添加不同形态无机汞发现，SK 稻田土壤中添加的 ^{198}Hg(NO₃)₂ 可能被土壤固相迅速固定，从而降低了其生物有效性。然而，固相分配对 NOM-^{199}Hg（Ⅱ）和 Nano-^{202}HgS 的影响较小，这是因为 NOM-^{199}Hg（Ⅱ）和 Nano-^{202}HgS 率先与 NOM 以及硫化物进行预平衡，从而减小了固相吸附对其潜在的影响。动力学拟合进一步说明 NOM-^{199}Hg（Ⅱ）和 Nano-^{202}HgS 的甲基化过程符合一级动力学过程，而 ^{198}Hg(NO₃)₂ 的甲基化存在限速步骤（图 7-4-13）。

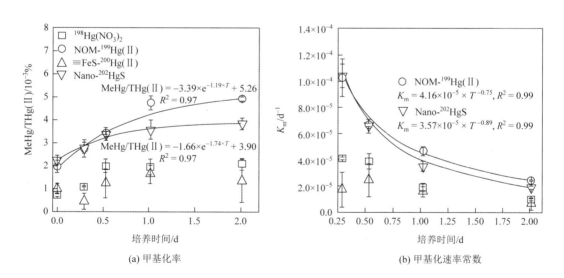

图 7-4-13　废弃汞矿区稻田土壤甲基化率和甲基化速率常数（K_m）的动力学拟合

2）土壤物理化学性质的差异

本研究所选的三个采样区均位于中国南方喀斯特区域，并且土壤类型和土壤质地均比较接近（表 7-4-3）。此外，三个位点土壤 pH 几乎一致，不存在差异。通过 X 射线衍射分析可以看出，三种稻田土壤的矿物学组成也是相似的。因此，土壤理化性质的差异可能并不是造成三个研究点无机汞甲基化过程存在巨大差异的原因。

3）微生物群落结构的差异

众所周知，汞的甲基化与去甲基化过程是微生物主导的生物地球化学过程（胡海燕等，2011）。然而，汞对于微生物而言，是一种毒性物质。在许多研究中，学者甚至利用无机汞作为消毒剂，以实现灭菌的效果。因此，不同浓度的汞可以影响稻田土壤中微生物的群落结构和功能。通过主坐标分析（PCoA）发现，本研究中所选三个采样点的微生物群落结构完全不同（图 7-4-14）。进一步通过微生物群落的 α-多样性分析可以看出，废弃汞矿区稻田土壤中微生物可能受到高汞污染的胁迫，因而群落结构的多样性水平较低。通过荧光定量 PCR 分析发现，废弃汞矿区土壤中汞甲基化功能基因的相对丰度也较土法炼汞区和背景区低（图 7-4-15）。上述结果表明，不同位点间微生物群落结构及其活性的差异很可能是造成其甲基化速率存在巨大差异的主要原因，且值得进一步关注。

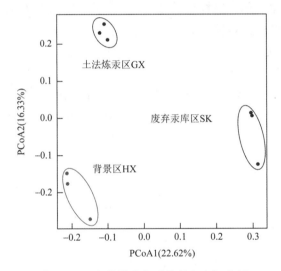

图 7-4-14　土壤微生物群落的主坐标分析

HX、GX 和 SK 分别为花溪、垢溪和四坑采样点

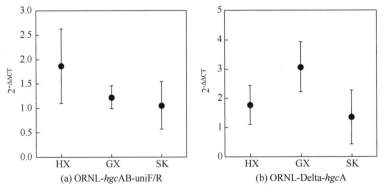

(a) ORNL-*hgc*AB-uniF/R　　　　(b) ORNL-Delta-*hgc*A

图 7-4-15　汞甲基化功能基因的相对表达量

HX、GX 和 SK 分别为花溪、垢溪和四坑采样点

4）去甲基化过程的差异

环境中甲基汞的净生成量受无机汞的甲基化过程与甲基汞的去甲基化过程共同作用影响（刘金玲和丁振华，2007；Zhou et al.，2020）。本研究中，废弃汞矿区稻田土壤中 Me^{198}Hg 示踪剂的去甲基化率以及去甲基化速率常数在三个采样点之间均为最高的（图 7-4-9）；由于其对应的无机汞示踪剂的甲基化率以及甲基化速率常数最低，因此 SK 即使总汞含量最高，其甲基汞含量也低于土法炼汞区稻田土壤。这说明，高汞浓度土壤中可能存在某种促进甲基汞去甲基化的机制，值得进一步研究。

5. 本研究对汞污染稻田土壤修复的启示

本研究采用稳定汞同位素示踪技术，发现 NOM-Hg（Ⅱ）和 Nano-HgS 在甲基化过程中具有与 Hg(NO$_3$)$_2$ 相似甚至更高的甲基化率与甲基化速率常数，说明 NOM-Hg（Ⅱ）和 Nano-HgS 也是稻田土壤中能够参与甲基化反应的汞形态。≡FeS-Hg（Ⅱ）几乎不能被甲基化，并且稻田土壤中新生成的 FeS 可能会显著降低 Hg(NO$_3$)$_2$ 的生物有效性。在不同汞浓度梯度的稻田土壤中，汞甲基化率随汞浓度的升高而下降，并且稻田土壤汞浓度梯度引起的甲基化速率的差异（10^3～10^4 倍）远远大于同一位点间不同汞形态之间的差异（1～5 倍）。此外，我们还发现，除了稻田土壤中汞的来源、土壤理化性质等因素外，不同位点间微生物群落结构及其活性的差异很可能是造成其甲基化速率存在巨大差异的主要原因，且值得进一步关注。

目前，已经有学者为汞污染的稻田土壤提出了不同的修复手段（Wang et al.，2012；Eckley et al.，2020），然而这些手段主要针对传统认为的生物有效态汞，如溶解态与可交换态汞（Qian et al.，2003；Piao and Bishop，2006）。本研究发现，NOM-Hg（Ⅱ）和 Nano-HgS 在甲基化过程中具有与 Hg(NO$_3$)$_2$ 相似甚至更高的甲基化率和甲基化速率常数。这一发现说明，之前对于能够参与汞甲基化反应的汞形态认识不足，而在稻田土壤中，NOM-Hg（Ⅱ）和 Nano-HgS 的甲基化过程被低估了。有学者也指出，仅仅利用溶解态汞来评估甲基汞的净生成量是不充分的（Jonsson et al.，2012；Zhang T et al.，2012，2014；Mazrui et al.，2016）。特别是，前期有研究发现贵州万山汞矿区土壤与植被中广泛存在着纳米颗粒态的 HgS（Manceau et al.，2018），而这部分汞可以参与无机汞的甲基化过程，其环境风险却没有被关注过。综上所述，在汞污染稻田土壤修复过程中，仅仅考虑溶解态汞这一汞形态是远远不够的，鉴于有机质结合态汞与纳米颗粒态硫化汞这类广泛存在于稻田土壤中的汞形态仍然具有较高的生物有效性，应引起人们的高度关注。因此，在制定汞污染稻田土壤修复策略时，全面考察汞的形态及其生物有效性是非常有必要的。

7.4.3　大气沉降"新"汞在稻田土壤中的环境行为

1. 研究方案

1）研究区与实验设计

研究期间，实验点位大气气态单质汞（Hg^0）的浓度为 1.0～9.0ng/m^3，均值为

（4.8±2.0） ng/m³。该气态单质汞浓度仅略高于长白山全球本底站点[（1.60±0.51）ng/m³，Fu et al.，2012]，而低于城市区域（如贵阳城区，Fu et al.，2015）和汞污染区（如万山汞矿区，见7.3节）。因此，本研究区的大气汞沉降量较低，水稻种植期间通过大气沉降进入稻田土壤的汞可以忽略不计。

本实验使用预净化后的PVC箱（长×宽×高：54cm×42cm×33cm），在露天的条件下进行水稻培养实验。培养实验用土采集自背景区低汞的农田土壤［总汞：（78.4±4.6）μg/kg］。在培养箱中装入过2mm筛网后的土壤约40kg，箱内土壤深度约20cm。加入一定量的灌溉水（自来水），以保持培养用土与田间土壤的持水量接近，灌溉水总汞浓度为（1.37±0.45）ng/L。供试土壤的理化性质如表7-4-4所示。

表7-4-4　供试土壤理化性质

理化性质	含量
总汞（THg）	（75.29±5.91）μg/kg
酸碱度（pH）	7.93
总有机碳（TOC）	1.03%±0.04%
总氮（TN）	0.14%±0.01%
碳氮比（C/N）	7.03±0.14
总硫（TS）	（1.00±0.26）mg/kg
总铁（TFe）	（32.10±2.16）g/kg
总锰（TMn）	（0.40±0.01）g/kg

本研究通过向稻田土壤添加单一富集稳定汞同位素（$^{200}Hg^{2+}$），模拟大气沉降进入稻田土壤的"新"汞（Hintelmann et al.，2002；Branfireun et al.，2005；Oswald et al.，2014；Blanchfield et al.，2022）。由于大气沉降中的汞以二价汞（Hg^{2+}）为主（Ariya et al.，2015；Fu et al.，2015），因此，添加入稻田土壤的^{200}Hg为离子态的$^{200}Hg^{2+}$。将^{200}Hg（纯度98.2%±0.15%）溶解于浓硝酸中（纯度≥99.9%），制备得到$^{200}Hg(NO_3)_2$储备液。使用去离子水（Milli-Q，Millipore，美国）稀释$^{200}Hg(NO_3)_2$储备液得到浓度为12mg/L的工作液，并使用NaOH将该工作液的pH调至中性。使用一次性注射器将制备得到的$^{200}Hg(NO_3)_2$工作液少量多次加入PVC培养箱中，并迅速混匀，老化24h。经测定，培养用土中加入的$^{200}Hg^{2+}$示踪剂含量为（115±0.36）μg/kg。

选用水稻品种为当地普遍种植的杂交稻，水稻秧苗在温室中育苗30d。移栽时，选择长势接近的水稻秧苗以10cm×10cm的间距，移栽入PVC培养箱中。水稻种植期间的灌溉水为自来水，并在水稻生长期间始终保持3~5 cm深的淹水状态。为减少外源化学物质添加所带来的扰动，在水稻培养期间未使用任何化肥或者农药。从水稻移栽至收获，共培养110d。

2）样品采集与预处理

在水稻移栽后的第0d、30d、60d、90d和110d进行样品的采集。每次分别随机采集3~5个根际土壤样品（10~20 cm），填满全新的聚丙烯采样管（不留空气）。使用Parafilm®封口膜密封采样管，密封后的土样保存于冷藏箱中，并在24h之内运回至实验室。在实验室内，使用冷冻干燥机（FD-3-85D-MP，FTS，美国）将土壤样品冷冻干燥后研磨，待测。另外，在采集土壤的同时，使用便携式汞蒸气分析仪（RA-915$^+$，Lumex，俄罗斯）测定大气气态单质汞浓度。

3）分析方法

汞形态的连续提取：汞形态的连续提取法采用经过修订后的 Tessier 五步提取法（Tessier et al.，1979），分别使用硝酸镁［$Mg(NO_3)_2$］提取溶解态与可交换态汞；使用乙酸钠（NaOAc）提取碳酸盐结合态汞；使用溶于乙酸的盐酸羟胺（$NH_2OH \cdot HCl$）提取铁/锰氧化物结合态汞；使用双氧水（H_2O_2）提取有机质结合态汞；使用王水消解提取残渣态汞。

土壤有机质的形态分级：土壤有机质组分可分为溶解性有机质（DOM）、腐殖酸（HA）、富里酸（FA）、黏土矿物结合态的腐殖酸（C-HA）以及黏土矿物结合态的富里酸（C-FA）（Carter and Gregorich，2007）。其中，DOM 采用去离子水（Milli-Q$^®$，Millipore，美国）以土水比 1：10 提取（Jiang et al.，2017）。土壤腐殖质（humus），包括 HA、FA、C-HA 和 C-FA 采用 NaOH 提取。首先，使用 0.5mol/L 盐酸去除土壤中无机碳组分（主要是碳酸盐碳），随后使用 0.5mol/L NaOH 提取土壤腐殖质；在提取液中加入 6mol/L HCl 酸化，此时 HA 沉淀，而 FA 仍然存在于上清液中。通过离心分离上清液 FA 后，使用 0.1mol/L NaOH 再次溶解棕色沉淀，得到 HA。C-HA 和 C-FA 的提取为在土壤残渣中加入去离子水并超声振荡 10min，随后低温（4℃）静置 48h。分离 C-HA 和 C-FA 的方法同 HA 和 FA 一致。

铁形态的连续提取：铁形态的连续提取采用 Poulton 和 Canfield（2005）的方法，将铁（氢）氧化物分为溶解态与可交换态 Fe（Fe_{exch}）、碳酸盐结合态 Fe（Fe_{carb}）、易还原态 Fe（Fe_{ox1}）、可还原态 Fe（Fe_{ox2}）、磁铁矿 Fe（Fe_{mag}）以及黄铁矿 Fe（Fe_{py}）。其中，典型的易还原态 Fe 包括水铁矿（ferrihydrite）和纤铁矿（lepidocrocite）；而典型的可还原态 Fe 包括针铁矿（goethite）和赤铁矿（hematite）。定义上述不同形态 Fe 之和为活性 Fe［$Fe_{HR} = \sum (Fe_{exch} + Fe_{carb} + Fe_{ox1} + Fe_{ox2} + Fe_{mag} + Fe_{py})$］。Claff 等（2010）和 Slotznick 等（2020）采用纯矿物体系，借助非破坏性岩石磁性实验和 X 射线衍射技术验证了该形态分级方法的可靠性。

测定方法：使用电感耦合等离子体质谱法（ICP-MS）（Agilent 7700x，美国）测定土壤样品中的总汞同位素（$T^{200}Hg$）含量；使用气相色谱-电感耦合等离子体质谱（GC-ICP-MS，Agilent 7700x，美国）测定土壤样品中的甲基汞同位素（$Me^{200}Hg$）含量。使用冷原子荧光光谱法（CVAFS）（Brooks Rand Model Ⅲ，美国）测定水体样品中的总汞浓度。土壤中的 TOC 和 TN 采用元素分析仪（Vario MACRO cube，Elementar，德国）测定；土壤有机质不同组分（DOM、HA、FA、C-HA 和 C-FA）中含碳量采用有机碳分析仪（InnovOx$^®$，GE，美国）测定；土壤 DOM 的吸收光谱和荧光光谱特征采用荧光光谱仪（Aqualog$^®$，Horiba，日本）进行测定。其中，紫外-可见吸收光谱扫描波长范围为 230～800nm，扫描间隔为 1nm。荧光光谱所用的激发波长范围为 230～450nm，发射波长范围为 250～600nm，扫描信号积分时间为 3s，光源为 150W 无臭氧氙弧灯，系统自动校正瑞丽散射和拉曼散射。采用 Wilson 和 Xenopoulos（2009）以及 Murphy 等（2010）介绍的方法进行内滤效应校正。不同形态 Fe 含量采用盐酸羟胺还原，用菲啰嗪显色的方法测定（Viollier et al.，2000）。其中，由于黄铁矿 Fe 提取过程使用了强氧化剂，因此黄铁矿 Fe 与总铁（TFe）和总锰（TMn）均采用火焰原子吸收法（PinAAcle 900T，PerkinElmer，美国）测定。总硫（TS）使用可见光分光光度计在 420nm 波长通过比浊法测定（Sörbo，1987）。

4）计算方法

环境中原本存在的汞称为背景汞（ambient Hg），其能够通过实际测定得到的 $T^{202}Hg$ 和 $Me^{202}Hg$ 以及 ^{202}Hg 的天然丰度计算得到，在本研究中代表"老"汞；本研究人为添加的 ^{200}Hg 为汞同位素示踪剂，其能够通过测定得到的 ^{200}Hg 含量扣除环境中原本存在的 ^{200}Hg 得到，在本研究中代表"新"汞（Mao et al.，2013；Meng et al.，2018）（计算方法见 7.1 节）。根据土壤 DOM 的吸收-荧光光谱，计算得到 $SUVA_{254}$、a（355）、$S_{275\sim295}$、荧光峰 A、C、B 和 T、腐殖化指数（HIX）、自生源指数（BIX）。其中，$SUVA_{254}$ 为 254nm 波长下的吸光系数与 DOM 含量的比值，反映土壤 DOM 的芳香性强弱；a（355）为 355nm 波长下的吸光系数，反映土壤 DOM 中有色 DOM（CDOM）的相对浓度；$S_{275\sim295}$ 为吸收光谱在 275～295nm 处的斜率，反映土壤 DOM 分子量的大小；荧光峰 A 为类腐殖质峰；荧光峰 C 为类富里酸峰；荧光峰 B 和 T 为类蛋白峰；HIX 反映土壤 DOM 的腐殖化程度；BIX 反映土壤 DOM 中来自内源有机质的初级生产力（Hansen et al.，2016；Jiang et al.，2017）。测定连续提取不同形态 ^{200}Hg 之和与 $T^{200}Hg$ 质量平衡的回收率为 86%～108%，表明本研究所用连续提取法能够有效地对汞的不同地球化学形态进行分级。

2. 稻田土壤有机质组分与铁形态的分布

自然环境中，不同组分有机质在汞的生物地球化学循环中扮演着重要的角色（Xu et al.，2021），并且有机质结合态汞是土壤中重要的汞地球化学形态之一。因此，本节对不同组分土壤有机质的含量以及土壤溶解性有机质的结构和组成特征进行了分析与讨论。如图 7-4-16 所示，在水稻生长期内，稻田土壤总有机质（SOM）含量不断下降（$P<0.05$），而溶解性有机质（DOM）则不断上升（$P<0.05$）。在水稻生长的第 60～110d，稻田土壤腐殖质含量（包括腐殖酸 HA 和富里酸 FA）显著增加，然而与黏土矿物结合的腐殖类物质含量（如 C-HA 和 C-FA）表现出降低的趋势。为进一步了解水稻生长过程中土壤有机质组分的变化情况，本研究采用了吸收光谱和荧光光谱对土壤中 DOM 组分进行表征，反映 DOM 的结构与组成的变化。通过吸收光谱，CDOM 的相对含量在水稻生长过程中显著增加（$P<0.05$）；而 $SUVA_{254}$（第 0～90d，$P<0.05$）和 $S_{275\sim295}$（第

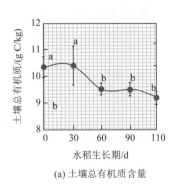

(a) 土壤总有机质含量

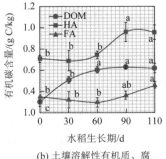

(b) 土壤溶解性有机质、腐殖质和富里酸含量

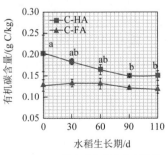

(c) 黏土矿物结合态腐殖酸与富里酸含量

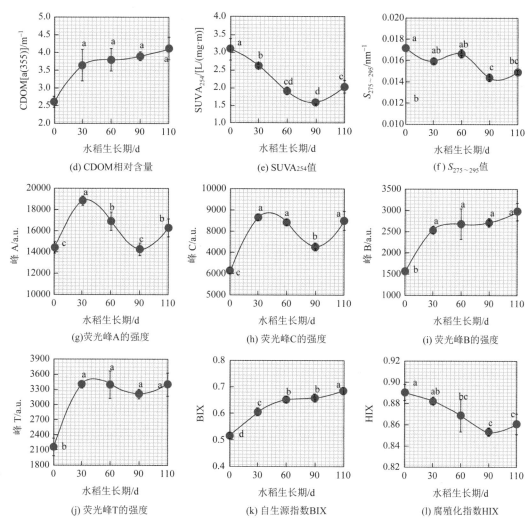

图 7-4-16　水稻生长期不同组分土壤有机质含量与土壤溶解性有机质光谱特征

不同小写字母表明在水稻生长周期内存在显著差异（$P<0.05$）

$60\sim90d$，$P<0.05$）均在一定程度上呈现出降低的趋势。随着水稻的生长，稻田土壤 DOM 中类蛋白物质的含量（荧光峰 B 和荧光峰 T）以及自生源指数（BIX）不断增加（$P<0.05$）；与之对应的是稻田土壤 DOM 中腐殖质的不断消耗，表现为腐殖化程度的降低（HIX，$P<0.05$）。

　　除有机质以外，土壤中的铁/锰氧化物同样控制着汞在环境中的归趋。在自然环境中，铁氧化物和锰氧化物通常相互依存，如铁锰结核，且二者的环境行为相似（Tessier et al.，1979；Liu C S et al.，2021）。在本研究中，稻田土壤 TFe 含量 [（31.2 ± 0.8）g/kg] 远高于 TMn 的含量 [（0.42 ± 0.01）g/kg]（图 7-4-17）。因此，本研究以 Fe 为例，研究不同形态 Fe 氧化物的分布与变化趋势，以反映铁/锰氧化物对汞地球化学形态分布的影响。

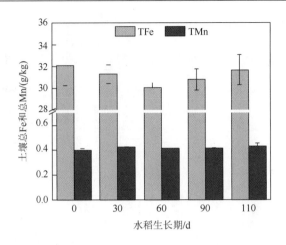

图 7-4-17　水稻生长期土壤总铁与总锰的含量

如表 7-4-5 所示，在水稻生长过程中，土壤活性 Fe（Fe_{HR}）含量以及 Fe_{HR} 占 TFe 的比例均保持相对稳定。在不同 Fe_{HR} 形态中，Fe_{ox2} 含量最高，其次分别为 Fe_{mag}、Fe_{ox1}、Fe_{py}、Fe_{carb}，而 Fe_{exch} 含量最低（$P<0.05$）。尽管 Fe_{HR} 的总量相对稳定，但不同 Fe_{HR} 形态之间则表现出此消彼长的动态变化。例如在水稻生长过程中，土壤 Fe_{carb}、Fe_{ox1} 和 Fe_{py} 显著增加，而 Fe_{ox2} 和 Fe_{mag} 则显著降低（表 7-4-5），表现出 Fe_{ox2} 和 Fe_{mag} 向 Fe_{carb}、Fe_{ox1} 和 Fe_{py} 的转化。这说明，稻田土壤淹水期间，结晶型较好的铁氧化物向弱结晶型或者无定形态铁氧化物以及硫铁化物的转化过程。对土壤样品进行 X 射线衍射分析，未检出铁氧化物晶体结构，进一步说明结晶型铁氧化物在淹水的稻田土壤中向弱结晶型，甚至无定型铁氧化物的转化（Ratié et al.，2019；Bishop et al.，2020）。

表 7-4-5　水稻生长期稻田土壤中不同形态铁的含量

水稻生长期/d	Fe_{HR}/(g/kg)	Fe_{exch}/(mg/kg)	Fe_{carb}/(g/kg)	Fe_{ox1}/(g/kg)	Fe_{ox2}/(g/kg)	Fe_{mag}/(g/kg)	Fe_{py}/(g/kg)
0	11.2±0.2ab	1.29±0.5	0.005±0.0004c	0.37±0.03d	8.43±0.3a	1.77±0.1ab	0.59±0.03b
30	10.8±0.2b	1.20±0.2	0.067±0.01c	0.87±0.05c	7.34±0.4b	1.95±0.3a	0.60±0.04b
60	11.1±0.3ab	1.31±0.2	0.23±0.02b	1.19±0.06b	7.13±0.4bc	1.84±0.09ab	0.75±0.1ab
90	11.2±0.05a	1.37±0.2	0.45±0.04a	1.42±0.01a	7.01±0.03bc	1.65±0.02b	0.70±0.09ab
110	11.0±0.2ab	1.28±0.5	0.49±0.10a	1.45±0.05a	6.56±0.4c	1.66±0.1b	0.87±0.2a

注：活性 Fe（Fe_{HR}）；溶解态与可交换态 Fe（Fe_{exch}）；碳酸盐结合态 Fe（Fe_{carb}）；易还原态 Fe（Fe_{ox1}）；可还原态 Fe（Fe_{ox2}）；磁铁矿 Fe（Fe_{mag}）；黄铁矿 Fe（Fe_{py}）。其中，Fe_{exch}、Fe_{carb}、Fe_{ox1}、Fe_{ox2}、Fe_{mag} 和 Fe_{py} 之和为活性 Fe（Fe_{HR}）。不同小写字母表明在水稻生长周期内存在显著差异（$P<0.05$）。

3. 稻田土壤中"新"汞与"老"汞的含量与赋存形态

稻田土壤中"新"汞（$T^{200}Hg$）与"老"汞（背景 Hg）的总量在水稻生长期间无明

显波动，其中，T^{200}Hg 的含量为（104.04±2.91）～（120.65±8.56）ng/g；背景 THg 含量为（73.07±4.29）～（95.04±17.12）ng/g（图 7-4-18）。值得注意的是，本节中用于模拟"新"汞的同位素示踪剂浓度与背景汞含量接近，表明添加的汞同位素示踪剂能够有效反映真实稻田土壤中汞环境行为（Hintelmann et al.，2002；Branfireun et al.，2005；Oswald et al.，2014）。"新"汞甲基化产生的甲基汞（Me^{200}Hg）含量范围分别为（0.019±0.002）～（0.49±0.10）ng/g；"老"汞产生的甲基汞（背景 MeHg）或土壤中原本存在的甲基汞含量为（0.30±0.07）～（0.48±0.05）ng/g（图 7-4-18）。

自"新"汞进入稻田土壤后（即添加 ^{200}Hg 后），绝大部分"新"汞与土壤有机质结合在一起，形成有机质结合态 ^{200}Hg，其占 T^{200}Hg 的比例达 84.6%～89.4%；其次为残渣态 ^{200}Hg（7.6%～8.1%）、铁/锰氧化物结合态 ^{200}Hg（2.8%～7.2%）。溶解态与可交换态 ^{200}Hg 和碳酸盐结合态 ^{200}Hg 所占的比例较小，仅为 0.05%～0.17% 和 0.04%～0.07%（图 7-4-19）。"老"汞在不同地球化学形态中的分布与"新"汞类似，但残渣态汞占比为 23.9%～37.9%，显著高于"新"汞中残渣态 ^{200}Hg 的比例（$P < 0.01$）。此外，背景汞中铁/锰氧化物结合态汞（2.4%～6.2%）和有机质结合态汞（57.4%～73.5%）的占比也均低于"新"汞（$P < 0.01$）。

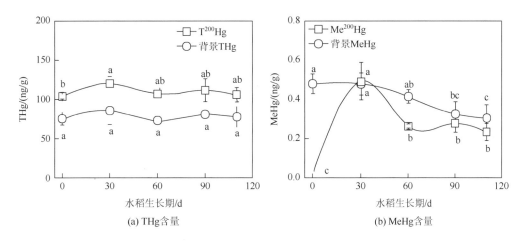

(a) THg含量　　　　　　　　　(b) MeHg含量

图 7-4-18　水稻生长期间土壤总汞（THg）和甲基汞（MeHg）含量

不同小写字母表明在水稻生长周期内存在显著差异（$P < 0.05$）

在水稻生长期间，溶解态与可交换态 ^{200}Hg、碳酸盐结合态 ^{200}Hg、有机质结合态 ^{200}Hg 以及残渣态 ^{200}Hg 的含量呈现出降低的趋势（$P < 0.05$）；而铁/锰氧化物结合态 ^{200}Hg 在第 30～60d 时表现出显著的增加，从（3.30±0.24）ng/g 增至（6.01±1.13）ng/g（$P < 0.05$，图 7-4-19）。

4. 稻田土壤中"新"汞在不同化学形态间的分配

土壤有机质不仅是"老"汞，也是"新"汞最大的"汇"，且有机结合态汞为稻田土壤中新沉降汞最主要的赋存形态。这一结果与贵州万山土法炼汞区稻田土壤类似，其

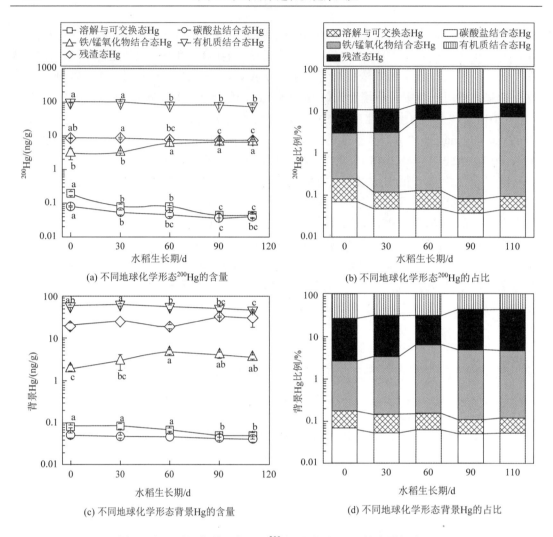

图 7-4-19　不同化学形态汞（^{200}Hg 和背景 Hg）的含量与占比

不同小写字母表明在水稻生长周期内存在显著差异（$P<0.05$）；无字母表示无显著性差异

有机质结合态汞占总汞含量的 62%±7%。可见，有机质结合态汞为稻田土壤中非常重要的汞形态，其可能的原因为：①土壤有机质自身与 Hg^{2+} 的结合能力较强；②土壤有机质通常与土壤颗粒物或土壤矿物形成有机无机复合体（Lalonde et al.，2012；Riedel et al.，2013），而较土壤矿物或颗粒物自身而言，这类有机无机复合体能够显著地增强对重金属的吸附与固定能力（Zhang et al.，2019），尤其是当复合体中含有有机硫基团（如硫基）时（Skyllberg et al.，2006；Skyllberg，2008）。另外，由于还原性硫的存在，新沉降汞在进入稻田土壤后，通常会率先形成纳米颗粒态 HgS 或胶体态 HgS（Manceau et al.，2018），而土壤有机质对于这类亚稳态汞（纳米颗粒态 HgS 或胶体态 HgS）的稳定化起重要作用。有研究发现，在 DOM 存在的还原环境中，汞能够以 Hg-S-DOM 的三元复合体系的形式存在，且该复合体系显著地减缓了多核簇 HgS 结构的生长（Gerbig et al.，2011；Graham et al.，2012）。

　　以往研究认为，汞矿区残渣态汞主要为 HgS（Yin et al.，2016），因此稻田土壤淹水时硫酸盐还原产生的硫化物（HS⁻）能够与新沉降的 Hg 形成稳定的 HgS 沉淀，从而不断增加残渣态汞的含量。然而，本研究中残渣态 ^{200}Hg 仅占 T^{200}Hg 的 7.6%～8.1%，这进一步表明新沉降汞形成残渣态 HgS 的速率低于其与土壤有机质结合的速率，而有机质的存在正是 HgS 沉淀形成过程中的重要限速步骤（Gerbig et al.，2011；Graham et al.，2012；Hsu-Kim et al.，2013）。此外，由于本研究中 TS 的含量显著低于 SOM，且稻田土壤处于氧化还原环境更替的条件下，使得仅有少量的"新"汞转化成为残渣态 ^{200}Hg。当"新"沉降的汞进入稳定的土壤矿物晶格后（如硅酸盐晶格），这部分汞也会转变为残渣态汞（Tessier et al.，1979）。本研究中由于较高的有机质结合态 ^{200}Hg 含量和较低的残渣态 ^{200}Hg 含量，说明新沉降汞进入或者被置换进入矿物晶格的速率仍然低于其与有机质分子结合的速率。

除有机质结合态汞和残渣态汞以外，铁/锰氧化物结合态汞是本研究中排列第三的"新"汞赋存形态。之前已有大量研究表明，土壤中的铁/锰氧化物对汞具有较强的吸附能力（Bonnissel-Gissinger et al.，1999；Feyte et al.，2010）。然而，由氧化还原条件变化所导致的铁/锰氧化物自身形态的改变，铁/锰氧化物结合的"新"汞量表现出不断波动的趋势。由于新沉降汞的形态通常以 Hg^{2+}为主，且用于模拟新沉降汞的示踪剂是溶解态的 Hg^{2+}，因此，溶解态与可交换态汞应该为试验初期稻田土壤中"新"汞的主要赋存形态。然而，溶解态与可交换态 ^{200}Hg 仅占 T^{200}Hg 的 0.05%～0.17%，表明稻田土壤中存在大量的汞强结合位点（如表面络合位点），新沉降汞在进入稻田土壤后会迅速与这类位点结合并被固定，并且在当前实验条件下，这类强结合位点尚未达到饱和。

在水稻生长过程中，不同形态 ^{200}Hg 含量的动态变化体现了"新"汞在不同地球化学形态之间的再分配过程。本研究中，"新"汞在不同地球化学形态之间的再分配过程表现为从溶解态与可交换态 ^{200}Hg、碳酸盐结合态 ^{200}Hg、有机质结合态 ^{200}Hg 和残渣态 ^{200}Hg 向铁/锰氧化物结合态 ^{200}Hg 的转化（图 7-4-19）。其中，溶解态与可交换态 ^{200}Hg 和碳酸盐结合态 ^{200}Hg 的再分配过程主要发生于水稻种植初期，表明土壤对于这类活性较高的"新"汞形态具有快速的固定作用。这是由于固相或者胶体体系存在时溶解态 ^{200}Hg 不稳定（Skyllberg et al.，2021），其可以在化学平衡热力学的作用下迅速达到平衡。

铁/锰氧化物结合态 ^{200}Hg、有机质结合态 ^{200}Hg 和残渣态 ^{200}Hg 的再分配则主要发生于水稻移栽 30d 以后，表明即使溶解态 ^{200}Hg 能够迅速分配至固相体系中，但不同固相体系之间的再分布过程往往需要一定的时间。这一过程与热力学平衡不同，是受到氧化还原环境改变的驱动而进行的再平衡过程。在生物地球化学过程复杂多变的稻田土壤中（Kögel-Knabner et al.，2010），氧化还原环境改变驱动的化学再平衡过程是"新"汞在不同地球化学形态之间再分布的主导因素。例如，土壤总有机质的降解（SOM 的降低）和 DOM 的增加（图 7-4-16）均与有机质结合态 ^{200}Hg 含量的降低存在耦合关系，表明在水稻生长过程中，有机质自身组分的改变会重新释放一部分与有机质结合的"新"汞。另外，通过相关性分析发现，有机质结合态 ^{200}Hg 与 DOM 含量（Spearman's $r = -0.68$，$P <$ 0.01）以及土壤 DOM 中内生源相关的信号（峰 B，Spearman's $R = -0.71$，$P<0.01$；BIX，Spearman's $R = -0.82$，$P<0.01$）显著负相关。上述共变化关系进一步说明，在水稻生长过程中，土壤有机质的微生物降解作用不可忽视（Liu J et al.，2021），且该过程会释放一部分原本与有机质结合的"新"汞。此外，水稻根际能够分泌大量的分泌物，这类根际

分泌物通常为分子量较低的有机酸或者糖类物质。相比木质素以及一些大分子量或者芳香类化合物，这类小分子有机质更易于被微生物利用，因此可能对土壤原有的有机质矿化产生"激发效应"，并促进原本较为惰性的有机质被分解，从而释放与有机质结合的汞。有学者发现冻土退化引起的土壤有机质降解使得冻土区域重新成为汞的"源"并产生潜在的汞流失/释放风险（Mu et al.，2020）。

在本研究中，由于易还原态 Fe 与铁/锰氧化物结合态 ^{200}Hg 的提取剂一致，均为盐酸羟胺。因此，易还原态 Fe 含量的增加（表 7-4-5）以及铁/锰氧化物结合态 ^{200}Hg 含量的增加（图 7-4-19），表明更多的"新"汞重新分布至弱结晶态或者无定形态铁氧化物中，使得铁/锰氧化物在"新"Hg 的再分布过程中表现为"汇"的作用。尤其是在水稻生长期间，稻田土壤中 Fe 形态的转化规律为从结晶态 Fe 向弱结晶态或无定形态 Fe 的转化（Kappler et al.，2021；Huang et al.，2021）。有研究发现，弱结晶态或者无定形态 Fe 氧化物较结晶态 Fe 氧化物具有更大的比表面积，能够共沉淀或者吸附更多的"新"汞（Tiffreau et al.，1995；Bao et al.，2022）。同时，弱结晶态或者无定形态 Fe 氧化物也是土壤中 DOM 的"汇"。反之，这类 Fe 氧化物通过与 DOM 形成 Fe-OM 复合体系又能够增强其自身的稳定性（Aiken et al.，2011；Lv et al.，2016）。目前，针对 Fe-OM 复合体系已经有学者开展了大量的研究（Wang et al.，2017；Chen et al.，2020；Zeng et al.，2020），然而其对汞的环境行为的影响认识还比较有限，特别是氧化还原交替环境中 Fe-OM 复合体系对汞的迁移转换以及生物有效性的影响还不明确，值得进一步研究（朱爱玲等，2019）。

残渣态 ^{200}Hg 在"新"汞的再分布过程中含量下降，表现出向其他形态的转化过程。Li 等（2022）报道，α-HgS 的溶解增加了汞甲基化过程中生物有效性。此外，Liu 等（2018）与 Wang 等（2021）在间歇性淹水土壤与泥炭土中发现，硫化物与单质硫形成的多硫化物能够与 HgS 中的汞形成 Hg-多硫化物络合物，从而增加 HgS 的溶解度。因此，残渣态汞中新生成 HgS 的再溶解可能是稻田土壤中残渣态 ^{200}Hg 下降的原因。

5. 环境因子对"新"汞化学形态分布的影响

为进一步揭示影响"新"汞地球化学形态分布的地球化学因子，本节采用相关性分析结合线性回归分析，反映"新"汞在不同地球化学形态中的赋存与地球化学因子的共变化关系（图 7-4-20）；采用偏最小二乘路径模型（PLS-PM），分析地球化学因子与不同地球化学形态"新"汞的因果关系（图 7-4-21）。

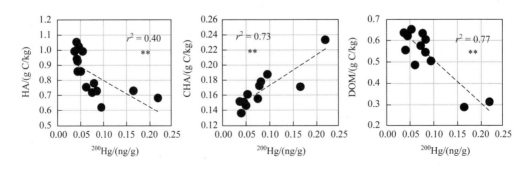

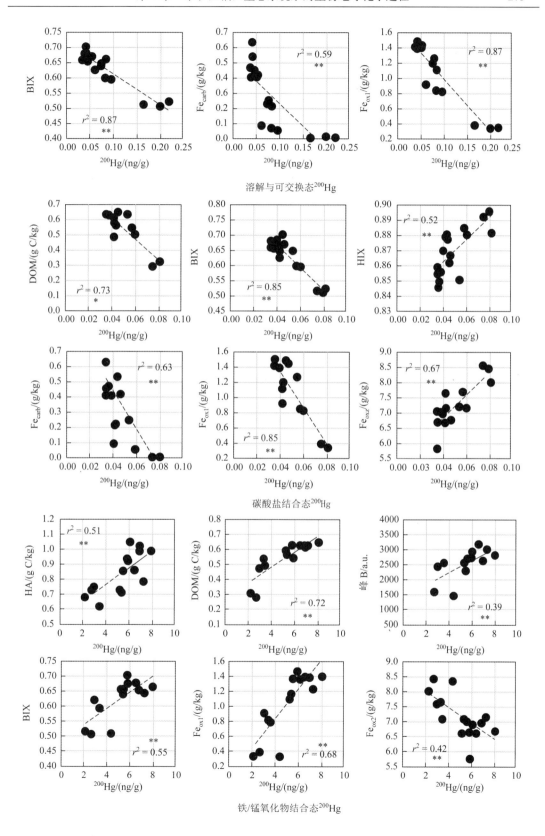

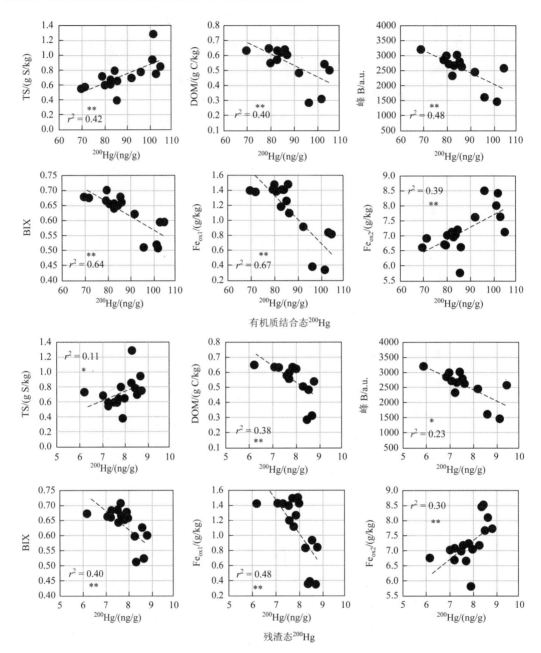

图 7-4-20 不同地球化学形态 ^{200}Hg 含量与地球化学因子的相关性

*与**分别表示显著（$P<0.05$）与极显著（$P<0.01$）相关，后同。r^2 为决定线性回归的决定系数

通过相关性分析发现，赋存在不同形态中的"新"汞含量与 DOM 含量、BIX、Fe_{ox1} 和 Fe_{ox2} 均存在显著的相关关系（图 7-4-20），表明土壤 DOM 的含量与结构特征以及铁氧化物对新沉降汞在稻田土壤中的地球化学形态分布存在显著影响。具体来说，铁/锰氧化物结合态 ^{200}Hg 与土壤 HA、DOM、类蛋白荧光峰（峰 B）以及自生源指数（BIX）显著正相关，表明铁氧化物与内源产生的有机质共同控制着新沉降汞在稻田土壤中的分布与

再分配过程。同时，有机质结合态 ^{200}Hg 与上述地球化学因子指标显著负相关，表明在水稻生长过程中，稻田土壤中存在弱结晶态或者无定形态铁氧化物 -DOM 复合体。进一步结合有机质结合态 ^{200}Hg 以及铁/锰氧化物结合态 ^{200}Hg 的变化（图 7-4-19），我们推断一部分与有机质结合的"新"汞被释放后，重新被弱结晶态或者无定形态铁氧化物-DOM 复合体捕获，形成 Hg-Fe-DOM 的三元复合体系。有研究发现，As（Aftabtalab et al., 2022）、Cd（Du et al., 2018）和 Cr（Liao et al., 2020；Xia et al., 2020）也能够与 Fe-DOM 形成类似的三元复合体系。对于溶解态与可交换态 ^{200}Hg 以及碳酸盐结合态 ^{200}Hg 而言，稻田土壤中的铁氧化物与有机质是这部分汞的"汇"，其能够有效降低这部分汞的活性。另外，溶解态与可交换态 ^{200}Hg 以及碳酸盐结合态 ^{200}Hg 均与土壤 DOM 的 BIX 显著负相关，表明内源 DOM 的增加显著降低了这部分活性汞库的量。

除探讨"新"汞形态与地球化学因子之间的共变化关系外，本节还利用偏最小二乘路径模型（PLS-PM），分析了地球化学因子与"新"汞形态的因果关系。PLS-PM 分析共设置四个潜变量，分别为：①土壤化学性质，包含指标为土壤 TS、TFe、TMn、TN、pH 和 C/N；②土壤总有机质，包含指标为 SOM、HA、FA、C-FA 和 C-HA；③土壤 DOM，包含指标为 DOM 浓度、SUVA$_{254}$、$S_{275\sim295}$、峰 A、峰 B、BIX 和 HIX；④铁形态，包含指标为 Fe$_{exch}$、Fe$_{carb}$、Fe$_{ox1}$、Fe$_{ox2}$ 和 Fe$_{mag}$。整个模型的解释度（GOF）在 0.57~0.60，表明本研究所用模型能够较好地反映变量之间的因果关系。如图 7-4-21 所示，潜变量 DOM（路径系数−0.42）和铁形态（路径系数−0.39）是影响溶解与可交换 ^{200}Hg 的主要因素，而潜变量 DOM（路径系数−0.50）是影响碳酸盐结合态 ^{200}Hg 的主要因素。对于铁/锰氧化物结合态 ^{200}Hg 而言，潜变量 DOM 是最为重要的影响因素，路径系数达 0.86，表明 Fe-DOM 相互作用促进了"新"汞在铁/锰氧化物上的分配。相反，潜变量铁形态是有机质结合态 ^{200}Hg 的重要影响因素（路径系数−0.43），表明土壤有机质与铁氧化物对新沉降汞的结合存在竞争关系。一般来说，自然环境中有机质上的羧基或者酚羟基能够与铁氧化物上的羟基进行结合（Kleber et al., 2015；Bao et al., 2022）。因此，"新"汞与 Fe-OM 体系的结合存在两种方式：①"新"汞将铁氧化物与有机质分子桥连在一起，形成 Fe-Hg-OM 复合物；②"新"汞与 Fe-OM 复合体结合，形成 Hg-OM-Fe 复合体系（Bao et al., 2022）。上述因果关系分析进一步表明，稻田土壤中新沉降的汞与铁氧化物和 DOM 形成的三元复合体系，在新沉降汞的地球化学形态分布与再分配过程中扮演了重要的角色。

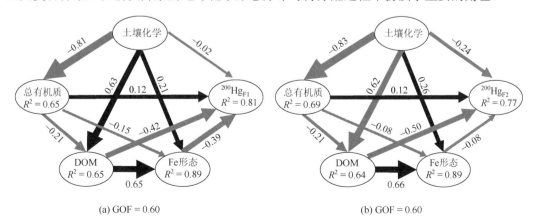

(a) GOF = 0.60　　　　　　　　　　　　　　(b) GOF = 0.60

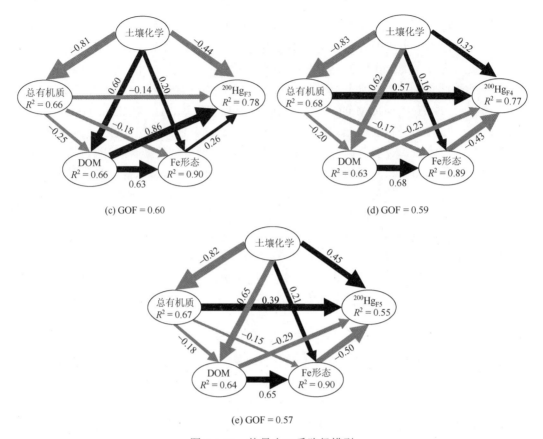

图 7-4-21　偏最小二乘路径模型

$^{200}Hg_{F1}$ 为溶解态与可交换态 ^{200}Hg；$^{200}Hg_{F2}$ 为碳酸盐结合态 ^{200}Hg；$^{200}Hg_{F3}$ 为铁/锰氧化物结合态 ^{200}Hg；$^{200}Hg_{F4}$ 为有机质结合态 ^{200}Hg；$^{200}Hg_{F5}$ 为残渣态 ^{200}Hg。箭头上的数字为标准化的路径系数；R^2 为对应潜变量的解释度；GOF 为模型解释度

本节采用单一富集稳定汞同位素示踪技术，明确了新沉降汞进入稻田土壤后的形态分布特征及再分配过程（图 7-4-22）。在稻田土壤中，"新"汞主要与土壤有机质结合在一起，以有机质结合态汞的形态存在，其次为残渣态汞、铁/锰氧化物结合态汞、溶解态与可交换态汞和碳酸盐结合态汞。在水稻生长过程中，以溶解态与可交换态汞、碳酸盐结合态汞、有机质结合态汞和残渣态汞形态存在的"新"汞向铁/锰氧化物结合态汞转化。微生物驱动的土壤有机质矿化作用以及氧化还原条件改变驱动的铁氧化物形态转化，共同控制着新沉降汞在稻田土壤中的形态分布。相关性分析与偏最小二乘路径模型分析结果显示，内源性有机质与弱结晶型或者无定形铁氧化物构成的复合体系控制着稻田土壤中新沉降汞的形态。除传统认为的溶解态与可交换态汞外，有机质结合态汞也可能参与甲基化反应，为潜在的生物有效态汞。

新沉降汞在稻田土壤中的地球化学形态分布与再分配过程决定了新沉降汞的生物有效性，并进一步影响了新沉降汞的环境风险。有学者通过对稻田土壤中"新"镉（Cd）的环境行为研究发现，新进入稻田土壤的镉能够迅速老化，表现为残渣态镉的含量显著增加（Dong et al.，2021a，2021b）。然而，本研究并未发现与之类似的老化过程，表明在一个水稻生长季新沉降汞在进入稻田土壤后，仍具有较高的生物活性，这正好解释了高大气汞沉

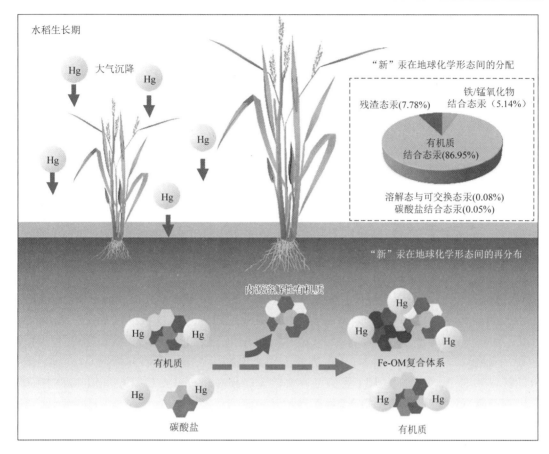

图 7-4-22　稻大气沉降"新"汞在不同地球化学形态之间的分配过程

降区稻田土壤中即使总汞含量较低，也具有较高的甲基汞含量（见 7.3 节）。另外，有机质结合态 ^{200}Hg 与 Me^{200}Hg 含量显著相关，这表明除传统认为的溶解态与可交换态汞能够参与甲基化反应外，有机质结合态汞也可能被甲基化。因此，在评估大气沉降汞的环境风险时，除溶解态汞以外，其他潜在的可参与甲基化反应的汞形态也应该考虑在内。

7.4.4　稻田土壤汞甲基化/去甲基化的微生物代谢过程

1．研究方案

1）研究区与样品采集

本实验选取三种不同汞污染程度的稻田土壤进行实验，其分别为位于贵州省铜仁市万山区的废弃汞矿区稻田（四坑，SK）、土法炼汞区稻田（垢溪，GX）和贵州省贵阳市花溪区背景区稻田（HX）。稻田土壤样品采集于水稻秧苗移栽后的第 50～60d，相当于水稻的抽穗期。分别采集稻田表层土壤样品（土壤-水界面以下 1～2cm）和水稻根际土壤样品（10～15cm，土壤附于水稻根系）。首先，在不干扰深层土壤的情况下，使用净化过的塑料铲采集表层土壤样品，每个研究点位采集 3 个平行。然后，将水稻植株拔出，使用无菌手套采集附着在水稻根系上的根际土壤样品。同时，采集稻田土壤上覆水。将用于培养实验的土壤和上覆水样品储存在 500mL 聚丙烯采样瓶中，并使用双层保鲜袋保存，避免交叉污染。采集得到样品储存于冷藏箱中，并在 24h 内运回实验室低温（＋4℃）避光保存。另外，使用 50mL 采样管采集一部分表层与根际土壤样品，用于总汞和甲基汞含量分析。

2）培养实验设计

实验中使用钼酸钠（Na$_2$MoO$_4$）和 2-溴乙烷磺酸钠（BES）分别抑制硫酸盐还原作用和产甲烷作用（Gunsalus et al.，1978；Compeau and Bartha，1985）。抑制剂浓度根据土壤/沉积物类型和已有研究报道的浓度来确定（Compeau and Bartha，1985；Oremland et al.，1991；Marvin-DiPasquale and Oremland，1998；Fleming et al.，2006；St Pierre et al.，2014；Kronberg et al.，2018）。同时，为了进一步验证抑制剂的最适浓度，本节选取 Na$_2$MoO$_4$ 的浓度范围为 1～50mmol/L，BES 浓度范围为 5～50mmol/L 进行预实验。实验发现，当 Na$_2$MoO$_4$ 的浓度为 1mmol/L，BES 的浓度为 5mmol/L 时，硫酸盐还原作用和产甲烷作用被有效抑制。因此，在培养实验中，Na$_2$MoO$_4$ 和 BES 的加入量分别为 1mmol/L 和 5mmol/L。由于硫酸盐还原作用和铁还原作用与稻田土壤中汞的甲基化过程高度相关（Kronberg et al.，2018），因此，分别添加 Na$_2$MoO$_4$ 和 FeOOH 促进硫酸盐还原和铁还原这两种代谢途径。灭菌处理为非生物对照，灭菌方法采用高温高压灭菌。有研究指出，高温高压灭菌能够有效地用于短时间（1d）无菌培养实验（Tuominen et al.，1994）。培养实验中特定微生物抑制剂/促进剂添加量如表 7-4-6 所示。

表 7-4-6　培养实验中特定微生物抑制剂/促进剂添加量

编号	抑制剂/促进剂	浓度	预期效果
A	Na$_2$MoO$_4$	1mmol/L	抑制硫酸盐还原菌
		5mmol/L	
		10mmol/L	
		20mmol/L	
		50mmol/L	
B	BES	5mmol/L	抑制产甲烷菌
		10mmol/L	
		20mmol/L	
		50mmol/L	
C	Na$_2$MoO$_4$ + BES	1mmol/L + 5mmol/L	同时抑制硫酸盐还原菌和产甲烷菌
D	Na$_2$SO$_4$	1mmol/L	促进硫酸盐还原菌
E	FeOOH	1mmol/L	促进铁还原菌
F	对照组	无添加	对照组
G	高温高压灭菌	121℃，30 min	灭菌组

注：在没有特殊说明的情况下，Na$_2$MoO$_4$ 和 BES 浓度分别为 1 mol/L 和 5 mol/L。

本实验使用,添加多种稳定汞同位素示踪甲基化与去甲基化过程,其中使用 ^{202}HgNO$_3$ 示踪甲基化过程；使用 Me^{198}Hg 示踪去甲基化过程(Hintelmann et al.,1995)。Me^{198}Hg 采用甲基钴氨法制备(Martín-Doimeadios et al.,2002)。^{202}HgNO$_3$ 溶液的制备方法为:将 ^{202}Hg^0 溶于硝酸后,使用脱氧去离子水稀释得到。汞同位素的添加浓度分别为土壤中的总汞和甲基汞含量的 10%和 100%。

在厌氧手套箱中(PLAS-LABS,美国),将 3 个表层/根际土壤样品和相应的上覆水样品混合入 2 L 烧杯中(含水量为 50%～60%);去除植物残体与石子后,将 15 mL 均匀混合的土壤样品分装入 100 mL 血清瓶中。每种土样共有 7 个处理(表 7-4-6),每个处理设置 3 个平行。添加完促进剂/抑制剂和汞同位素示踪剂后,使用胶塞和铝盖密封血清瓶,并在黑暗中培养 24h(Drott et al.,2008;Hu et al.,2020)。培养结束后将样品于–20℃储存,随后进行汞同位素含量分析。用冷原子荧光光谱法(CVAFS)(Brooks Rand Model Ⅲ,美国)测定土壤样品中的总汞含量;使用气相色谱-冷原子荧光光谱法(GC-CVAFS)测定土壤样品中的甲基汞含量;使用气相色谱-电感耦合等离子体质谱法(GC-ICP-MS,Agilent 7700x,美国)测定土壤样品中甲基汞同位素的含量(详细分析方法见第三章)。甲基化速率(K_m)和去甲基化速率(K_d)参照式(7-4-1)和式(7-4-2)进行计算。

2. 稻田土壤总汞和甲基汞含量

图 7-4-23 为表层土壤(1～2cm)和根际土壤(10～15cm)中总汞和甲基汞含量以及甲基汞占总汞的比例(MeHg/THg)。结果显示,本节所选的三组稻田土壤总汞浓度梯度与汞矿的开采活动紧密相关,表现为废弃汞矿区(四坑,SK)＞土法炼汞区(垢溪,GX)＞背景区(花溪,HX)。

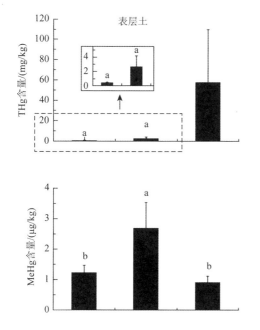
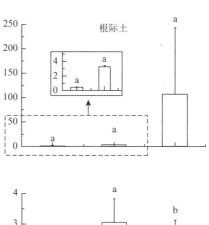
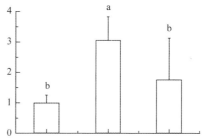

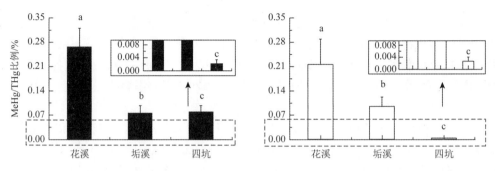

图 7-4-23　稻田表层土壤和根际土壤总汞（THg）和甲基汞（MeHg）含量以及甲基汞占总汞的比例
（MeHg/THg）

a、b 和 c 代表与对照组相比存在显著性差异（$P<0.05$）

如图 7-4-23 所示，稻田土壤总汞含量随汞污染梯度逐渐增加。背景区、土法炼汞区和废弃汞矿区稻田表层土壤总汞含量分别为（0.46±0.01）mg/kg、（2.7±1.5）mg/kg 和（57±52）mg/kg；对应位点的根际土总汞含量分别为（0.46±0.02）mg/kg、（3.2±0.18）mg/kg 和（110±140）mg/kg（图 7-4-23）。由于长期的汞冶炼活动，土法炼汞区和废弃汞矿区稻田土壤中的总汞含量较高。尽管土法炼汞区小规模汞冶炼活动持续时间较短，但其对稻田土壤汞含量的影响仍然存在。受矿渣堆的影响，废弃汞矿区稻田土壤汞污染最为严重。然而，稻田土壤中的甲基汞含量并没有随汞污染梯度呈线性增加。其中，背景区、土法炼汞区和废弃汞矿区稻田表层土壤中的甲基汞含量分别为（1.2±0.23）μg/kg、（2.7±0.84）μg/kg 和（0.9±0.22）μg/kg；对应根际土中的甲基汞含量分别为（0.98±0.29）μg/kg、（3.0±0.78）μg/kg 和（1.7±1.4）μg/kg（图 7-4-23）。可见，尽管土法炼汞区稻田中的总汞含量远低于废弃汞矿区稻田，但其甲基汞含量则显著高于废弃汞矿区（$P<0.05$）。这一现象表明，相对于废弃汞矿区，土法炼汞区稻田土壤中存在更加活跃的甲基化过程，或者废弃汞矿区稻田土壤中甲基汞的去甲基化程度高于土法炼汞区。同样，土法炼汞区较高的大气汞浓度及其汞沉降通量可能为该区域的稻田土壤持续提供生物可利用汞，从而促进了甲基汞的生成。此外，汞甲基化过程与微生物活性直接相关，如研究发现汞浓度与细菌丰度呈负相关关系（Liu et al.，2018a）。因此，废弃汞矿区稻田土壤中的高汞含量可能对微生物群落有一定毒性作用，从而限制了汞的甲基化过程。有研究显示，随着汞污染梯度的增加，甲基汞含量呈现下降的趋势，而造成该现象的原因可能是高汞含量促进了甲基汞的还原去甲基化作用（Schaefer et al.，2004）。

3. 稻田土壤汞甲基化的微生物代谢过程

采用特定微生物代谢抑制/促进剂添加结合单一富集稳定汞同位素示踪技术，旨在明确不同研究区稻田土壤微生物对无机汞甲基化和甲基汞去甲基化的相对重要性。尽管不同处理和不同地点之间汞的甲基化速率（K_m）常数存在一定的变化，但总体而言甲基化速率常数随汞污染梯度的增加而显著降低。其中，背景区稻田土壤的甲基化速率常数为 $10\times10^{-3}\sim80\times10^{-3}d^{-1}$；土法炼汞区甲基化速率常数为 $2\times10^{-3}\sim10\times10^{-3}d^{-1}$；

废弃汞矿区的甲基化速率常数则小于 $1 \times 10^{-3}\text{d}^{-1}$（$P < 0.05$）。甲基化速率常数随汞浓度梯度增加而降低可能表明：①汞浓度增加对参与汞甲基化的微生物具有毒性（Elkhouly and Yousef，1974；Liu et al.，2018a）。②营养元素或生物可利用汞含量不足限制了汞的甲基化过程。高温高压灭菌对不同区域稻田土壤汞甲基化速率常数影响不同。其中，在背景区和土法炼汞区的表层土壤和根际土壤中，高温高压灭菌处理的甲基化速率常数与对照相比降低了 45%～78%；而废弃汞矿区表层土壤和根际土壤在高压灭菌后甲基化速率常数分别增加了 100%和 150%（$P < 0.05$）。高温高压灭菌对甲基化速率的影响此前已有报道，可能与高温高压灭菌过程中引起的土壤理化性质变化有关（Tuominen et al.，1994）。

　　在背景区的表层土壤样品中，钼酸盐的添加显著抑制了汞的甲基化，而添加 SO_4^{2-} 后汞甲基化作用则显著增强（$P < 0.05$）（图 7-4-24）。在根际土壤样品中，钼酸盐对甲基化速率常数没有显著影响，但添加 SO_4^{2-} 使甲基化速率常数增加了 179%（$P < 0.05$，图 7-4-25）。这一结果表明，SO_4^{2-} 还原作用主导了背景区稻田土壤中汞的甲基化过程，而钼酸盐的添加对汞矿区两个点（土法炼汞区和废弃汞矿区）的汞甲基化速率影响较小。一般来说，SO_4^{2-} 还原的增加会引起湖泊沉积物中甲基汞净生成量的升高（Gilmour et al.，1992；Hintelmann et al.，2000）。值得注意的是，添加 SO_4^{2-} 仅显著增加了土法炼汞区稻田土壤汞的甲基化（$P < 0.05$），而在废弃汞矿区则没有观察到这个现象。这表明，SO_4^{2-} 浓

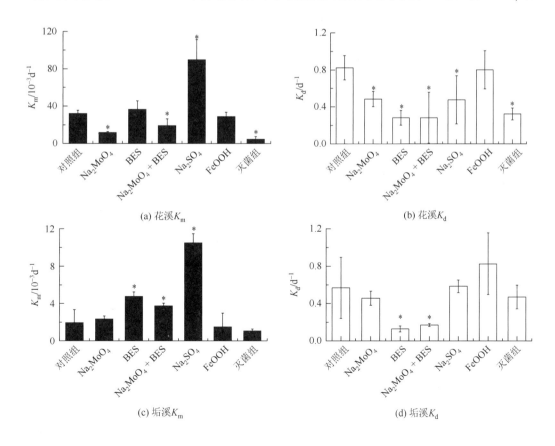

(a) 花溪 K_m

(b) 花溪 K_d

(c) 垢溪 K_m

(d) 垢溪 K_d

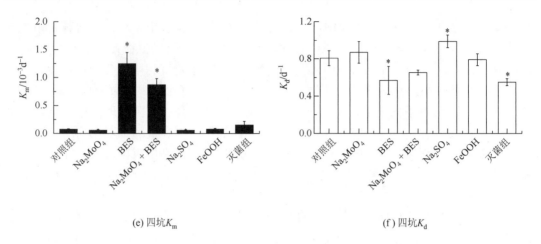

(e) 四坑K_m

(f) 四坑K_d

图 7-4-24 不同抑制剂/促进剂处理下稻田表层土壤汞甲基化（左）和去甲基化速率常数（右）
*代表与对照组相比存在显著性差异（$P < 0.05$）

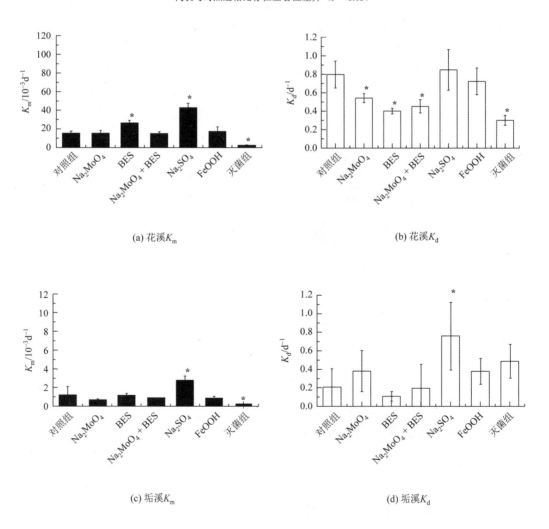

(a) 花溪K_m

(b) 花溪K_d

(c) 垢溪K_m

(d) 垢溪K_d

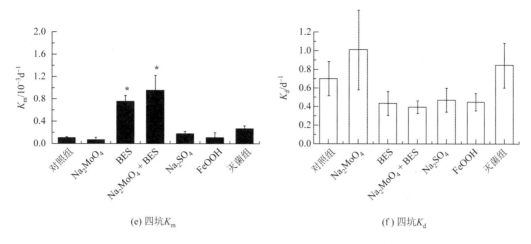

(e) 四坑 K_m (f) 四坑 K_d

图 7-4-25 不同抑制剂/促进剂处理下稻田根际土壤汞甲基化（左）和去甲基化速率常数（右）

*代表与对照组相比存在显著性差异（$P<0.05$）

度可能是土法炼汞区硫酸盐还原菌（SRB）介导的汞甲基化的限制因素。硫酸盐添加对废弃汞矿区稻田土壤汞甲基化影响不显著，这与我们前期的研究结果相一致（见 7.3 节）。其原因可能为：①废弃汞矿区稻田土壤中硫酸盐还原菌（SRB）丰度较低；②参与汞甲基化的微生物活性受高汞浓度的抑制。有学者研究发现，当汞含量较高时，稻田土壤中硫酸盐还原菌携带的汞甲基化功能基因（$hgcA$）的丰度较低（Liu et al.，2018b），这进一步表明硫酸盐还原菌对高汞浓度具有敏感性。

使用 BES 抑制产甲烷作用显著促进了土法炼汞区和废弃汞矿区表层稻田土壤中汞的甲基化过程（$P<0.05$，图 7-4-24），分别使甲基化速率常数提高了 2.4 倍和 16.6 倍。有趣的是，这种促进作用在表层土中随汞浓度梯度的增加而增加，且在根际土壤中也观察到类似的趋势。上述结果表明，在稻田土壤中，产甲烷作用和其他汞甲基化微生物之间存在竞争关系，如对底物的竞争。结果显示，三个研究区稻田土壤都有产甲烷作用，而这一作用仅在添加了 BES 与高温高压灭菌后受到抑制（图 7-4-26）。这表明，随着土壤汞污

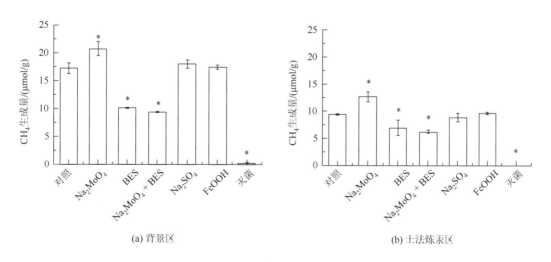

(a) 背景区   (b) 土法炼汞区

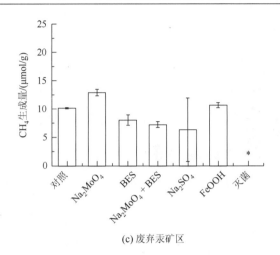

(c) 废弃汞矿区

图 7-4-26　不同抑制剂/促进剂处理下稻田表层土中的甲烷生成量

*代表与对照组相比存在显著性差异（$P<0.05$）

染程度的增加，产甲烷作用限制了汞的甲基化。Compeau 和 Bartha（1985）研究发现，由于硫酸盐还原菌和产甲烷菌对于碳源和电子供体的竞争（Oremland and Tayler，1978），添加 BES 会促进河口沉积物中的汞甲基化。在所有研究点，表层土壤和根际土壤添加 FeOOH 后对甲基化速率常数均无显著影响，其可能的原因为：①以 FeOOH 形式提供的铁不能被微生物有效利用；②土壤本底铁含量较高；③铁还原菌（FeRB）可能不是本研究区稻田土壤主要的汞甲基化微生物。

　　背景区、土法炼汞区和废弃汞矿区对照组表层和根际土壤甲基化速率常数分别为（32±3.3）×$10^{-3}d^{-1}$、（2.0±1.37）×$10^{-3}d^{-1}$、（0.075±0.0072）×$10^{-3}d^{-1}$ 和（15±2.2）×$10^{-3}d^{-1}$、（1.2±0.87）×$10^{-3}d^{-1}$、（0.11±0.014）×$10^{-3}d^{-1}$。其中，背景区和土法炼汞区表层土壤甲基化速率略高于相应根际土壤。此外，与表层土壤相比，根际土壤对特定抑制剂/促进剂的响应程度略低（图 7-4-24 和图 7-4-25）。这些结果表明，表层土壤较根际土壤甲基化作用更强，这可能与表层土更为活跃的微生物和更适宜的甲基化环境有关。尽管如此，废弃汞矿区表层土壤甲基化速率常数低于对应的根际土壤。

　　4. 稻田土壤甲基汞去甲基化的微生物代谢过程

　　在高温高压灭菌处理下，背景区稻田表层土壤和根际土壤甲基汞的去甲基化速率常数（K_d）显著降低（$P<0.05$）（均降低了约 60%，见图 7-4-24 和图 7-4-25），表明微生物在背景区稻田土壤甲基汞的去甲基化过程中发挥了重要作用。然而，高温高压灭菌处理对汞矿区稻田土壤甲基汞的去甲基化过程影响不明显，这表明可能存在非生物去甲基化作用。与汞甲基化过程不同，稻田土壤甲基汞的去甲基化速率常数变化范围较大，且不受汞浓度梯度的影响；三个研究点稻田土壤甲基汞的去甲基化速率常数都在 0.2～1.2d^{-1}。然而，土法炼汞区稻田土壤（包括表层土和根际土）的去甲基化速率常数 [（0.57±0.33）d^{-1} 和（0.21±0.2）d^{-1}] 低于背景区土壤[（0.82±0.13）d^{-1} 和（0.80±0.14）d^{-1}]和废弃汞矿区土壤 [（0.81±0.08）d^{-1} 和（0.70±0.19）d^{-1}]。这与我们之

前的研究结果相一致，进一步解释了为什么土法炼汞区稻田土壤甲基汞含量显著高于废弃汞矿区。

甲基汞的去甲基化过程包括两种途径，分别为氧化去甲基化和还原去甲基化。其中，氧化去甲基化是一种厌氧过程，目前学界对其了解甚少，其机制尚不清楚。本研究发现，通过抑制产甲烷菌和硫酸盐还原菌，稻田土壤（尤其是表层土壤）甲基汞的去甲基化过程受到了不同程度的抑制（图7-4-24）。在背景区稻田土壤中，钼酸盐和BES添加均显著抑制了甲基汞的去甲基化作用（表层土去甲基化速率常数分别降低40%和70%，根际土去甲基化速率常数分别降低30%和50%，$P<0.05$）；然而在土法炼汞区和废弃汞矿区稻田土壤中，只有添加BES才能抑制甲基汞的去甲基化过程（表层土去甲基化速率常数分别降低77%和29%，根际土去甲基化速率常数分别降低47%和38%）。此前有报道称，在泥炭土壤和沉积物中，产甲烷菌介导了甲基汞的去甲基化过程（Marvin-DiPasquale and Oremland，1998，Marvin-DiPasquale et al.，2000；Kronberg et al.，2018）。然而在稻田生态系统中，本节首次报道了产甲烷作用在不同汞浓度梯度稻田土壤对甲基汞去甲基化过程的重要性。本节研究结果与其他研究中观察到的现象不同，即随着总汞浓度的增加，还原性去甲基化（由 *mer* 操纵子编码）的作用更大，因此甲基汞浓度与总汞浓度呈负相关（Schaefer et al.，2004）。虽然本节并未测定 *mer* 功能基因，但随着汞浓度的增加，涉及 *mer* 操纵子的还原性去甲基化对甲基汞含量的绝对贡献可能变得更加重要。事实上，汞污染环境中的微生物群落能够通过 *mer* 基因和 mRNA 转录表达来适应汞胁迫，这表明汞矿区稻田土壤中有可能存在强烈的还原性去甲基化（Marvin-DiPasquale et al.，2000；Schaefer et al.，2004）。

添加硫酸盐对甲基汞去甲基化的影响是多变的，因此很难进行全面的解释。但本节研究结果可能表明，非生物去甲基化作用可能是通过生成硫化物来实现的（Orem et al.，2011；Jonsson et al.，2016）。事实上，生物和非生物过程都可能参与甲基汞的降解过程，并且近期有研究发现硫化物能够参与甲基汞的降解生成二甲基汞（Jonsson et al.，2016）。虽然，本节并未测定样品中二甲基汞的生成量，但在灭菌处理中观察到的去甲基化作用表明可能存在非生物甲基汞降解途径，且值得进一步探索。此外，尽管本节没有深入探讨非生物甲基汞降解的相关机制，但汞矿区的非生物去甲基化也可能是由高浓度硒（36.6 ppm，Zhang H et al.，2012）的存在引起的。事实上，万山汞矿区是一个富硒区域（Zhang H et al.，2012；Chang et al.，2020），而亚硒酸盐介导的双（甲基汞）硒化物中间体［bis（methylmercuric）selenide］可能是甲基汞降解的途径之一（Khan and Wang，2010）。

本节采用特定微生物代谢抑制/促进剂结合单一富集稳定汞同位素示踪技术，研究了微生物如何影响稻田土壤（不同汞污染梯度）汞的甲基化和甲基汞去甲基化过程。研究发现，背景区稻田土壤在添加钼酸钠（抑制硫酸盐菌）后，汞的甲基化速率和去甲基化速率均得到显著抑制，表明在背景区微生物介导下的硫酸盐还原过程同时参与了甲基汞的生成以及降解，硫酸盐还原作用为汞甲基化和去甲基化过程的主导因素。相比之下，对于汞矿区稻田土壤，通过添加BES抑制产甲烷菌后，无机汞的甲基化速率得到了显著提升；相反，甲基汞的去甲基化速率却受到显著抑制。表明对于汞矿区稻田，产甲烷菌在汞甲基化和去甲基化过程中均扮演了非常重要的角色：产甲烷菌很可能通过氧化去甲基化参与了甲基汞的降解，并通过与其他甲基化微生物竞争间接抑制了甲基汞的产生。因此，通过促进稻田土壤产甲烷菌的活性可能是降低汞污染区稻米甲基汞污染的潜在途径，从而有效降低人群甲基汞暴露风险。该研究成果为解决汞污染区稻米甲基汞污染问题提供了新的思路。

参 考 文 献

包正锋, 王建旭, 冯新斌, 等. 2011. 贵州万山汞矿区污染土壤中汞的形态分布特征. 生态学杂志, 30 (5): 907-913.

包正锋, 商立海, 冯新斌, 等. 2013. 同位素标记在汞的生物地球化学研究中的应用. 生态学杂志, 32 (5): 1335-1346.

胡海燕, 冯新斌, 曾永平, 等. 2011. 汞的微生物甲基化研究进展. 生态学杂志, 30 (5): 874-882.

李兆伟, 熊君, 齐晓辉, 等. 2009. 水稻灌浆期叶片蛋白质差异表达及其作用机理分析. 作物学报, 35 (1): 132-139.

李平. 2008. 贵州省典型土法炼汞地区汞的生物地球化学循环和人体汞暴露评价. 贵阳: 中国科学院地球化学研究所博士学位论文.

李平, 冯新斌, 仇广乐, 等. 2006. 贵州省务川汞矿区土法炼汞过程中汞释放量的估算. 环境科学, 27 (5): 837-840.

凌倩倩, 郭瑛瑛, 梁勇, 等. 2020. 硫化汞纳米颗粒的微生物摄入及其在汞甲基化中的作用. 环境化学, 39 (2): 292-300.

刘金铃, 丁振华. 2007. 汞的甲基化研究进展. 地球与环境, 35 (3): 215-222.

陆本琦, 刘江, 吕文强, 等. 2021. 汞矿区稻田土壤汞形态分布特征及对甲基化的影响. 矿物岩石地球化学通报, 40 (3): 690-698.

生态环境部, 国家市场监督管理总局. 2018. 土壤环境质量 农用地土壤污染风险管控标准 (试行) (GB 15618—2018). 北京: 中国环境科学出版社.

王少锋, 冯新斌, 仇广乐, 等. 2006. 万山汞矿区地表与大气界面间汞交换通量研究. 环境科学, 27 (8): 1487-1494.

吴丰昌, 王立英, 黎文, 等. 2008. 天然有机质及其在地表环境中的重要性. 湖泊科学, 20 (1): 1-12.

郑伟. 2007. 贵阳市中心城区大气中不同形态汞的研究. 贵阳: 中国科学院地球化学研究所博士学位论文.

中华人民共和国国家卫生和计划生育委员会, 国家食品药品监督管理总局. 2017. 食品安全国家标准——食品中污染物限量 (GB 2762—2017).

朱爱玲, 曹丹丹, 陈颖, 等. 2019. 水环境中铁-汞耦合对汞生物地球化学循环的影响研究进展. 环境化学, 38 (7): 1431-1445.

Ackerman J T, Eagles-Smith C A. 2010a. Agricultural wetlands as potential hotspots for mercury bioaccumulation: experimental evidence using caged fish. Environmental Science & Technology, 44 (4): 1451-1457.

Ackerman J T, Miles A K, Eagles-Smith C A. 2010b. Invertebrate mercury bioaccumulation in permanent, seasonal, and flooded rice wetlands within California's Central Valley. Science of the Total Environment, 408 (3): 666-671.

Aftabtalab A, Rinklebe J, Shaheen S M, et al. 2022. Review on the interactions of arsenic, iron (oxy) (hydr) oxides, and dissolved organic matter in soils, sediments, and groundwater in a ternary system. Chemosphere, 286: 131790.

Aiken G R, Hsu-Kim H, Ryan J N. 2011. Influence of dissolved organic matter on the environmental fate of metals, nanoparticles, and colloids. Environmental Science & Technology, 45 (8): 3196-3201.

Andrews J C, Wyman P D. 1930. Mercury derivatives of cysteine. Journal of Biological Chemistry, 87 (2): 427-433.

Ariya P A, Amyot M, Dastoor A, et al. 2015. Mercury physicochemical and biogeochemical transformation in the atmosphere and at atmospheric interfaces: a review and future directions. Chemical Reviews, 115 (10): 3760-3802.

Bao Y P, Bolan N S, Lai J H, et al. 2022. Interactions between organic matter and Fe (hydr) oxides and their influences on immobilization and remobilization of metal (loid) s: a review. Critical Reviews in Environmental Science and Technology, 52 (22): 4016-4037.

Barkay T, Gillman M, Turner R R. 1997. Effects of dissolved organic carbon and salinity on bioavailability of mercury. Applied and Environmental Microbiology, 63 (11): 4267-4271.

Batty L C, Baker A J M, Wheeler B D, et al. 2000. The effect of pH and plaque on the uptake of Cu and Mn in Phragmites australis (Cav.) Trin ex. Steudel. Annals of Botany, 86 (3): 647-653.

Biester H，Gosar M，Covelli S. 2000. Mercury speciation in sediments affected by dumped mining residues in the drainage area of the Idrija mercury mine，Slovenia. Environmental Science & Technology，34（16）：3330-3336.

Bishop K H，Lee Y H，Munthe J，et al. 1998. Xylem sap as a pathway for total mercury and methylmercury transport from soils to tree canopy in the boreal forest. Biogeochemistry，40（2-3）：101-113.

Bishop M E，Dong H L，Glasser P，et al. 2020. Microbially mediated iron redox cycling of subsurface sediments from Hanford Site，Washington State，USA. Chemical Geology，546：119643.

Biswas A，Brooks S C，Miller C L，et al. 2011. Bacterial growth phase influences methylmercury production by the sulfate-reducing bacterium *Desulfovibrio Desulfuricans* Nd132. Science of the Total Environment，409（19）：3943-3948.

Blanchfield P J，Rudd J W M，Hrenchuk L E，et al. 2022. Experimental evidence for recovery of mercury-contaminated fish populations. Nature，601（7891）：74-78.

Blum J D，Sherman L S，Johnson M W. 2014. Mercury isotopes in earth and environmental sciences. Annual Review of Earth and Planetary Sciences，42：249-269.

Bonnissel-Gissinger P，Alnot M，Lickes J P，et al. 1999. Modeling the adsorption of mercury（II）on（hydr）oxides II：α-FeOOH（goethite）and amorphous silica. Journal of Colloid and Interface Science，215（2）：313-322.

Branfireun B A，Krabbenhoft D P，Hintelmann H，et al. 2005. Speciation and transport of newly deposited mercury in a boreal forest wetland：a stable mercury isotope approach. Water Resources Research，41（6）：1-11.

Cappon C J，Smith J C. 1977. Gas-chromatographic determination of inorganic mercury and organomercurials in biological materials. Analytical Chemistry，49（3）：365-369.

Carter M R，Gregorich E G. 2007. Soil sampling and methods of analysis. Boca Raton：CRC Press.

Chang C Y，Chen C Y，Yin R S，et al. 2020. Bioaccumulation of Hg in rice leaf facilitates selenium bioaccumulation in rice（*Oryza sativa* L.）leaf in the Wanshan mercury mine. Environmental Science & Technology，54（6）：3228-3236.

Chen C M，Hall S J，Coward E，et al. 2020. Iron-mediated organic matter decomposition in humid soils can counteract protection. Nature Communications，11（1）：2255.

Chiasson-Gould S A，Blais J M，Poulain A J. 2014. Dissolved organic matter kinetically controls mercury bioavailability to bacteria. Environmental Science & Technology，48（6）：3153-3161.

Christensen G A，Wymore A M，King A J，et al. 2016. Development and validation of broad-range qualitative and clade-specific quantitative molecular probes for assessing mercury methylation in the environment. Applied and Environmental Microbiology，82（19）：6068-6078.

Claff S R，Sullivan L A，Burton E D，et al. 2010. A sequential extraction procedure for acid sulfate soils：partitioning of iron. Geoderma，155（3-4）：224-230.

Clarkson T W. 1993. Mercury-major issues in environmental health. Environmental Health Perspectives，100：31-38.

Cline J D. 1969. Spectrophotometric determination of hydrogen sulfide in natural waters. Limnology and Oceanography，14（3）：454-458.

Cobbett C S. 2000. Phytochelatins and their roles in heavy metal detoxification. Plant Physiology，123（3）：825-832.

Coles C A，Rao S R，Yong R N. 2000. Lead and cadmium interactions with mackinawite：retention mechanisms and the role of pH. Environmental Science & Technology，34（6）：996-1000.

Compeau G C，Bartha R. 1985. Sulfate-reducing bacteria：Principal methylators of mercury in anoxic estuarine sediment. Applied and Environmental Microbiology，50（2）：498-502.

del Rosario A R，Briones V P，Vidal A J，et al. 1968. Composition and endosperm structure of developing and mature rice kernel. Cereal Chemistry，45：225-235.

Deonarine A，Hsu-Kim H. 2009. Precipitation of mercuric sulfide nanoparticles in NOM-containing water：implications for the natural environment. Environmental Science & Technology，43（7）：2368-2373.

Dong Q，Liu Y W，Liu G L，et al. 2021a. Aging and phytoavailability of newly introduced and legacy cadmium in paddy soil and their bioaccessibility in rice grain distinguished by enriched isotope tracing. Journal of Hazardous Materials，417：125998.

Dong Q, Liu Y W, Liu G L, et al. 2021b. Enriched isotope tracing to reveal the fractionation and lability of legacy and newly introduced cadmium under different amendments. Journal of Hazardous Materials, 403: 123975.

Drott A, Lambertsson L, Björn E, et al. 2008. Do potential methylation rates reflect accumulated methyl mercury in contaminated sediments?. Environmental Science & Technology, 42 (1): 153-158.

Du H H, Peacock C L, Chen W L, et al. 2018. Binding of Cd by ferrihydrite organo-mineral composites: implications for Cd mobility and fate in natural and contaminated environments. Chemosphere, 207: 404-412.

Ebinghaus R, Kock H H, Temme C, et al. 2002. Antarctic springtime depletion of atmospheric mercury. Environmental Science & Technology, 36 (6): 1238-1244.

Eckley C S, Gilmour C C, Janssen S, et al. 2020. The assessment and remediation of mercury contaminated sites: a review of current approaches. Science of the Total Environment, 707: 136031.

Elkhouly A E, Yousef R T. 1974. Antibacterial efficiency of mercurials. Journal of Pharmaceutical Sciences, 63 (5): 681-685.

Enescu M, Nagy K L, Manceau A. 2016. Nucleation of mercury sulfide by dealkylation. Scientific Reports, 6: 39359.

Fay L, Gustin M. 2007. Assessing the influence of different atmospheric and soil mercury concentrations on foliar mercury concentrations in a controlled environment. Water Air and Soil Pollution, 181 (1-4): 373-384.

Feng C, Pedrero Z, Li P, et al. 2016. Investigation of Hg uptake and transport between paddy soil and rice seeds combining Hg isotopic composition and speciation. Elementa-Science of the Anthropocene, 4: 1-10.

Ferrara R, Maserti B E, Andersson M, et al. 1997. Mercury degassing rate from mineralized areas in the Mediterranean basin. Water Air and Soil Pollution, 93 (1-4): 59-66.

Feyte S, Tessier A, Gobeil C, et al. 2010. In situ adsorption of mercury, methylmercury and other elements by iron oxyhydroxides and organic matter in lake sediments. Applied Geochemistry, 25 (7): 984-995.

Fleming E J, Mack E E, Green P G, et al. 2006. Mercury methylation from unexpected sources: molybdate-inhibited freshwater sediments and an iron-reducing bacterium. Applied and Environmental Microbiology, 72 (1): 457-464.

Frohne T, Rinklebe J, Langer U, et al. 2012. Biogeochemical factors affecting mercury methylation rate in two contaminated floodplain soils. Biogeosciences, 9 (1): 493-507.

Fu X W, Feng X B, Shang L H, et al. 2012. Two years of measurements of atmospheric total gaseous mercury (TGM) at a remote site in Mt. Changbai area, Northeastern China. Atmospheric Chemistry and Physics, 12 (9): 4215-4226.

Fu X W, Zhang H, Yu B, et al. 2015. Observations of atmospheric mercury in China: a critical review. Atmospheric Chemistry and Physics, 15 (16): 9455-9476.

Gai K, Hoelen T P, Hsu-Kim H, et al. 2016. Mobility of four common mercury species in model and natural unsaturated soils. Environmental Science & Technology, 50 (7): 3342-3351.

Gay D D. 1976. Methylmercury: formation in plant tissues. Environmental Monitoring and Support Lab., Las Vegas, Nevada. Report No: EPA/600/3-76/049.

Gerbig C A, Kim C S, Stegemeier J P, et al. 2011. Formation of nanocolloidal metacinnabar in mercury-DOM-sulfide systems. Environmental Science & Technology, 45 (21): 9180-9187.

Gilmour C C, Henry E A, Mitchell R. 1992. Sulfate stimulation of mercury methylation in freshwater sediments. Environmental Science & Technology, 26 (11): 2281-2287.

Gilmour C C, Riedel G S, Ederington M C, et al. 1998. Methylmercury concentrations and production rates across a trophic gradient in the northern Everglades. Biogeochemistry, 40 (2-3): 327-345.

Gilmour C C, Bullock A L, McBurney A, et al. 2018. Robust mercury methylation across diverse methanogenic Archaea. MBIO, 9 (2): 1-13.

Gibbs M M. 1979. A simple method for the rapid determination of iron in natural waters. Water Research, 13 (3): 295-297.

Gnamus A, Byrne A R, Horvat M. 2000. Mercury in the soil-plant-deer-predator food chain of a temperate forest in Slovenia. Environmental Science & Technology, 34 (16): 3337-3345.

Göthberg A, Greger M. 2006. Formation of methyl mercury in an aquatic macrophyte. Chemosphere, 65 (11): 2096-2105.

Graham A M，Aiken G R，Gilmour C C. 2012. Dissolved organic matter enhances microbial mercury methylation under sulfidic conditions. Environmental Science & Technology，46（5）：2715-2723.

Gray J E，Hines M E，Higueras P L，et al. 2004. Mercury speciation and microbial transformations in mine wastes，stream sediments，and surface waters at the Almaden Mining District，Spain. Environmental Science & Technology，38（16）：4285-4292.

Gunsalus R P，Romesser J A，Wolfe R S. 1978. Preparation of coenzyme M analogues and their activity in the methyl coenzyme M reductase system of *Methanobacterium* thermoautotrophicum. Biochemistry，17（12）：2374-2377.

Guo Y N，Feng X B，Li Z G，et al. 2008. Distribution and wet deposition fluxes of total and methyl mercury in Wujiang River Basin，Guizhou，China. Atmospheric Environment，42（30）：7096-7103.

Hampp R，Beulich K，Ziegler H. 1976. Effects of zinc and cadmium on photosynthetic CO_2-fixation and hill activity of isolated spinach chloroplasts. Zeitschrift für Pflanzenphysiologie，77（4）：336-344.

Han S，Obraztsova A，Pretto P，et al. 2008. Sulfide and iron control on mercury speciation in anoxic estuarine sediment slurries. Marine Chemistry，111（3-4）：214-220.

Hansen A M，Kraus T E C，Pellerin B A，et al. 2016. Optical properties of dissolved organic matter（DOM）：effects of biological and photolytic degradation. Limnology and Oceanography，61（3）：1015-1032.

Harmon S M，King J K，Gladden J B，et al. 2004. Methylmercury formation in a wetland mesocosm amended with sulfate. Environmental Science & Technology，38（2）：650-656.

Harris H H，Pickering I J，George G N. 2003. The chemical form of mercury in fish. Science，301（5637）：1203.

Harris R C，Rudd J W M，Amyot M，et al. 2007. Whole-ecosystem study shows rapid fish-mercury response to changes in mercury deposition. Proceedings of the National Academy of Sciences of the United States of America，104（42）：16586-16591.

Hintelmann H，Evans R D，Villeneuve J Y. 1995. Measurement of mercury methylation in sediments by using enriched stable mercury isotopes combined with methylmercury determination by gas chromatography-inductively coupled plasma mass spectrometry. Journal of Analytical Atomic Spectrometry，10（9）：619-624.

Hintelmann H，Falter R，Ilgen G，et al. 1997. Determination of artifactual formation of monomethylmercury（CH_3Hg^+）in environmental samples using stable Hg^{2+} isotopes with ICP-MS detection：calculation of contents applying species specific isotope addition. Fresenius' Journal of Analytical Chemistry，358（3）：363-370.

Hintelmann H，Keppel-Jones K，Evans R D. 2000. Constants of mercury methylation and demethylation rates in sediments and comparison of tracer and ambient mercury availability. Environmental Toxicology and Chemistry，19（9）：2204-2211.

Hintelmann H，Harris R，Heyes A，et al. 2002. Reactivity and mobility of new and old mercury deposition in a boreal forest ecosystem during the first year of the METAALICUS study. Environmental Science & Technology，36（23）：5034-5040.

Horvat M，Nolde N，Fajon V，et al. 2003. Total mercury，methylmercury and selenium in mercury polluted areas in the province Guizhou，China. Science of the Total Environment，304（1-3）：231-256.

Hsu-Kim H，Kucharzyk K H，Zhang T，et al. 2013. Mechanisms regulating mercury bioavailability for methylating microorganisms in the aquatic environment：A critical review. Environmental Science & Technology，47（6）：2441-2456.

Hu H Y，Wang B L，Bravo A G，et al. 2020. Shifts in mercury methylation across a peatland chronosequence：from sulfate reduction to methanogenesis and syntrophy. Journal of Hazardous Materials，387：121967.

Huang J Z，Jones A，Waite T D，et al. 2021. Fe（Ⅱ）redox chemistry in the environment. Chemical Reviews，121（13）：8161-8233.

Jeong H Y，Klaue B，Blum J D，et al. 2007. Sorption of mercuric ion by synthetic nanocrystalline mackinawite（FeS）. Environmental Science & Technology，41（22）：7699-7705.

Jiang T，Kaal J，Liang J，et al. 2017. Composition of dissolved organic matter（DOM）from periodically submerged soils in the Three Gorges Reservoir areas as determined by elemental and optical analysis，infrared spectroscopy，pyrolysis-GC-MS and thermally assisted hydrolysis and methylation. Science of the Total Environment，603-604：461-471.

Johs A，Eller V A，Mehlhorn T L，et al. 2019. Dissolved organic matter reduces the effectiveness of sorbents for mercury removal. Science of the Total Environment，690：410-416.

Jonsson S，Skyllberg U，Nilsson M B，et al. 2012. Mercury methylation rates for geochemically relevant HgⅡ species in sediments.

Environmental Science & Technology, 46 (21): 11653-11659.

Jonsson S, Mazrui N M, Mason R P. 2016. Dimethylmercury formation mediated by inorganic and organic reduced sulfur surfaces. Scientific Reports, 6: 27958.

Kappler A K, Bryce C, Mansor M, et al. 2021. An evolving view on biogeochemical cycling of iron. Nature Reviews Microbiology, 19 (6): 360-374.

Khan M A K, Wang F Y. 2010. Chemical demethylation of methylmercury by selenoamino acids. Chemical Research in Toxicology, 23 (7): 1202-1206.

King J K, Harmon S M, Fu T T, et al. 2002. Mercury removal, methylmercury formation, and sulfate-reducing bacteria profiles in wetland mesocosms. Chemosphere, 46 (6): 859-870.

Kleber M, Eusterhues K, Keiluweit M, et al. 2015. Mineral-organic associations: formation, properties, and relevance in soil environments. Advances in Agronomy, 130: 1-140.

Kögel-Knabner I, Amelung W, Cao Z H, et al. 2010. Biogeochemistry of paddy soils. Geoderma, 157 (1-2): 1-14.

Korthals E T, Winfrey M R. 1987. Seasonal and spatial variations in mercury methylation and demethylation in an oligotrophic lake. Applied and Environmental Microbiology, 53 (10): 2397-2404.

Kronberg R M, Schaefer J K, Björn E, et al. 2018. Mechanisms of methyl mercury net degradation in alder swamps: the role of methanogens and abiotic processes. Environmental Science & Technology Letters, 5 (4): 220-225.

Krupp E M, Mestrot A, Wielgus J, et al. 2009. The molecular form of mercury in biota: identification of novel mercury peptide complexes in plants. Chemical Communications, (28): 4257-4259.

Lalonde K, Mucci A, Ouellet A, et al. 2012. Preservation of organic matter in sediments promoted by iron. Nature, 483 (7388): 198-200.

Lemes M, Wang F Y. 2009. Methylmercury speciation in fish muscle by HPLC-ICP-MS following enzymatic hydrolysis. Journal of Analytical Atomic Spectrometry, 24 (5): 663-668.

Li H, Li Y Y, Tang W L, et al. 2022. Bioavailability and methylation of bulk mercury sulfide in paddy soils: new insights into mercury risks in rice paddies. Journal of Hazardous Materials, 424: 127394.

Li L, Wang F Y, Meng B, et al. 2010. Speciation of methylmercury in rice grown from a mercury mining area. Environmental Pollution, 158 (10): 3103-3107.

Li P, Feng X B, Shang L H, et al. 2008. Mercury pollution from artisanal mercury mining in Tongren, Guizhou, China. Applied Geochemistry, 23 (8): 2055-2064.

Li P, Yin R S, Du B Y, et al. 2020. Kinetics and metabolism of mercury in rats fed with mercury contaminated rice using mass balance and mercury isotope approach. Science of the Total Environment, 736: 139687.

Li Y B, Yin Y G, Liu G L, et al. 2012. Estimation of the major source and sink of methylmercury in the Florida Everglades. Environmental Science & Technology, 46 (11): 5885-5893.

Li Y Y, Zhao J T, Zhang B W, et al. 2016. The influence of iron plaque on the absorption, translocation and transformation of mercury in rice (*Oryza sativa L.*) seedlings exposed to different mercury species. Plant and Soil, 398 (1-2): 87-97.

Li Z W, Xiong J, Qi X H, et al. 2009. Differential expression and function analysis of proteins in flag leaves of rice during grain filling. Acta Agronomica Sinica, 35 (1): 132-139.

Liao P, Pan C, Ding W Y, et al. 2020. Formation and transport of Cr(III)-NOM-Fe colloids upon reaction of Cr(VI) with NOM-Fe(II) colloids at anoxic-oxic interfaces. Environmental Science & Technology, 54 (7): 4256-4266.

Lin C C, Yee N, Barkay T 2011. Microbial transformations in the mercury cycle. Environmental Chemistry and Toxicology of Mercury: 155-191.

Lindberg S E, Brooks S, Lin C J, et al. 2002. Dynamic oxidation of gaseous mercury in the Arctic troposphere at polar sunrise. Environmental Science & Technology, 36 (6): 1245-1256.

Liu C S, Massey M S, Latta D E, et al. 2021. Fe(II)-induced transformation of iron minerals in soil ferromanganese nodules. Chemical Geology, 559: 119901.

Liu J R, Valsaraj K T, Delaune R D. 2009. Inhibition of mercury methylation by iron sulfides in an anoxic sediment. Environmental Engineering Science, 26 (4): 833-840.

Liu J, Jiang T, Wang F Y, et al. 2018. Inorganic sulfur and mercury speciation in the water level fluctuation zone of the Three Gorges Reservoir, China: the role of inorganic reduced sulfur on mercury methylation. Environmental Pollution, 237: 1112-1123.

Liu J, Liang J, Bravo A G, et al. 2021. Anaerobic and aerobic biodegradation of soil-extracted dissolved organic matter from the water-level-fluctuation zone of the Three Gorges Reservoir region, China. Science of the Total Environment, 764: 142857.

Liu Y R, Delgado-Baquerizo M, Bi L, et al. 2018a. Consistent responses of soil microbial taxonomic and functional attributes to mercury pollution across China. Microbiome, 6 (1): 183.

Liu Y R, Johs A, Bi L, et al. 2018b. Unraveling microbial communities associated with methylmercury production in paddy soils. Environmental Science & Technology, 52 (22): 13110-13118.

Liu Y R, Yang Z M, Zhou X Q, et al. 2019. Overlooked role of putative non-Hg methylators in predicting methylmercury production in paddy soils. Environmental Science & Technology, 53 (21): 12330-12338.

Lombi E, Susini J. 2009. Synchrotron-based techniques for plant and soil science: opportunities, challenges and future perspectives. Plant and Soil, 320 (1-2): 1-35.

Lovley D R, Phillips E J P. 1987. Rapid assay for microbially reducible ferric iron in aquatic sediments. Applied and Environmental Microbiology, 53 (7): 1536-1540.

Lucotte M, Schetagne R, Therien N, et al. 1999. Mercury in the biogeochemical cycle: natural environments and hydroelectric reservoirs of Northern Québec (Canada). Berlin: Springer.

Lv J T, Zhang S Z, Wang S S, et al. 2016. Molecular-scale investigation with ESI-FT-ICR-MS on fractionation of dissolved organic matter induced by adsorption on iron oxyhydroxides. Environmental Science & Technology, 50 (5): 2328-2336.

Manceau A, Wang J X, Rovezzi M, et al. 2018. Biogenesis of mercury-sulfur nanoparticles in plant leaves from atmospheric gaseous mercury. Environmental Science & Technology, 52 (7): 3935-3948.

Mao Y X, Li Y B, Richards J, et al. 2013. Investigating uptake and translocation of mercury species by Sawgrass (*Cladium jamaicense*) using a stable isotope tracer technique. Environmental Science & Technology, 47 (17): 9678-9684.

Marvin-DiPasquale M C, Oremland R S. 1998. Bacterial methylmercury degradation in Florida everglades peat sediment. Environmental Science & Technology, 32 (17): 2556-2563.

Marvin-DiPasquale M, Agee J, McGowan C, et al. 2000. Methyl-mercury degradation pathways: a comparison among three mercury-impacted ecosystems. Environmental Science & Technology, 34 (23): 4908-4916.

Marvin-DiPasquale M, Lutz M A, Brigham M E, et al. 2009. Mercury cycling in stream ecosystems: 2. Benthic methylmercury production and bed sediment-pore water partitioning. Environmental Science & Technology, 43 (8): 2726-2732.

Mazrui N M, Jonsson S, Thota S, et al. 2016. Enhanced availability of mercury bound to dissolved organic matter for methylation in marine sediments. Geochimica et Cosmochimica Acta, 194: 153-162.

Mehrotra A S, Sedlak D L. 2005. Decrease in net mercury methylation rates following iron amendment to anoxic wetland sediment slurries. Environmental Science & Technology, 39 (8): 2564-2570.

Meng B, Li Y B, Cui W B, et al. 2018. Tracing the uptake, transport, and fate of mercury in Sawgrass (*Cladium jamaicense*) in the Florida Everglades using a multi-isotope technique. Environmental Science & Technology, 52 (6): 3384-3391.

Moriyama T, Shindoh K, Taguchi Y, et al. 2003. Changes in the cadmium content of rice during the milling process. Journal of the Food Hygienic Society of Japan, 44 (3): 145-149.

Mu C C, Schuster P F, Abbott B W, et al. 2020. Permafrost degradation enhances the risk of mercury release on Qinghai-Tibetan Plateau. Science of the Total Environment, 708: 135127.

Murphy K R, Butler K D, Spencer R G M, et al. 2010. Measurement of dissolved organic matter fluorescence in aquatic environments: an interlaboratory comparison. Environmental Science & Technology, 44 (24): 9405-9412.

Neville G A, Drakenberg T. 1974. Mercury (II) complexation of cysteine, methyl cysteineate, and S-methyl cysteine in acidic media. Canadian Journal of Chemistry, 52 (4): 616-622.

Ogawa M，Tanaka K，Kasai Z. 1979. Accumulation of phosphorus，magnesium and potassium in developing rice grains：followed by electron microprobe X-ray analysis focusing on the aleurone layer. Plant and Cell Physiology，20（1）：19-27.

Okouchi S，Sasaki S. 1985. The 1-octanol/water partition coefficient of mercury. Bulletin of the Chemical Society of Japan，58（11）：3401-3402.

Orem W，Gilmour C，Krabbenhoft D，et al. 2011. Sulfur and methylmercury in the Florida everglades-the biogeochemical connection. AGU Fall Meeting Abstracts，L07.

Oremland R S，Taylor B F. 1978. Sulfate reduction and methanogenesis in marine sediments. Geochimica et Cosmochimica Acta，42（2）：209-214.

Oremland R S，Culbertson C W，Winfrey M R. 1991. Methylmercury decomposition in sediments and bacterial cultures：Involvement of methanogens and sulfate reducers in oxidative demethylation. Applied and Environmental Microbiology，57（1）：130-137.

Oslo and Paris Commission. 1998. JAMP guidelines for the sampling and analysis of mercury in air and precipitation. Joint Assessment and Monitoring Programme，1-20.

Oswald C J，Heyes A，Branfireun B A. 2014. Fate and transport of ambient mercury and applied mercury isotope in terrestrial upland soils：insights from the METAALICUS watershed. Environmental Science & Technology，48（2）：1023-1031.

Otte M L，Rozema J，Koster L，et al. 1989. Iron plaque on roots of *Aster tripolium* L.：interaction with zinc uptake. New Phytologist，111（2）：309-317.

Pedersen B，Eggum B O. 1983. The influence of milling on the nutritive value of flour from cereal grains. Ⅳ. Rice. Plant Foods for Human Nutrition，33（4）：267-278.

Peng X Y，Liu F J，Wang W X，et al. 2012. Reducing total mercury and methylmercury accumulation in rice grains through water management and deliberate selection of rice cultivars. Environmental Pollution，162：202-208.

Pham A L T，Morris A，Zhang T，et al. 2014. Precipitation of nanoscale mercuric sulfides in the presence of natural organic matter：structural properties，aggregation，and biotransformation. Geochimica et Cosmochimica Acta，133：204-215.

Piao H S，Bishop P L. 2006. Stabilization of mercury-containing wastes using sulfide. Environmental Pollution，139（3）：498-506.

Poulton S W，Canfield D E. 2005. Development of a sequential extraction procedure for iron：implications for iron partitioning in continentally derived particulates. Chemical Geology，214（3-4）：209-221.

Qian G R，Sun D D L，Tay J H. 2003. Immobilization of mercury and zinc in an alkali-activated slag matrix. Journal of Hazardous Materials，101（1）：65-77.

Qin C Y，Du B Y，Yin R S，et al. 2020. Isotopic fractionation and source appointment of methylmercury and inorganic mercury in a paddy ecosystem. Environmental Science & Technology，54（22）：14334-14342.

Qiu G L，Feng X B，Wang S F，et al. 2005. Mercury and methylmercury in riparian soil，sediments，mine-waste calcines，and moss from abandoned Hg mines in East Guizhou Province，Southwestern China. Applied Geochemistry，20（3）：627-638.

Qiu G L，Feng X B，Li P，et al. 2008. Methylmercury accumulation in rice（*Oryza sativa* L.）grown at abandoned mercury mines in Guizhou，China. Journal of Agricultural and Food Chemistry，56（7）：2465-2468.

Qiu G L，Feng X B，Meng B，et al. 2012. Environmental geochemistry of an active Hg mine in Xunyang，Shaanxi Province，China. Applied Geochemistry，27（12）：2280-2288.

Rajan M，Darrow J，Hua M，et al. 2008. Hg L3 XANES study of mercury methylation in shredded Eichhornia crassipes. Environmental Science & Technology，42（15）：5568-5573.

Ralston N V C. 2008. Selenium health benefit values as seafood safety criteria. EcoHealth，5（4）：442-455.

Ratié G，Vantelon D，Lotfi Klahroodi E，et al. 2019. Iron speciation at the riverbank surface in wetland and potential impact on the mobility of trace metals. Science of the Total Environment，651：443-455.

Ravichandran M. 2004. Interactions between mercury and dissolved organic matter—a review. Chemosphere，55（3）：319-331.

Ravichandran M，Aiken G R，Ryan J N，et al. 1999. Inhibition of precipitation and aggregation of metacinnabar（mercuric sulfide）by dissolved organic matter isolated from the Florida Everglades. Environmental Science & Technology，33（9）：1418-1423.

Rea A W，Lindberg S E，Keeler G J. 2001. Dry deposition and foliar leaching of mercury and selected trace elements in deciduous forest throughfall. Atmospheric Environment，35（20）：3453-3462.

Ren X L，Liu Q L，Wu D X，et al. 2006. Variations in concentration and distribution of health-related elements affected by environmental and genotypic differences in rice grains. Rice Science，13（3）：170-178.

Riedel T，Zak D，Biester H，et al. 2013. Iron traps terrestrially derived dissolved organic matter at redox interfaces. Proceedings of the National Academy of Sciences of the United States of America，110（25）：10101-10105.

Rodriguez Martín-Doimeadios R C，Krupp E，Amouroux D，et al. 2002. Application of isotopically labeled methylmercury for isotope dilution analysis of biological samples using gas chromatography/ICPMS. Analytical Chemistry，74（11）：2505-2512.

Rothenberg S E，Feng X B. 2012. Mercury cycling in a flooded rice paddy. Journal of Geophysical Research-Biogeosciences，117（G3）：184-192.

Rudd J W M. 1995. Sources of methyl mercury to freshwater ecosystems：a review. Water Air and Soil Pollution，80（1）：697-713.

Salt D E，Rauser W E. 1995. MgATP-dependent transport of phytochelatins across the tonoplast of oat roots. Plant Physiology，107（4）：1293-1301.

Schaefer J K，Yagi J，Reinfelder J R，et al. 2004. Role of the bacterial organomercury lyase（MerB）in controlling methylmercury accumulation in mercury-contaminated natural waters. Environmental Science & Technology，38（16）：4304-4311.

Schroeder W H，Jackson R A. 1987. Environmental measurements with an atmospheric mercury monitor having speciation capabilities. Chemosphere，16（1）：183-199.

Schroeder W H，Munthe J. 1998. Atmospheric mercury-an overview. Atmospheric Environment，32（5）：809-822.

Schwesig D，Krebs O. 2003. The role of ground vegetation in the uptake of mercury and methylmercury in a forest ecosystem. Plant and Soil，253（2）：445-455.

Sellers P，Kelly C A，Rudd J W M，et al. 1996. Photodegradation of methylmercury in lakes. Nature，380（6576）：694-697.

Skyllberg U. 2008. Competition among thiols and inorganic sulfides and polysulfides for Hg and MeHg in wetland soils and sediments under suboxic conditions：illumination of controversies and implications for MeHg net production. Journal of Geophysical Research-Biogeosciences，113：G00C03.

Skyllberg U，Drott A. 2010. Competition between disordered iron sulfide and natural organic matter associated thiols for mercury（Ⅱ）—an EXAFS study. Environmental Science & Technology，44（4）：1254-1259.

Skyllberg U，Bloom P R，Qian J，et al. 2006. Complexation of mercury（Ⅱ）in soil organic matter：EXAFS evidence for linear two-coordination with reduced sulfur groups. Environmental Science & Technology，40（13）：4174-4180.

Skyllberg U，Persson A，Tjerngren I，et al. 2021. Chemical speciation of mercury，sulfur and iron in a dystrophic boreal lake sediment，as controlled by the formation of mackinawite and framboidal pyrite. Geochimica et Cosmochimica Acta，294：106-125.

Slotznick S P，Sperling E A，Tosca N J，et al. 2020. Unraveling the mineralogical complexity of sediment iron speciation using sequential extractions. Geochemistry Geophysics Geosystems，21（2）：e2019GC008666.

Slowey A J. 2010. Rate of formation and dissolution of mercury sulfide nanoparticles：the dual role of natural organic matter. Geochimica et Cosmochimica Acta，74（16）：4693-4708.

St Pierre K A，Chételat J，Yumvihoze E，et al. 2014. Temperature and the sulfur cycle control monomethylmercury cycling in high arctic coastal marine sediments from Allen Bay，Nunavut，Canada. Environmental Science & Technology，48（5）：2680-2687.

Stamenkovic J，Gustin M S. 2009. Nonstomatal versus stomatal uptake of atmospheric mercury. Environmental Science & Technology，43（5）：1367-1372.

St-Cyr L，Crowder A A. 1990. Manganese and copper in the root plaque of *Phragmites australis*（Cav.）Trin.ex Steudel. Soil Science，149（4）：191-198.

Strickman R J，Mitchell C P J. 2017. Accumulation and translocation of methylmercury and inorganic mercury in *Oryza sativa*：an enriched isotope tracer study. Science of the Total Environment，574：1415-1423.

Sun G X，Liu X，Williams P N，et al. 2010. Distribution and translocation of selenium from soil to grain and its speciation in paddy rice（*Oryza sativa* L.）. Environmental Science & Technology，44（17）：6706-6711.

Sunderland E M，Gobas F A P C，Branfireun B A，et al. 2006. Environmental controls on the speciation and distribution of mercury in coastal sediments. Marine Chemistry，102（1-2）：111-123.

Sörbo B. 1987. Sulfate：turbidmetric and nephelometric methods. Methods in Enzymology，143：3-6.

Tabatchnick M D，Nogaro G，Hammerschmidt C R. 2012. Potential sources of methylmercury in tree foliage. Environmental Pollution，160（1）：82-87.

Tessier A，Campbell P G C，Bisson M. 1979. Sequential extraction procedure for the speciation of particulate trace metals. Analytical Chemistry，51（7）：844-851.

Tian L，Guan W Y，Ji Y Y，et al. 2021. Microbial methylation potential of mercury sulfide particles dictated by surface structure. Nature Geoscience，14：409-416.

Tiffreau C，Lützenkirchen J，Behra P. 1995. Modeling the adsorption of mercury（II）on（hydr）oxides：I. Amorphous iron oxide and α-quartz. Journal of Colloid and Interface Science，172（1）：82-93.

Trivedi P，Axe L. 2000. Modeling Cd and Zn sorption to hydrous metal oxides. Environmental Science & Technology，34（11）：2215-2223.

Tuominen L，Kairesalo T，Hartikainen H. 1994. Comparison of methods for inhibiting bacterial activity in sediment. Applied and Environmental Microbiology，60（9）：3454-3457.

USEPA. 2000. Water quality standards-establishment of numeric criteria for priority toxic pollutants for the State of California，40 CFR part 131. http://www.epa.gov/fedrgstr/EPA-WATER/2000/May/Day-18/w11106.pdf.

Ullrich S M，Tanton T W，Abrashitova S A. 2001. Mercury in the aquatic environment：a review of factors affecting methylation. Critical Reviews In Environmental Science and Technology，31（3）：241-293.

Viollier E，Inglett P W，Hunter K，et al. 2000. The ferrozine method revisited：Fe（II）/Fe（III）determination in natural waters. Applied Geochemistry，15（6）：785-790.

Wang B L，Zhong S Q，Bishop K，et al. 2021. Biogeochemical influences on net methylmercury formation proxies along a peatland chronosequence. Geochimica et Cosmochimica Acta，308：188-203.

Wang J X，Feng X B，Anderson C W N，et al. 2012. Remediation of mercury contaminated sites—a review. Journal of Hazardous Materials，221-222：1-18.

Wang M X，Li Y L，Zhao D Y，et al. 2020. Immobilization of mercury by iron sulfide nanoparticles alters mercury speciation and microbial methylation in contaminated groundwater. Chemical Engineering Journal，381：122664.

Wang S F，Feng X B，Qiu G L，et al. 2007a. Characteristics of mercury exchange flux between soil and air in the heavily air-polluted area，Eastern Guizhou，China. Atmospheric Environment，41（27）：5584-5594.

Wang S F，Feng X B，Qiu G L，et al. 2007b. Mercury concentrations and air/soil fluxes in Wuchuan mercury mining district，Guizhou Province，China. Atmospheric Environment，41（28）：5984-5993.

Wang X，Ye Z H，Li B，et al. 2014. Growing rice aerobically markedly decreases mercury accumulation by reducing both Hg bioavailability and the production of MeHg. Environmental Science & Technology，48（3）：1878-1885.

Wang Y Y，Wang H，He J S，et al. 2017. Iron-mediated soil carbon response to water-table decline in an alpine wetland. Nature Communications，8：15972.

West J，Graham A M，Liem-Nguyen V，et al. 2020. Dimethylmercury degradation by dissolved sulfide and mackinawite. Environmental Science & Technology，54（21）：13731-13738.

WHO（World Health Organization）. 1991. International program on chemical safety. Environmental health criteria 118-Inorganic mercury，Geneva.

Wiener J G，Knights B C，Sandheinrich M B，et al. 2006. Mercury in soils，lakes，and fish in Voyageurs National Park（Minnesota）：Importance of atmospheric deposition and ecosystem factors. Environmental Science & Technology，40（20）：6261-6268.

Wilson H F，Xenopoulos M A. 2009. Effects of agricultural land use on the composition of fluvial dissolved organic matter. Nature Geoscience，2：37-41.

Wolfenden S，Charnock J M，Hilton J，et al. 2005. Sulfide species as a sink for mercury in lake sediments. Environmental Science &

Technology，39（17）：6644-6648.

Wu Q Q，Hu H Y，Meng B，et al. 2020. Methanogenesis is an important process in controlling MeHg concentration in rice paddy soils affected by mining activities. Environmental Science & Technology，54（21）：13517-13526.

Xia X，Yang J J，Yan Y B，et al. 2020. Molecular sorption mechanisms of Cr（Ⅲ）to organo-ferrihydrite coprecipitates using synchrotron-based EXAFS and STXM techniques. Environmental Science & Technology，54（20）：12989-12997.

Xu S B，Li T，Deng Z Y，et al. 2008. Dynamic proteomic analysis reveals a switch between central carbon metabolism and alcoholic fermentation in rice filling grains. Plant Physiology，148（2）：908-925.

Xu X H，Zhao J T，Li Y Y，et al. 2016. Demethylation of methylmercury in growing rice plants：an evidence of self-detoxification. Environmental Pollution，210：113-120.

Xu Y Y，He T R，Wu P，et al. 2021. Fulvic acid：a key factor governing mercury bioavailability in a polluted plateau wetland. Water Research，205：117652.

Yan H Y，Li Q H，Meng B，et al. 2013. Spatial distribution and methylation of mercury in a eutrophic reservoir heavily contaminated by mercury in Southwest China. Applied Geochemistry，33：182-190.

Yin R S，Feng X B，Meng B. 2013. Stable mercury isotope variation in rice plants（*Oryza sativa* L.）from the Wanshan mercury mining district，SW China. Environmental Science & Technology，47（5）：2238-2245.

Yin R S，Gu C H，Feng X B，et al. 2016. Distribution and geochemical speciation of soil mercury in Wanshan Hg mine：effects of cultivation. Geoderma，272：32-38.

Zeng Q，Huang L Q，Ma J Y，et al. 2020. Bio-reduction of ferrihydrite-montmorillonite-organic matter complexes：effect of montmorillonite and fate of organic matter. Geochimica et Cosmochimica Acta，276：327-344.

Zenk M H. 1996. Heavy metal detoxification in higher plants-a review. Gene，179（1）：21-30.

Zhang H，Feng X B，Zhu J M，et al. 2012. Selenium in soil inhibits mercury uptake and translocation in rice（*Oryza sativa* L.）. Environmental Science & Technology，46（18）：10040-10046.

Zhang L J，Wu S，Zhao L D，et al. 2019. Mercury sorption and desorption on organo-mineral particulates as a source for microbial methylation. Environmental Science & Technology，53（5）：2426-2433.

Zhang T，Kim B，Levard C，et al. 2012. Methylation of mercury by bacteria exposed to dissolved，nanoparticulate，and microparticulate mercuric sulfides. Environmental Science & Technology，46（13）：6950-6958.

Zhang T，Kucharzyk K H，Kim B，et al. 2014. Net methylation of mercury in estuarine sediment microcosms amended with dissolved，nanoparticulate，and microparticulate mercuric sulfides. Environmental Science & Technology，48（16）：9133-9141.

Zhang Z H，Si R，Lv J T，et al. 2020. Effects of extracellular polymeric substances on the formation and methylation of mercury sulfide nanoparticles. Environmental Science &Technology，54（13）：8061-8071.

Zhao F J，Ma J F，Meharg A A，et al. 2009. Arsenic uptake and metabolism in plants. New Phytologist，181（4）：777-794.

Zhou X Q，Hao Y Y，Gu B H，et al. 2020. Microbial communities associated with methylmercury degradation in paddy soils. Environmental Science & Technology，54（13）：7952-7960.

Zhu W，Song Y，Adediran G A，et al. 2018. Mercury transformations in resuspended contaminated sediment controlled by redox conditions，chemical speciation and sources of organic matter. Geochimica et Cosmochimica Acta，220：158-179.

第8章 汞矿区居民汞暴露途径及健康风险

8.1 汞矿区居民无机汞暴露及健康风险

8.1.1 无机汞的暴露途径

人体无机汞（inorganic Hg，IHg）暴露途径多样而且复杂。对于普通人群来说，补牙和化妆品是主要的无机汞暴露途径。补牙用的大部分填充物是汞合金，其含有 50%的金属汞。咀嚼导致二价汞（Hg^{II}）的机械释放和单质汞（Hg^0）的挥发，其中部分被吸入肺部，可通过鼻道直接进入大脑。一些美白护肤品的无机汞含量较高，汞经皮肤吸收后会沉积在人体内，引起慢性汞中毒。另外，我国人群还存在一种特殊的无机汞暴露途径 —— 中药。在国家药品标准里，中药如安宫牛黄丸、人丹等253种药品批准允许含有"朱砂"成分。如果长期过量食用此类中药，人体易出现汞中毒症状，严重者还会导致急性汞中毒。对于职业接触汞暴露的人群来说（如氯碱厂、汞矿、混汞法炼金、汞加工和销售、温度计工厂和牙科诊所的工人等），吸入汞蒸气是其汞暴露最重要的途径。

对于汞矿区居民而言，汞暴露可通过食物摄入、呼吸以及饮水等途径。大规模汞矿山活动产生的"三废"（废渣、废水、废气）会释放大量的汞到周围环境中。矿山活动区近地表大气、地表水体、表层土壤以及生长的植物等均显示出高汞浓度特征（表 8-1-1；冯新斌等，2013）。

表 8-1-1 我国汞矿区不同环境介质无机汞含量分布（冯新斌等，2013）

介质		平均值	标准偏差	最小值	最大值
大气/(ng/m³)		150	160	7.4	1950
水体/(ng/L)		730	1530	6.1	9260
土壤/(mg/kg)		93	160	0.1	79
谷类/(ng/g)	稻米	120	170	1.2	1070
	玉米	140	200	7.9	570
蔬菜/(ng/g)	卷心菜	500	520	23	1760
	萝卜	92	100	3.6	460
	大白菜	220	280	12	960
	小白菜	290	460	60	1890
	青菜	88	19	76	140
	其他	520	300	80	970
鱼肉/(ng/g)		170	160	7.8	630

汞通过不同暴露途径进入人体的暴露量的计算公式如下：

$$ADD = \frac{C \times IR \times EF \times ED}{BW \times AT} \qquad (8\text{-}1\text{-}1)$$

式中，ADD 为经某种暴露途径汞日平均暴露剂量；C 为某环境介质中的汞浓度；IR 为对该环境介质的汞接触或摄入率；EF 和 ED 为汞暴露频率和汞暴露持续时间；BW 为平均体重；AT 为平均汞暴露时间。

式（8-1-1）中的摄入量（暴露因子）、接触频率、暴露周期、人体平均体重以及终身天数等风险评估设定的暴露途径参数，见表 8-1-2。其中，农产品及畜产品摄入量、平均体重引用我国的统计值；接触频率、暴露周期等参数设定矿区居民终身未有迁徙而生活于矿区内；其他参数参考有关文献。

表 8-1-2　汞矿区居民健康风险评估汞暴露途径参数统计（冯新斌等，2013）

暴露途径	参数	暴露因子	备注
直接摄入	呼吸量/(m³/d)	20	
	饮水量/(L/d)	2.5	
农产品摄入	食入稻米/(g/d)	625	干重
	食入蔬菜/(g/d)	350	湿重，按 7%换算干重
畜产品摄入	食入猪肉/(g/d)	35	
	食入牛羊肉/(g/d)	3.3	
	食入禽肉/(g/d)	7.8	
	食入鱼肉/(g/d)	5.5	按年消费 2.0 kg 计
吸收率	大气汞	70%	Gnamus et al.，2000
	无机汞	8%	Horvat et al.，2003
	甲基汞	100%	Horvat et al.，2003
人体平均体重（BW）	kg	60	
接触频率（EF）	d/a	365	
暴露周期（ED）	a	75	
终身天数（AT）	ED×365d/a	27375	

据前述参数，用式（8-1-1）对我国汞矿区居民不同汞暴露途径日暴露量进行估算，并计算风险因子。研究结果表明，汞矿区居民通过蔬菜和稻米进食而产生无机汞的暴露最高，平均日暴露量分别为 0.13μg/(kg·d)和 0.10μg/(kg·d)，占无机汞总暴露量的 80%以上（表 8-1-3）。其中，通过蔬菜和稻米进食而产生无机汞的最大暴露量分别可达 0.48μg/(kg·d)和 0.89μg/(kg·d)。无机汞的日安全摄入量为 0.57μg/(kg·d)，尽管各暴露途径的均值评估未超出联合国粮农组织/世界卫生组织食品添加剂联合专家委员会（Joint FAO/WHO Expert Committee on Food Additives，JECFA）推荐的建议值，但各进食途径产生的总暴露量将会有可能导致健康风险。

表 8-1-3　我国汞矿区无机汞暴露日平均风险评估结果

项目	日暴露量（ID）/ [μg/(kg·d)]	风险因子（HI）
呼吸大气	0.037	0.065
饮水	0.0024	0.0042
食入稻米	0.1	0.18
食入蔬菜	0.13	0.23
食入猪肉	0.0015	0.0026
食入牛羊肉	—	—
食入禽肉	0.0046	0.0081
食入鱼肉	0.0012	0.0021
总风险	0.28	0.49

8.1.2　居民无机汞暴露健康风险

汞在大气、土壤、水体、沉积物以及生物体等环境介质中广泛存在，可通过呼吸、饮食和皮肤暴露等途径进入人体，经过吸收和代谢等而在体内产生一定的暴露剂量，从而对人体健康造成危害。尿液汞（UHg）测量被广泛用于评估人体无机汞暴露量，因为 UHg 被认为最能反映肾脏的汞水平（Barregard，1993；Clarkson et al.，1988），一般采用尿液肌酐（Cr）含量对汞含量进行校正。尿液和粪便是人体排汞的主要途径，当暴露量较高时，尿液途径排汞占主导地位（WHO，1991）。尿液中汞的半衰期约为 2 个月。长期单质汞和无机汞暴露的主要影响是肾脏损害。

1. 汞矿区炼汞工人无机汞暴露风险

务川位于贵州省东北部，县城距遵义市 190km，距省会贵阳 348km。务川汞矿（木油厂汞矿）位于贵州省务川县城东北 11km 处的大坪镇，是我国超大型汞矿田（床）之一，矿田南北长 5.4km，东西宽 0.6～1.0km，累计探明汞储量 1.613 万 t。务川汞矿区的土法炼汞主要集中在银钱沟、老虎沟、干溪、板场、罗溪、太坝等地，土法炼汞的矿石来源多为对原国营务川汞矿的非法矿山开采。铜仁市位于贵州省东部，铜仁的土法炼汞主要集中在南部茶店镇垢溪、老屋场两地。其中，垢溪地区的土法炼汞矿石来源为当地开采的小型汞矿；而老屋场土法炼汞的矿石来源为 PVC（聚氯乙烯）企业废弃的氯化汞触媒，PVC 企业在使用炔烃给料工艺的氯乙烯单体生产过程中，汞是作为催化剂使用的。土法炼汞工艺极其落后，生产过程中大量的汞排放至周围大气中，因此炼汞工人遭受严重的汞暴露。

于 2005 年 6 月在务川汞矿区机修厂和银钱沟系统采集土法炼汞工人的尿液样品 22 组；2006 年 12 月在铜仁垢溪和老屋场地区采集土法炼汞工人尿液样品 18 组。采集尿样 2mL 盛装于预处理过的聚乙烯管中，同时加 1mL 浓 HNO₃（优级纯）保存防止汞的损失，另取尿样 2 mL 用于测定尿液其他参数。采集样品的同时，详细调查工人年龄、性别、体重、职业、有无土法炼汞活动的历史、是否补牙、是否吸烟和饮酒、疾病历史及饮食习惯、每天大米消耗量等信息。尿汞含量采用硝酸水浴消解、BrCl 氧化、$SnCl_2$ 还原、冷原子荧光光谱法（CVAFS）测定；尿液肌酐（Cr）在当地医院测定，采用尿液肌酐（Cr）对尿汞进行校正。

与其他国家汞矿区工人相比，贵州省汞矿区工人尿汞含量明显处在较高水平（表 8-1-4）。务川土法炼汞工人尿汞平均含量高达 1060μg Cr/g，尿汞最大值达到 6150μg Cr/g，95%的炼汞工人（21/22）尿汞超过世界卫生组织的标准（Li et al.，2015）。世界卫生组织规定职业暴露人群尿汞的最大允许值为 50μg Cr/g（WHO，1991），而普通人群的尿汞含量一般低于 5μg Cr/g（UNIDO，2003）。铜仁垢溪地区以及老屋场炼汞工人尿汞含量均超过世界卫生组织建议的标准（Li et al.，2011），表明其土法炼汞工人遭受严重的汞蒸气暴露，存在较大的健康风险。汞矿区某些土法炼汞工人，已经表现出临床汞中毒症状，如眼睑、手指等轻微震颤，口腔出现特征的青黑色"汞线"等，其尿汞含量、尿常规参数和 β_2 微球蛋白含量也出现异常。根据职业性汞中毒诊断标准（GBZ89—2007），判定务川土法炼汞工人汞中毒人数为 6 人，垢溪地区土法炼汞工人汞中毒人数为 2 人，老屋场地区土法炼汞工人汞中毒人数为 1 人。

表 8-1-4 全球汞矿区职业工人尿液汞（UHg）含量比较 （单位：μg Cr/g）

地点	n	平均值	标准偏差	最小值	最大值	参考文献
斯洛文尼亚	54	69.3	31.4	26	158	Kobal et al.，2004
阿尔及利亚	64	139	80.9	33	382	Abdennour et al.，2002
意大利阿米塔山	606	160	—	1.3	10565	Bellander et al.，1998
垢溪	12	347	398	69.4	1430	Li et al.，2011
老屋场	6	917	817	100	1940	Li et al.，2011
务川	22	1060	1510	28	6150	Li et al.，2008

2. 万山汞矿区一般居民无机汞暴露风险

于 2012 年 12 月系统采集万山汞矿区下溪和敖寨两个流域 7 个地点居民尿液样品（图 8-1-1），每个地点招募人数为总人口的 10%～20%。选择居家超过 3 个月且自愿参加的当地居民，排除患有已知肾病或其他严重疾病的参与者。同时进行问卷调查，以获取居民年龄、性别、体重、职业、有无土法炼汞的历史、是否补牙、是否吸烟和饮酒、疾病历史及饮食习惯、每天大米消耗量等基本信息。将尿液样品收集在干净的塑料离心管中并进行密封，低温（+4℃）、避光储存，待分析。尿液样品采用 HNO_3 水浴（95℃）进行消解，通过氯化溴（BrCl）氧化、氯化亚锡（$SnCl_2$）还原、吹扫、金管富集和冷原子荧光光谱法测定尿液样品总汞含量，并采用尿液肌酐（Cr）进行校正。同时采集静脉血样品，用于分析血清肌酐（SCr）和尿素氮（BUN）；静脉血样品分析在万山区人民医院完成，采用全自动生化仪进行测定。

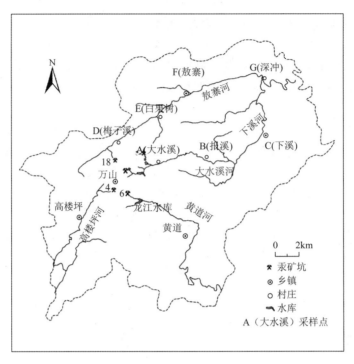

图 8-1-1　万山汞矿区研究对象采样位置图

分析数据表明，万山汞矿区汞矿废渣堆 3 km 范围内（大水溪、梅子溪和白果树）的居民尿汞浓度较高，其几何平均值（geomean）分别为 8.29μg Cr/g、5.13μg Cr/g 和 10.3μg Cr/g（表 8-1-5），尿汞浓度随距离污染源的距离呈梯度变化（Li et al.，2015）。汞矿区居民的尿汞最大值达到 144μg Cr/g，比 WHO（1991）建议的职业暴露限值（50μg Cr/g）高出约 2 倍，调查人群中 2.5%（4/160）的尿汞超过该限值。36%调查人群（57/160）的尿汞超过联合国工业发展组织（United Nations Industrial Development Organization，UNIDO）建议的一般居民限值（5μg/g Cr）。因此，汞矿区一般居民也存在通过食用大米、蔬菜等导致的无机汞暴露风险。

表 8-1-5　万山汞矿区居民尿汞（UHg）与血清肌酐（SCr）含量

地点	n	UHg/（μg Cr/g）			SCr/（μmol/L）	
		平均值	标准偏差	几何均值	平均值	标准偏差
A 大水溪	32	12.8	12.4	8.29	62.9	10.7
B 报溪	13	1.07	0.45	0.97	52.7	11.0
C 下溪	28	2.56	5.77	0.99	57.8	6.54
D 梅子溪	28	9.09	17.9	5.13	63.7	8.25
E 白果树	26	20.6	30.5	10.3	64.4	13.8
F 敖寨	11	1.29	0.82	1.09	56.2	5.30
G 深冲	22	1.48	1.41	1.17	57.9	6.54

　　血清肌酐（SCr）和血尿素氮（BUN）是最常用的肾功能指标，也可作为环境汞暴露肾毒性评估的标志物（Li et al.，2013）。研究人群尿汞和血清肌酐含量之间的秩相关系数为 0.385，呈现显著正相关关系（$P<0.01$）；而尿汞和血尿素氮含量之间没有显著相关性（$rs=-0.099$，$P=0.135$），血清肌酐比血尿素氮更敏感地揭示了人体无机汞暴露对肾脏的影响，这与之前在废弃汞矿区的研究结果一致（Li et al.，2013）。因此，血清肌酐可以作为诊断人体无机汞暴露引起的肾脏毒性的有效方法，无机汞暴露导致研究人群血清肌酐显著增加。在高尿汞浓度的两个四分位数中，血清肌酐含量显著增加（图 8-1-2），结果表明人体无机汞暴露可能导致肾功能损伤。

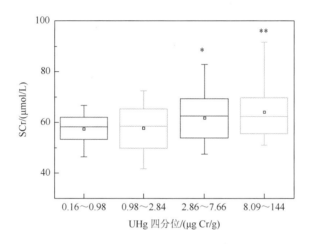

图 8-1-2　研究人群血清肌酐（SCr）与尿汞（UHg）含量四分位数分析

3. 万山汞矿区孕妇无机汞暴露及肾脏毒性

　　以万山汞矿区作为调查区域、雷山作为对照区域，于 2013 年选择在医院分娩并且在研究区域居住 6 个月以上的产妇作为研究对象。排除标准包括患有肾病、肝病、心血管疾病和乙型肝炎（Zhang et al.，2020）。

　　将孕妇的晨尿样本（5mL）收集在干净的聚乙烯管中，并在样本中加入 10%的浓 HNO_3（优级纯）以防止汞的损失。所有样品均在 +4℃下储存，然后返回实验室进行汞含量分析。尿样采用 HNO_3 水浴（95℃）消解，通过 $SnCl_2$ 还原和冷蒸气原子荧光光谱法测量尿汞（UHg）浓度，检出限为 0.01μg/L，重复样品的标准偏差低于 10%。标准物质（ZK0201 和 ZK020-2）尿汞的平均回收率分别为 95.7%和 99.3%。同时采集孕妇的静脉血样品，其血肌酐和尿素氮含量在万山区人民医院采用全自动生化仪测定。

　　数据表明，万山汞矿区孕妇尿汞浓度几何平均值分别为 1.09μg/L（$n=165$），对照区（雷山）孕妇尿汞浓度几何平均值为 0.29μg/L（$n=65$）。万山汞矿区共有 15 人（9.1%）尿汞浓度超过联合国工业发展组织（UNIDO）的建议值（<5μg/L），而对照区（雷山）均低于该建议值。万山汞矿区和对照区（雷山）孕妇的血肌酐中位数（四分位数间距）分别为 69.1（12.5）μmol/L 和 46.0（11.0）μmol/L，两者之间具有显著差异（$P<0.01$）；万山汞矿区和对照区（雷山）孕妇血尿素氮中位数（四分位数间距）分别为 5.3（2.3）mmol/L

和 5.7（2.3）mmol/L，差异性不明显。尿汞与血肌酐含量的相关系数 $r = 0.385（P<0.01）$，呈显著的正相关关系。万山组尿汞含量增加的 OR 值（比值比，即病例组中暴露与非暴露人数的比值和对照组中暴露与非暴露人数的比值）是雷山组的 9.29 倍（95% CI：3.58～24.1），尿汞含量低者（以中位数为界）其肌酐降低的 OR 值是尿汞含量高者的 0.32 倍（95% CI：0.19～0.55）；食鱼者肌酐降低的 OR 值是不食鱼者的 0.71 倍（95% CI：0.58～0.88）。上述结果表明，万山地区孕妇存在一定程度的无机汞暴露风险，无机汞暴露会导致一定的肾功能损伤。

8.2　汞矿区居民甲基汞暴露及健康风险

8.2.1　居民甲基汞的暴露途径

1. 膳食法计算

国际上一般认为，人群甲基汞暴露的主要途径是食用鱼类及其他水产品。而汞矿区当地居民食用鱼肉很少，平均每天约 0.8g（贵州省人民政府办公厅贵州年鉴社主办，2005）。但是，大米是当地居民的主食，提供了人体所需的绝大部分能量。2004 年贵州普通居民每天大米的消耗量约为 403g（贵州省人民政府办公厅贵州年鉴社主办，2005）。前期研究发现，汞矿区大米富集甲基汞，因此当地居民可能通过食用大米暴露甲基汞。

1）研究对象和头发汞

于 2006 年 12 月选择万山汞矿区大水溪、下场溪和报溪 3 个村庄，以及长顺县改尧镇为对照组。长顺县位于贵州省南部，距省会贵阳市约 90km。万山和长顺地区的人口均以少数民族为主，有着相似的传统习俗以利于对比分析。每个村庄的参与者人数分别占大水溪、下场溪和报溪总人口的 15%、21% 和 22%，大多数为农民，偶尔参与土法炼汞活动。系统采集当地居民食用的大米、蔬菜、猪肉和饮水样品以及头发样品。万山汞矿区大水溪、下场溪、报溪和长顺 4 个村庄研究对象的基本信息，见表 8-2-1。

表 8-2-1　万山汞矿区 3 个村庄研究对象的基本信息

地点	总人数	n	性别		年龄/岁	
			男	女	平均值±标准偏差	范围
大水溪	206	30	17	13	51±15	12～74
下场溪	120	21	8	13	58±13	34～80
报溪	200	43	21	22	50±17	5～83
长顺		24	12	12		

　　用不锈钢剪刀从每位参与者的头皮枕区剪下头发样本，放置并密封在聚乙烯袋中，带到实验室进行分析。选择距离头皮 1～3cm 的头发部分进行汞含量分析。头发样品采用非离子洗涤剂、蒸馏水和丙酮依次洗涤，并放置在 60℃的烘箱进行干燥。样品总汞含量采用 HNO$_3$ 消解、BrCl 氧化、SnCl$_2$ 还原、吹扫、金管富集和冷原子荧光光谱法（CVAFS）测定。样品甲基汞含量采用 KOH-甲醇/溶剂萃取、乙基化、吹扫、捕集和气相色谱冷原子荧光光谱法（GC-CVAFS）检测。

　　万山汞矿区 3 个村庄居民头发总汞和甲基汞含量分布列于表 8-2-2。分析数据显示，万山汞矿区 3 个村庄居民的头发总汞的几何平均值分别为 7.30μg/g、1.90μg/g 和 2.30μg/g，显著高于对照区长顺居民的头发总汞平均含量 0.75μg/g；对应的头发甲基汞平均含量分别为 2.80μg/g、1.30μg/g 和 1.50μg/g，也显著高于对照区长顺居民的头发甲基汞平均含量 0.62μg/g。说明万山汞矿区居民存在一定程度的汞暴露风险。

表 8-2-2　万山汞矿区 3 个村庄居民头发总汞和甲基汞含量分布　　（单位：μg/g）

地点	汞形态	n	平均值	标准偏差	最小值	最大值	分布
大水溪	总汞	30	7.30*	11.60	2.10	58.50	对数正态
	甲基汞	30	2.80	1.40	0.80	5.60	正态
下场溪	总汞	21	1.90*	1.20	0.60	6.50	对数正态
	甲基汞	21	1.30	0.70	0.20	3.60	正态
报溪	总汞	43	2.30*	1.80	1.00	9.70	对数正态
	甲基汞	43	1.50	0.70	0.50	3.50	正态
长顺	总汞	12	0.75	0.28	0.32	1.72	正态
	甲基汞	12	0.62	0.23	0.26	1.1	正态

*表示几何平均值。

2）食物汞

　　万山汞矿区 3 个村庄和长顺居民食用大米的汞含量分布，列于表 8-2-3。万山汞矿区 3 个村庄大米总汞平均含量均超过了国家食品卫生限量标准规定值 20ng/g（GB 2762—2017），且远远高于对照区长顺大米的总汞含量。其中，大水溪居民所食用大米总汞含量全部超标（高于 20ng/g）。大水溪、下场溪、报溪 3 个村庄和对照区长顺大米甲基汞平均含量分别为 14.6ng/g、5.7ng/g、4.0ng/g 和 2.5ng/g，其甲基汞占总汞的平均比例分别为 27.2%±13.7%（7.9%～65.9%）、30.8%±18.8%（6.1%～72.3%）、17.7%±16.8%（2.4%～75.1%）和 40.8%±24.2%（9.6%～88.3%）。经统计检验发现，大水溪大米总汞和甲基汞含量显著高于对应的下场溪大米（总汞，$P<0.001$；甲基汞，$P<0.001$）和报溪大米（总汞，$P<0.05$；甲基汞，$P<0.001$）。不同地区（3 个村庄）大米中汞含量差异与其当地环境介质汞污染程度有密切关系。调查发现，3 个村庄都位于万山汞矿五坑尾矿渣堆的下游，但是大水溪村离尾矿渣堆最近，受尾矿渣堆的影响最大，汞污染程度最严重，其次为报溪和下场溪。这导致了大水溪大米汞含量显著高于其他两个村庄。

表 8-2-3 万山汞矿区 3 个村庄和长顺居民食用大米的汞含量分布 （单位：ng/g）

地点	汞形态	n	平均值	标准偏差	最小值	最大值	分布
大水溪	总汞	25	58.5*	39.9	21.1	192	对数正态
	甲基汞	25	14.6	4.7	7.5	27.6	正态
下场溪	总汞	18	21.3*	16.8	10.0	66.9	对数正态
	甲基汞	18	5.7	1.9	3.3	10.2	正态
报溪	总汞	27	33.1*	57.4	4.9	215	对数正态
	甲基汞	27	4.0*	3.0	1.9	14.7	对数正态
对照区	总汞	24	7.0	2.8	3.2	15.1	正态
	甲基汞	24	2.5	1.2	0.8	4.3	正态

*表示几何平均值。

万山汞矿区 3 个村庄居民食用蔬菜的汞含量分布，列于表 8-2-4。蔬菜样品具有很高的总汞含量：大水溪蔬菜总汞的平均含量为（346±471）ng/g，变化范围为 5～1890ng/g；下场溪蔬菜总汞的平均含量为（87±63）ng/g，变化范围为 4～266ng/g；报溪蔬菜总汞的平均含量为（109±108）ng/g，变化范围为 4～738ng/g。3 个村庄蔬菜总汞平均含量均远远超过了国家食品卫生限量值 10ng/g（GB 2762—2017），说明其已经遭受较严重的汞污染。相比之下，蔬菜样品中甲基汞含量较低，大水溪蔬菜甲基汞平均含量为（0.10±0.09）ng/g，变化范围为 0.04～0.51ng/g；下场溪蔬菜甲基汞的平均含量为（0.11±0.11）ng/g，变化范围为 0.02～0.51ng/g；报溪蔬菜甲基汞的平均含量为（0.08±0.03）ng/g，变化范围为 0.03～0.18ng/g。蔬菜中甲基汞占总汞的比例很低，均小于 0.80%。

表 8-2-4 万山汞矿区 3 个村庄居民食用蔬菜的汞含量分布 （单位：ng/g，湿重）

地点	汞形态	n	平均值	标准偏差	最小值	最大值
大水溪	总汞	25	346	471	5	1890
	甲基汞	25	0.10	0.09	0.04	0.51
	甲基汞占总汞比例/%	25	0.10	0.20	0.003	0.80
下场溪	总汞	18	87	63	4	266
	甲基汞	18	0.11	0.11	0.02	0.51
	甲基汞占总汞比例/%	18	0.20	0.20	0.03	0.60
报溪	总汞	27	109	108	4	738
	甲基汞	27	0.08	0.03	0.03	0.18
	甲基汞占总汞比例/%	27	0.10	0.10	0.03	0.70

万山汞矿区 3 个村庄居民食用猪肉的汞含量分布，列于表 8-2-5，其总汞平均含量为（216.00±230.00）ng/g，变化范围为 7.50～565.00ng/g。7 个猪肉样品中有 4 个样品总汞含量超过国家食品卫生限量值 50ng/g（GB 2762—2017）。猪肉样品中甲基汞含量很低，平均含量为（0.85±1.23）ng/g，变化范围为 0.05～3.43ng/g。当地严重的汞污染造成农作物的汞污染，牲畜以食用当地的农作物为主，因此表现出较高的总汞含量。

表 8-2-5　万山汞矿区 3 个村庄居民食用猪肉的汞含量分布　（单位：ng/g，湿重）

汞形态	n	平均值	标准偏差	最小值	最大值
总汞	7	216.00	230.00	7.50	565.00
甲基汞	7	0.85	1.23	0.05	3.43
甲基汞占总汞比例/%	7	1.49	3.10	0.07	9.14

　　万山汞矿区 3 个村庄居民饮水来源均为自来水，其汞含量列于表 8-2-6。可以看出，本节所选择的万山汞矿区 3 个村庄居民饮用水（自来水）均具有较高的总汞含量：大水溪、下场溪和报溪自来水总汞的平均含量分别为（66.900±44.800）ng/L、（55.500±19.900）ng/L 和（25.600±15.500）ng/L。但饮用水中甲基汞含量均较低（一般小于 0.100ng/L），甲基汞占总汞的比例均小于 0.3%。

表 8-2-6　万山汞矿区 3 个村庄居民饮用水（自来水）汞含量分布　　（单位：ng/L）

地点	汞形态	n	平均值	标准偏差	最小值	最大值
大水溪	总汞	4	66.900	44.800	25.700	122.000
	甲基汞	4	0.066	0.016	0.051	0.084
	甲基汞比例/%	4	0.160	0.120	0.040	0.290
下场溪	总汞	3	55.500	19.900	34.000	73.400
	甲基汞	3	0.085	0.043	0.035	0.115
	甲基汞比例/%	3	0.150	0.040	0.100	0.180
报溪	总汞	3	25.600	15.500	15.200	43.400
	甲基汞	3	0.041	0.002	0.038	0.042
	甲基汞比例/%	3	0.200	0.100	0.090	0.280

　　从食物汞含量的调查可以看出，万山汞矿区 3 个村庄居民食用的大米、蔬菜、猪肉和饮水均表现出很高的总汞含量，很大一部分超过相应的国家食品卫生限量标准。当地居民长期食用这些高汞含量的食物，势必对其身体健康造成一定的危害。然而，对比贵州汞矿区不同农产品中甲基汞的含量发现，稻米中甲基汞含量明显高于蔬菜和猪肉中甲基汞含量。稻米中甲基汞的高含量和高比例，充分说明贵州汞矿区稻米具有很强的甲基汞积累效应。大米是当地居民的主食，摄入量很大，而甲基汞具有很强的神经毒性和生物积累性，长期食用很有可能对当地居民健康构成潜在威胁。

　　3）甲基汞暴露途径

　　根据参与者提供的每天食用的大米、蔬菜、猪肉量和 2L/d 的饮水量，计算了万山汞矿区 3 个村庄居民每日通过不同途径甲基汞的摄入量，相关统计数据见表 8-2-7。数据表明，食用大米是当地居民甲基汞暴露的主要途径，其摄入量占总甲基汞摄入量的平均比例分别为（97.5±1.8）%（91.6%～99.2%）、（94.1±3.5）%（84.2%～98.0%）和（93.5±3.4）%（81.1%～98.5%）。上述结果表明，万山汞矿区居民甲基汞暴露的主要途径是食用高甲基汞含量的大米。

表 8-2-7　万山汞矿区居民不同途径甲基汞暴露的摄入量及比例　　[单位：μg/（kg·d）]

地点	途径	n	平均值	标准偏差	最小值	最大值
大水溪	大米	30	0.12（97.5）	0.048（1.8）	0.035（91.6）	0.21（99.2）
	猪肉	30	0.002（1.5）	0.0003（0.9）	0.001（0.6）	0.002（5.3）
	蔬菜	30	0.001（1.1）	0.001（1.1）	0.0003（0.2）	0.009（5.8）
	饮水	30	0.0002（0.003）	0.0001（0.002）	0.0002（0.001）	0.0004（0.01）
	总量	—	0.123	0.048	0.038	0.214
下场溪	大米	21	0.049（94.1）	0.02（3.5）	0.019（84.2）	0.085（98.0）
	猪肉	21	0.001（3.3）	0.0003（1.3）	0.001（1.4）	0.002（6.2）
	蔬菜	21	0.001（2.6）	0.001（2.9）	0.0002（0.5）	0.006（12.4）
	饮水	21	0.0002（0.008）	0.00005（0.003）	0.0001（0.003）	0.0003（0.02）
	总量	—	0.051	0.019	0.021	0.086
报溪	大米	43	0.04（93.5）	0.03（3.4）	0.01（81.1）	0.14（98.5）
	猪肉	43	0.001（4.4）	0.0004（2.4）	0.001（1.0）	0.004（12.2）
	蔬菜	43	0.001（2.1）	0.0004（1.4）	0.0001（0.3）	0.002（6.7）
	饮水	43	0.0001（0.005）	0.00002（0.003）	0.0001（0.001）	0.0002（0.01）
	总量	—	0.043	0.026	0.013	0.139

注：括号内数据为所占比例（%）。

　　万山汞矿区 3 个村庄和长顺对照区不同参与者每日通过食用大米的甲基汞摄入量和对应的头发甲基汞含量之间存在显著的正相关关系（$R = 0.65$，$P < 0.01$，图 8-2-1）。充分证实汞矿区居民头发甲基汞的来源确实是食用大米所造成的，食用大米是万山汞矿区居民甲基汞暴露的主要途径。

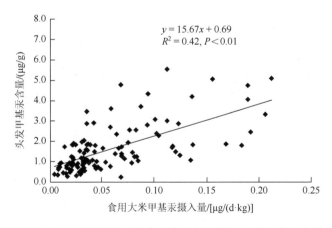

图 8-2-1　万山汞矿区居民食用大米甲基汞摄入量和头发甲基汞含量的关系

2. 汞同位素法

　　汞稳定同位素技术被证实可以用来进行环境样品汞的源解析和示踪生物地球化学过

程。Bergquist 和 Blum（2007）首次在鱼体内发现奇数汞同位素非质量分馏（mass independent fractionation，MIF）的现象，并通过实验证实水体中二价汞（Hg^{II}）的光致还原过程和甲基汞（MeHg）的光降解过程是导致上述现象的原因。这使得汞成为迄今为止自然界唯一被证实存在同位素非质量分馏的重金属，更展示了二维同位素体系质量分馏-非质量分馏（MDF-MIF）在示踪污染源方面的广阔应用前景。Gratz 等（2010）在美国五大湖地区的大气降水中检测到偶数汞同位素（^{200}Hg）的非质量分馏。Kwon 等（2012，2013）发现汞的非质量分馏值在食物-摄食者之间保持一致，这说明在摄食过程中，生物器官中发生的生物化学反应不会导致明显的非质量分馏。

对以鱼为主要食物的居民、炼金工人及牙医的头发中汞同位素组成研究发现，头发和所食用鱼之间非质量分馏值无差异，而质量分馏（如 $\delta^{202}Hg$）值有约 +2.0‰ 的变化，这说明在人体代谢过程中可能会有汞的质量分馏过程发生（Bonsignore et al.，2015；Laffont et al.，2009，2011，Li et al.，2014，2016；Sherman et al.，2013）。人体内汞的非质量分馏组成与所食用鱼一致，均被认为是环境中甲基汞的光致去甲基化作用（而非生物代谢过程）导致，因为生物代谢过程中不会发生汞的非质量分馏。因此，可以将非质量分馏信号用作指示食物链汞污染源的良好工具。本节采用汞同位素技术探讨"以食用大米为主要汞暴露源"的居民体内汞的摄入来源。

1）研究方案

选取万山汞矿区金家场村（汞矿区）、贵阳市南明区西湖路社区（市区）和长顺县改尧镇（背景区）作为研究区域，每个采样点选取 30 名居民（儿童和成人各半）。自 2013 年 10 月至 2014 年 11 月，每个月完成一次采样工作。每次采集参与者头发、尿液、所食用大米和鱼样，头发样品从研究对象头皮枕部区域剪取，放入聚乙烯袋密封保存。鱼肉（15～20g）、大米（15～20g）和蔬菜（10～25g）从每个参与者的厨房收集。根据调查，万山和长顺采集的大米和蔬菜多数为当地种植，而从贵阳采集的食物样品多为市场购买。以调查问卷的方式记录每位参与者的个人信息、生活习惯和身体健康状况等。鱼肉和蔬菜样品冷冻干燥，大米样品风干。然后将干燥的样品制成粉末并在室温下储存，直至进行化学分析。样品总汞含量采用 5mL 混合酸（HNO_3：H_2SO_4 = 4：1，v：v）95℃水浴消解，冷原子荧光光谱法（CVAFS）测定。头发和鱼肉样品采用 25%KOH 消解，大米和蔬菜样品使用 KOH-甲醇/溶剂萃取，甲基汞含量采用水相乙基化、气相色谱冷原子荧光光谱法（GC-CVAFS）测定。计算各点居民连续一年汞暴露状况后，将每个人一年中所有头发和大米样品分别混合成一个样品进行汞同位素测定。使用连续流进样系统（Yin et al.，2010）和多接收等离子质谱（Nu Plasma 型 MC-ICP-MS）联用的方法测定样品中汞的同位素组成。汞同位素质量分馏（MDF）表达为 $\delta^{xxx}Hg$（‰），xxx 为汞同位素质量数；汞同位素非质量分馏（MIF）表达为 $\Delta^{xxx}Hg$（‰），xxx 为汞同位素质量数。详细的分析方法及计算方法，见第三章。

2）食物和头发中总汞及甲基汞

本书中所采集的食物和头发样品总汞（THg）和甲基汞（MeHg）浓度及汞同位素组成，见表 8-2-8。其中，大米、头发和蔬菜样品为干样，鱼样为湿样。万山汞矿区金家场采样点居民头发总汞平均浓度为（4478±3422[①]）ng/g，远高于贵阳南明区［（398±396）ng/g］和长顺改尧镇［（334±236）ng/g］。同样，万山汞矿区金家场采样点头发甲基汞平均浓度［（2242±1922）ng/g］也远高于贵阳南明区［（236±192）ng/g］和长顺改尧镇［（213±134）ng/g］。三个研究区居民头发中甲基汞占总汞的比例分别为51%±26%（万山汞矿区金家场）、65%±42%（贵阳南明区）和63%±28%（长顺改尧镇）。各研究区成人（儿童家长）和儿童头发总汞和甲基汞浓度均无显著性差异（$P > 0.05$）。

表 8-2-8　不同样品中总汞（THg）和甲基汞（MeHg）浓度及汞同位素组成

地点	样品	n	THg/(ng/g)	MeHg/（ng/g）	MeHg 占比/%	δ^{202}Hg/‰	SD/‰	Δ^{199}Hg/‰	SD/‰
万山	头发	26	4478±1711	2242±961	51±13	−0.24	0.47	0.02	0.11
	大米	15	79±39	17±8	25±14	−2.59	0.49	0.03	0.03
	蔬菜	8	139±140	—	—	−2.29	0.64	−0.10	0.06
贵阳	头发	21	398±198	236±96	65±21	1.62	0.43	0.42	0.21
	大米	11	3.6±0.5	1.8±0.6	51±15	−1.35	0.19	0.02	0.04
	鱼	10	33±27	20±12	70±19	−0.48	0.52	0.96	0.65
长顺	头发	9	334±118	213±67	63±14	0.99	0.22	−0.01	0.03
	大米	14	4.8±0.5	2.7±0.3	57±7	−1.83	0.12	−0.07	0.04

　　万山汞矿区金家场大米总汞和甲基汞浓度［总汞：（79±78）ng/g；甲基汞：（17±16）ng/g］也远高于贵阳南明区［总汞：（3.6±1.0）ng/g；甲基汞：（1.8±1.2）ng/g］和长顺改尧镇［总汞：（4.8±1.0）ng/g；甲基汞：（2.7±0.6）ng/g］。三个采样点大米甲基汞占总汞的比例分别为25%±28%（万山汞矿区金家场）、51%±30%（贵阳南明区）和57%±14%（长顺改尧镇）。贵阳南明区和长顺改尧镇居民头发和大米中总汞含量间无显著性差异（$P > 0.05$）。万山汞矿区金家场蔬菜总汞浓度为（139±280）ng/g。根据前人研究，蔬菜中甲基汞占总汞比例极低（0.1%～0.2%），居民通过食用蔬菜导致的甲基汞暴露几乎可以忽略不计。贵阳南明区鱼肉总汞和甲基汞浓度分别为（33±54）ng/g 和（20±24）ng/g，鱼肉中甲基汞占总汞比例为70%±38%。

　　3）食物中汞同位素组成

　　本节所采集的食物中汞同位素组成，见表 8-2-8 和图 8-2-2。分析数据表明，不同采样点大米中汞同位素组成存在较大差异。其中，万山汞矿区金家场大米的 δ^{202}Hg 和 Δ^{199}Hg 分别为−2.59‰±0.98‰（−3.5‰～−1.5‰）和 0.03‰±0.06‰（−0.03‰～0.08‰）。本节中的 δ^{202}Hg 值与之前 Yin 等（2013）的研究结果一致（−2.38‰±0.32‰），稍偏负于 Feng 等（2016）（−1.60‰±2.80‰）和 Rothenberg 等（2017）（−1.23‰±1.38‰）的研究结果。本节中的 Δ^{199}Hg 值与前人研究结果一致（Rothenberg et al.，2017；Yin et al.，2013）。相

---

① 3422 为 2 倍标准差，下同。

对于万山汞矿区金家场，贵阳南明区大米 δ^{202}Hg 值偏正（$-1.35‰\pm0.38‰$），而 Δ^{199}Hg 值比较接近（$0.02‰\pm0.08‰$）。长顺改尧镇大米 δ^{202}Hg 值（$-1.83‰\pm0.24‰$）介于万山汞矿区金家场和贵阳南明区之间，而 Δ^{199}Hg 值与两者相比稍偏负（$-0.07‰\pm0.08‰$）。万山汞矿区金家场蔬菜汞同位素值范围较大（δ^{202}Hg：$-3.66‰\sim-1.63‰$，$-2.29‰\pm1.28‰$；Δ^{199}Hg：$-0.21‰\sim0.01‰$，$-0.10‰\pm0.12‰$），但和该采样点大米汞同位素值范围基本重合。贵阳南明区所采鱼肉 δ^{202}Hg 和 Δ^{199}Hg 值分别为$-0.48‰\pm1.04‰$（$-1.28‰\sim0.23‰$）和 $0.96‰\pm1.30‰$（$0.12‰\sim1.97‰$），与前述大米及蔬菜的同位素组成完全不同（图 8-2-2）。

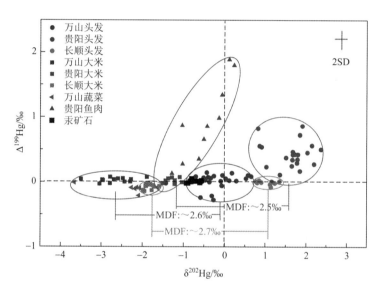

图 8-2-2　万山汞矿区（金家场）、贵阳（南明区）和长顺（改尧村）居民头发、鱼肉、大米和蔬菜汞同位素组成（后附彩图）

4）居民头发汞同位素组成

如图 8-2-2 所示，本节所选择的三个研究区（万山汞矿区、贵阳和长顺）居民头发汞同位素组成各不相同。万山汞矿区金家场采样点居民头发 δ^{202}Hg 和 Δ^{199}Hg 分别为 $-0.24‰\pm0.94‰$（$-1.43‰\sim0.65‰$）和 $0.02‰\pm0.22‰$（$-0.27‰\sim0.14‰$）；长顺改尧镇居民头发 δ^{202}Hg 和 Δ^{199}Hg 分别为 $0.99‰\pm0.44‰$（$0.76‰\sim1.35‰$）和$-0.01‰\pm0.06‰$（$-0.07‰\sim0.03‰$）；贵阳南明区居民头发 δ^{202}Hg 和 Δ^{199}Hg 分别为 $1.62‰\pm0.86‰$（$0.82‰\sim2.36‰$）和 $0.42‰\pm0.42‰$（$-0.03‰\sim0.75‰$）。三个采样点男性和女性、成人（儿童家长）和儿童汞头发汞同位素值无显著差异；汞同位素值和样品汞浓度之间无显著相关关系。

与万山汞矿区金家场和长顺改尧镇不同，贵阳南明区居民头发 Δ^{199}Hg 显著偏正。相对于万山汞矿区金家场和长顺改尧镇，贵阳南明区居民食鱼频率明显更高，本节认为食鱼是贵阳南明区居民头发 MIF 值偏正主要原因。贵阳南明区居民头发中 Δ^{199}Hg/Δ^{201}Hg 比值为 $1.21‰\pm0.05‰$（2SD），与鱼肉中 Δ^{199}Hg/Δ^{201}Hg 比值一致，这也说明南明区居民头发汞可能来自食鱼。

5）汞同位素二元混合模型计算居民汞暴露来源

在汞同位素的研究中，二元混合模型通常被用作估算两个端源各自对目标样品的贡献比例。人体摄食和代谢过程中不会发生汞同位素非质量分馏，且作为食物来源，大米、蔬菜中的汞同位素与鱼肉相差甚异，可以使用二元混合模型计算其各自对头发汞的贡献比例。二元混合模型公式如下：

$$\Delta^{199}Hg_{hair} = F_{non\text{-}fish} \cdot \Delta^{199}Hg_{non\text{-}fish} + F_{fish}\Delta^{199}Hg_{fish} \qquad (8\text{-}2\text{-}1)$$

$$F_{non\text{-}fish} = (\Delta^{199}Hg_{hair} - \Delta^{199}Hg_{fish})/(\Delta^{199}Hg_{non\text{-}fish} - \Delta^{199}Hg_{fish}) \qquad (8\text{-}2\text{-}2)$$

$$F_{fish} = 1 - F_{non\text{-}fish} \qquad (8\text{-}2\text{-}3)$$

式中，$\Delta^{199}Hg_{hair}$、$\Delta^{199}Hg_{fish}$ 和 $\Delta^{199}Hg_{non\text{-}fish}$ 分别为居民头发、鱼肉和大米 $\Delta^{199}Hg$ 值；F_{fish} 和 $F_{non\text{-}fish}$ 分别为食用鱼肉导致的居民汞暴露所占比例以及除鱼肉外其他食物源（非鱼源）导致的居民汞暴露所占比例。三个采样点鱼肉 $\Delta^{199}Hg$ 值均采用贵阳南明区鱼肉 $\Delta^{199}Hg$ 结果，而各点非鱼源 $\Delta^{199}Hg$ 值采用了各自大米 $\Delta^{199}Hg$ 值。

计算结果显示，贵阳南明区居民头发汞 41%±42%来自食用鱼肉的摄入，而这一比例在万山汞矿区金家场和长顺改尧村分别为 5%±12%和 4%±6%（图 8-2-3），这与贵州地区城市和农村居民食鱼频率的调查结果相一致。根据《贵州统计年鉴》，城市居民每天摄入鱼肉 9.1 g，农村居民每天摄入鱼肉仅 1.2 g。

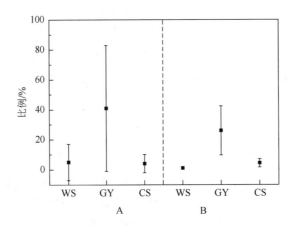

图 8-2-3　汞同位素二元混合模型（A）和摄入量（B）计算食用鱼肉汞暴露的相对贡献对比

WS（万山汞矿区金家场；GY（贵阳南明区）；CS（长顺改尧镇）

6）膳食法计算居民汞暴露来源

为了验证汞同位素二元混合模型计算结果的可靠性，本研究参考前人食物汞研究数据（Wu et al.，2016；Feng et al.，2008；Fu et al.，2011；Qiu et al.，2009；Zhang et al.，2010），通过居民各种食物摄入量及其汞浓度计算各种食物汞暴露比例。分析数据表明，万山汞矿区金家场居民通过食用大米、鱼肉、蔬菜、家禽家畜肉类和呼吸空气导致的汞摄入量分别占总摄入量的比例分别为 57%±38%、1.1%±0.71%、25%±27%、6.9%±3.0%

和 10%±21%,在长顺改尧镇,对应的比例分别为 84%±9.8%、4.4%±2.8%、5.6%±2.8%、2.5%±0.02% 和 3.3%±1.8%,在贵阳南明区对应的比例分别为 44%±15%、26%±16%、7.9%±3.9%、5.2%±0.1% 和 17%±17%。该结果与汞同位素二元混合模型的计算结果一致（图 8-2-3）,表明在万山矿区和背景区,食用大米是居民汞暴露的最主要途径。然而,在城市地区,除大米外食用鱼肉也是居民汞暴露的最重要途径之一。

本研究分析了三种不同典型环境居民头发及食物汞同位素组成,采用汞同位素二元混合模型计算各研究区域居民头发汞的来源,并与摄入量法计算结果对比分析。结果显示,三个研究区域居民头发和所食用的大米中汞同位素组成具有显著差异。食用大米为主的汞矿区（万山汞矿区金家场）和背景区（长顺改尧镇）居民头发 $\Delta^{199}Hg$ 接近于零,而食用鱼肉较多的城市地区（贵阳南明区）居民头发 $\Delta^{199}Hg$ 显著偏正。汞同位素二元混合模型方法计算结果显示:食用鱼肉对汞矿区（万山汞矿区金家场）和背景区（长顺改尧镇）居民头发汞的贡献几乎可以忽略不计,而食用鱼肉对城市地区（贵阳南明区）居民头发汞贡献占比高达 41%。该结果与摄入量法计算结果一致,说明汞同位素能够简便有效示踪人体汞暴露来源。

8.2.2　居民甲基汞暴露的健康风险

由于汞开采活动悠久历史,贵州汞矿区农田土壤已受到严重的汞污染。历史矿山废弃物中含有的大量汞化合物可以迁移到地表水、土壤和沉积物中,并在特定条件下可能转化为甲基汞,最终通过食物链进入人体。由于稻米可高度累积甲基汞,且稻米为当地居民主食。因此,汞矿区高含量甲基汞稻米,对汞矿区居民体健康的影响不容忽视。

头发和血液中的汞含量水平被广泛用于甲基汞暴露的生物标志物。全血中的汞含量可提供过去 1～2 个半衰期的汞暴露信息,血液中甲基汞的半衰期为 50～70d。头发汞代表整个生长期的平均暴露水平,头发生长速度约为 1cm/月（Mergler et al.,2007）。由于具有方便且无创的特点,在大多数研究中,头发汞被认为是人体甲基汞暴露的良好生物标记物（Basu et al.,2018）。甲基汞是头发中汞的主要存在形式,占非职业人群头发总汞的 80%～98%（Mergler et al.,2007）。在妊娠期间,甲基汞暴露的主要靶器官是胎儿大脑。因为胎盘是运输甲基汞最主要的器官,胎儿血液甲基汞浓度比母亲高约 2 倍。因此,脐带血的汞含量是评估产前汞暴露最理想的生物标志物。

1. 贵州省典型汞矿区人群甲基汞暴露风险

于 2004～2006 年,系统采集万山汞矿区（大水溪、报溪和下场溪,2006 年 12 月）、务川汞矿区（2004 年 12 月）、铜仁汞矿区（垢溪和老屋场,2006 年 12 月）和对照区长顺（2005 年 6 月）居民头发样品。对采集的居民发样,先用洗涤剂清洗,再以丙酮液清洗数遍,剪碎装入自封袋内置于冰箱内保存。尿样置于冰箱内保存（0～+4℃）,并尽快分析测试。采用冷原子荧光光谱法（CVAFS）或冷原子吸收光谱法（CVAAS）对样品总汞含量进行测定;采用气相色谱联用冷原子荧光光谱法（GC-CVAFS）对样品甲基汞含量进行测定（详见本书第三章）。

　　各研究区居民头发甲基汞含量对比，见图 8-2-4。对照组（长顺）居民头发甲基汞的平均含量为 0.65μg/g，变化范围为 0.26～1.38μg/g。万山汞矿区 3 个村庄大水溪、报溪和下场溪居民头发甲基汞平均含量分别为 2.8μg/g、1.3μg/g 和 1.5μg/g，显著高于对照区长顺居民头发甲基汞平均含量（0.65μg/g），说明万山汞矿区居民存在一定程度的甲基汞暴露风险。务川汞矿区居民头发甲基汞含量变化范围为 0.45～5.89μg/g。铜仁垢溪和老屋场地区炼汞工人和普通居民头发甲基汞含量最高（最大值达到 10.6μg/g），可能与当地严重的汞污染有关。当地种植的大米具有较高的甲基汞含量（详见第六章），从而导致其严重的甲基汞暴露。

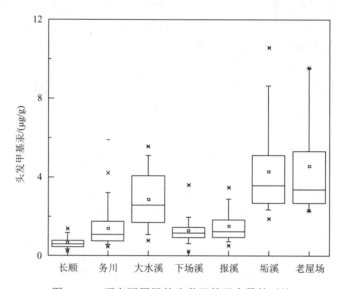

图 8-2-4　研究区居民的头发甲基汞含量的对比

　　日本和伊拉克汞中毒事件的研究结果表明，当头发中的总汞含量<50μg/g 时，一般未发现有中毒病理的变化，对人体不会构成明显的伤害（WHO，1990）。怀孕母亲不会出现甲基汞中毒症状的头发汞临界值为 10～14μg/g（NRC，2000）。一般而言，正常人群头发甲基汞含量应小于 1μg/g。不同汞矿区居民头发甲基汞含量分析结果表明，汞矿区居民均存在一定的甲基汞暴露风险，特别是一些敏感人群（如儿童和孕妇等），可能造成更加严重的影响。

2. 万山汞矿区居民甲基汞暴露风险

　　于 2012 年 12 月系统采集万山汞矿区下溪和敖寨两个区域 7 个居民点的居民头发和血液样品。选择 11 名长头发的女性进行头发分段研究，将发丝从头皮部位连续切割成 1 cm长度，以分析过去一年头发汞含量的月变化（头发的生长速度为每月 1 cm）。使用准备好的 EDTA 真空管采集参与者静脉血样品。头发样品采用非离子洗涤剂、蒸馏水和丙酮依次清洗，放置在 60℃ 的烘箱干燥过夜。头发总汞含量采用 Lumex RA-915＋和PYRO-915＋热解分析。全血样品采用 95℃ 水浴酸解 3h，BrCl 氧化、SnCl₂ 还原、冷原子荧光光谱法（CVAFS）测定总汞含量。头发和血液样品采用 KOH-甲醇/溶剂萃取，水相乙基化、气相色谱联用冷原子荧光光谱法（GC-CVAFS）测定甲基汞含量。通过样品总汞、甲基汞含量的测定，探讨了汞矿区居民食用大米甲基汞暴露水平的空间分布和时间变异特征，进行汞矿区居民甲基汞暴露的风险评价。

万山汞矿区两个流域 7 个研究点居民头发和血液总汞及甲基汞含量分布特征，如图 8-2-5 所示。A~G 点居民头发总汞平均值的变化范围为 1.33~5.07μg/g，居民头发甲基汞平均值的变化范围为 0.79~3.67μg/g，头发甲基汞占总汞的平均比例为 71.7%±18.2%。从中可以看出，随着距污染源距离的增加，居民头发总汞和甲基汞含量均逐渐降低。其中，B、C 和 G 点基本可以代表区域背景，受汞矿活动的影响非常有限。而距离尾矿渣堆较近的 A、D 和 E 点（2~3km 之内），居民头发总汞和甲基汞含量处在较高水平，可以圈定为居民汞暴露的高风险区域。7 个研究点所有居民血液总汞的平均值为（12.2±15.0）μg/L，A~G 点居民血液甲基汞平均值的变化范围为 2.20~9.36μg/L，血液甲基汞占总汞的平均比例为 52.8%±17.5%，血液汞含量的空间分布趋势与头发一致。

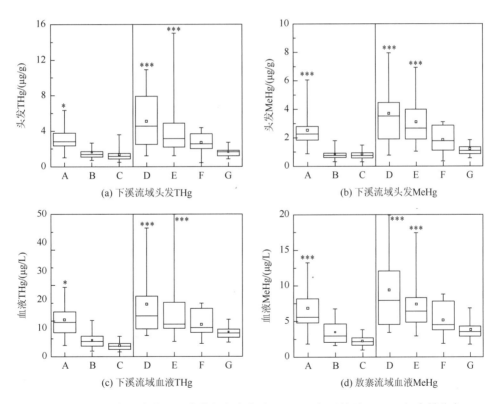

(a) 下溪流域头发THg　　(b) 下溪流域头发MeHg

(c) 下溪流域血液THg　　(d) 敖寨流域血液MeHg

图 8-2-5　万山各研究点居民头发和血液总汞（THg）和甲基汞（MeHg）含量分布

*表示 P<0.05，***表示 P<0.001

选择了 11 个研究对象采集头发样品，以 1cm 为间隔进行分段（12 段）。由于头发生长速度约为 1 cm/月，12 段（1 cm/段）可以反映过去一年的汞暴露水平。图 8-2-6 为所选择 11 个居民头发汞含量的月变化趋势。就总汞而言［图 8-2-6（a）］，去除两个极高值（D3 和 E13），居民头发总汞含量无明显的月变化趋势。图 8-2-6（b）反映了两个极高值 D3 和 E13 的头发总汞和甲基汞含量月变化趋势，其中居民头发甲基汞含量基本保持稳定（1～12 月）。表明居民头发可能受到无机汞暴露，但其甲基汞暴露量是基本稳定的，无明显时间变化趋势。其主要原因可能为：当地居民食用的大米是自己种植的，大米甲基汞含量相对固定。

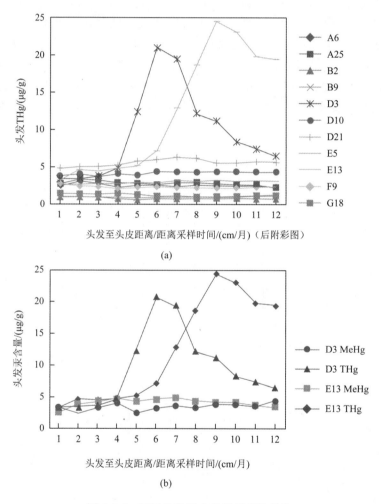

(a)

(b)

图 8-2-6　居民头发汞含量的月变化趋势

目前，有关甲基汞暴露的风险评估体系都是基于食鱼人群的研究。JECFA 制定的人体甲基汞最大允许摄入量（PTWI）为 1.6μg/（kg·week）［即 0.23μg/（kg·d）］，USEPA 推荐值的参考剂量（reference dose，RfD）为 0.1μg/（kg·d）。根据人体每日的甲基汞摄入量 d［μg/（kg·d）］，利用毒物代谢动力学模型可以计算对应头发汞的浓度 H（μg/g），$H = 10d$（USEPA，1997）。通过计算获得的 PTWI 和 RfD 对应的头发汞浓度分别为 2.3μg/g

和 1.0μg/g。万山汞矿区居民头发甲基汞含量 H（μg/g）和食用大米的日甲基汞摄入量 d［μg/（kg·d）］之间存在显著的正相关关系（$P < 0.001$），其拟合关系为 $H = 22.9d$（图 8-2-7）。拟合系数（22.9）远高于食鱼人群的结果（10），为食鱼人群的 2.3 倍。这表明在相同的暴露剂量下，食用大米人群的暴露负荷更大，食鱼所得的风险评估体系低估了食用大米导致的甲基汞暴露风险。与大米相比，鱼类等水产品富含大量的有益微量营养物质，如硒、n-3 长链聚合不饱和脂肪酸和蛋白质等，其影响着人体对甲基汞的吸收、分布、代谢和毒性作用。

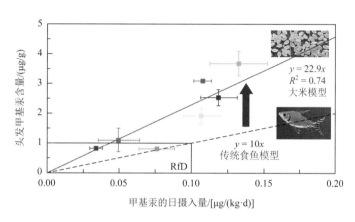

图 8-2-7　万山汞矿人群头发甲基汞含量和食用大米甲基汞日摄入量的关系

一般人群头发汞含量应低于 1μg/g，头发汞超过 10μg/g 将有可能对孕妇和儿童等敏感人群健康产生影响。根据万山地区的人口数量（约 62000 人）初步估算：头发甲基汞<1μg/g，63.2%（39200 人）；1~2.3μg/g，20.3%（12600 人）；2.3~5μg/g，13.2%（8200 人）；>5μg/g，3.2%（2000 人）。总体来讲，一般人群甲基汞暴露的风险不大。但是，重点区域（距离尾矿渣堆 3 km 以内）的孕妇和婴儿甲基汞暴露的风险需要高度关注。

3. 万山汞矿区儿童甲基汞暴露的健康风险

与成年人相比，儿童汞暴露的健康风险更大，但万山汞矿区儿童甲基汞暴露现状并不清楚。本研究选择万山汞矿区四个流域开展系统研究工作。万山区共有四条主干河流，汞矿开采和尾矿渣堆均位于四条河流的源头。本研究根据河流流域将该区划分为四个区域：A、B、C 和 D，并在每条河流的上游（A1、B1、C1、D1）和下游（A2、B2、C2、D2）分别选取一所学校作为采样点，于 2013 年系统采集上述 8 个地点小学学生头发样品（图 8-2-8）。2013 年万山地区共有 29 所小学，在校学生（5~14 岁）共 4202 人，其中 45% 为女孩，55% 为男孩；参与本调查研究的儿童共计 237 人。

A1 和 C1 点，分别有 18 名和 29 名小学学生（所有在校学生）参与本研究。B1 点参与本研究的学生占总在校人数的 88%。其他五个点参与人数占总人数的 6.3%~14%。参与者 51% 是女孩，49% 是男孩。平均年龄为（9.8±1.3）岁（范围：6~13 岁），平均体重为（28±7.3）kg（范围：17~70 kg），平均身高为（133±9.0）cm（范围：110~160cm）。

各采样点儿童头发总汞和甲基汞浓度分布，如图8-2-9所示。整个地区儿童头发总汞平均值为1.4μg/g（范围：0.50～6.0μg/g），不同采样点浓度差异较大。采样点A1儿童头发总汞浓度平均值为3.3μg/g，显著高于其他七个采样点（P＜0.05）。75%儿童头发汞浓度超过USEPA建议的1μg/g限值，18%超过JECFA建议的2.3μg/g限值。在采样点A1，所有的儿童（100%）头发总汞浓度均超过1μg/g，其中80%超过2.3μg/g。万山地区儿童头发甲基汞浓度平均值为1.1μg/g（范围：0.35～4.2μg/g）。采样点A1儿童头发甲基汞浓度平均值最高，为2.6μg/g。甲基汞占总汞的比例为78%±15%（39%～99%）。各采样点之间甲基汞占总汞的比例无显著性差异，而各点头发总汞和甲基汞浓度均存在显著的正相关关系。不同性别或者不同年龄儿童头发总汞和甲基汞浓度均无显著性差异。

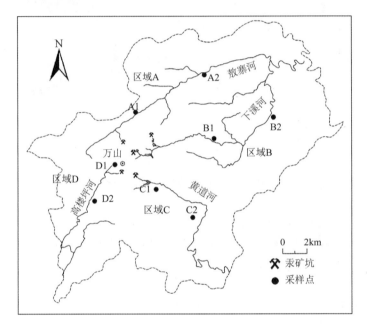

图8-2-8 万山地区采样点分布图

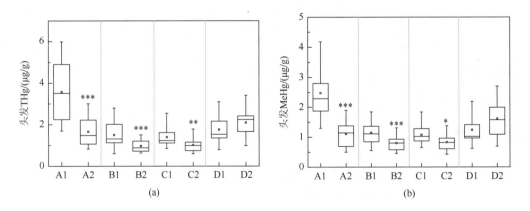

图8-2-9 万山儿童头发总汞（THg）浓度（a）和甲基汞（MeHg）浓度（b）分布

***P＜0.001，**P＜0.01，*P＜0.05，同一流域1与2比较

河流上游采样点儿童头发汞浓度均显著高于下游，这与当地土壤、河流沉积物和大米汞污染程度空间分布规律的研究结果一致（详见本书第四~六章）。各样品的总汞浓度随采样点距上游尾矿堆的距离增加而降低，在数千米后迅速降低至区域背景值。此外，本研究还发现，大米汞浓度随离矿渣堆距离的增加而降低，与儿童头发汞浓度空间分布规律一致。

头发汞浓度通常被认为是人体甲基汞暴露水平的良好指标。USEPA 和 JECFA 分别推荐的标准为 1.0µg/g 和 2.3µg/g（USEPA，1997；JECFA，2003）。据此，本研究将儿童头发总汞浓度分为三个范围：<1.0µg/g，1.0~2.3µg/g 和>2.3µg/g。利用万山各区域不同头发汞浓度范围的比例分别乘以各区域儿童总人数，获得各区域儿童头发总汞浓度的分布情况（图 8-2-10）。分析数据表明，整个万山地区 61%的儿童头发总汞浓度超过 USEPA 推荐的 1.0µg/g 标准，8%的儿童头发总汞浓度超过 JECFA 推荐的 2.3µg/g 标准。

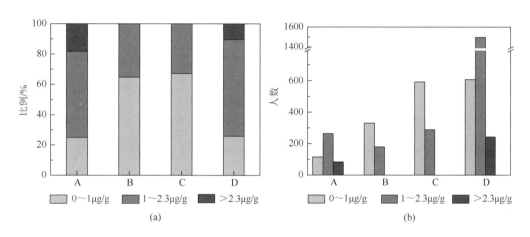

图 8-2-10　万山各区域不同头发汞浓度等级人数比例（a）及各区域不同头发汞浓度等级人数（b）

万山汞矿区儿童汞暴露水平调查研究结果显示，汞暴露最严重的是 A 区域，即敖寨河流经的敖寨乡，该区域汞矿开采冶炼活动最为活跃，导致环境污染更严重。各区域上游儿童头发汞浓度显著高于下游，远离矿渣堆区域的儿童汞暴露水平相对较低。汞在儿童体内代谢过程与成年人不同，后期应关注儿童体内汞的代谢过程。除此之外，需要根据本研究结果协助政府制定相关政策，以降低重点区域儿童汞暴露风险。

8.3　汞矿区居民甲基汞暴露的健康效应

8.3.1　新生儿低剂量汞暴露对 mRNA 表达谱的影响

新生儿是汞暴露的易感人群；新生儿汞暴露的毒性作用机制复杂，且仍不清楚。本研究通过测定万山汞矿区新生儿脐带血总汞含量，应用高通量测序技术筛选汞暴露对新生儿脐带血 mRNA 表达谱差异，从而探讨新生儿汞暴露毒性作用的分子机制。

1. 对象与方法

本研究开展于 2019 年，选择居住在万山汞矿区超过 1 年的孕妇作为调查对象，排除：①有沟通障碍无法参与调查的孕妇；②患有高血压、心脏病、肝病、肾病等相关疾病；③患有"艾滋病、乙肝、梅毒"等传染病。通过问卷调查了解其职业、身高、体重、饮食习惯等信息，于万山区人民医院检验科收集孕妇血常规检测数据。孕妇分娩后，抽取脐带血两管共 4.5mL，分别使用 2mL EDTA-K2 抗凝管和 2.5mL PAXgene 采血管采集全血。将 EDTA-K2 抗凝管和 PAXgene 采血管立即颠倒 8～10 次，确保抗凝管的全血和抗凝剂充分混匀。所有样品均冷冻（–80℃）保存，并迅速带回实验室待测。EDTA-K2 抗凝管采集的全血进行脐带血总汞含量测定，PAXgene 采血管的全血用于 mRNA 高通量测序，共采集新生儿脐带血样品 114 份。

采用冷原子荧光光谱法（CVAFS）测定脐带血总汞含量。根据脐带血总汞含量将样本分为两组，低汞含量设为对照组，高汞含量设为实验组，每组各选择 3 个生物样本进行 mRNA 高通量测序，筛选相关差异表达基因，对其进行基因本体（gene ontology，GO）功能知识体系分析和京都基因和基因组数据库（Kyoto encyclopedia of genes and genomes，KEGG）通路分析。应用实时荧光定量聚合酶链反应（qRT-PCR）对高通量测序结果进行验证。采用 Spearman 秩相关分析脐带血总汞含量与孕妇血常规检测指标之间的关系。按脐带血总汞含量四分位数分为四组：第 1 组≤P25；第 2 组：P25～P50；第 3 组：P50～P75；第 4 组：≥P75，采用 Kruskal-Wallis H 检验进行四组间孕妇血常规检测指标的比较。

2. 新生儿脐带血总汞水平和差异基因分析

万山地区新生儿脐带血总汞含量中位数（25th 百分位、75th 百分位）为 3.57μg/L（2.48μg/L、6.04μg/L），浓度范围为 0.53～29.4μg/L。其中，28.9%的脐带血样品总汞含量超过 USEPA 推荐值 5.8μg/L。mRNA 实验设计中筛选出来的差异基因火山图，见图 8-3-1。与对照组相比，mRNA 差异表达基因共有 504 个，包括 456 个上调基因和 48 个下调基因。其中，血红蛋白亚基 γ2（Hemoglobin subunit gamma2，HBG2）基因表达显著上调（$P = 1.28 \times 10^{-4}$），分化簇 177（Cluster of differentiation 177，CD177）基因表达显著下调（$P = 4.83 \times 10^{-4}$）。

GO 功能分析发现，实验组与对照组差异表达基因 GO 项共 2142 个，其中生物学过程 1346 个（62.8%）、细胞组成 331 个（15.5%）、分子功能 465 个（21.7%）。在生物学过程中，大多数差异基因富集在线粒体自噬、红细胞发育过程和血红素生物合成过程等。细胞组成中，大多数差异基因富集在血红蛋白复合物、光谱蛋白相关细胞骨架和膜的固有成分等。分子功能中，大多数差异基因富集在氧载体活性剂、氧结合和 2 铁、2 硫团簇结合等。KEGG 通路分析发现，实验组与对照组差异表达基因通路分析显著性（$P < 0.05$）相关主要有 41 条，大多数差异基因富集在亨廷顿舞蹈症、帕金森病和阿尔茨海默病等作用的通路。对获得的所有差异表达基因进行筛选并对其基因功能进行分析，筛选出两个差异表达的基因 HBG2 和 CD177。HBG2 是珠蛋白家族的一员，属于胎儿血红蛋白亚单位，

实验组 *vs* 对照组：$P < 0.05$ 且 $|\log_2 FC| > 1$

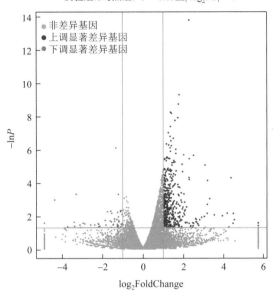

图 8-3-1　筛选出的差异 mRNA 基因火山分布图（后附彩图）

灰色为非差异性基因，红色为显著上调基因，绿色为显著下调基因

由两条 α 链和两条 γ 链组成，HBG2 可增加胎儿血红蛋白的产生。结果发现 HBG2 基因表达显著上调，表明低剂量汞暴露可能通过调控 HBG2 基因的表达而影响胎儿血红蛋白含量。CD177 基因是一种糖磷脂酰肌醇连接的细胞外膜蛋白，在人体中性粒细胞表面和颗粒中表达。CD177 基因也是一个黏附分子，与血小板和内皮细胞等表面的黏附因子（PECAM-1，CD31）相结合，参与中性粒细胞的移行。CD177 基因可能与免疫综合征和造血活动有关。本研究中，CD177 基因表达显著下调，从而影响新生儿相关免疫功能和造血活动。

脐带血总汞含量和孕妇血小板、中性粒细胞计数、白细胞计数的秩相关系数 rs 分别为 0.240（$P < 0.05$）、0.228（$P < 0.05$）、0.243（$P < 0.05$），存在显著正相关关系。对于中性粒细胞计数和白细胞计数，第 4 组显著高于第 1 组（$P < 0.05$）。

本研究进一步采用 qRT-PCR 检测了 HBG2 基因和 CD177 基因的表达。结果显示，HBG2 基因表达上调，CD177 基因表达下调（图 8-3-2）。qRT-PCR 和高通量测序结果趋势一致（$P < 0.05$），表明高通量测序结果可靠。

3. 汞暴露水平和汞毒性作用机制

不同研究区新生儿脐带血总汞含量的对比分析，如表 8-3-1 所示。万山汞矿区新生儿脐带血总汞含量的中位数为 3.57μg/L，低于中国舟山（5.58μg/L）、中国香港（9.18μg/L）、法罗群岛（22.9μg/L）等以海鱼肉为主食的地区，高于中国上海（2.29μg/L）、北京和天津（2.93μg/L）等以非鱼为主食的地区。万山汞矿区新生儿汞暴露处于全球中低水平，但孕妇长期低剂量摄入仍可导致新生儿注意力不集中、记忆能力短缺等健康风险。差异基

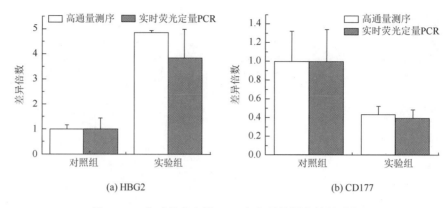

(a) HBG2 (b) CD177

图 8-3-2 实时荧光定量 PCR 和高通量测序结果对比

因表达谱发现，汞暴露主要影响新生儿线粒体自噬和氧化应激等功能，其主要通路与亨廷顿舞蹈症、帕金森病和阿尔茨海默病等神经退行性疾病类似。低剂量汞暴露会改变免疫相关信号通路基因，进而对孕妇及新生儿的免疫功能造成影响。

表 8-3-1 不同地区儿童脐带血汞含量对比

	地点	n	血汞/（μg/L）	儿童年龄	暴露来源	参考文献
国外	法罗群岛	903	22.9	7 岁	鲸肉	Grandjean et al.，1997
国内	香港	608	9.18	6~10 岁	海鱼肉	Lam et al.，2013
	舟山	408	5.58	新生儿	海鱼肉	Gao et al.，2007
	北京和天津	42	2.93	新生儿	大米、淡水鱼肉	Ou et al.，2015
	上海	177	2.29	新生儿	大米、淡水鱼肉	施蓉等，2010
	贵州万山	114	3.57	新生儿	大米	本书

8.3.2 低剂量甲基汞暴露的前列腺素代谢失衡

甲基汞具有神经毒性，影响着全球数百万食用汞污染鱼类和其他食品的人群。研究证实，包括心血管疾病在内的一些慢性疾病可能与甲基汞暴露有关，但其机制尚不明确（Ha et al.，2017）。体外研究表明，甲基汞会影响前列腺素（PG）代谢，但无论是体内还是人体研究，目前都还没有相关报道。本研究通过横断面研究，在成年人中调查甲基汞暴露量与血清 PG 浓度之间的关系，且使用大鼠模型对结果进行验证。

1. 实验方案

于 2013 年招募在万山汞矿区居住至少 6 个月并在当地医院分娩的健康女性（$n=74$），同样招募在对照区雷山居住至少 6 个月并在当地医院分娩的健康女性（$n=47$），通过问卷调查收集人口统计学和饮食信息。在参与者分娩前 2~3d，采集全血 5mL 用于总汞分析；另外收集 2mL 全血，室温凝结 30min，4℃离心获得血清样品，在−80℃下储存，用于 PG 分析。使用 ELISA 试剂盒对血清中的血栓素 A2（TXA2）、环前列腺素（PGI2）、前列腺素 E2（PGE2）、前列腺素 F2α（PGF2α）、15-脱氧-前列腺素 J2（15-deoxy-PGJ2）浓度进行了测定。由于 TXA2 和 PGI2 的半衰期相对较短，因此通过使用 ELISA 测量其稳定衍生物的浓度来估算其血清浓度。通过定量血栓烷 B2（TXB2，TXA2 的水合形式）以及 6 酮-前列腺素 F1α（6-keto-PGF1α）和 2, 3-6-酮前列腺素 FIα（2, 3d-6-keto-PGFIα）的血清浓度来估算 TXA2 及 PGI2 的血清浓度。

大鼠（Sprague-Dawley，SD）（均为雌性，200～220g，6～8 周）饲养于（20±1）℃、12h 光照/12h 黑暗循环环境，提供食物和水。大鼠随机分为对照组、玉米油组和甲基汞暴露组，每组有 12 只大鼠。甲基汞暴露组大鼠每日灌胃玉米油基质的甲基汞[40μg/（kg·d）]，喂食该剂量的大鼠旨在模拟亚慢性毒性剂量的甲基汞暴露，但不会表现出任何明显的可观察到的毒性作用；玉米油组大鼠灌胃 0.1mL 玉米油；对照组大鼠既不给予甲基汞，也不给予玉米油。所有大鼠每两周测量一次体重。在甲基汞暴露 12 周内，每两周从每只大鼠采集一次血样。离心法收集血清样本，储存在−80℃，用于分析其总汞含量。实验 12 周后，所有大鼠均处死。

2. 人群血清前列腺素和全血总汞含量

如表 8-3-2 所示，万山汞矿区女性血液总汞含量（均值：5.47μg/L）显著高于对照区雷山女性（均值：1.47μg/L）。此外，万山汞矿区女性血清 PGF2α、PGE2 和 15-deoxy-PGJ2 浓度相对较高（表 8-3-2）。然而，万山汞矿区和对照区雷山女性血清 6-酮-前列素 F1α（6-keto-PGF1α）和 2，3D-6 酮-前列腺素 F1α（2，3d-6-keto-PGF1α）之间没有显著差异（表 8-3-2）。与万山汞矿区相比，对照区雷山女性血液总汞含量处在较低水平。同样，血清 PGE2、PGF2α 和 15-deoxy-PGJ2 浓度也处在较低水平。

表 8-3-2　研究区人群全血总汞和血清前列腺素含量对比分析

项目	万山汞矿区			雷山（对照区）			P 值
	n	均值	95% CI	n	均值	95% CI	
年龄	71	25.37	（24.24，26.49）	47	23.51	（22.08，24.94）	0.089
全血 THg/(μg/L)	74	5.47	（4.77，6.18）	47	1.47	（1.23，1.72）	<0.001
血清 PGI2/(μg/L)	74	1.77	（1.28，2.25）	47	1.17	（1.01，1.32）	0.285
血清 PGE2/(μg/L)	74	3.70	（3.51，3.89）	47	0.45	（0.27，0.64）	<0.001
血清 PGF2α/(μg/L)	74	13.79	（8.43，19.15）	47	0.33	（0.24，0.42）	0.007
血清 15-deoxy-PGJ2/(μg/L)	74	83.08	（40.49，125.68）	47	0.74	（0.15，1.33）	0.003

血液总汞含量与血清 PGE2、PGF2α 和 15-deoxy-PGJ2 浓度之间存在显著的正相关性，但与 PGI2 相关性不明显（图 8-3-3）。去除年龄、吸烟、饮酒以及水产品消耗量因素的影响后，仍发现血液总汞含量水平与血清 PGs 浓度之间相关性显著。利用偏最小二乘回归（PLS）进一步研究血液总汞含量、人口统计学信息、饮食消费频率和血清 PG 浓度之间的因果关系，超过 50%的差异[PGE2、log(PGF2α)和 log(15-deoxy-PGJ2)]可由前

3 个成分解释。血液总汞含量水平（第一组分＞0.8）和研究地点（第二组分＞0.5）是第一组分和第二组分中负荷最高的预测变量，解释了约 35%～55%的差异。水产品、进口淡水鱼、家禽和其他肉类的消费量是第二～六组分的重要预测变量，解释了额外 15%～20%的差异。因此，通过 PLS 回归分析，血液总汞含量水平和研究地点是万山汞矿区和对照区雷山女性血清 PGE2、PGF2α 和 15-deoxy-PGJ2 浓度升高的主要原因，其次是饮食习惯。

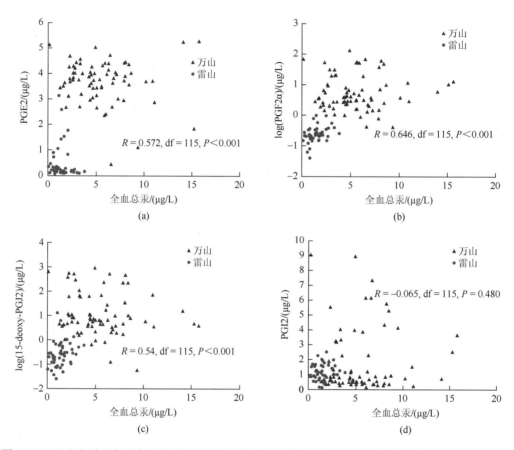

图 8-3-3　万山和雷山人群全血总汞（THg）含量和血清前列腺素（PG）含量的相关性（后附彩图）

3. 甲基汞染毒大鼠前列腺素代谢失衡研究

在甲基汞暴露组给药 12 周后，大鼠血清总汞含量平均达到 65μg/L。与对照组和玉米油组大鼠相比其体重没有明显下降。采用液相色谱-质谱联用技术（LC-MS）研究甲基汞对大鼠血清代谢的影响，以揭示甲基汞引起的代谢变化。甲基汞暴露后大鼠血清前列腺素 J2（PGJ2）含量显著降低，某些带负电荷的代谢产物也有显著差异，大多数表现在花生四烯酸代谢中，包括花生四烯酸（AA），15-脱氧-前列腺素 J2（15-deoxy-PGJ2），11, 12-二羟基-5Z、8Z、14Z 二十三烯酸（11, 12-DHET），白三烯 B4（LTB4）和白三烯 A4（LTA4）。大鼠甲基汞暴露 6 周和 10 周，血清 15-deoxy-PGJ2 和 2, 3d-6-keto-PGF1α 浓度开始升高

［图 8-3-4（a）和（b）］；大鼠甲基汞暴露 12 周后，相比对照组血清 PGF2α 浓度显著升高
［图 8-3-4（c）］。

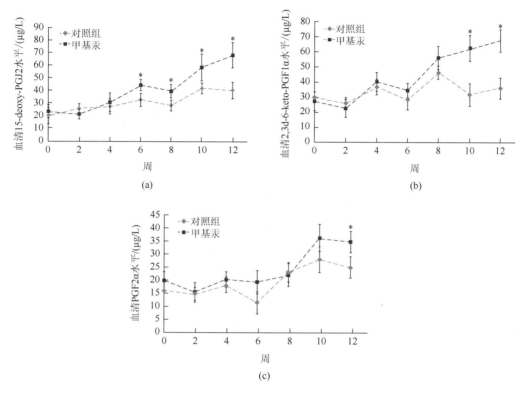

图 8-3-4　大鼠血清前列腺素（PG）含量 12 周的变化

4. 前列腺素失衡相关的临床研究意义

上述研究表明，长期低剂量甲基汞暴露可导致花生四烯酸代谢中断，同时还导致不同前列腺素的增加。发现在人群和大鼠中，PGF2α 和 15-deoxy-PGJ2 随血液总汞含量升高而升高（图 8-3-3）。在人群中仅发现 PGE2 与血液总汞含量呈正相关，而甲基汞暴露导致 PGI2 水平的增加仅在大鼠中发现。观察到其变异的一种可能解释是由于人和大鼠之间的内在物种差异。除此之外，大鼠被置于受控环境中，并保持相对稳定的饮食摄入；而万山汞矿区和对照区（雷山）受试人群则处在不同的生活环境，且饮食习惯不同。众所周知，前列腺素代谢与饮食和生活方式密切相关。这可能会引入未知的混杂因素，这可能是受试人群和大鼠之间前列腺素代谢存在差异的主要原因。

PGs 的主要生物学功能之一是调节炎症。PGE2 是一种炎症介质，可引起发热和疼痛感。15-deoxy-PGJ2 通过激活过氧化物酶体增殖物激活受体 γ（PPARγ）发挥抗炎作用，从而减少神经炎症和神经元丢失。除了炎症，每种类型的前列腺素在调节不同的生物系统中都发挥着独特的作用：PGF2α 可引起支气管收缩和子宫收缩；PGE2 可诱导血管扩张、支气管扩张，调节胃肠道运动；PGI2 是 TXA2 的功能拮抗剂；PGI2 能够诱导血管扩张和抑制血小板聚集，而 TXA2 能够诱导血管收缩和激活血小板聚集。

如前所述，PGs 在许多生物系统和各种生理功能中起着重要的调节作用。因此，PGs 的失调或异常表达可能导致高血压和神经退行病变。例如，高水平的 15-deoxy-PGJ2 可诱导神经元凋亡，中风患者的血清 15-deoxy-PGJ2 浓度显著升高。PGI2 和 TXA2 的失衡可诱导多种心血管疾病的发生。血清 PGF2α 及其亚型 8-iso-PGF2α 升高与心肌梗死有关，血清 PGF2α 浓度升高可减少大鼠的胆汁流量和胆汁酸分泌。只有少数几项流行病学研究侧重于慢性甲基汞暴露对人体免疫系统的影响。这一样本量有限的横断面研究的结果为慢性甲基汞暴露与前列腺代谢之间的积极联系提供了证据。为了证实慢性甲基汞暴露可诱发 PG 失衡所导致各种临床异常的因果关系，需要进行更大样本量的纵向队列研究来调查万山居民临床异常的患病率。研究结果将有助于更好地了解经常食用受甲基汞污染的食物对人群的潜在健康影响（图 8-3-5）。

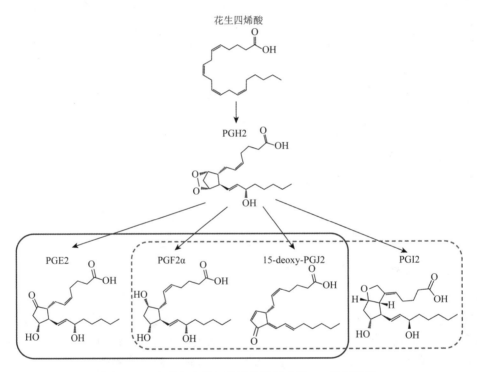

图 8-3-5　人群和大鼠甲基汞暴露导致的 PG 代谢异常

实线框内为人群 PG 代谢异常的单体，虚线框内为大鼠 PG 代谢异常的单体

8.3.3　万山汞矿区儿童汞暴露对智力的影响

甲基汞具有很强的神经毒性，儿童是甲基汞暴露的敏感人群。智商（IQ）是评估儿童神经发育的有效指标。尽管 IQ 不能完全代表汞暴露造成的意识缺陷，也不能涵盖注意力和运动技巧的缺陷，但 IQ 相对于其他方法能更好地反映汞暴露与意识功能的剂量-反应关系。研究发现，食鱼汞暴露导致的母体头发汞含量增加 1μg/g，胎儿 IQ 平均下降约 0.18（Axelrad et al.，2007）。鱼肉含有多种有益物质，而大米不具备这些有益物质（如硒

和 n-3 长链聚合不饱和脂肪酸等），并且相同的暴露剂量，食用大米具有更加严重的甲基汞暴露风险。因此，亟须开展汞矿区大米摄入导致汞暴露与儿童智力发育的关系，为当地儿童汞暴露的风险识别和风险防控提供理论支撑。

1. 研究区域

将整个万山研究区域分为污染区（距离汞矿废渣 4km 内）、轻度污染区（距离汞矿废渣 4～8 km 内）以及对照区（距离汞矿废渣超过 8km），划分依据为当地地表水汞污染的研究结果（Zhang et al.，2010）。本研究分别选取对照区（A 小学）、轻度污染区（B 小学）以及污染区（C 小学、D 小学、E 小学）的小学进行采样。A、B、C 和 E 小学是万山区乡镇级小学，D 小学为城镇级小学。A 小学位于大坪侗族土家族苗族乡，距最近尾矿堆 24km。B 小学位于敖寨侗族乡敖寨河畔，距上游尾矿堆 7km。C 小学位于高楼坪侗族乡高楼坪河畔，距上游尾矿堆 3km。D 小学位于万山城区，距下游尾矿堆 1 km。E 小学位于万山区茶店街道，距最近尾矿堆 8km，该小学参与调查的儿童均居住于垢溪村，垢溪村距最近尾矿堆 3 km。

2. 样品采集

于 2018 年系统采集万山汞矿区 5 所小学 8～10 岁儿童的头发样品 506 份，3 所小学学生家中大米和小学食堂大米样品 244 份，以及儿童智力测试表 314 份。样品采集同时对儿童进行问卷调查，了解其生活、饮食、学习等方面的信息。其中，通过使用小学生心理健康评定量表，调查儿童社交适应能力。使用韦氏儿童智力量表第四版（WISC-IV）中文版，对儿童开展智力测试，该测试由 10 个子测试组成，通过这些子测试可以获得儿童的总 IQ 分值和 4 个能力分值（言语理解、知觉推理、工作记忆和加工速度）。将 IQ 分值为 80 分作为边缘性智力障碍的上限值，IQ 分值为 100 分是中国儿童人群的智力平均水平。测试提供单独的房间使施测人员与被测儿童能够进行一对一且面对面的 IQ 测试。在测试期间，周围环境保证除施测的物品外无其他物品，以免影响儿童注意力，且测试期间应保持安静。完成测试后，施测人员计算各分测验的分数后，放于专用资料收集袋中保存。采用直接测汞仪（DMA-80）检测头发和大米总汞含量，使用多因素二元 logistic 回归模型和多因素线性回归模型分析儿童汞暴露对 IQ 的影响，并计算由此导致的经济损失。

3. 大米汞与头发汞水平

学生家中大米总汞含量中位数（25th 百分位，75th 百分位）为 21.6ng/g（12.9ng/g，34.7ng/g）ng/g，范围为 2.29～234ng/g。其中，54.0%的样品超过国家食品汞限量标准（20ng/g）（GB 2762—2017），说明万山汞矿区部分家庭食用的大米已受到汞污染。小学食堂大米总汞的中位数（25th 百分位，75th 百分位）为 8.50ng/g（7.68ng/g，11.5ng/g），范围为 7.53～12.0ng/g，所有样品汞含量均低于国家食品汞限量标准（20ng/g）（GB 2762—2017）。学校与汞矿渣堆的距离越近，小学生家中大米汞含量均值越高。C 小学儿童家中大米总汞含量显著高于 A 小学和 B 小学儿童家中大米总汞含量（$P < 0.01$），A 小学儿童家中大米总汞含量与 B 小学儿童家中大米总汞含量间无显著差异（$P > 0.05$）。万山汞矿区儿童头发总汞含量中位数（四分位数）为 1.11µg/g（0.79µg/g，1.61µg/g），范围为 0.18～12.6µg/g。其中，58.5%（328/561）的儿童头发汞超过 USEPA 推荐值 1µg/g，11.2%（63/561）的儿童头发汞超过 JECFA 推荐值 2.3µg/g。研究区儿童家中大米总汞含量与头发汞含量间呈显著正相关关系，相关性具有统计学意义（$R = 0.39$，$P < 0.01$）。

4. IQ 分值及影响因素

如图 8-3-6 所示，万山汞矿区儿童 IQ 均值为（91.0±10.2）分，范围为 51～122，低于我国儿童平均 IQ 水平 100。A 小学和 C 小学儿童 IQ 平均分值分别为（90.3±10.6）分和（91.7±9.87）分，B 小学儿童 IQ 分值中位数（25 th 百分位，75 th 百分位）为 89.0（85.0，96.5）。三所学校儿童的 IQ 分值间无显著差异（$P > 0.05$）。二元 logistic 回归分析发现，儿童的头发汞每上升 1µg/g，儿童 IQ < 80 的概率将增加 1.58 倍（$R^2 = 0.20$，$P = 0.03$）。

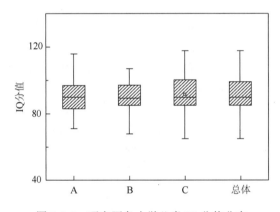

图 8-3-6 研究区各小学儿童 IQ 分值分布

多因素线性回归分析结果显示，儿童头发汞上升 1µg/g，儿童 IQ 下降的系数稳定在 0.9～1.0（$P > 0.05$）。这意味着当儿童头发汞含量增加 1µg/g 时，儿童 IQ 平均会下降 1 分。此外，是否参加暑假辅导班、父母婚姻状况和儿童的年龄也可以影响儿童 IQ 分值（表 8-3-3）。

表 8-3-3 多因素线性回归模型中各因素对 IQ 影响贡献

因素	R^2	Adjusted R^2
父亲受教育程度	0	−0.003
居住环境是否有人吸烟	0	−0.003
母亲受教育程度	0.001	−0.003
头发汞含量	0.001	−0.002
母亲是否饮酒	0.004	0.001

因素	R^2	Adjusted R^2
民族	0.004	0.001
一年内居住环境是否装修	0.005	0.001
吃鱼频率	0.005	0.002
家庭人均年收入	0.006	0.002
性别	0.005	0.002
独生子女	0.006	0.004
学校	0.009	0.005
母亲哺乳情况	0.010	0.006
年龄	0.013	0.010
父母婚姻状况	0.016	0.013
是否参加暑假辅导班	0.021	0.018

5. 汞暴露的经济损失

本研究参考 Trasande 等（2005）的方法来计算人群汞暴露导致 IQ 降低对经济的影响。采用儿童头发汞浓度进行计算，计算公式如下：

$$经济损失 = EAF × 人口规模 × 个体经济损失 \qquad (8\text{-}3\text{-}1)$$

式中，经济损失是指每年出生的新生儿在汞暴露环境下的经济损失；个体经济损失是指每个人在一生中因接触汞而遭受的经济损失；人口规模是指调查地区一年内的出生人数；EAF 是指环境汞暴露中可归因于人类活动的比率。

铅暴露 IQ 下降 1 点，男性和女性一生的收入将分别减少 1.931% 和 3.225%。因此，USEPA 使用的比率是通过加权后的平均值 2.379%（USEPA，2000），本研究也采用该比率。每人个体经济损失可通过如下公式进行计算：

$$个体经济损失 = 头发汞引起的IQ下降分值 × 2.379\% × \sum \$ × (1 + n\%)^k \qquad (8\text{-}3\text{-}2)$$

式中，$ 为年收入；$n\%$ 为收入年增长率；k 为一生中工作的平均年数。

结果表明，万山汞矿区儿童头发汞含量均值为 1.45μg/g。万山汞矿区总人口为84624 人（2018 年），根据当地 10.7‰ 的出生率，每年有 905 名新生儿出生。2018 年万山区地区生产总值（GDP）和人均 GDP 分别为 50.6 亿元和 40183 元。根据我国法定的最低工作年龄，女性退休年龄和男性退休年龄分别是 55 岁和 60 岁，本研究假设一个人的平均工作年限是 39 年。计算结果显示，万山汞矿区人群汞暴露导致每年经济损失为 4.24 亿元，占 2018 年 GDP 的 8.38%。如果人均头发汞每降低 0.1μg/g，则每年将减少 2945 万元的经济损失。

万山汞矿区汞矿开采和冶炼活动导致当地大米受到不同程度的汞污染，汞矿区儿童存在汞暴露的健康风险，儿童的头发汞含量升高对儿童智力有负面影响。以往的研究表明，食用鱼类等水产品是人群甲基汞暴露的主要途径，但本研究发现大米是汞矿区居民甲基汞的主要暴露途径。基于鱼类消费量的甲基汞暴露毒物代谢动力学模型低估了汞矿区居民头发甲基汞水平。鱼肉富含长链不饱和脂肪酸，每周进食 8 盎司（大约 220g）鱼肉可提供人体所需的 DHA 和 EPA（约 500mg/d）（HHS，2015）。膳食中 DHA 含量偏低可能对儿童的视网膜和神经发育有负面影响。大米主要由碳水化合物（80%）和蛋白质（7%）构成。大米不含鱼类组织中有益的营养物质，相同的甲基汞暴露量可能会导致更加严重的健康危害。此外，全球化通过国际大米贸易扩大了大米甲基汞暴露的影响。目前，关于人体通过食用大米甲基汞暴露的研究比较有限，相关研究大多集中在我国汞污染地区。大米汞污染问题不能照搬鱼汞研究方面的经验，须从大米汞污染区实际情况出发，有效评估汞矿区居民健康风险，为汞矿区居民提供膳食指导。此外，需要更多的研究来评估汞暴露对大米食用人群的神经发育、心血管和免疫系统的影响。

参 考 文 献

冯新斌，仇广乐，王少锋，等. 2013. 我国汞矿区人群的无机汞及甲基汞暴露途径与风险评估. 地球化学，42（3）：205-211.

贵州省人民政府办公厅贵州年鉴社主办. 2005. 贵州年鉴. 北京：中国统计出版社.

施蓉，王沛，王筱金，等. 2010. 孕妇及新生儿汞暴露水平及影响因素分析. 中国公共卫生，26（1）：5-6.

中华人民共和国国家卫生和计划生育委员会，国家食品药品监督管理总局. 2017. 食品安全国家标准 食品中污染物限量（GB 2762—2017）.

中华人民共和国卫生部. 2007. 职业性汞中毒诊断标准（GBZ98—2007）. 北京：中国人民卫生出版社.

Abdennour C，Khelili K，Boulakoud M S，et al. 2002. Urinary markers of workers chronically exposed to mercury vapor. Environmental Research，89（3）：245-249.

Axelrad D A，Bellinger D C，Ryan L M，et al. 2007. Dose-response relationship of prenatal mercury exposure and IQ: an integrative analysis of epidemiologic data. Environmental Health Perspectives，115（4）：609-615.

Barregard L. 1993. Biological monitoring of exposure to mercury vapor. Scandinavian Journal of Work Environment & Health，19（1）：45-49.

Basu N，Horvat M，Evers D C，et al. 2018. A state-of-the-science review of mercury biomarkers in human populations worldwide between 2000 and 2018. Environmental Health Perspectives，126（10）：106001.

Bellander T，Merler E，Ceccarelli F，et al. 1998. Historical exposure to inorganic mercury at the smelter works of Abbadia San Salvatore，Italy. Annals of Occupational Hygiene，42（2）：81-90.

Bergquist B A，Blum J D. 2007. Mass-dependent and-independent fractionation of Hg isotopes by photoreduction in aquatic systems. Science，318（5849）：417-420.

Bonsignore M，Tamburrino S，Oliveri E，et al. 2015. Tracing mercury pathways in Augusta Bay（southern Italy）by total concentration and isotope determination. Environmental Pollution，205：178-185.

Clarkson T W，Friberg L，Nordberg G F，et al. 1988. Biological monitoring of toxic metals，biological monitoring of the human placenta. New York：Plenum.

Feng C Y，Pedrero Z，Li P，et al. 2016. Investigation of Hg uptake and transport between paddy soil and rice seeds combining Hg isotopic composition and speciation. Elementa-Science of the Anthropocene，4：1-10.

Feng X B，Li P，Qiu G L，et al. 2008. Human exposure to methylmercury through rice intake in mercury mining areas，Guizhou Province，China. Environmental Science & Technology，42（1）：326-332.

Fu X W，Feng X B，Qiu G L，et al. 2011. Speciated atmospheric mercury and its potential source in Guiyang，China. Atmospheric Environment，45（25）：4205-4212.

Gao Y，Yan C H，Tian Y，et al. 2007. Prenatal exposure to mercury and neurobehavioral development of neonates in Zhoushan City，China. Environmental Research，105（3）：390-399.

Gnamus A，Byrne A R，Horvat M. 2000. Mercury in the soil-plant-deer-predator food chain of a temperate forest in Slovenia.

Environmental Science & Technology，34（16）：3337-3345.

Grandjean P，Weihe P，White R F，et al. 1997. Cognitive deficit in 7-year-old children with prenatal exposure to methylmercury. Neurotoxicology and Teratology，19（6）：417-428.

Gratz L E，Keeler G J，Blum J D，et al. 2010. Isotopic composition and fractionation of mercury in Great Lakes precipitation and ambient air. Environmental Science & Technology，44（20）：7764-7770.

Ha E，Basu N，Bose-O'Reilly S，et al. 2017. Current progress on understanding the impact of mercury on human health. Environmental Research，152：419-433.

HHS，2015. Dietary guidelines for Americans 2015—2020 Eighth Editon. Washington，D.C.：U.S. Department of Health and Human Services.

Horvat M，Nolde N，Fajon V，et al. 2003. Total mercury，methylmercury and selenium in mercury polluted areas in the province Guizhou，China. Science of the Total Environment，304（1-3）：231-256.

JECFA. 2003. Summary and conclusions of the sixty-first meeting of the Joint FAO/WHO Expert Committee on Food Additives. Rome.

Kobal A B，Horvat M，Prezelj M，et al. 2004. The impact of long-term past exposure to elemental mercury on antioxidative capacity and lipid peroxidation in mercury miners. Journal of Trace Elements in Medicine and Biology，17（4）：261-274.

Kwon S Y，Blum J D，Carvan M J，et al. 2012. Absence of fractionation of mercury isotopes during trophic transfer of methylmercury to freshwater fish in captivity. Environmental Science & Technology，46（14）：7527-7534.

Kwon S Y，Blum J D，Chirby M A，et al. 2013. Application of mercury isotopes for tracing trophic transfer and internal distribution of mercury in marine fish feeding experiments. Environmental Toxicology and Chemistry，32（10）：2322-2330.

Laffont L，Sonke J E，Maurice L，et al. 2009. Anomalous mercury isotopic compositions of fish and human hair in the Bolivian Amazon. Environmental Science & Technology，43（23）：8985-8990.

Laffont L，Sonke J E，Maurice L，et al. 2011. Hg speciation and stable isotope signatures in human hair as a tracer for dietary and occupational exposure to mercury. Environmental Science & Technology，45（23）：9910-9916.

Lam H S，Kwok K M，Chan P H Y，et al. 2013. Long term neurocognitive impact of low dose prenatal methylmercury exposure in Hong Kong. Environment International，54：59-64.

Li M L，Sherman L S，Blum J D，et al. 2014. Assessing sources of human methylmercury exposure using stable mercury isotopes. Environmental Science & Technology，48（15）：8800-8806.

Li M L，Schartup A T，Valberg A P，et al. 2016. Environmental origins of methylmercury accumulated in subarctic estuarine fish indicated by mercury stable isotopes. Environmental Science & Technology，50（21）：11559-11568.

Li P，Feng X B，Qiu G L，et al. 2008. Mercury exposures and symptoms in smelting workers of artisanal mercury mines in Wuchuan，Guizhou，China. Environmental Research，107（1）：108-114.

Li P，Feng X B，Shang L H，et al. 2011. Human co-exposure to mercury vapor and methylmercury in artisanal mercury mining areas，Guizhou，China. Ecotoxicology and Environmental Safety，74（3）：473-479.

Li P，Du B Y，Chan H M，et al. 2015. Human inorganic mercury exposure，renal effects and possible pathways in Wanshan mercury mining area，China. Environmental Research，140：198-204.

Li Y H，Zhang B，Yang L S，et al. 2013. Blood mercury concentration among residents of a historic mercury mine and possible effects on renal function：a cross-sectional study in southwestern China. Environmental Monitoring and Assessment，185（4）：3049-3055.

Mergler D，Anderson H A，Chan L H M，et al. 2007. Methylmercury exposure and health effects in humans：a worldwide concern. Ambio，36（1）：3-11.

NRC N. 2000. Committee on the institutional means for assessment of risks in public health. Washington.

Rothenberg S E，Yin R S，Hurley J P，et al. 2017. Stable mercury isotopes in polished rice（*Oryza sativa* L.）and hair from rice consumers. Environmental Science & Technology，51（11）：6480-6488.

Ou L B，Chen C，Chen L，et al. 2015. Low-level prenatal mercury exposure in north China：an exploratory study of anthropometric effects. Environmental Science & Technology，49（11）：6899-6908.

Qiu G L，Feng X B，Wang S F，et al. 2009. Mercury distribution and speciation in water and fish from abandoned Hg mines in Wanshan，Guizhou Province，China. Science of the Total Environment，407（18）：5162-5168.

Sherman L S，Blum J D，Franzblau A，et al. 2013. New insight into biomarkers of human mercury exposure using naturally occurring mercury stable isotopes. Environmental Science & Technology，47（7）：3403-3409.

Trasande L，Landrigan P J，Schechter C. 2005. Public health and economic consequences of methyl mercury toxicity to the developing brain. Environmental Health Perspectives，113（5）：590-596.

UNIDO. 2003. Protocols for environmental and health assessment of mercury released by artisanal and small-scale gold miners（ASM）. Vienna：United Nations Industrial Development Organization.

US Departments of Health and Human Services，2015.U.S. Department of Agriculture. 2015—2020 Dietary Guidelines for Americans. Washington.

US EPA. 1997. Mercury study report to the congress（Volume Ⅴ）：Health effects of mercury and mercury compounds. Washington.

US EPA. 2000. Economic Analysis of Toxic Substance Control Act Section 403：Lead-Based Paint Hazard Standards. USEPA，Washington，DC，USA.

WHO. 1990. Environmental health criteria 101-Methylmercury. Geneva.

WHO. 1991. Environmental Health Criteria 118-Inorganic Mercury. Geneva.

Wu Y，Zhang H M，Liu G H，et al. 2016. Concentrations and health risk assessment of trace elements in animal-derived food in southern China. Chemosphere，144：564-570.

Yin R S，Feng X B，Foucher D，et al. 2010. High precision determination of mercury isotope ratios using online mercury vapor generation system coupled with multicollector inductively coupled plasma-mass spectrometer. Chinese Journal of Analytical Chemistry，38（7）：929-934.

Yin R S，Feng X B，Meng B. 2013. Stable mercury isotope variation in rice plants（*Oryza sativa* L.）from the Wanshan Mercury Mining district，SW China. Environmental Science & Technology，47（5）：2238-2245.

Zhang C C，Gan C F，Ding L et al. 2020. Maternal inorganic mercury exposure and renal effects in the Wanshan mercury mining area，southwest China. Ecotoxicology and Environmental Safety，189：109987.

Zhang H，Feng X B，Larssen T，et al. 2010. Fractionation，distribution and transport of mercury in rivers and tributaries around Wanshan Hg mining district，Guizhou Province，Southwestern China：Part 2-Methylmercury. Applied Geochemistry，25（5）：642-649.

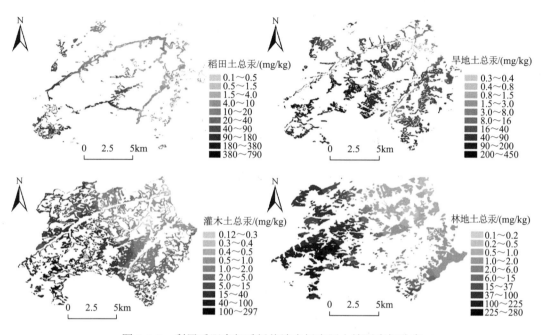

图 5-2-2　利用反距离权重插值法内插表层土壤汞空间分布

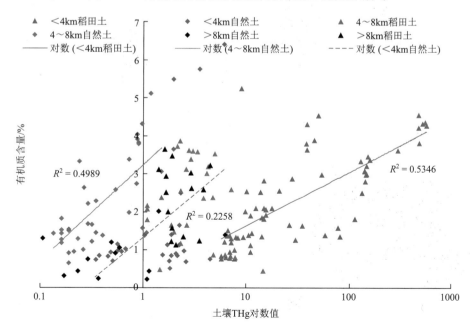

图 5-2-6　土壤剖面总汞（THg）含量与有机质含量相关关系

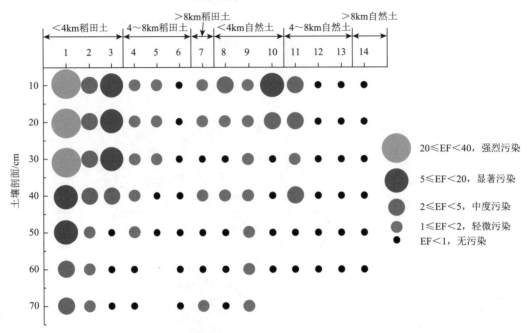

图 5-2-7 典型土壤剖面 EF 值

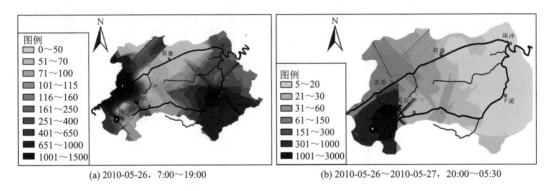

(a) 2010-05-26，7:00～19:00　　　　(b) 2010-05-26～2010-05-27，20:00～05:30

图 5-2-8　研究区大气汞（Hg⁰）含量及空间分布（单位：ng/m³）

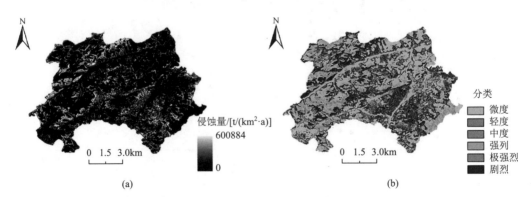

图 5-3-2　流域土壤侵蚀空间分布图（a）和土壤侵蚀强度分级图（b）

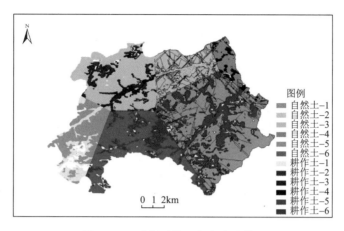

图 5-4-2　研究区的 6 个水分子单元

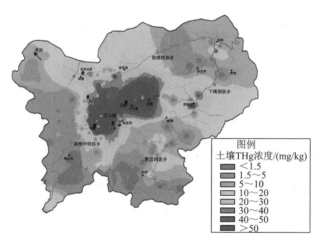

图 6-2-1　万山汞矿区稻田土壤总汞（THg）含量分布特征

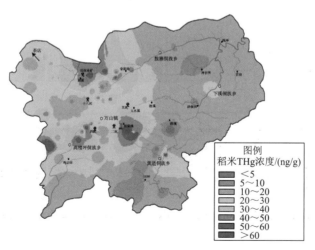

图 6-2-2　万山汞矿区稻米总汞（THg）含量分布特征

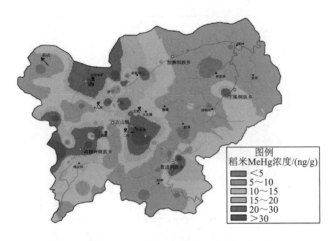

图 6-2-3　万山汞矿区稻米甲基汞（MeHg）含量分布特征

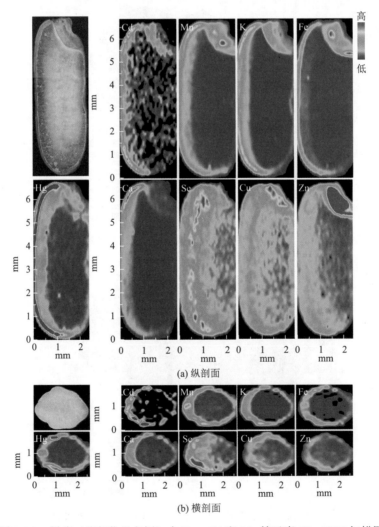

(a) 纵剖面

(b) 横剖面

图 7-1-7　糙米（腹部位于右侧）中 Hg、Cd 和 Mn 等元素 SR-μXRF 扫描图

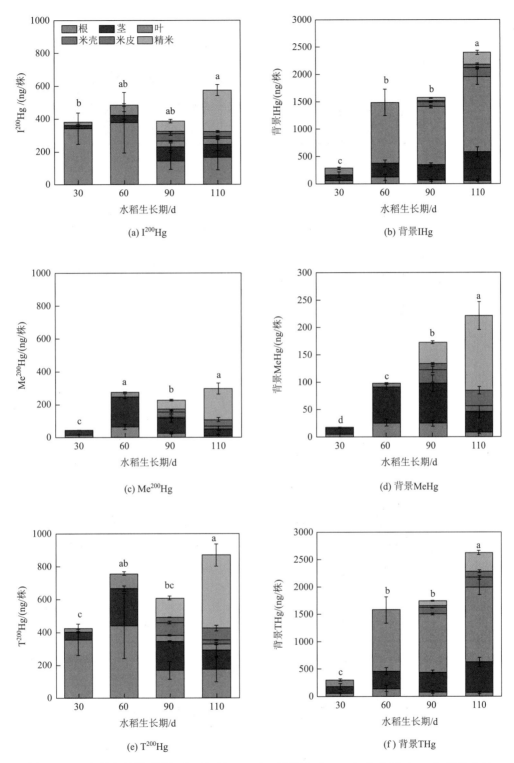

图 7-1-16　水稻生长期不同部位无机汞（IHg）、甲基汞（MeHg）和总汞（THg）绝对含量

不同小写字母表明 IHg、MeHg 和 THg 不同部位净含量之和在不同时期差异显著（$P<0.05$）

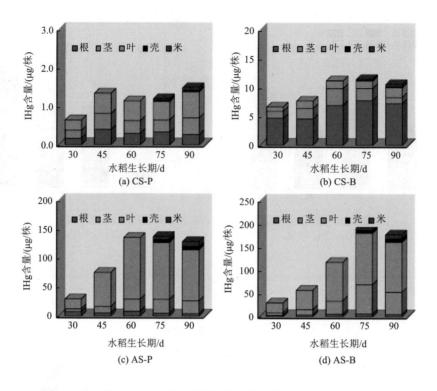

图 7-2-5　水稻生长期间各部位无机汞的分配

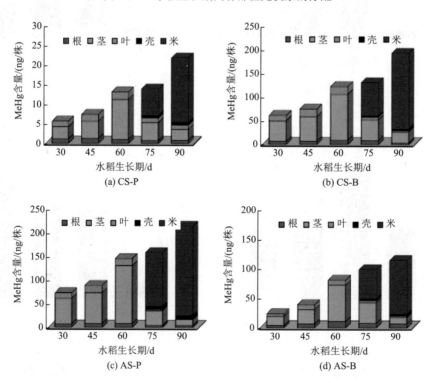

图 7-2-7　水稻生长期间各部位甲基汞的分配

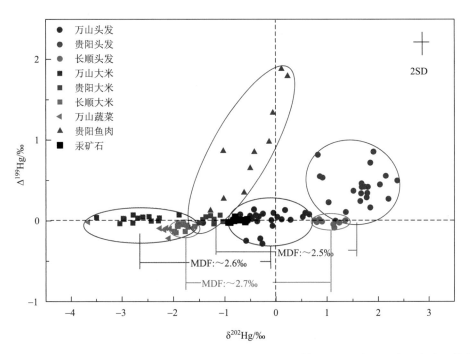

图 8-2-2　万山汞矿区（金家场）、贵阳（南明区）和长顺（改尧村）居民头发、鱼肉、大米和蔬菜汞同位素组成

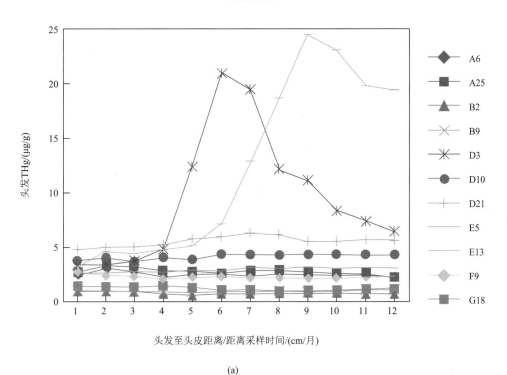

(a)

图 8-2-6　居民头发汞含量的月变化趋势

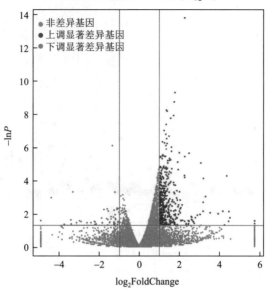

图 8-3-1 筛选出的差异 mRNA 基因火山分布图

灰色为非差异性基因，红色为显著上调基因，绿色为显著下调基因

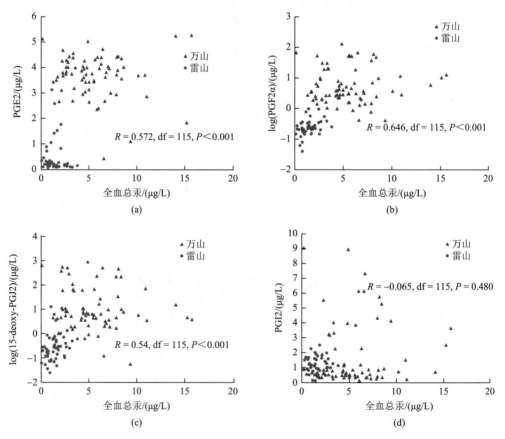

图 8-3-3 万山和雷山人群全血总汞（THg）含量和血清前列腺素（PG）含量的相关性